程序员软件开发名师讲坛·轻松学系列

轻松学Web前端开发入门与实战
HTML5+CSS3+JavaScript+Vue.js+jQuery
（视频•彩色版）

刘兵　编著

中国水利水电出版社
www.waterpub.com.cn
·北京·

内容摘要

《轻松学 Web前端开发入门与实战 HTML5+ CSS3+JavaScript+Vue.js+jQuery（视频•彩色版）》基于编者20余年教学实践和软件开发经验，从初学者容易上手的角度，用通俗易懂的语言、丰富实用的案例，循序渐进地讲解Web前端技术的基础知识和主流框架技术。全书共16章，主要内容涵盖Web技术基础、HTML超文本标记语言、CSS级联样式表、JavaScript语言、DOM编程、数据验证方式、jQuery框架、Ajax、Bootstrap页面布局与CSS组件、Bootstrap常用插件、Vue.js基础、Vue.js的组件与过渡、高校网站首页制作和影院订票系统前端页面制作等。

《轻松学 Web前端开发入门与实战 HTML5+ CSS3+JavaScript+Vue.js+jQuery（视频•彩色版）》根据Web前端开发技术所需知识的主脉络搭建内容，采用“案例驱动+视频讲解+代码调试”相配套的方式，向读者提供Web前端技术开发从入门到项目实战的解决方案。扫描书中的二维码可以观看每个实例视频和相关知识点的讲解视频，实现手把手教读者从零基础入门到快速学会Web前端项目开发。

《轻松学 Web前端开发入门与实战 HTML5+ CSS3+JavaScript+Vue.js+jQuery（视频•彩色版）》配有272集同步讲解视频（235集案例讲解视频+37集课程讲解视频）、235个实例源码分析、16个综合实验、2个综合项目实战案例，并提供丰富的教学资源，包括教学大纲、PPT课件、程序源码、课后习题答案、实验程序源码、在线交流服务QQ群和不定期网络直播等。本书既适合Web前端开发、网页设计、网站建设的读者自学，也适合作为高等学校、高职高专、职业技术学院和民办高校计算机相关专业的教材，还可以作为相关培训机构Web 前端开发课程的教材。

图书在版编目（CIP）数据

轻松学 Web 前端开发入门与实战：HTML5+CSS3+JavaScript+ Vue.js+jQuery：视频 • 彩色版 / 刘兵编著 .
—北京：中国水利水电出版社，2020.8（2023.8重印）
（程序员软件开发名师讲坛 . 轻松学系列）

ISBN 978-7-5170-8654-3

Ⅰ . ①轻… Ⅱ . ①刘… Ⅲ . ① 网页制作工具—教材
Ⅳ . ① TP393.092.2

中国版本图书馆 CIP 数据核字 (2020) 第 110040 号

书　　名	程序员软件开发名师讲坛 • 轻松学系列 轻松学 Web 前端开发入门与实战 HTML5+CSS3+JavaScript+Vue.js+jQuery（视频 • 彩色版） QINGSONG XUE Web QIANDUAN KAIFA RUMEN YU SHIZHAN HTML5+CSS3+JavaScript+ Vue.js+jQuery
作　　者	刘兵　编著
出版发行	中国水利水电出版社 （北京市海淀区玉渊潭南路 1 号 D 座 100038） 网址：http：//www.waterpub.com.cn E-mail：zhiboshangshu@163.com 电话：（010）62572966-2205/2266/2201（营销中心）
经　　售	北京科水图书销售有限公司 电话：（010）68545874、63202643 全国各地新华书店和相关出版物销售网点
排　　版	北京智博尚书文化传媒有限公司
印　　刷	三河市龙大印装有限公司
规　　格	185mm×260mm　16 开本　27 印张　787 千字
版　　次	2020 年 8 月第 1 版　2023 年 8 月第 7 次印刷
印　　数	25001—29000 册
定　　价	89.80 元

前　言

编写背景

随着“互联网+”模式的不断推广与普及，Web已经成为一种服务和开发的平台，从最初简单的信息发布逐渐演变成为系统，其中Web前端技术已经是互联网行业每个从业人员必须掌握的入门技术。

Web前端主流技术日新月异，HTML、CSS、JavaScript、jQuery、Bootstrap、Vue.js等技术是制作网站必需的Web前端主流技术。全面掌握这些技术，可以提高Web前端开发的效率，制作出更酷炫的网页，降低开发复杂度和开发成本。

目前市场上Web前端开发的图书比较多，但多数以介绍HTML、CSS、JavaScript为主，而像jQuery、Bootstrap、Vue.js等这些主流框架技术都是单一软件讲解成书，这些书之间的内容无法衔接，渐进关系跳跃，初学者学起来很困难，有些书过分强调某一种语言语法的细节和大而全的功能描述，选用的案例也比较随意，阅读性和实用性欠缺，达不到让读者轻松入门到快速掌握Web项目开发的目的。为此，笔者结合自己二十余年的教学与软件开发经验，本着“容易上手，轻松学习，实现从零基础入门到快速学会Web前端开发”的总体思路，尝试将Web前端开发的基础知识和主流框架技术整合在一起，希望能帮助读者全面系统地掌握Web前端开发的主流技术，快速提升开发技能。

内容结构

本书共16章，分为5个部分，循序渐进地介绍Web前端技术的基础知识、主流框架实用技术和综合案例开发。具体结构划分及内容简述如下：

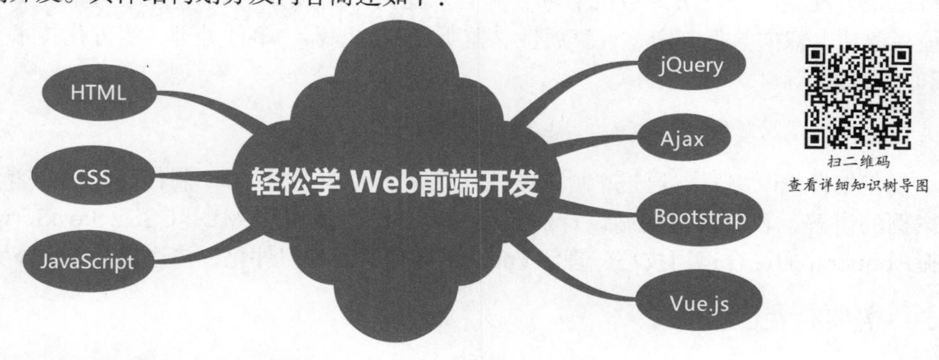

第1部分　设置网页内容　呈现用户所需

包括第1~2章。网页内容通过超文本标记语言（HTML）实现。这部分主要介绍Web前端技术中的基本概念、HTML使用的超文本传输协议、统一资源定位符、HTML的常用标记、表格、表单、frame框架。这部分是整本书的基础，重点放在如何在网页中呈现用户所需的相关内容。

第2部分　定义网页样式　美化网页布局

包括第3~4章。网页样式通过级联样式表（CSS）实现。这部分主要介绍CSS基础知识、CSS选择器、使用CSS设置文本样式、设置元素的背景、边框和边距、变形处理、CSS动画、网页布局，重点是如何使得网页以酷炫的方式在浏览器上呈现。

第3部分　控制网页行为　制作动态网页

包括第5~7章。网页行为是通过JavaScript语言控制的。这部分主要介绍JavaScript的基础知识、JavaScript的基本结构、JavaScript中的对象、DOM编程、通过正则表达式进行数据验证。JavaScript主要实现实时、动态的交互，对用户的操作进行响应，使页面更具人性化，它是目前运用最广泛的行为标准语言。

第4部分　巧用框架技术　实现快捷开发

包括第8~14章。

jQuery框架（第8~9章）是一个优秀的JavaScript框架，让开发者轻松实现很多以往需要大量JavaScript代码才能实现的方法，同时很好地解决了浏览器之间的兼容性问题。这两章主要介绍jQuery的引用方式、jQuery选择器、jQuery中DOM元素的操作方法、jQuery的事件处理方法、jQuery的动画特效、Ajax的工作原理和数据请求方式等。

Bootstrap框架（第10~12章）可以大大简化前端技术人员对CSS设计的复杂度，其响应布局很好地解决了不同终端设备之间的兼容性问题，同时又可以自定义CSS样式类来灵活弥补Bootstrap的局限性。这三章主要介绍如何使用Bootstrap提供的栅格系统实现轻松创建漂亮、复杂的网站布局；使用标签、徽章、面板为文本增加趣味；使用Bootstrap提供的CSS组件工具、颜色和可见性使网页变得更加漂亮；利用Bootstrap提供的JavaScript插件使得网页交互性的呈现更具友好性。

Vue.js框架（第13~14章）是一个轻量级的前端框架，它是按数据驱动和组件化的思想构建的，并且提供了更加简洁、更易于理解的API，能够在很大程度上降低Web前端开发的难度，可以很方便地与第三方库或既有项目整合。这两章主要介绍Vue.js的基本概念、Vue.js实例和模板语法、双向数据绑定、计算属性、监听器和过滤器、事件处理、组件化技术、自定义指令和元素过渡等。

第5部分　实操综合案例　提升开发技能

包括第15~16章。通过“制作影院订票系统前端页面”和“制作高校网站首页”两个综合案例的讲解，教会读者网站设计的流程，提升综合运用HTML、CSS、JavaScript的能力，掌握Bootstrap的综合运用技巧，理解Vue.js的数据驱动与组件化，快速提升Web开发综合技能。

主要特色

与其他同类书相比，本书具有以下6个明显特点：

1. Web主流框架技术全，知识点分布合理连贯，方便初学者系统学习

本书基于作者20余年的教学经验和软件开发实践的总结，从初学者容易上手的角度，用235个实用案例，循序渐进地讲解了Web前端开发的基础知识和主流框架（包括HTML、CSS、JavaScript、jQuery、Bootstrap、Vue.js等），方便读者全面系统地学习Web开发的核心技术，快速解决网站设计中的实际问题，以适应Web前端工作岗位的需要。

2. 采用"案例驱动+视频讲解+代码调试"相配套方式，提高学习效率

书中235个实用案例都是从基本的HTML结构即从零开始，通过不断加深实例难度来完成最终的实际任务，让读者在学习过程中有一种"一切尽在掌握中"的成就感，激发读者的学习兴趣。全书重点放在如何解决实际问题而不是语言中语法的细枝末节，以此来提高读者的学习效率。书中所有案例都配有视频讲解和代码调试，真正实现手把手教你从零基础入门到快速学会Web前端主流开发技术。

3. 考虑读者认知规律，化解知识难点，实例程序简短，实现轻松阅读

本书根据Web前端开发所需知识和技术的主脉络去搭建内容，不拘泥于某一种语言的语法细节，注重讲述Web开发过程中必须知道的一些知识和主流框架，内容由浅入深，循序渐进，结构科学，并充分考虑读者的认知规律，注重化解知识难点，实例程序简短、实用，易于读者轻松阅读。通过两个综合案例的实操，提升读者Web前端开发的综合技能。

4. 强调动手实践，每章配有大量习题和综合实验，益于读者练习与自测

每章最后都配有大量难易不同的练习题（选择、填空、问答、程序设计等）和综合实验（扫二维码查看），并提供参考答案和实验程序源码，方便读者自测相关知识点的学习效果，并通过自己动手完成综合实验，提升读者运用所学知识和技术的综合实践能力。

5. 融入思维导图，梳理知识点成结构树，帮助读者加深理解和快速记忆

每章提供的知识点思维导图，帮助读者将零散知识点归纳为系统的知识结构树，益于读者加深对本章知识点的理解和快速复习记忆，发现各知识点内在的本质及规律，提高学习效能，培养创新思维能力（全书提供30个思维导图，书中放了15个略图，另外15个详细知识树思维导图可以扫二维码查看，也可以下载后阅读学习）。

6. 配套丰富的优质教学资源和及时的在线服务，方便读者自学与教师教学

（1）全书配有272集（共52小时）视频讲解，包括235集（24小时）案例实现、案例相关知识点讲解视频和37集（28小时）课程讲解视频，扫二维码即可观看；提供所有案例程序源代码和教学PPT课件等，方便读者自学与教师教学。

（2）创建了学习交流服务群（群号：284440384），群中编者与读者互动，并不断增加其他服务（答疑和不定期的直播辅导等），分享教学设计、教学大纲、应用案例和学习文档等各种时时更新的资源。

本书资源获取方式

读者可以手机扫描下面的二维码或在微信公众号中搜索"人人都是程序猿"，关注后输入"webHCJV"，发送到公众号后台，即可获取本书资源下载链接。

本书在线交流方式

（1）学习过程中，为方便读者间的交流，本书特创建QQ群：284440384（若群满，会建新群，请注意加群时的提示，并根据提示加入对应的群），供广大Web开发爱好者与作者在线交流学习。

（2）如果您在阅读中发现问题或对图书内容有什么意见或建议，也欢迎来信指教，来信请发邮件到lb@whpu.edu.cn，笔者看到后将尽快给您回复。

本书读者对象

- 零基础从事Web前端开发、网页设计、网页制作、网站建设的入门者及爱好者。
- 有一定Web前端开发基础的初、中级工程师。
- 高等学校、高职高专、职业技术学院和民办高校相关专业的学生。
- 相关培训机构Web前端开发课程的培训人员。

本书阅读提示

（1）对于没有任何网页制作经验的读者，在阅读本书时一定要遵循HTML、CSS、JavaScript的顺序进行，重点关注书中讲解的理论知识，然后扫二维码观看针对每个知识点的实例视频讲解，在掌握其主要功能后进行多次代码演练，特别是学会网页制作过程中的代码调试。尤其重要的是章节和实例不能跳跃，哪怕是慢一点也要坚持这种做法，打下良好的基础才能在后续章节中学习顺畅。课后的习题和实验用于检测读者的学习效果，如果不能顺利完成则要返回继续学习相关章节的内容。

（2）对于有一定网页制作基础的读者，可以根据自己本身的情况，有选择地学习本书的相关章节和实例，书中的实例和课后练习要重点掌握，以此来巩固相关知识的运用，达到举一反三。本书后半部分的网页知识相关框架是特别针对具有一定基础的读者的，包括Ajax、jQuery、Bootstrap和Vue.js等框架的学习，使网页制作的能力能够适应前端相关岗位的基本要求。

（3）如果高校老师和相关培训机构选择本书作为教材，可以不用讲解书中的全部知识点，有些知识可以让学生观看书中的视频自学。选用本书作为教材特别适合线上学习相关知识点，留出大量时间在线下进行相关知识的综合讨论，以实现讨论式教学或目标式教学，提高课堂效率。

总之，不管读者是什么层次，都能轻松学会本书所有内容，快速达到Web前端岗位的最基本要求。本书所有的案例程序都运行通过，读者可以直接使用。

本书作者团队

本书由武汉轻工大学刘兵教授负责全书的统稿及定稿工作，其中，刘兵主要编写第1~5章以及第9~16章，刘冬主要编写第6~8章，谢兆鸿教授认真地审阅了全书并提出了许多宝贵意见。参与本书实例制作、视频讲解及大量复杂视频编辑工作的还有：向云柱、刘欣、欧阳峥峥、贾瑜、张琳、蒋丽华、徐军利、管庶安、李禹生、丰洪才、李言龙、张连桂、李文莉、汪济祥、李言姣等。在全书的文字资料输入及校对、排版工作中得到了汪琼女士的大力帮助。本书的顺利出版得到了中国水利水电出版社智博尚书分社雷顺加编审的大力支持与细心指导，责任编辑宋俊娥女士为提高本书的版式设计及编校质量等付出了辛勤劳动，在此一并表示衷心的感谢。

在本书的编写过程中，吸收了很多Web前端技术方面的网络资源、书籍中的观点，在此向这些作者一并表示感谢。限于时间和作者水平，尤其是Web前端技术的发展十分迅速，书中难免存在一些疏漏及不妥之处，恳请各位同行和读者批评指正。作者的电子邮件地址为:lb@whpu.edu.cn。

刘　兵

2020年4月于武汉轻工大学

目 录

第1部分 设置网页内容 呈现用户所需

第2部分 定义网页样式 美化网页布局

第3部分 控制网页行为 制作动态网页

第4部分 巧用框架技术 实现快捷开发

第5部分 实操综合案例 提升开发技能

第1部分
设置网页内容
呈现用户所需
第1章 HTML基础
第2章 表格与表单

CHAPTER 1

HTML基础

学习目标：

本章主要讲解HTML基础知识、HTML文件结构、HTML常用标记。通过本章的学习，读者应该掌握以下主要内容：

- 网站开发要素和流程；
- HTML基本概念；
- HTML文件的结构；
- HTML常用标记；
- 网页测试方法。

思维导图（略图）

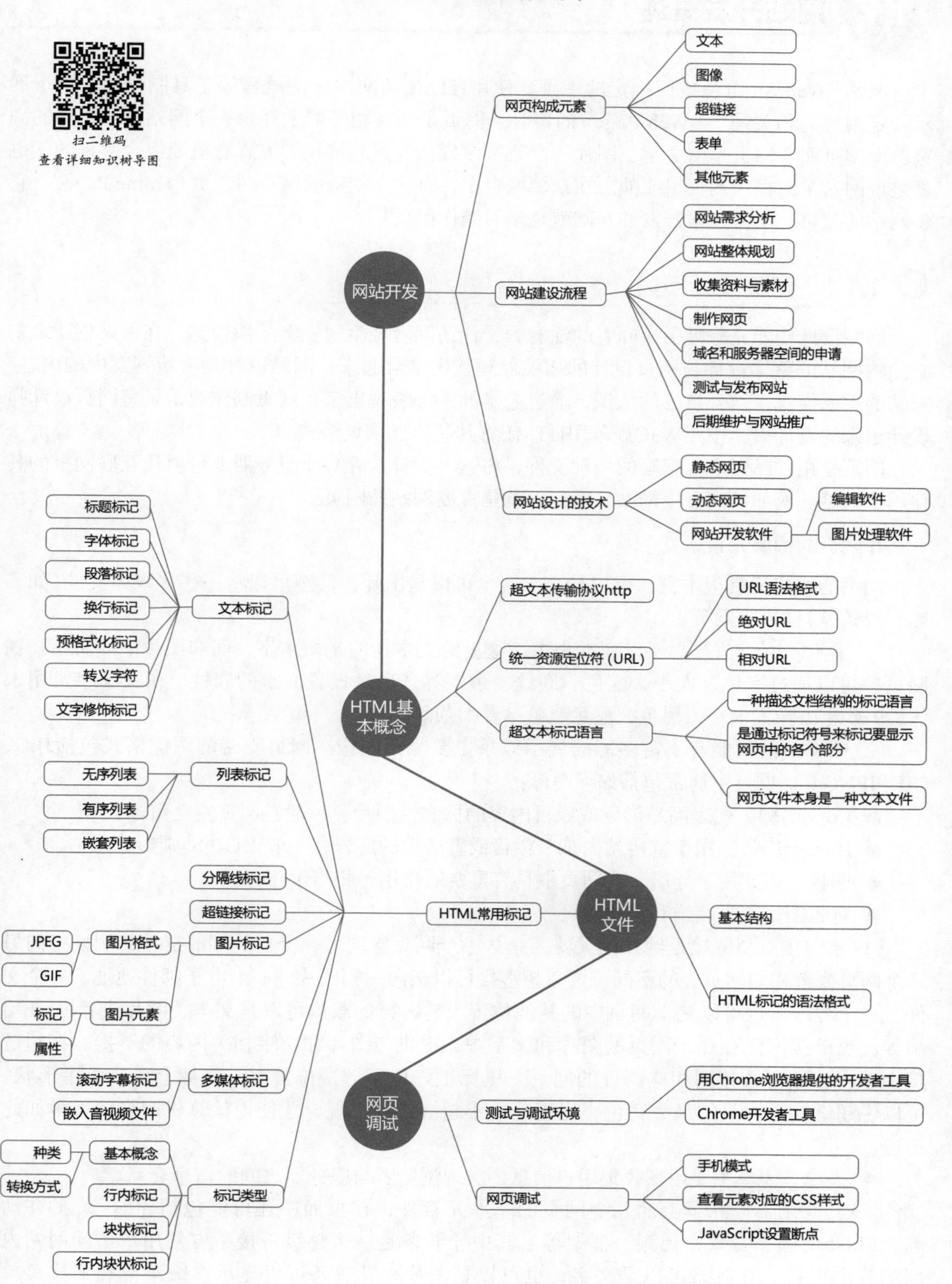

扫二维码
查看详细知识树导图
网站开发
网页构成元素
文本
图像
超链接
表单
其他元素
网站建设流程
网站需求分析
网站整体规划
收集资料与素材
制作网页
域名和服务器空间的申请
测试与发布网站
后期维护与网站推广
网站设计的技术
静态网页
动态网页
网站开发软件
编辑软件
图片处理软件
HTML基本概念
超文本传输协议http
统一资源定位符（URL）
URL语法格式
绝对URL
相对URL
超文本标记语言
一种描述文档结构的标记语言
是通过标记符号来标记要显示网页中的各个部分
网页文件本身是一种文本文件
HTML文件
基本结构
HTML标记的语法格式
HTML常用标记
文本标记
标题标记
字体标记
段落标记
换行标记
预格式化标记
转义字符
文字修饰标记
列表标记
无序列表
有序列表
嵌套列表
分隔线标记
超链接标记
图片标记
图片格式
JPEG
GIF
图片元素
标记
属性
多媒体标记
滚动字幕标记
嵌入音视频文件
标记类型
基本概念
种类
转换方式
行内标记
块状标记
行内块状标记
网页调试
测试与调试环境
用Chrome浏览器提供的开发者工具
Chrome开发者工具
网页调试
手机模式
查看元素对应的CSS样式
JavaScript设置断点

1.1 网站开发概述

网站（Web Site）是按照一定的规则，使用HTML超文本标记语言等工具制作的、用于展示特定内容的相关网页（Web Page）的集合。网页是指在浏览器上登录一个网站后，看到的浏览器上的页面。网页是由文字、图片、声音等多媒体通过超链接的方式有机地组合起来的，也就是说网站是由很多网页组成的。在众多网页中，有一个特殊的网页叫主页（Home Page），它是网站的入口。学习网站开发的基础就是学习制作网页。

1.1.1 网页设计概述

网站设计要能充分吸引访问者的注意力，让访问者产生视觉上的愉悦感。在网站创建之初必须将网站的整体设计与网页设计的相关原理紧密结合起来。网站设计是将策划案中的内容、网站的主题模式，结合自己的认识，通过艺术的手法表现出来；网页制作通常是将网页设计师设计出来的设计稿，按照W3C规范用HTML将其制作成网页格式。

网页是用HTML语言编写的一种文件，将这种文件放在Web服务器上可以让互联网上的其他用户浏览。例如访问百度网站，看到的就是百度网站的网页。

1. 网页的构成元素

网页的构成元素很丰富，可以是文字，也可以是图片，甚至可以将一些多媒体文件（如音频、视频等）插入到网页里。

（1）文本。网页信息主要以文本为主，这里的文本指的是文本字，而非图片中的文字。在网页中可以通过字体、大小、颜色、底纹、边框等选项来设置文本的属性。中文文字常用宋体，9磅或12像素大小，黑色，注意颜色不要太杂乱。

（2）图像。网页能有丰富多彩的展示效果主要缘于图像。网页支持的图像格式包括JPG、GIF和PNG等。网页中通常包括如下图形：

- Logo图标，代表网站形象或栏目内容的标志性图片，一般在网页左上角。
- Banner广告，用于宣传站内某个栏目或者活动的广告，一般以GIF动画形式为主。
- 图标，主要用于导航，在网页中具有重要的作用，相当于路标。
- 背景图，用来装饰和美化网页。

（3）超链接。超链接是网站的灵魂，是从一个网页指向另一个目的端的链接，例如指向另一个网页或者相同网页上的不同位置。超链接可以指向一幅图片、一个电子邮件地址、一个文件、一个程序，也可以是本网页中的其他位置。超链接的载体可以是文本、图片或者Flash动画等。超链接广泛存在于网页的图片和文字中，提供与图片和文字相关内容的链接。在超链接上单击，即可链接到相应网址的网页。鼠标正好位于链接位置时，光标会变成小手形状。可以说超链接是网页的最大特色，也正是由于超链接的出现，才使得计算机网络发展得如此迅速。

（4）表单。表单主要用来收集用户信息，实现浏览者与服务器之间的信息交互。

（5）其他元素。除了上面几个网页的基本元素外，在页面中还可能包括导航条、GIF动画、Flash动画、音频、视频、框架等。其中导航条是一组超级链接，方便用户访问网站内部的各个栏目。导航条可以是文字，也可以是图片。导航条可以显示多级菜单和下拉菜单效果。

2. 网站建设流程

在创建网站之前首先要了解网站建设的基本流程，这样可以明确网站的目标和方向，从而提高效率。

（1）网站需求分析。在建立Web站点时，首先要考虑客户的各种需求，而且要以此为基础进行网站项目的建设。网站的需求分析一般包括以下几点：

- 了解相关行业的市场情况，例如在因特网上了解公司所开展业务的市场情况。
- 了解主要竞争对手的情况。
- 了解网站建设的目的，即是为了宣传商品进行电子商务还是建设一个行业性网站。
- 了解用户的实际情况，明确用户需求。
- 进行市场调研，分析同类网站的优劣，并在此基础上形成自己网站的大体架构。

（2）网站整体规划。良好的规划是成功创建一个网站的开始。在制作网页前，要对整个网站的风格、布局、服务对象等做好规划，并选择适合的服务器、脚本语言和数据库平台。

- 规划站点结构时，一般用文件夹保存文档。要明确站点的每个文件、文件夹及其存在的逻辑关系。
- 文件夹命名要合理，要做到“见其名，知其意”。
- 如果是多人合作开发，还要规划好各自负责的内容，并注意统一风格，协调代码。

（3）收集资料与素材。进行网站整体规划后，要根据规划的情况收集网页制作中可能用到的资料和素材，通常包括文字资料、图片素材、动画素材、视频素材等，并要将其分类保存。在收集资料时，要根据用户的需求来搜集建站的资料。整理好资料后，就要根据这些资料搜集必要的设计素材。

（4）制作网页。一个网站在进行制作时，有以下内容需要特别关注。

- 创建网页框架：在整体上对页面进行布局，根据导航栏、主题按钮等将页面划分为几个区域。
- 制作导航栏：借助导航栏可以更加方便地浏览网站。
- 添加页面对象：分别编辑各个页面，将页面对象添加到网页的各个区域，并设置好格式。
- 设置链接：为页面的相关部分设置链接，使整个网站的网页之间相互关联。

（5）域名和服务器空间的申请。网站制作完成后，首先要注册一个域名，然后租用网络存储空间来存放网站内容，最后使注册的域名与网络存储空间相关联。这样在世界的任何地方只要在浏览器上输入注册的域名，就能看到网站上的信息。

（6）测试与发布网站。发布网站前要进行细致周密的测试，以保证用户的正常浏览和使用。主要的测试内容如下：

- 服务器的稳定性和安全性。
- 程序及数据库测试，网页兼容性测试，如浏览器、显示器。
- 文字、图片、链接是否有错误。

（7）后期维护与网站推广。上传站点后，要定期对站点的内容进行更新与维护。更新与维护的内容包括以下几点：

- 服务器及相关软硬件的维护，对可能出现的问题进行评估，确定响应时间。
- 数据库维护，有效地利用数据是网站维护的重要内容，因此数据库的维护要受到重视。
- 内容的更新、调整等。
- 制定相关网站维护的规定，将网站维护制度化、规范化。

1.1.2 网站设计的技术

技术解决方案是网站最终能够被用户使用的根本，不同的企业对网站有不同的功能需求。技术解决方案主要包括网站的软件环境和硬件环境，具体包括：

- 网站开发语言（ASP、JSP、PHP等）。
- 数据库类型（Oracle、SQL Server、MySQL、Access等）。
- 服务器类型（虚拟主机、虚拟专机、主机托管等）。
- 网站安全性方案（防黑、防病毒等）。

技术方案没有绝对的好坏之分，最适合企业的就是最好的。

1. 静态网页

在网站设计中，纯粹HTML格式的网页通常称为静态网页。静态网页是标准的HTML文件，其文件扩展名是.htm、.html，可以包含文本、图像、声音、Flash动画、客户端脚本和ActiveX控件及Java小程序等。静态网页是网站建设的基础。早期的网站一般都是由静态网页制作的。静态网页是相对于动态网页而言的，是指没有后台数据库、不含程序和不可交互的网页。静态网页的更新相对比较麻烦，适用于一般更新较少的展示型网站。容易产生误解的是，静态页面都是.htm这类页面，实际上静态不是指完全静态，也可以出现各种动态效果，如GIF格式的动画、Flash、滚动字幕等。

静态网页和动态网页各有特点，网站采用动态网页还是静态网页主要取决于网站的功能需求和网站内容的多少。如果网站的功能比较简单，内容更新量不是很大，采用纯静态网页的方式会更简单，反之一般采用动态网页技术来实现。

2. 动态网页

早期的动态网页主要采用公用网关接口（Common Gateway Interface，CGI）技术。可以使用不同的程序编写适合的CGI程序，如Visual Basic、Delphi或C/C++等。虽然CGI技术已经发展成熟而且功能强大，但由于编程困难、效率低下、修改复杂，所以有逐渐被新技术取代的趋势。

（1）PHP。PHP（Hypertext Preprocessor，超文本预处理器）是当今Internet上最为流行的脚本语言之一，其语法借鉴了C、Java、PERL等语言，只需要很少的编程知识就能使用PHP建立一个真正交互的Web站点。

PHP与HTML语言具有非常好的兼容性，开发人员可以直接在脚本代码中加入HTML标签，或者在HTML标签中加入脚本代码，从而更好地实现页面控制。PHP提供了标准的数据库接口，数据库连接方便，兼容性强，扩展性强；可以进行面向对象编程。

（2）ASP。ASP 即Active Server Pages，是微软公司开发的一种类似HTML、Script（脚本）与CGI的结合体，ASP没有提供专门的编程语言，而是允许用户使用许多已有的脚本语言编写ASP的应用程序。ASP的程序编制比HTML更方便且更具灵活性。ASP在Web服务器端运行，运行后再将运行结果以HTML格式传送至客户端的浏览器。ASP程序语言最大的不足就是安全性不够好。

ASP最大的优点是可以包含HTML标签，可以直接存取数据库及使用无限扩充的ActiveX控件，因此在程序编制上要比HTML方便而且更具灵活性。通过使用ASP的组件和对象技术，用户可以直接使用ActiveX控件，调用对象方法和属性，以简单的方式实现强大的交互功能。

但ASP技术也并非完美无缺，由于其基本上局限于微软公司的操作系统平台，主要工作环境是微软公司的IIS应用程序结构，又因ActiveX对象具有平台特性，所以ASP技术不能很容易地实现在跨平台Web服务器上工作。

（3）JSP。JSP即Java Server Pages，是由Sun Microsystems公司于1999年6月推出的技术，是基于Java Servlet以及整个Java体系的Web开发技术。

JSP和ASP在技术方面有许多相似之处，不过两者来源于不同的技术规范组织。ASP一般只应用于Windows NT/2000平台，而JSP可以在85%以上的服务器上运行，而且基于JSP技术的应用程序比基于ASP的应用程序易于维护和管理，所以许多人认为JSP是未来最有发展前景的动态网站技术。

（4）.NET。.NET是ASP的升级版，也是由微软公司开发的，但是和ASP有天壤之别。.NET的版本有1.1、2.0、3.0、3.5、4.0。.NET是网站动态编程语言中最好用的语言，不过易学难精。从.NET 2.0开始，.NET把前台代码和后台程序分为两个文件管理，使得.NET的表现和逻辑相分离。.NET网站开发跟软件开发差不多，.NET的网站是编译执行的，效率比ASP高很多。.NET在功能性、安全性和面向对象方面都做得非常优秀，是非常不错的网站编程语言。

虽然以上四种技术在制作动态网页上各有特色，但仍在发展中，不够普及。对于广大个人主页的爱好者、制作者来说，建议尽量少用难度大的CGI技术。如果对微软公司的产品情有独钟，建议采用ASP技术；如果是Linux的追求者，建议采用PHP技术。

3. 网站开发软件

很多人对网页设计的称呼有些不一样，例如网站设计、网页美工、网站建设。其实网站建设跟网页设计不是一个概念，一个网站的完成包括前台设计与后台程序两部分。实际工作中这两部分是有明确分工的，即设计师只需要完成前台设计部分，后台程序由程序员完成。一般前台网页设计师最常用到的软件是PS（Photoshop）、Dreamweaver、Flash。

（1）Photoshop。Photoshop是由Adobe Systems公司开发和发行的图像处理软件。对于网站设计制作人员来说，它是不可缺少的一款专业的图片处理网页设计软件。可以说一个网页设计得是否成功，主要取决于网页上图片处理的精美程度。现在已经进入读图的网络时代，所以判断一个网站设计制作人员是否专业的重要因素之一就是能否熟练地掌握Photoshop。掌握了这款软件不但能在图片设计上发挥优势，还可以在网页制作过程中节省很多时间。

（2）Dreamweaver。Dreamweaver简称DW，中文名称为“梦想编织者”，最初由美国Macromedia公司开发，2005年被Adobe公司收购。DW是集网页制作和网站管理于一身的所见即所得的网页代码编辑器。利用对HTML、CSS、JavaScript等内容的支持，设计师和程序员可以在几乎任何地方快速地制作网页和进行网站建设。Dreamweaver也是目前很多网站设计建设者使用的一款软件，也可以说这款软件也是现在网页设计师使用最多的一款软件。

1.2 HTML基本概念

计算机网络发展如此迅速的一个主要原因是全球广域网（World Wild Web，WWW）的出现，用户不需要具有任何计算机网络的专业知识，就可以使用WWW中的超级链接访问Internet上任意的网络资源。一个完整的WWW结构如图1-1所示，其中客户端是浏览器（例如IE浏览器、谷歌的Chrome浏览器等），服务器端

图1-1　WWW结构

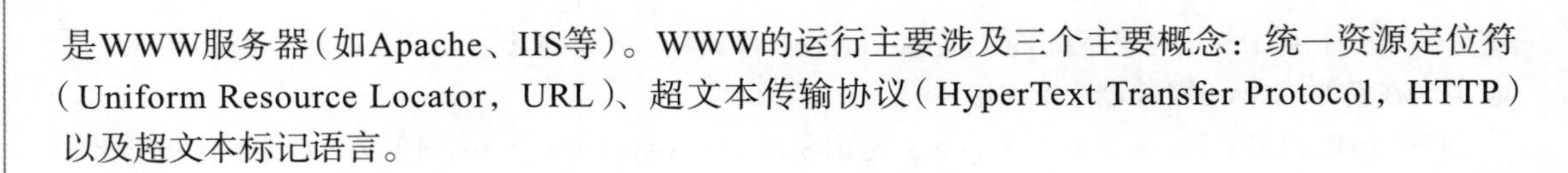

是WWW服务器（如Apache、IIS等）。WWW的运行主要涉及三个主要概念：统一资源定位符（Uniform Resource Locator，URL）、超文本传输协议（HyperText Transfer Protocol，HTTP）以及超文本标记语言。

1.2.1 超文本传输协议

超文本是用超链接的方法，将各种不同空间的文字信息组织在一起的网状文本。超文本通常以电子文档方式存在，其中的文字包含可以链接到其他位置或者文档的链接，允许从当前阅读位置直接切换到超文本链接所指向的位置。

超文本传输协议是指用于从WWW服务器传输超文本到本地浏览器的传输协议。该协议可以使浏览器更加高效，使网络传输减少，其不仅能保证计算机正确快速地传输超文本文档，还确定传输文档中的哪一部分内容首先显示（例如网页中的文本优先于图形进行显示）等。

超文本传输协议是客户端浏览器或其他程序与Web服务器之间应用层的通信协议。在Internet的Web服务器上存放的都是超文本信息，客户机需要通过HTTP协议访问所需的超文本信息。HTTP包含命令和传输信息，不仅可用于Web访问，也可以用于其他因特网或内联网应用系统之间的通信，从而实现各类应用资源超媒体访问的集成。

1.2.2 统一资源定位符

统一资源定位符是用于完整地描述Internet上资源位置和访问方法的一种简洁表示方法。Internet上的每一个资源都有唯一的名称标识，通常称之为URL地址或者网址。在统一资源定位符中包含的信息会指出文件的位置以及浏览器应该如何处理该文件。

1. URL语法格式

统一资源定位符一般由协议类型、存放资源的域名或主机IP地址，以及资源文件的路径名及相应参数组成，其语法格式如下：

```
协议://域名或IP地址[:端口号]/目录/文件名.文件后缀[?参数=参数值]
```

其中，协议告诉浏览器如何处理将要打开的文件，最常用的协议是HTTP（该协议可以用来访问网络）、HTTPS（用安全套接字层传送的超文本传输协议）；域名或IP地址用于指出当前需要访问的资源主机在网络中的位置，其中的域名会通过DNS服务器解析成对应的IP地址；端口号用于指出主机上的某个进程（进程指运行着的程序），在HTTP协议中端口号如果是默认值80，其值可以不写在URL地址中；参数为可选项，用于向请求的文件传递特定的参数。

一个典型的URL为：http://www.whpu.edu.cn/news/showNew.aspx?id=1624，其中使用的协议是HTTP协议，域名是www.whpu.edu.cn，端口号是默认值80，目录是news，需要访问的文件名是showNew.aspx，参数和参数值是id=1624。如果URL地址没有给出文件名，浏览器会使用URL引用路径中最后一个目录的默认主页文件，这个默认主页文件常常被称为index.html或default.htm。

2. 绝对URL和相对URL

统一资源定位符分成两种表示方法，一种是绝对URL，另一种是相对URL。绝对URL是显示文件的完整路径，这意味着绝对URL本身所在的位置与被引用的实际文件的位置无关；相对URL是以包含URL本身文件夹的位置为参考点来描述目标文件夹的位置。如果目标文件与当前页面（也就是包含URL的页面）在同一个目录，那么这个文件的相对URL仅仅是文件名和扩展名；如果目标文件在当前目录的子目录中，那么其相对URL是子目录名+斜杠+目标文件的文件名和扩展名。

如果要引用文件层次结构中更高层目录中的文件，可以使用两个句点（表示上层目录）和一条斜杠。另外，可以多次使用两个句点和一条斜杠方式来引用当前文件所在硬盘上的任何文件。图1-2是一个文件夹的目录结构。如果在index.htm文件中访问同级目录的bg.jpg文件，使用相对URL方式的语句如下：

jquery
jquery-3.2.0.min
jscript
images
bg
index.htm
demo

图 1-2　目录结构

```
<img src="bg.jpg">
```

如果在index.htm文件中访问父级目录的demo.png文件，使用相对URL方式的语句如下：

```
<img src="../demo.png">
```

如果在index.htm文件中访问同级目录images子目录下的bg.jpg文件，使用相对URL方式的语句如下：

```
<img src="images/bg.jpg">
```

如果在index.htm文件中访问父级目录jQuery子目录下的jquery-3.2.0.min文件，使用相对URL方式的语句如下：

```
<script src="../jquery/jquery-3.2.0.min.js"></script>
```

一般来说，对于同一服务器上的文件，应该总是使用相对URL，这样输入简单，并且在将页面从本地系统转移到服务器上时更方便，只要每个文件的相对位置保持不变，链接就有效。

1.2.3　超文本标记语言

1. 基本概念

超文本标记语言（HTML）是一种描述文档结构的标注语言，是通过标记符号来标记要显示网页中的各个部分。网页文件本身是一种文本文件，通过在文本文件中添加标记符，可以告诉浏览器如何显示其中的内容（如文字如何处理，页面如何安排，图片如何显示等）。浏览器按顺序阅读网页文件，然后根据标记符解释和显示其标记的内容，对书写出错的标记将不指出其错误，且不停止其解释执行过程，编制者只能通过显示效果来分析出错原因和出错位置。但需要注意的是，对于不同的浏览器，对同一标记符可能会有完全不同的解释，因此可能会有不同的显示效果。

2. 语言特点

超文本标记语言的文档制作并不复杂，但功能强大，支持不同数据格式的文件嵌入，这也是万维网流行的主要原因之一。其主要特点如下：

（1）简易性。超文本标记语言简单，且灵活方便。

（2）可扩展性。超文本标记语言的广泛应用带来增加标识符等要求，这些要求可采取子类元素的方式解决，为系统扩展带来保证。

（3）平台无关性。超文本标记语言可以运行在PC机、移动终端等不同的操作系统上，只要有浏览器就可以被解释执行。

（4）通用性。HTML是网络的通用语言，是一种简单、通用的标记语言，允许网页制作者建立文本与图片相结合的复杂页面，这些页面可以被网上任何人浏览，无论使用的是什么类型

的计算机或浏览器。

目前HTML的版本号是5.0。如果HTML文件的第一句是“<!doctype html>”，就是告诉浏览器该网页文件是以HTML5的版本标准进行网页解释执行的。

1.3 HTML文件

1.3.1 HTML 文件的基本结构

HTML文件是标准的ASCII文件，其后缀名为htm或html。可以使用任何能够生成TXT类型源文件的文本编辑器来制作HTML文件。HTML文件中的标记不区分大小写。

标准的HTML文件都具有一个基本的文档结构，标记一般都是成对出现的(部分标记也有单标记，例如
)。在超文本标记语言中，标记符<html>说明该文件是用超文本标记语言来描述的，是HTML文件的开头；</html>表示HTML文件的结尾。这一对双标记是超文本标记语言文件的开始标记和结尾标记，一般情况下这个标记内仅包含一对头部标记<head></head>与一对主体标记<body></body>。

标记符<head>和</head>分别表示头部信息的开始和结尾。<head>中的元素可以引用脚本、指示浏览器在哪里找到样式表、提供元信息等。绝大多数文档头部包含的数据不作为内容来显示，但影响网页显示的效果。头部中最常用的标记符是title标记符和meta标记符，其中title标记符用于定义网页的标题，其内容显示在网页窗口的标题栏中，网页标题可被浏览器用作书签和收藏清单；meta标记符用来描述一个HTML网页文档的属性，如作者、日期和时间、网页描述、关键词、页面刷新等。

标记符<body></body>表示网页的主体部分，也就是用户可以看到的内容，这一部分可以包含文本、图片、音频、视频等各种内容。

另外标记“<!--注释内容-->”是HTML语言中的注释语句。例1-1中列出HTML文件的基本结构，其运行结果如图1-3所示。

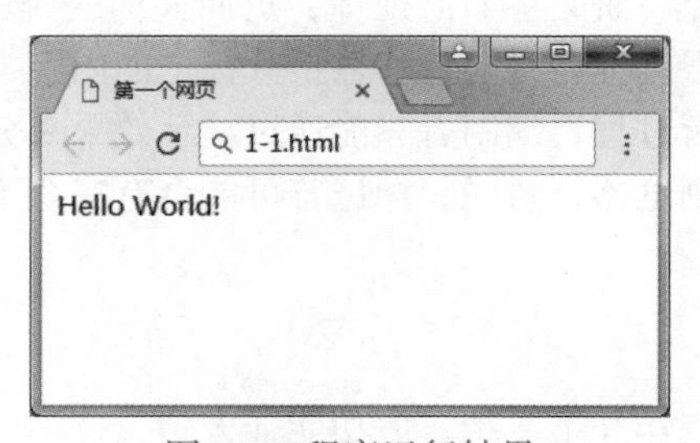

扫一扫，看视频

图 1-3　程序运行结果

【例 1-1】example1-1.html

```
<!doctype html>                    <!--文档声明：告诉浏览器以下文件用HTML5版本解析-->
<html>                             <!--告诉浏览器HTML文件开始-->
  <head>                           <!--表示HTML文件的头部-->
      <meta charset="UTF-8">       <!--网页的编码格式为UTF-8，即国际通用编码格式-->
      <title>第一个网页</title><!--网页的标题是“第一个网页”-->
  </head>                          <!--表示HTML文件的头部结束-->
  <body>                           <!--HTML文件的主体部分开始-->
```

```
        Hello World!              <!--在网页中显示的信息内容都放在body标签里-->
    </body>                       <!--HTML文件的主体部分结束-->
  </html>                         <!--HTML文件结束-->
```

1.3.2 HTML 标记的语法格式

HTML标记用于描述网页结构，也可以对页面对象样式进行简单的设置。所有标记都是由一对尖括号（“<”和“>”）和标记名构成的，并分为开始标记和结束标记。开始标记使用“<标记名>”表示，结束标记使用“</标记名>”表示。在开始标记中使用“属性="属性值"”格式进行属性设置，结束标记不能包含任何属性。标记中的标记名用来在网页中描述网页对象，属性和属性值用来提供HTML元素的相关信息。

HTML标记的语法格式如下：

```
<标记名称 属性="属性值" 属性="属性值"...>  ...  </标记名称>                （语法1-1）
```

例如把网页的背景颜色设置为黄色：

```
<body bgcolor="#FFFF00">  ...  </body >
```

通常标记都具有默认属性，当一个标记中只包含标记名时，标记将使用其默认属性。例如段落标记<p>，其存在一个默认的居左对齐方式。

HTML标记分为单标记和双标记。其中双标记如语法1-1，有一个开始标记和结束标记；单标记只有开始标记，没有结束标记。单标记的语法格式如下：

```
<标记名称 />                                                            （语法1-2）
```

例如：

```
<br />
```

另外，在HTML标记中，有些标记既可以作为单标记使用，也可以作为双标记使用，如<p>、<li>等。

HTML开始标记后面或标记对之间的内容就是HTML标记设置的内容，其中的内容可以是普通的文本，也可以是嵌套的标记。标记属性可以对标记所设置的内容进行一些简单样式的设置，如对文字颜色、字号、字体等样式进行设置。通过给属性设置不同的值，可以获得不同的样式效果。一个标记中可以包含任意多个属性，不同属性之间使用空格分隔，例如：

```
<body bgcolor="#FFFF00" text="#FF0000">
```

对于HTML标记，属性值可以使用引号括起来，也可以不使用引号。使用引号时既可以是单引号，也可以是双引号。例如，bgcolor="#FFFF00"及bgcolor=#FFFF00都正确。但需注意的是，引号必须配对使用，不能一边使用双引号，另一边使用单引号；要保证使用的引号必须是在英文输入法状态下输入的。另外，HTML标记和属性不区分大小写，即标记
、
和
的作用是一样的。

在<body bgcolor="#FFFF00" text="#FF0000">中定义的属性，含义是背景颜色为黄色，正文颜色为红色。在HTML中对颜色定义可使用3种方法，即直接颜色名称、十六进制颜色代码、十进制RGB码。

（1）直接颜色名称，可以在代码中直接写出颜色的英文名称，如<body text="red">，在浏览器上显示正文文字时就为红色。

（2）十六进制颜色代码，语法格式:#RRGGBB。参数值前的“#”号表示后面使用十六进制颜色代码，这种颜色代码由3部分组成，其中前两位十六进制数代表红色，中间两位十六进制

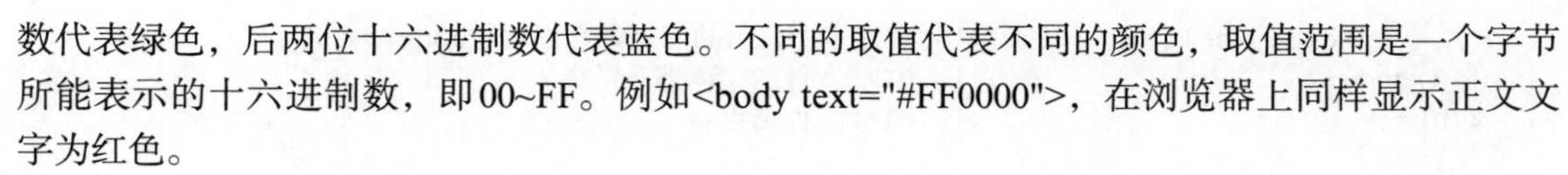

数代表绿色，后两位十六进制数代表蓝色。不同的取值代表不同的颜色，取值范围是一个字节所能表示的十六进制数，即00~FF。例如<body text="#FF0000">，在浏览器上同样显示正文文字为红色。

（3）十进制RGB码，语法格式：RGB(RRR,GGG,BBB)。在这种表示法中，后面3个参数分别是红色、绿色、蓝色，其取值范围是一个字节数的十进制表示方法，即0~255。以上两种表达方式可以相互转换，标准是十六进制与十进制的相互转换。例如<body text="rgb (255,0,0)">，在浏览器上同样显示正文文字为红色。

1.4 HTML常用标记

文本、图像、超链接是网页的3个基本元素。其中，文本是网页发布信息的主要形式。通过设置文本的大小、颜色、字体以及段落和换行等，可以使文本看上去整齐美观，错落有致。

1.4.1 文本标记

1. 标题标记

标题可用来分隔文章中的文字，概括文章中文字的内容，从而吸引用户的注意，起到提示作用。标题标记的语法格式如下：

```
<hn align="对齐方式"> 标题文本</hn>
```

HTML中提供了6级标题，为<h1>至<h6>，其中<h1>字号最大，<h6>字号最小。标题属于块级元素，浏览器会自动在标题前后加上空行。

align属性是可选属性，用于指定标题的对齐方式，其取值有3种：left、center、right，分别表示左对齐、居中对齐和右对齐。

例1-2中分别使用了<h1>到<h6>的标题，在浏览器中的显示效果如图1-4所示。

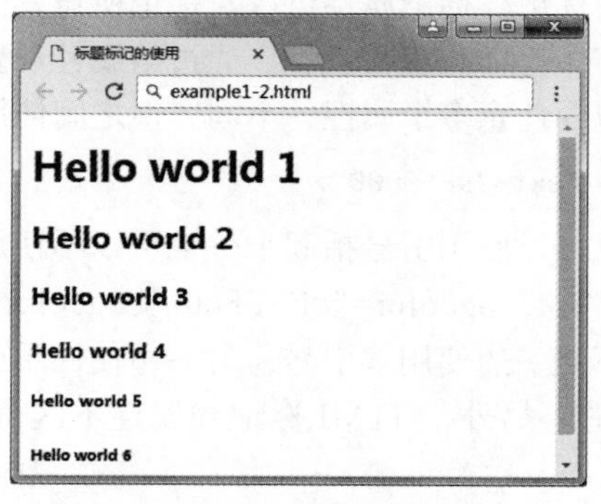

图1-4 设置标题

【例1-2】example1-2.html

```
<!doctype html>
<html>
  <head>
      <meta charset="UTF-8">
      <title>标题标记的使用</title>
```

```
    </head>
    <body>
        <h1>Hello world 1</h1>      <!--设置Hello World 1为一级标题样式显示-->
        <h2>Hello world 2</h2>
        <h3>Hello world 3</h3>
        <h4>Hello world 4</h4>
        <h5>Hello world 5</h5>
        <h6>Hello world 6</h6>      <!--设置Hello World 6为六级标题样式显示-->
    </body>
</html>
```

2. 字体标记

默认情况下，中文网页中的文字以黑色、宋体、3号字的效果显示。如果希望改变这种默认的文字显示效果，可以使用<font>字体标记及其相应的属性进行设置。字体标记的基本语法如下：

```
<font  face="字体名称"  size="字号"  color="字体颜色"> 文字 </font>
```

其中，face属性设置字体的类型，中文的默认字体是宋体；size属性指定文字的大小，其取值范围是1~7（文字的显示是从小到大，默认字号是3）；color属性设定文字颜色，颜色的表示可以用1.4.2小节讲述的3种方法进行表示，默认颜色是黑色。

例1-3中使用字体标记设置文字的字体、字号和颜色，在浏览器中的显示效果如图1-5所示。

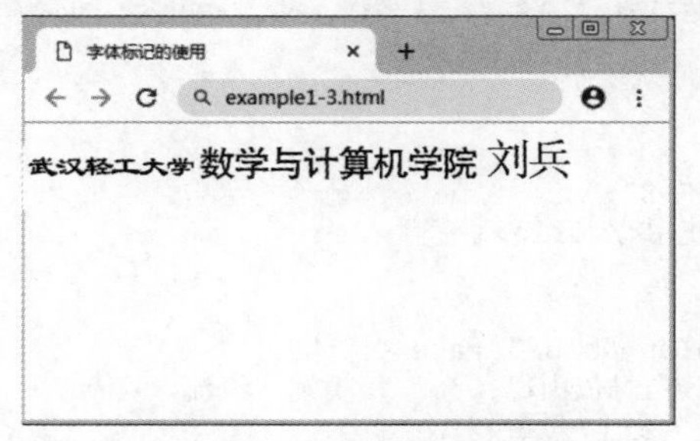

图1-5　设置字体

【例1-3】example1-3.html

```
<!doctype html>
<html>
  <head>
    <meta charset="UTF-8">
    <title>字体标记的使用</title>
  </head>
  <body>
    <font size="4" color="red" face="隶书">
      武汉轻工大学
    </font>
    <font size="5" color="green" face="黑体">
      数学与计算机学院
    </font>
    <font size="6" color="blue" face="宋体">
      刘兵
    </font>
  </body>
</html>
```

扫一扫，看视频

3. 段落标记

在HTML中创建一个段落的标记是<p>。在HTML中既可以使用单标记，也可以使用双标记。单标记和双标记的相同点是，都能创建一个段落；不同点是，单标记创建的段落会与上文产生一个空行的间隔；双标记创建的段落则与上下文同时有一个空行的间隔。

与标题字一样，段落标记也具有对齐属性，可以设置段落相对于浏览器窗口在水平方向上的居左、居中和居右对齐方式。段落的对齐方式同样使用align属性进行设置。其基本语法格式如下：

```
<p  align="对齐方式"> 段落内容 </p>
```

<p>标记是块级元素，浏览器会自动在<p>标记的前后加上一定的空白。

4. 换行标记

换行标记是
，该标记是一个单标记，在XHTML、XML以及未来的HTML版本中，不允许使用没有闭合标签的HTML元素，所以这种单标记都把结束标记放在开始标记中，也就是
。该标记的作用是换行，不能设置任何属性。

需要说明的是，一次换行使用一次
，多次换行需要使用多次
，连续使用两次
等效于一个段落换行标记<p />。

例1-4中使用段落标记和换行标记，在浏览器中的显示效果如图1-6所示。

【例1-4】example1-4.html

```
<!doctype html>
<html>
  <head>
    <meta charset="UTF-8">
    <title>换行标记的使用</title>
  </head>
  <body>
    <font size="5" color="blue" face="黑体">
      《登鹳雀楼》<p />白日依山尽，<br />黄河入海流。<br />
      欲穷千里目，<br />更上一层楼。
    </font>
  </body>
</html>
```

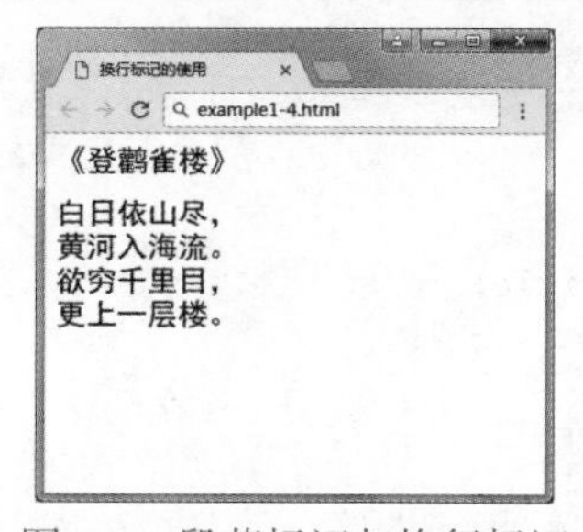

图1-6　段落标记与换行标记

5. 预格式化标记

HTML的输出是基于窗口的，因此HTML文件在输出时都要重新排版，即把文本上一些额外的字符（包括空格、制表符和回车符等）忽略。如果不需要重新排版内容，可以用预格式化标记<pre>…</pre>通知浏览器。

所谓预格式化指某些格式可以在源代码中预先设置，这些预先设置好的格式在浏览器解析源代码时被保留下来，即源代码执行后的效果与源代码中预先设置好的效果几乎完全一样。

例 1-5 是使用预格式化标记和不使用预格式化标记的对比，在浏览器中的显示效果如图 1-7 和图 1-8 所示，其中图 1-7 不使用<pre>标记，图 1-8 使用<pre>标记。

【例 1-5】example1-5.html

```
<!doctype html>
<html>
  <head>
    <meta charset="UTF-8">
    <title>预格式化标记的使用</title>
  </head>
  <body>
    <font size="6" color='blue'>
      <pre>
      《登鹳雀楼》

        白日依山尽
        黄河入海流
        欲穷千里目
        更上一层楼。
      </pre>
    </font>
  </body>
</html>
```

扫一扫，看视频

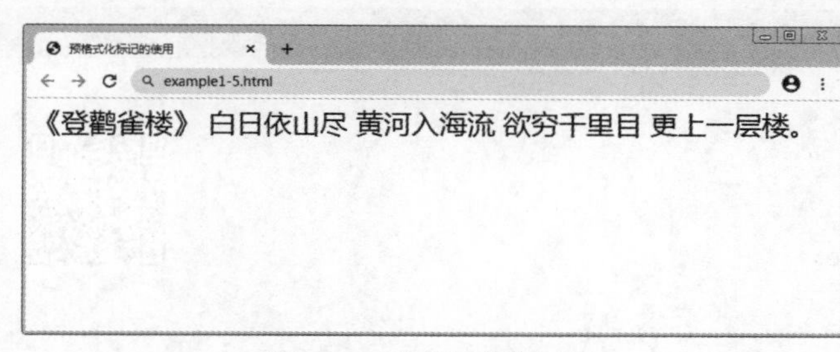

图 1-7　无预格式化标记

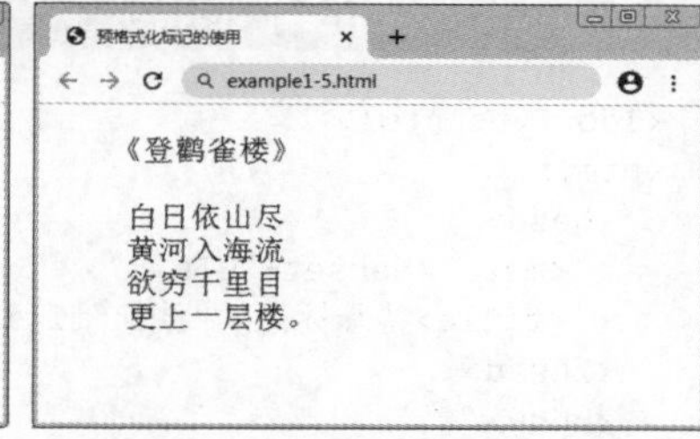

图 1-8　有预格式化标记

6. 转义字符

有些字符在HTML中具有特殊的含义，例如小于号“<”表示HTML标记的开始；还有一些字符无法通过键盘输入，这些字符对于网页来说都属于特殊字符。要在网页中显示这些特殊的字符，必须使用转义字符的方式进行输入。

转义字符由 3 部分组成，第一部分是“&”符号；第二部分是实体名字或者“#”加上实体编号；第三部分是分号，表示转义字符结束。转义字符的语法结构如下：

```
&实体名称;
```

例如，“<”可以使用“<”表示，“>”可以使用“>”表示，空格可以使用“ ”表示。常用的特殊字符与对应的字符实体见表 1-1。

表 1-1　常用的特殊字符与对应的字符实体

显示结果	描　述	实体名称
	空格	
<	小于号	<

续表

显示结果	描　述	实体名称
>	大于号	>
&	和号	&
"	引号	"
'	撇号	'（IE 不支持）
¢	分（cent）	¢
t	镑（pound）	£
¥	元（yen）	¥
€	欧元（euro）	€
§	小节	§
©	版权（copyright）	©
®	注册商标	®
™	商标	™
×	乘号	×
÷	除号	÷

同一个符号既可以使用实体名称，例如“<”，也可以使用实体编号，例如“<”，这两种方式都表示符号“<”。

例 1-6 中列出常用特殊字符在HTML文件中的写法，在浏览器中的显示效果如图 1-9 所示。

【例 1-6】example1-6.html

```
<!doctype html>
<html>
  <head>
    <meta charset="UTF-8">
    <title>特殊标记的使用</title>
  </head>
  <body>
    在HTML中，常用的特殊字符有：<br/>
      &lt;、&gt;、&amp;、&quot;、&copy;、&reg;、&trade;、&times;、&divide;等。
  </body>
</html>
```

扫一扫，看视频

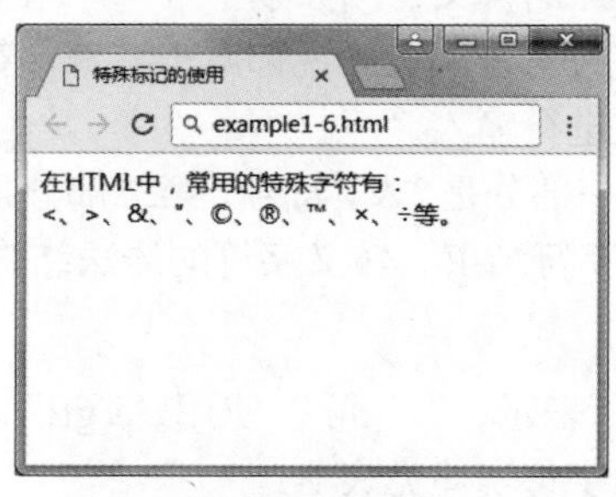

图 1-9　特殊字符

7. 文字修饰标记

使用文字修饰标记可以设置文字为粗体、倾斜、下划线等格式。文字不同的格式需要用不同的修饰标记。常用的文字修饰标记见表 1-2。

表 1-2　常用的文字修饰标记

标　记	描　述
<b>...</b>	加粗。如：<b>HTML 文件 </b>
<i>...</i>	斜体。如：<i>HTML 文本 </i>
<u>...</u>	下划线。如：<u>HTML 文本 </u>
<s>...</s>	删除线。如：<s> 删除线 </s>
^{...}	上标
_{...}	下标

例 1-7 中展示文字修饰标记的使用方法，在浏览器中的显示效果如图 1-10 所示。

【例 1-7】example1-7.html

```
<!doctype html>
<html>
  <head>
    <meta charset="UTF-8">
    <title>文字修饰标记</title>
  </head>
  <body>
    <u>
      下划线
      <i>
          倾斜下划线
          <b>加粗倾斜下划线</b>
      </i>
    </u>
    <h1>
      H<sub>2</sub>o<br/>
      X<sup>2</sup>+Y<sup>2</sup>=Z<sup>2</sup>
    </h1>
  </body>
</html>
```

扫一扫，看视频

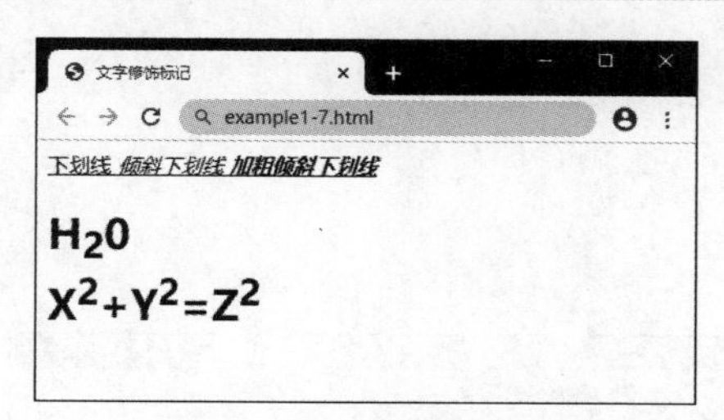

图 1-10　文字修饰标记

1.4.2　列表标记

在HTML页面中，列表可以使相关的内容以一种整齐划一的方式显示。列表分为两种类型，一种是无序列表，另一种是有序列表。前者用项目符号来标记项目，后者使用编号来记录项目顺序。

1. 无序列表

在无序列表中，各个列表项之间没有顺序级别之分，通常使用一个项目符号作为每个列表

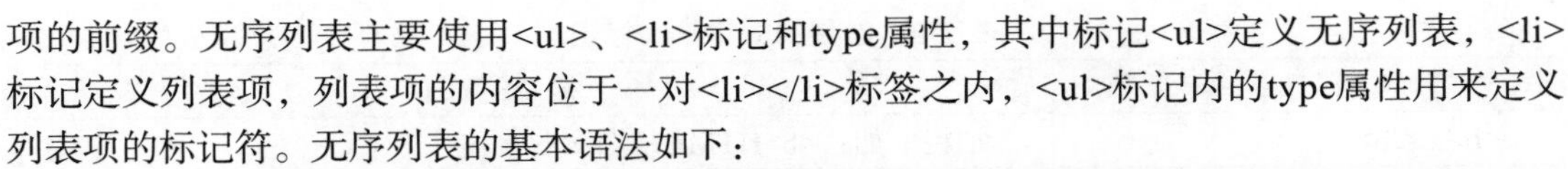
项的前缀。无序列表主要使用<ul>、<li>标记和type属性，其中标记<ul>定义无序列表，<li>标记定义列表项，列表项的内容位于一对<li></li>标签之内，<ul>标记内的type属性用来定义列表项的标记符。无序列表的基本语法如下：

```
<ul  type="列表项的标记符">
  <li>项目一 </li>
  <li>项目二 </li>
  <li>项目三 </li>
  ……
</ul>
```

其中type属性的取值定义如下：

- disc是默认值，为实心圆。
- circle为空心圆。
- square为实心方块。

例1-8中展示无序列表标记的使用方法，在浏览器中的显示效果如图1-11所示。

【例1-8】example1-8.html

```
<!doctype html>
<html>
  <head>
    <meta charset="UTF-8">
    <title>无序列表标记</title>
  </head>
  <body>
    Web前端语言：<br/>
    <ul>     <!--定义无序列表，表项标识符为默认的实心圆方式-->
      <li>HTML</li>
      <li>CSS</li>
      <li>JavaScript</li>
    </ul>
    Web服务器端语言：<br/>
    <ul type="circle">  <!--定义无序列表，表项标识符为空心圆方式-->
      <li>ASP.NET</li>
      <li>PHP</li>
      <li>JSP</li>
    </ul>
  </body>
</html>
```

扫一扫，看视频

图1-11　无序列表

2. 有序列表

有序列表使用编号，而不是项目符号来编排项目。列表中的项目由数字或英文字母开头，通常各项目间有先后的顺序性。在有序列表中，主要使用<ol>和<li>两个标记以及type和start属性。有序列表的基本语法如下：

```
<ol  type="列表项的标记符 "  start="起始值 ">
  <li>项目一 </li>
  <li>项目二 </li>
  <li>项目三 </li>
  ……
</ol>
```

在有序列表中，使用<ol>作为有序列表的声明，使用<li>作为每一个项目的起始。start属性定义列表项开始编号的位置序号。在有序列表的默认情况下，使用数字序号作为列表的开始，但可以通过type属性将有序列表的类型设置为英文或罗马字母。type属性各个取值的含义见表1-3。

表 1-3　有序列表 type 属性的取值描述

type 值	说　明
1	默认值。数字有序列表（1、2、3、4……）
a	按小写字母顺序排列的有序列表（a、b、c、d……）
A	按大写字母顺序排列的有序列表（A、B、C、D……）
i	按小写罗马字母顺序排列的有序列表（ⅰ、ⅱ、ⅲ、ⅳ……）
I	按大写罗马字母顺序排列的有序列表（Ⅰ、Ⅱ、Ⅲ、Ⅳ……）

例1-9中展示有序列表标记的使用方法，在浏览器中的显示效果如图1-12所示。

【例 1-9】example1-9.html

```
<!doctype html>
<html>
  <head>
    <meta charset="UTF-8">
    <title>有序列表标记</title>
  </head>
  <body>
    Web前端语言：<br/>
    <ol>     <!--定义有序列表，默认start="1" type="1"-->
      <li>HTML</li>
      <li>CSS</li>
      <li>JavaScript</li>
    </ol>
    Web服务器端语言：<br/>
    <ol type="I" start="2"> <!--从2开始，列表数字是大写罗马字母-->
      <li>ASP.NET</li>
      <li>PHP</li>
      <li>JSP</li>
    </ol>
  </body>
</html>
```

扫一扫，看视频

3. 嵌套列表

嵌套列表指在一个列表项的定义中嵌套另一个列表的定义。例1-10中展示在一个无序列

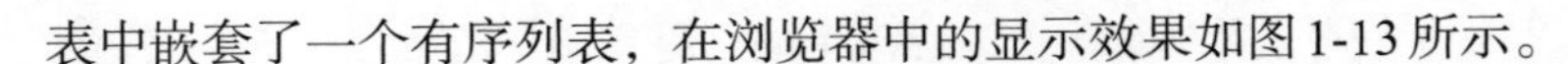
表中嵌套了一个有序列表，在浏览器中的显示效果如图 1-13 所示。

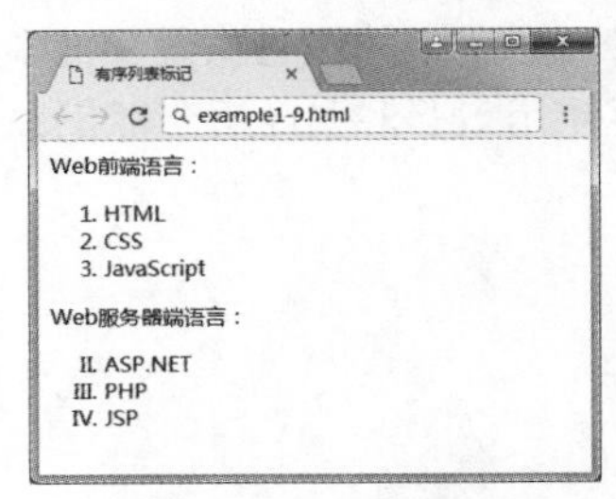

图 1-12　有序列表

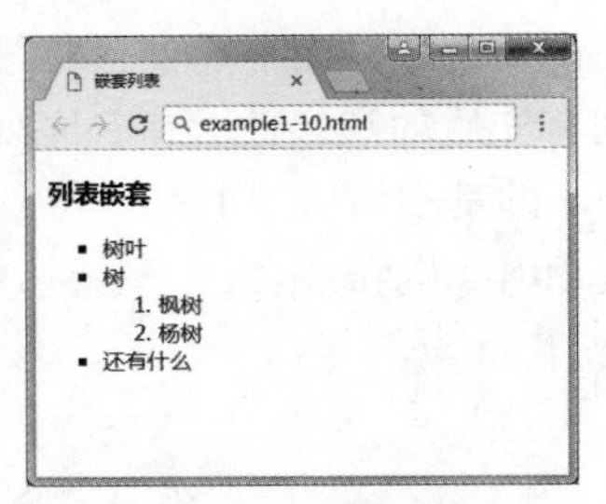

图 1-13　嵌套列表

【例 1-10】example1-10.html

```
<!doctype html>
<html>
  <head>
    <meta charset="utf-8">
    <title>嵌套列表</title>
  </head>
  <body>
    <h1>列表嵌套</h1>
    <ul type="square">
      <li>树叶</li>
      <li>树
        <ol>
          <li>枫树</li>
          <li>杨树</li>
        </ol>
      </li>
      <li>还有什么</li>
    </ul>
  </body>
</html>
```

扫一扫，看视频

1.4.3　分隔线标记

分隔线可以在HTML页面中创建一条水平线，水平线可以将文档分隔成若干个部分。分隔线标记是<hr>，其属性及说明见表 1-4。

表 1-4　<hr> 标记的属性及说明

属　性	说　明
align	设置水平线的对齐方式，取值为 left、center、right
noshade	设置水平线为纯色，无阴影
size	设置水平线的高度，单位为像素
width	设置水平线的宽度，单位为像素
color	设置水平线的颜色

例 1-11 中展示水平分隔线标记的使用方法，在浏览器中的显示效果如图 1-14 所示。

【例 1-11】example1-11.html

```
<!doctype html>
```

```
<html>
  <head>
    <meta charset="utf-8">
    <title>水平分隔线的建立</title>
  </head>
  <body>
    <center>
    《登鹳雀楼》
    <hr  size="10" width="100px" color="red">
      白日依山尽，<br/>
      黄河入海流。<br/>
      欲穷千里目，<br/>
      更上一层楼。<br/>
    </center>
    <hr align="center" color="blue" width="50%">
  </body>
</html>
```

扫一扫，看视频

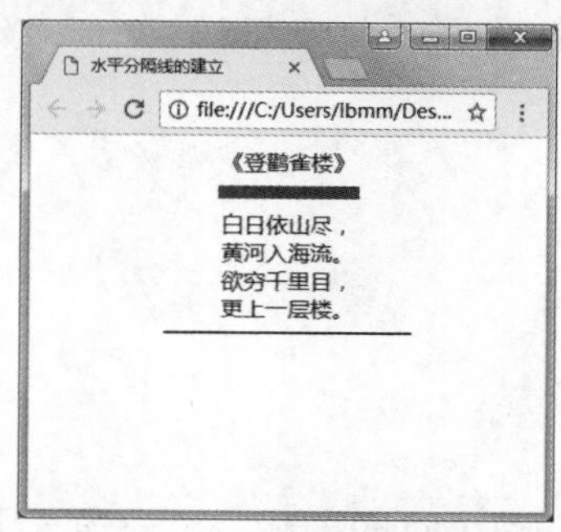

图 1-14　水平分隔线

1.4.4　超链接标记

超链接指从一个网页指向一个目标的连接关系，这个目标可以是另一个网页，也可以是相同网页上的不同位置，还可以是一幅图片、一个电子邮件地址、一个文件，甚至是一个应用程序。超链接在本质上属于网页的一部分，是一种允许同其他网页或站点之间进行连接的元素。各个网页链接在一起后，才能真正构成一个网站。单击已经链接的文字或图片后，链接目标将显示在浏览器上，并且根据目标的类型打开或运行。

网页上的超链接一般分为三种：第一种是绝对URL的超链接，简单地讲就是网络上的一个站点或网页的完整路径；第二种是相对URL的超链接，例如将网页上的某一段文字或某标题链接到同一网站的其他网页上；第三种是同一网页的超链接，这种超链接又叫作书签。

1. 文本链接

使用一对<a>标签创建文本链接，其语法格式如下：

```
<a  href="目标URL"  target="目标窗口">
    指针文本
</a>
```

其中，href属性用来指出文本链接的目标资源的URL地址；target属性用来指出在指定的目标窗口中打开链接文档。target属性的取值及其说明见表1-5。

表 1-5　target 属性的取值及其说明

target 属性值	说　明
_blank	在新窗口中打开目标资源
_self	默认值，在当前的窗口或框架中打开目标资源
_parent	在父框架集中打开目标资源
_top	在整个窗口中打开目标资源
框架名称	在指定的框架中打开目标资源

例如：

```
<a href = "http://www.whpu.edu.cn/" target="_blank">武汉轻工大学</a>
```

单击文本链接指针"武汉轻工大学"时，即可在新的浏览器窗口打开武汉轻工大学的主页内容。在这个例子中，充当文本链接指针的是文本"武汉轻工大学"。例1-12中展示了文本超链接的定义方法，在浏览器中的显示效果如图1-15所示。

【例 1-12】example1-12.html

```
<!doctype html>
<html>
  <head>
    <meta charset="utf-8">
    <title>文本链接</title>
  </head>
  <body>
    常用的购物网站有：
    <ul>
      <li><a href="http://www.taobao.com/">淘宝</a></li>
      <li><a href="http://www.jd.com" target="_blank">京东</a></li>
      <li><a href="http://www.suning.com" target="_top">苏宁</a></li>
    </ul>
  </body>
</html>
```

扫一扫，看视频

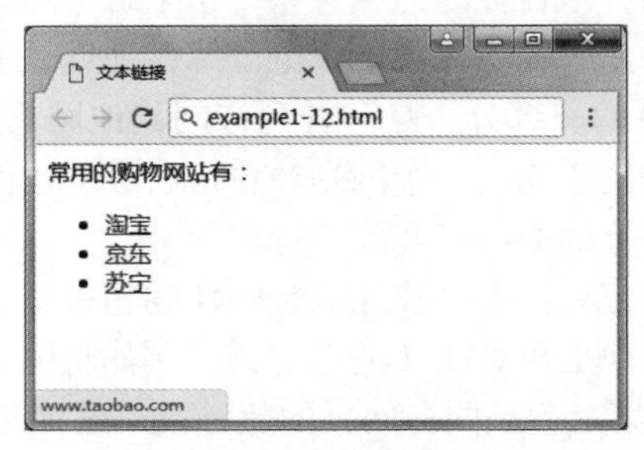

图 1-15　文本链接

2. 书签链接

当一个网页内容较多且页面过长时，浏览网页寻找页面的一个特定目标时，就需要不断地拖动滚动条，且找起来非常不方便，这种情况下需要用到书签链接。

书签链接可用于在当前页面的书签位置间跳转，也可跳转到不同页面的书签位置。创建书签链接需要两步：第一步是创建书签，第二步是创建书签链接。

（1）创建书签。创建书签的标记与链接标记相同，都是使用<a>标记。其基本语法结构如下：

```
<a name="书签名">[文字或图片]</a>
```

需要说明的是“[文字或图片]”中的“[]”表示一个可选项，其中的文字或图片是可有可无的，书签将在当前<a>标记位置建立一个name属性值指定的书签。注意：书签名不能有空格。

（2）创建书签链接。链接到同一页面的书签链接的定义语法如下：

```
<a href="#书签名">源端点</a>
```

链接到不同页面的书签链接的定义语法如下：

```
<a href="file_URL#书签名">源端点</a>
```

例1-13在example1-14.html中定义了书签<a name="top4">第4章</a>，现在要从example1-13.html中跳转到example1-14.html并且将位置定到书签“top4”所在的位置，就可以在example1-13.html中设置书签链接<a href="example1-14.html#top4">第4章</a>，例1-13的运行结果如图1-16、图1-17所示。

【例1-13（1）】example1-13.html

扫一扫，看视频

```
<!doctype html>
<html>
  <head>
    <meta charset="utf-8">
    <title>书签链接</title>
  </head>
  <body>
    书中目录：
      <ul>
        <li><a href="example1-14.html#top4">第4章</a></li>
        <li><a href="example1-14.html#top5">第5章</a></li>
      </ul>
  </body>
</html>
```

【例1-13（2）】example1-14.html

```
<!doctype html>
<html>
  <head>
      <meta charset="utf-8">
      <title>书签链接</title>
  </head>
  <body>
    书中目录：
      <ul>
        <li><a name="top1">第1章</a></li>
        <li><a name="top2">第2章</a></li>
        <li><a name="top3">第3章</a></li>
        <li><a name="top4">第4章</a></li>
        <li><a name="top5">第5章</a></li>
        <li><a name="top6">第6章</a></li>
        <li><a name="top7">第7章</a></li>
        <li><a name="top8">第8章</a></li>
        <li><a name="top9">第9章</a></li>
        <li><a name="top10">第10章</a></li>
```

```
            <li><a name="top11">第11章</a></li>
            <li><a name="top12">第12章</a></li>
            <li><a name="top13">第13章</a></li>
            <li><a name="top14">第14章</a></li>
            <li><a name="top15">第15章</a></li>
            <li><a name="top16">第16章</a></li>
            <li><a name="top17">第17章</a></li>
            <li><a name="top18">第18章</a></li>
        </ul>
    </body>
</html>
```

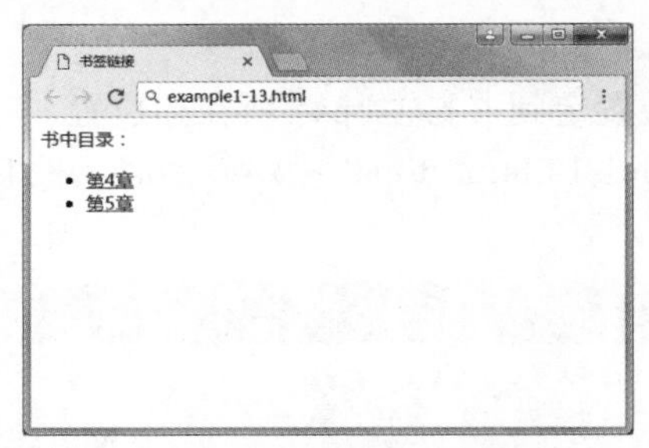

图 1-16　创建书签链接

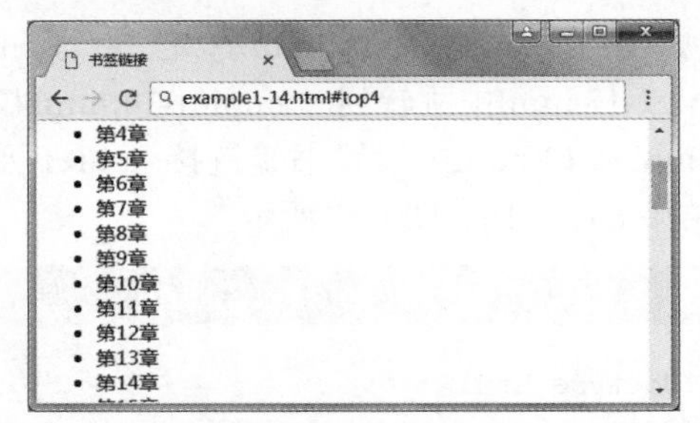

图 1-17　创建书签

1.4.5　图片标记

在HTML语言制作的网页文档中可以加载图像，可以把图像作为网页文档的内在对象（内联图像），也可以将其作为一个通过超链接下载的单独文档，或者作为文档的背景。

在文档内容中加入图像（静态的或者具有动画效果的图标、照片、说明、绘画等）时，文档会变得更加生动活泼，更加引人入胜，而且看上去更加专业、更具信息性并易于浏览，还可以专门将一个图像作为超链接的可视引导图。

HTML语言中没有规定图像的官方格式，但解释执行网页的浏览器规定了GIF（Graphics Interchange Format）和JPEG（Joint PhotograPhic ExPerts Group，联合图像专家组）图像格式作为网页的图像标准，其他多媒体格式大多需要特殊的辅助应用程序，每个浏览器的使用者都要获得、安装并正确地操作这些应用程序，才能在浏览器中正确地打开这些特殊的多媒体文件。

在Web出现以前，GIF和JPEG两种图像格式已经得到了广泛使用，所以有大量的支持软件可以创建这两种格式的图像。

GIF格式指图像交换格式，采用一种特殊的压缩技术，可以显著地减小图像文件的大小，从而在网络上更快地进行传输。GIF压缩是“无损”压缩，也就是说，图像中原来的数据不会发生改变或丢失，所以解压缩并解码后的图像与原来的图像完全一样。由于GIF格式的图像的颜色数目有限，使用GIF格式编码的图像并不是任何时候都适用，尤其是对那些具有照片一样逼真效果的图片来说并不合适。GIF格式可以用来创建非常好看的图标和颜色不多的图像及图画。此外，GIF图像还非常容易实现动画效果。

联合图像专家组是开发现在所使用的JPEG图像编码格式的标准化组织。和GIF图像一样，JPEG图像也是独立于平台的，而且为了通过数字通信技术进行高速传播而专门进行了压缩。和GIF图像不一样的是，JPEG图像支持数以万计的颜色，可以显示更加精细而且像照片一样逼真的数字图像。

JPEG图像使用的是特殊的压缩算法，从而可以实现非常高的压缩比。例如，把200 KB大小的GIF图像压缩到只有30 KB大小的JPEG图像，这种情况非常普遍。为了达到这样惊人的压缩率，JPEG格式要损失一些图像数据。然而，通过专门的JPEG工具可以调整这个“损失率”，这样尽管压缩后的图像和原来的图像并不完全一样，但大多数人都无法分辨出压缩前后的差别。

尽管JPEG格式对照片来说是一个不错的选择，但对插图来说就不那么合适了。JPEG格式使用的压缩和解压缩算法在处理大范围的颜色块时，会留下很明显的人工痕迹。所以，如果想显示出用线条描绘的图画，GIF格式更适合一些。JPEG格式通常由.jpg（或者.JPG）文件名来结尾。

在HTML语言中使用<img>标记在网页中嵌入图像，并设置图像的属性。其语法格式如下：

```
<img src="图片文件路径" alt="提示文本"  height="图片高度" width="图片宽度" />
```

其中，src属性和alt属性是必需的；通过height属性和width属性可以调整图片显示的大小，如果不设置这两个属性值，则使用图片原始的属性值，另外这两个属性的属性值可以是像素，也可以是百分数，如果是百分数则指相对于浏览器窗口的一个比例。有时为了对网页上的图片做某些方面的描述说明，或者当网页图片无法下载时能让用户了解图片内容，在制作网页时可以通过图片的alt属性对图片设置提示文本。

例1-14中展示了在网页中显示图片的方法，在浏览器中的显示效果如图1-18所示。

【例1-14】example1-15.html

```
<!doctype html>
<html>
  <head>
    <meta charset="utf-8">
    <title>图片使用</title>
  </head>
  <body>
    <img src="1-14.jpg" alt="图片默认的高度与宽度">
  </body>
</html>
```

扫一扫，看视频

<a>标记不仅可以为文字设置超链接，还可以为图片设置超链接。为图片设置超链接有两种方式，一种方式是将整个图片设置为超链接，只要单击该图片就可以跳转到链接的URL上；另一种方式是为图片设置热点区域，将图片划分为多个区域，单击图片不同的位置将会跳转到不同的链接上。

（1）将整个图片设置为超链接。例1-15中展示了在网页中如何将图片设置为超链接，并把图片大小设置成高150像素、宽200像素，在浏览器中的显示效果如图1-19所示。

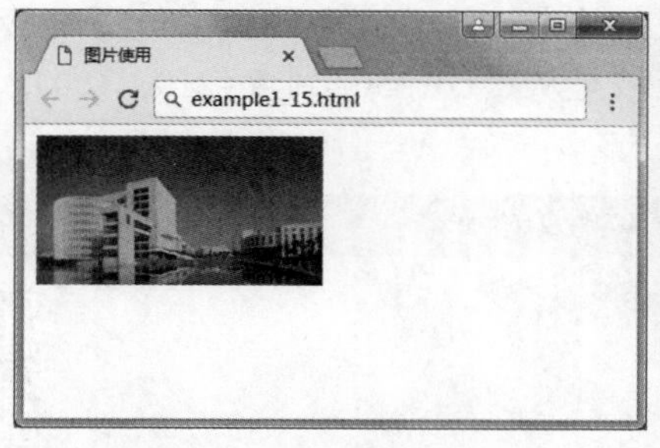

图1-18　图片标记

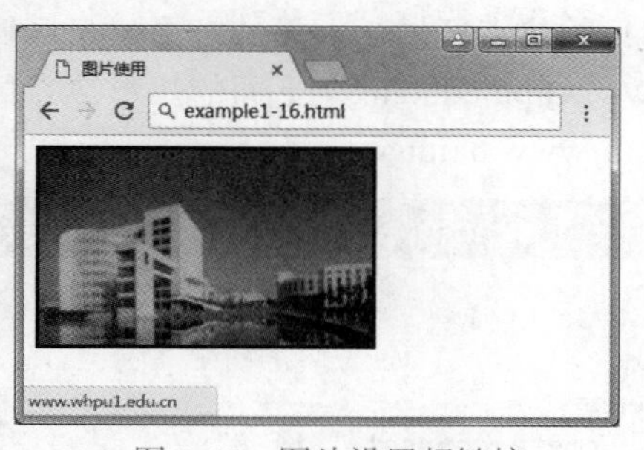

图1-19　图片设置超链接

【例 1-15】example1-16.html

扫一扫，看视频

```
<!doctype html>
<html>
  <head>
    <meta charset="utf-8">
    <title>图片使用</title>
  </head>
  <body>
    <a href="http://www.whpu.edu.cn">
      <img src="1-14.jpg" width="200" height="150" border="3">
    </a>
  </body>
</html>
```

（2）设置图片的热点区域。在定义图片的热点区域时，除了要定义图片热点区域的名称之外，还要设置其热区范围。可以使用IMG元素中的 usemap属性和<map>标记创建，其语法格式如下：

```
<img src="图片文件路径" usemap="#map名" />
<map name="map名">
    <area shape="图片热区形状" coords="热区坐标" href="链接地址"
</map>
```

其中usemap属性值中的“map名”必须是<map>标记中的name属性值，因为可以为不同的图片创建热点区域，每个图片都会对应一个<map>标签，不同的图片以usemap的属性值来区别不同的<map>标签。需要注意的是，usemap属性值中的“map名”前面必须加上“#”号。

<map>标记里至少要包含一个<area>元素，如果一个图片上有多个可单击区域，将会有多个<area>元素。在<area>元素里，必须指定coords属性，该属性值是一组用逗号隔开的数字，通过这些数字可以决定可单击区域的位置。但是coords属性值的具体含义取决于shape的属性值，shape属性用于指定可单击区域的形状，默认的单击区域是整个图片区域。shape属性的属性值可进行如下设置。

1）rect：指定可单击区域为矩形，coords的值为“x1,y1,x2,y2”，用以规定矩形左上角（x1，y1）和右下角（x2，y2）的坐标。

2）circle：指定可单击区域为圆形，此时coords的值为“x,y,z”，其中x和y代表圆心的坐标，z为圆的半径长度。

3）poly：指定多边形各边的坐标，coords的值为“x1,y1,x2,y2,...,xn,yn”，其中“x1,y1”为多边形第一个顶点的坐标，其他类似。HTML中的多边形必须是闭合的，所以不需要在coords的最后重复第一个顶点坐标来将整个区域闭合。

在例1-16中设定一个图像的高度为100像素，宽度为210像素。在此图片中设置上、下两个矩形图片的热点区域，上面的矩形热点区域是从点（0，0）到点（210，50），链接的地址是“http://www.whpu.edu.cn”，下面的矩形热点区域是从点（0，50）到点（210，100），链接的地址是“http://www.baidu.com/”。

【例 1-16】example1-17.html

扫一扫，看视频

```
<!doctype html>
<html>
  <head>
      <meta charset="utf-8">
```

```
      <title>图片热点区域</title>
    </head>
    <body>
      <img src="1-14.jpg" width="210" height="100" usemap="#myMap">
      <map name="myMap">
        <area shape="rect" coords="0,0,210,50" href="http://www.whpu.edu.cn">
        <area shape="rect" coords="0,50,210,100" href="http://www.baidu.com">
      </map>
    </body>
</html>
```

1.4.6 多媒体标记

1. 滚动字幕标记

使用<marquee>标记可以实现文字或者图片的跑马灯效果。例如，可以使一段文字从浏览器的右侧进入，横穿屏幕，到浏览器的左侧消失，也可以使一段文字从浏览器的下侧进入，到浏览器的上侧消失。具体采用哪种跑马灯效果可通过对应的属性控制。<marquee>标记的语法格式如下：

```
<marquee behavior="value" bgcolor="rgb" direction="value" scrollamount="value"
scrolldelay="value" truespeed="truespeed" loop="digit" height="value" width="value"
hspace="value" vspace="value">文字或图片</marquee>
```

<marquee>标记的属性及说明见表1-6。

表 1-6 <marquee> 标记的属性及说明

属　性	说　明
behavior	指定跑马灯效果，可以为 scroll（滚动）、slide（滑动）和 alternate（交替）
bgcolor	指定跑马灯效果区域的背景颜色
direction	指定跑马灯效果的移动方向，可以为 left（向左）、right（向右）、up（向上）和 down（向下）
scrollamount	指定每次移动的距离，取值为正整数，数值越大移动得越快
scrolldelay	指定每次移动的延迟时间，单位为毫秒
truespeed	指定跑马灯效果的速度，单位为毫秒
loop	指定跑马灯效果的运行次数，取值为整数，-1 为无限循环
height	指定跑马灯效果区域的高度，可以是像素值，也可以是百分比
width	指定跑马灯效果区域的宽度，可以是像素值，也可以是百分比
hspace	指定跑马灯效果区域左右的空白宽度，属性值为正整数，不包括单位
vspace	指定跑马灯效果区域上下的空白宽度，属性值为正整数，不包括单位

在例1-17中使用marquee标记创建了由左向右的滚动字幕，滚动速度为每200毫秒移动10像素。

【例 1-17】example1-18.html

```
<!doctype html>
<html>
  <head>
    <meta charset="utf-8">
    <title>滚动字幕</title>
  </head>
```

扫一扫，看视频

```
  <body>
    <marquee behavior="scroll" direction="right" scrollamount="10"  scrolldelay="200">
        这是一个滚动字幕。
    </marquee>
  </body>
</html>
```

2. 嵌入音视频文件

在网页中可以使用嵌入标记<embed>嵌入MP3音乐、电影等多媒体内容，使网页更加生动。其基本语法格式如下：

```
<embed src="音频或视频文件的URL"></embed>
```

在<embed>标记中，除了必须设置src属性之外，还可以设置其他属性获得所嵌入多媒体对象的不同表现效果。<embed>标记的常用属性及说明见表1-7。

表 1-7　<embed> 标记的常用属性

属　性	说　明
autostart	规定音频或视频文件是否在下载完之后自动播放，值可以为 true、false
loop	规定音频或视频文件是否循环及循环次数。属性值为正整数时，音频或视频文件的循环次数与正整数值相同；属性值为 true 时，音频或视频文件循环；属性值为 false 时，音频或视频文件不循环
hidden	规定控制面板是否显示，默认值为 no。值可以为 true、no
starttime	规定音频或视频文件开始播放的时间，默认从文件开头播放 语法：starttime=mm:ss（分 : 秒）
volume	规定音频或视频文件的音量大小，未定义则使用系统本身的设定值。其值是 0~100 之间的整数

例1-18中使用<embed>元素设置自动播放MP3音乐，该音乐自动播放3次。

【例1-18】example1-19.html

```
<!doctype html>
<html>
  <head>
    <meta charset="utf-8">
    <title>网页嵌入音乐</title>
  </head>
  <body>
    <embed src="Hotel California.mp3" width="230" height="260" loop="3" >
  </body>
</html>
```

扫一扫，看视频

1.4.7　标记类型

HTML标记分为三种，分别是行内标记、块状标记和行内块状标记。需要说明的是这三者可以互相转换。使用display属性能够将三者任意转换：

（1）display:inline；转换为行内标记。

（2）display:block；转换为块状标记。

（3）display:inline-block；转换为行内块状标记。

1. 行内标记

行内标记最常使用的就是<span>标记，其他的只在特定功能下使用。例如修饰字体<b>和<i>标记，还有<sub>和<sup>这两个标记可以直接做出下标、上标的效果。常用的行内标记及说明见表1-8。

表 1-8　常用的行内标记及说明

标记名	说　明	标记名	说　明
a	锚点	label	表格标签
abbr	缩写	q	短引用
acronym	首字	s	删除线
b	粗体	samp	定义范例计算机代码
big	大字体	select	项目选择
br	换行	small	小字体文本
cite	引用	span	常用内联标记
code	计算机代码	strike	中划线
dfn	定义字段	strong	粗体强调
em	强调	sub	下标
font	设定字体	sup	上标
i	斜体	textarea	多行文本输入框
img	图片	tt	电传文本
input	输入框	u	下划线
kbd	定义键盘文本	var	定义变量

行内标记的主要特征有以下几点：

（1）在CSS中设置宽/高无效。

（2）在CSS中margin属性仅能设置左右方向有效，上下无效;padding属性设置上下左右都有效，即会撑大空间。行内标记的尺寸由包含的内容决定。盒子模型中padding、border与块级元素并无差异，都是标准的盒子模型，但是margin属性只有水平方向的值，垂直方向并没有起作用。

（3）不会自动进行换行。

2. 块状标记

块状标记中具有代表性的就是div，其他常用的块状标记及说明见表1-9。为了方便程序员解读代码，一般都会使用特定的语义化标签，使代码可读性强，且便于查错。块状标记的主要特征有以下几点：

（1）在CSS的设置中，能够识别宽/高。

（2）在CSS的设置中，margin属性和padding属性的上下左右均对其有效。

（3）可以自动换行。

（4）多个块状标记的标签写在一起，默认排列方式为从上至下。

表 1-9　块状标记及说明

标记名	说　明	标记名	说　明
address	地址	h4	4 级标题
blockquote	块引用	h5	5 级标题
center	居中对齐块	h6	6 级标题

续表

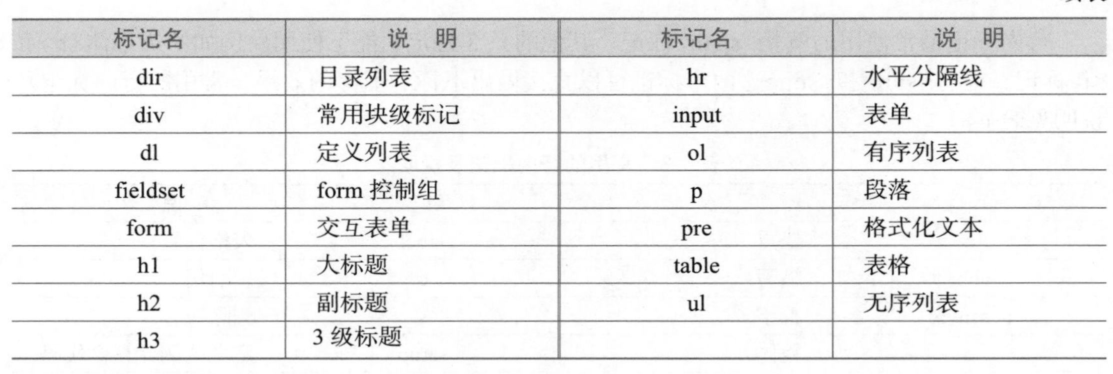

标记名	说　明	标记名	说　明
dir	目录列表	hr	水平分隔线
div	常用块级标记	input	表单
dl	定义列表	ol	有序列表
fieldset	form 控制组	p	段落
form	交互表单	pre	格式化文本
h1	大标题	table	表格
h2	副标题	ul	无序列表
h3	3 级标题		

3. 行内块状标记

行内块状标记综合了行内标记和块状标记的特性，但是各有取舍。因此在日常使用中，行内块状标记的使用次数比较多。行内块状标记的主要特征有以下几点：

（1）不自动换行。

（2）能够识别宽/高。

（3）默认排列方式为从左到右。

在HTML5中，程序员可以自定义标签，在任意定义标签中加入“display:block;”即可，当然也可以是行内标记或行内块状标记。

1.4.8　meta 标记

1. 概述

meta标记位于HTML文档的<head>和<title>之间，虽然其提供的信息用户不可见，却是文档最基本的元素信息。<meta>除了提供文档字符集、使用语言、作者等基本信息外，还涉及对关键词和网页等级的设定，所以meta标记的内容设计对于搜索引擎来说至关重要。合理利用meta标记的description和keywords属性，加入网站的关键字或者网页的关键字，可使网站更加贴近用户体验。

2. 属性

meta标记共有两个属性，分别是name属性和http-equiv属性。

（1）name属性。name属性主要用于描述网页，例如网页的关键词、叙述等。与之对应的属性值为content，content中的内容是对name填入类型的具体描述，便于搜索引擎抓取。meta标记中name属性的语法格式是：

```
<meta name="参数"  content="具体的描述">
```

其中name属性共有以下几种参数：

- keywords（关键字）：用于告诉搜索引擎该网页的关键字。例如：

```
<meta name="keywords" content="前端,CSS">
```

- description（网站内容的描述）：用于告诉搜索引擎该网站的主要内容。例如：

```
<meta name="description" content="热爱前端与编程">
```

- viewport（移动端的窗口）：常用于设计移动端网页。

（2）http-equiv属性。顾名思义，http-equiv相当于http的文件头的作用。meta标记中

http-equiv属性的语法格式为：

```
<meta http-equiv="参数" content="具体的描述">
```

其中http-equiv属性主要有以下几种参数：

- content-Type（设定网页字符集）：用于设定网页字符集，便于浏览器解析与渲染页面。例如：

```
<meta http-equiv="content-Type" content="text/html;charset=utf-8">
```

- expires（网页到期时间）：用于设定网页的到期时间，过期后网页必须到服务器上重新传输。例如：

```
<meta http-equiv="expires" content="Sunday 26 October 2018 01:00 GMT" />
```

- refresh（自动刷新并指向某页面）：网页将在设定的时间内自动刷新并调向设定的网址。例如，需要2秒后自动跳转到http://www.whpu.edu.cn/，代码如下：

```
<meta http-equiv="refresh" content="2; URL=http://www.whpu.edu.cn/">
```

- Set-Cookie（cookie设定）：如果网页过期，那么这个网页存在本地的cookies也会被自动删除。

```
<meta http-equiv="Set-Cookie" content="name, date"> //格式
```

京东首页的meta设置代码如下所示：

```
<meta charset="gbk">
<meta name="description" content="京东JD.COM-专业的综合网上购物商城，销售家电、数码通讯、电脑、家居百货、服装服饰、母婴、图书、食品等数万个品牌优质商品。便捷、诚信的服务，为您提供愉悦的网上购物体验!">
<meta name="Keywords" content="网上购物,网上商城,手机,笔记本,电脑,MP3,CD,VCD,DV,相机,数码,配件,手表,存储卡,京东">
```

1.5 网页调试

1.5.1 测试与调试环境

程序员制作的网页包括HTML、CSS和JavaScript三种不同形式的代码，在浏览器中运行时如果遇到错误，就需要反复检查程序源代码。如果有一个好的网页测试或调试工具，就能够尽快找到网页代码中的错误。

网站的测试及调试建议使用Chrome浏览器提供的开发者工具。打开Chrome浏览器后直接在页面上右击，在弹出的快捷菜单中选择“检查”命令，或者直接按F12键，进入开发者工具界面，如图1-20所示。

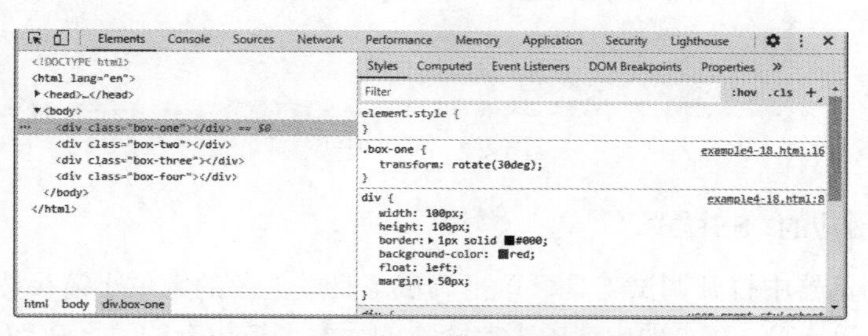

图 1-20　Chrome 浏览器的开发者工具

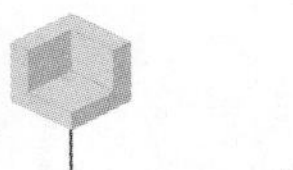

菜单项介绍如下：

（1）定位小箭头按钮：选中Elements面板，并启动该按钮，可以在页面中定位相应元素的源代码位置，或者选择源代码位置可定位到页面相应的元素。

（2）手机与PC视图切换按钮：单击该按钮，网页可以在PC屏幕样式上显示网页和在手机屏幕样式上显示网页之间进行转换。

（3）Elements面板：该面板显示了渲染完毕后的全部HTML源代码。双击HTML源代码或者右侧的CSS，可以更改网页外观，即可以对静态网页进行调试。

（4）Console面板：该面板用来显示网页加载过程中的日志信息，包括打印、警告、错误及其他可显示的信息等。该面板也是一个JavaScript交互控制台。

（5）Sources面板：该面板是浏览器加载当前页面时，所用到的资源文件的列表会按资源的URL进行分类。该面板最关键的用处是可以调试JavaScript，在该面板中可以找到对应的JavaScript文件，然后设置断点，进行调试。

（6）Network面板：该面板主要是加载页面过程中，发送的网络请求（包括加载资源）按照时间线的形式呈现，能够看到请求状态以及加载时间等。

Network面板记录了网络请求的详细信息，包括请求头、响应头、表单数据、参数信息等。

1.5.2 网页调试

1. 手机模式

Chrome浏览器可以模拟手机界面，在图1-20中单击“手机与PC视图切换”按钮，然后选择可以切换的手机型号，浏览器会以指定手机型号的屏幕大小显示需要浏览的网页，如图1-21所示。

图 1-21　手机模式

2. 查看元素对应的CSS样式

在Chrome浏览器中打开调试工具，单击调试工具左上角的定位小箭头按钮或者按快捷键Ctrl/Cmd + Shift + C。在页面中选中需要查看的元素，被检查的元素在DOM树中以蓝色背景突出显示，样式在右侧 Styles 选项卡区域内，如图 1-22 所示。

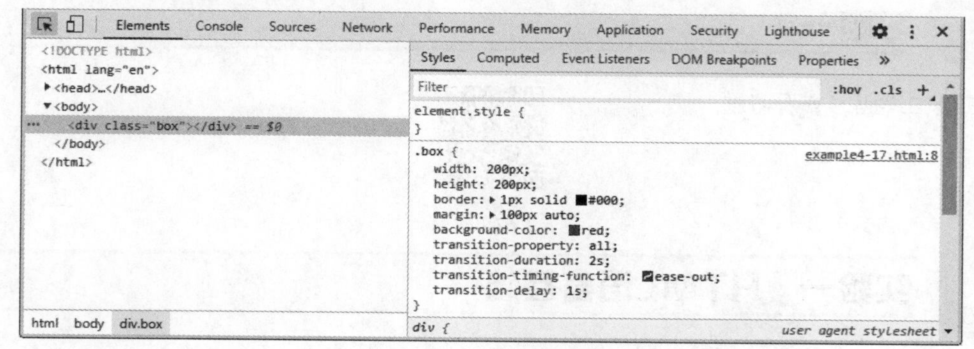

图 1-22　查看 CSS 样式

3. JavaScript设置断点

在Chrome浏览器中打开调试工具，单击调试菜单的 Sources选项卡，然后找到要调试的文件，在内容源代码左侧的代码标记行处单击，即可标记一个断点。再刷新Chrome浏览器，页面代码运行到断点处便会暂停执行，如图 1-23 所示，通过右侧的相关选项，可以查看变量内容。

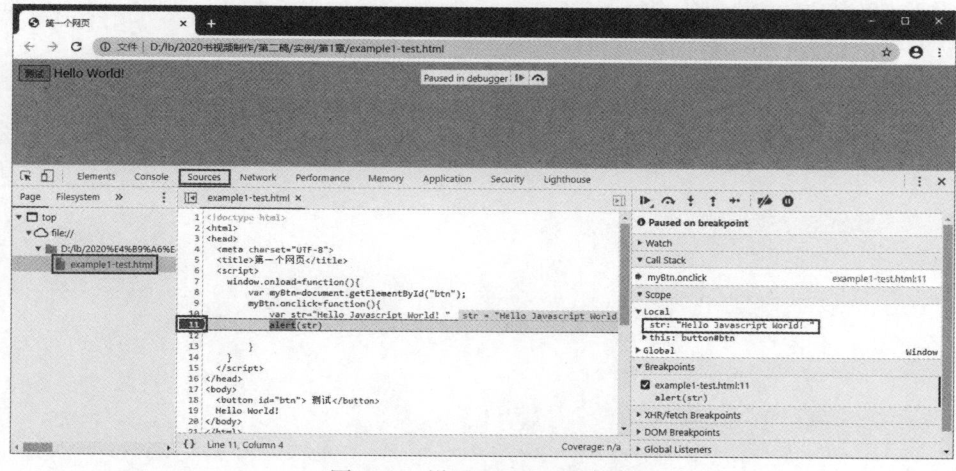

图 1-23　设置 JavaScript 断点

1.6 本章小结

本章重点讲述Web设计所需的主要Internet技术，并对HTML的基本概念进行了详细阐述。学习完本章后应能掌握Web主要内容，包括静态网页与动态网页的区别、超文本传输协议HTTP、统一资源定位符URL、超文本标记语言HTML、HTML文件的基本结构。特别需要重点理解HTML文档是基本结构，同时应该着重掌握HTML包含的许多标记元素，主要有<font>、<p>、
、<u>、<ol>、<a>、<img>等，通过设置标记的相关属性可以控制元素在网页中的显示样式。能够利用HTML语言编写一些简单的Web网页，而且可以利用所学知识分析一些知名网站的主页(如新浪主页等)的HTML语言结构。还应该对网页的测试和调试工具有所了解，即本书后续章节的网页在浏览器中运行出现问题或错误时，能够对网页错误进行调试。

1.7 习题一

扫描二维码，查看习题。

扫二维码
查看习题

1.8 实验一　HTML语言基础

扫描二维码，查看实验内容。

扫二维码
查看实验内容

CHAPTER

2 表格与表单

学习目标：

本章主要讲解HTML语言三类主要的标记：表格、表单、框架。通过对本章的学习，读者应该掌握以下主要内容：

- 表格的应用方式；
- 表单标记的语法结构；
- 不同表单标记的适用场合；
- 框架结构的划分方法。

思维导图（略图）

扫二维码
查看详细知识树导图

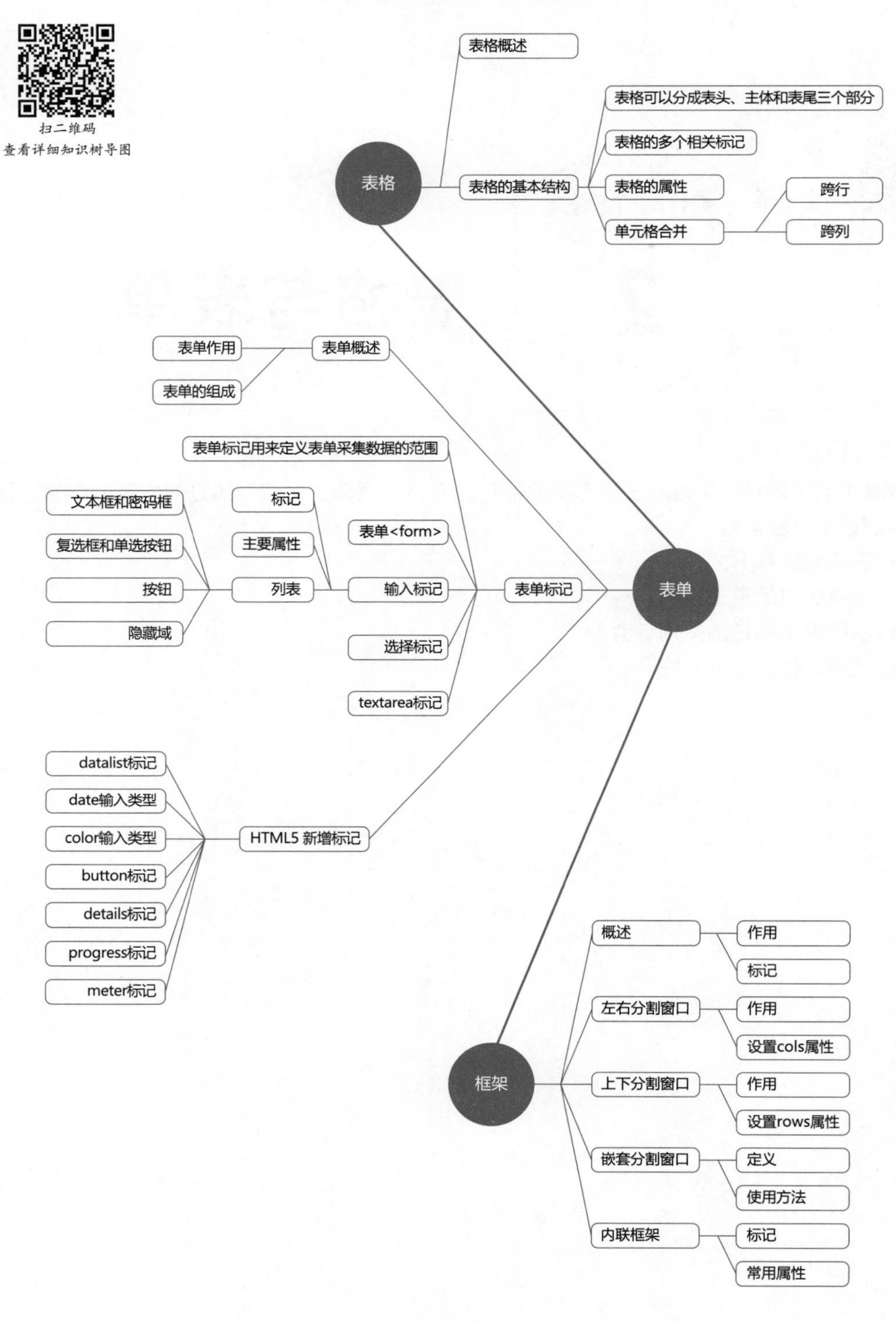

2.1 表 格

2.1.1 表格概述

表格通过行列的形式直观形象地将内容呈现出来，是文档处理过程中经常用到的一种对象。在HTML中，表格除了用来进行数据对齐之外，一个重要作用就是用于排版网页的页面内容，可以把任意的网页元素存放在HTML表格的单元格中（例如导航条、文字、图像、动画等），从而使网页中各个组成部分排列有序。

表格属于结构性对象，每个表格由若干行组成，每一行又由若干个单元格组成。表格内的具体信息放置在单元格中，单元格可以包含文本、图像、列表、段落、表单、水平线以及其他表格等。也就是说一个表格包括行、列和单元格三个组成部分。其中行是表格中的水平分隔，列是表格中的垂直分隔，单元格是行和列相交生成的区域。整个表格至少需要用三个标记来表示，分别是<table>、<tr>和<td>，其中< table>用于声明一个表格对象，<tr>用于声明一行，<td>用于声明一个单元格。表格的基本语法结构如下所示：

```
<table>
  <tr>
      ……
    <td>单元格内容</td>
      ……
  </tr>
  <tr>
      ……
    <td>单元格内容</td>
      ……
  </tr>
</table>
```

需要说明的是，表格中所有的<tr></tr>标记都必须放到<table></table>标记之间，一个<table></table>标记中有多少行，就需要有多少个<tr></tr>标记，而<td></td>标记需要放到<tr></tr>标记之间，一个<tr></tr>标记中有多少个单元格，就需要包含多少个<td></td>标记。需要注意的是，所有需要在表格中显示的内容（包括嵌套表格）都应放到单元格<td></td>标记对之间。

例2-1中制作了一个2行3列的表格，表格的宽度为300像素，边框线宽度为2像素，在浏览器中的显示效果如图2-1所示。

【例2-1】example2-1.htm

扫一扫，看视频

```
<!doctype html>
<html>
  <head>
    <meta charset="utf-8">
    <title>表格示例</title>
  </head>
  <body>
    <table width="300" border="2">
      <tr>
        <td>第1行第1个单元格</td>
        <td>第1行第2个单元格</td>
```

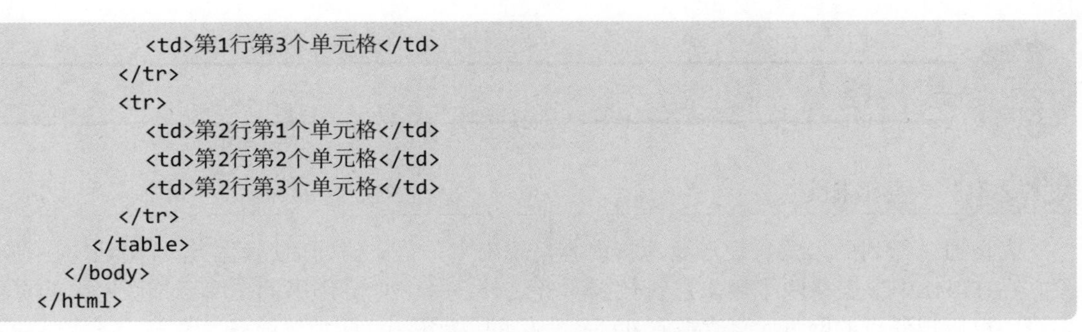

```
            <td>第1行第3个单元格</td>
          </tr>
          <tr>
            <td>第2行第1个单元格</td>
            <td>第2行第2个单元格</td>
            <td>第2行第3个单元格</td>
          </tr>
        </table>
      </body>
    </html>
```

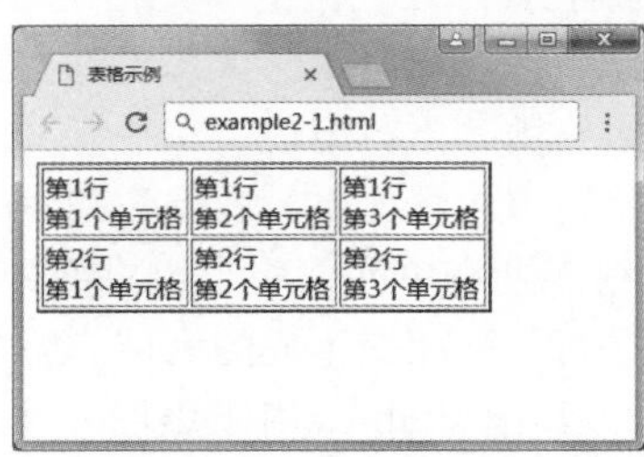

图 2-1　基本表格

在例2-1中，<table>标记中的width属性设置表格的宽度是300像素，border属性设置表格的边框线是2像素。

2.1.2　表格的基本结构

从结构上看，表格可以分成表头、主体和表尾三个部分，分别用<thead>、<tbody>、<tfoot>标记表示。表头和表尾在一张表格中只能有一个，而一张表格可以有多个主体。

对于大型表格来说，应该将<tfoot>出现在<tbody>的前面，这样浏览器显示数据时，有利于加快表格的显示速度。另外，<thead>、<tbody>、<tfoot>标记内部都必须使用<tr>标记。

使用<thead>、<tbody>、<tfoot>对表格进行结构划分的好处是可以先显示<tbody>的内容，而不必等整个表格下载完成后才能显示。无论<thead>、<tbody>、<tfoot>的顺序如何改变，<thead>的内容总是在表格的最前面，<tfoot>的内容总是在表格的最后面。

例2-2是使用<thead>、<tbody>、<tfoot>结构制作的表格，表格的宽度为300像素，边框线宽度为2像素，并把表尾的三个单元格合并，同时<tfoot>标记定义的内容放到<tbody>标记的前面，但其显示结果仍然按照<thead>、<tbody>、<tfoot>结构的顺序在浏览器中显示。例2-2在浏览器中的显示效果如图2-2所示。

【例2-2】example2-2.htm

```
<!doctype html>
<html>
  <head>
    <meta charset="utf-8">
    <title>表格基本结构</title>
  </head>
  <body>
    <table border="2" width="300">
      <caption>教师信息表</caption>
      <thead>
```

```
        <tr>
          <th>工号</th>
          <th>姓名</th>
          <th>性别</th>
        </tr>
      </thead>
      <tfoot>
        <tr>
          <td colspan="3" align="center">这里是表尾</td>
        </tr>
      </tfoot>
      <tbody>
        <tr>
          <td>8888</td>
          <td>刘艺丹</td>
          <td>女</td>
        </tr>
      </tbody>
    </table>
  </body>
</html>
```

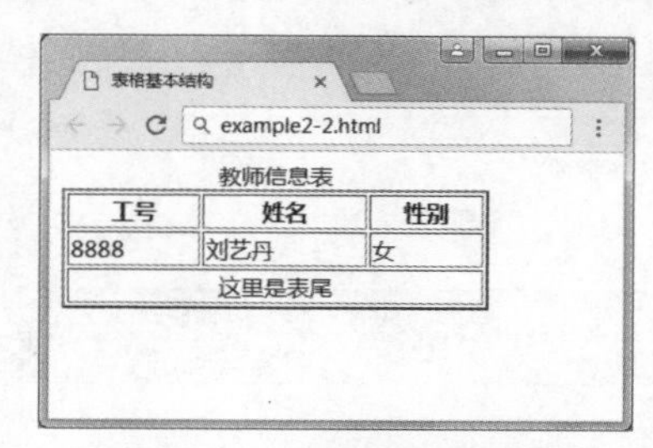

图 2-2　表格的基本结构

例2-2中使用了表格的多个相关标记，例如<caption>、<th>。表2-1中列出了这些表格相关标记的说明。

表 2-1　表格相关标记的说明

元　素	说　明
table	表格的最外层标记，代表一个表格
tr	单元行，由若干单元格横向排列而成
td	单元格，包含表格数据
th	单元格标题，与 td 作用相似，但一般作为表头行的单元格
thead	表头分组
tfoot	表尾分组
tbody	表格主体分组
colgroup	列分组
caption	表格标题

2.1.3　表格的属性

使用<table>标记可以设置表格的高度、宽度、边框线的粗细、对齐方式、背景颜色、背景图片、单元格间距和边距等表格属性。表2-2中列出了这些属性及其说明。

表 2-2　表格的基本属性

属　性	说　明
align	表格的对齐方式，通常是 left（左对齐）、center（居中对齐）、right（右对齐）
border	表格边框
bordercolor	表格边框的颜色
bgcolor	表格的背景颜色
background	表格的背景图片
cellspacing	单元格之间的间距
cellpadding	单元格的内容与其边框的内边距
height	表格高度
width	表格宽度

例2-3中表格通过border属性设定表格边框线的宽度为2像素；通过bordercolor属性设定表格边框线的颜色为红色；通过width属性设定表格宽度为400像素；通过height属性设定表格高度为60像素；通过cellspacing属性设定单元格之间的间距为1像素；通过cellpadding属性设定单元格的内容与其边框的内边距为2像素；通过align属性设定表格为居中对齐；通过background属性设定表格的背景图片文件名为“2-3.jpg”；通过bgcolor属性设定表格的背景颜色为粉色。例2-3在浏览器中的显示效果如图2-3所示。

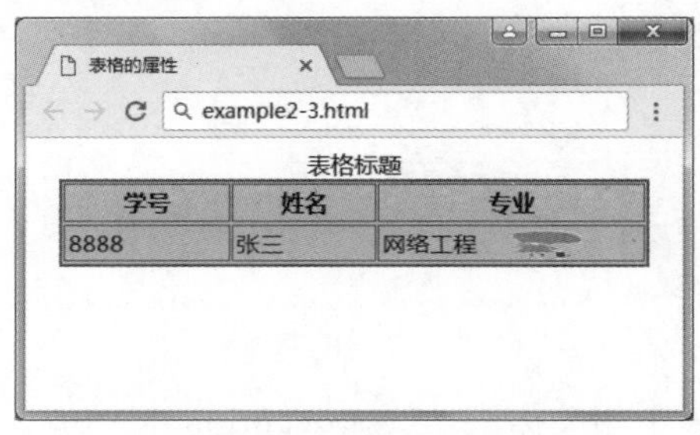

图 2-3　表格的属性

【例2-3】example2-3.htm

```
<!doctype html>
<html>
  <head>
    <meta charset="utf-8">
    <title>表格的属性</title>
  </head>
  <body>
    <table align="center" border="2" bgcolor="pink" background="2-3.jpg" bordercolor="red"
width="400px" height="60px" cellspacing="1" cellpadding="2">
    <caption>表格标题</caption>
      <tr>
        <th>学号</th>
        <th>姓名</th>
        <th>专业</th>
      </tr>
      <tr>
        <td>8888</td>
        <td>张三</td>
        <td>网络工程</td>
```

扫一扫，看视频

```
        </tr>
      </table>
    </body>
  </html>
```

使用<table>标记可以从总体上设置表格属性，根据网页布局的需要，还可以单独对表格中的某行和某一个单元格进行属性设置。在HTML文档中，<tr>标记用来生成和设置表格中一行的标记，其属性的语法格式如下：

```
<tr height="行高" align="水平对齐方式" valign="垂直对齐方式"  bgcolor="背景颜色">
```

例2-4中表格通过border属性设定表格边框线的宽度为2像素；通过width属性设定表格宽度为400像素；在表格的第二行<tr>标记中，通过align属性设定表格水平方向为居中对齐；通过height属性设定表格高度为100像素；通过valign属性（取值可以为top顶端对齐、middle居中对齐、bottom底端对齐）设定该行的垂直方向为居中对齐；通过bgcolor属性设定该行的背景颜色为黄色。例2-4在浏览器中的显示效果如图2-4所示。

【例2-4】example2-4.htm

```
<!doctype html>
<html>
  <head>
    <meta charset="utf-8">
    <title>表格的行属性</title>
  </head>
  <body>
    <table border="2" width="400px"  >
    <caption>学生信息</caption>
      <tr>
        <td>学号</td>
        <td>姓名</td>
        <td>专业</td>
      </tr>
      <tr align="center" valign="middle" height="100px" bgcolor="yellow" >
        <td>8888</td>
        <td>张三</td>
        <td>网络工程</td>
      </tr>
    </table>
  </body>
</html>
```

扫一扫，看视频

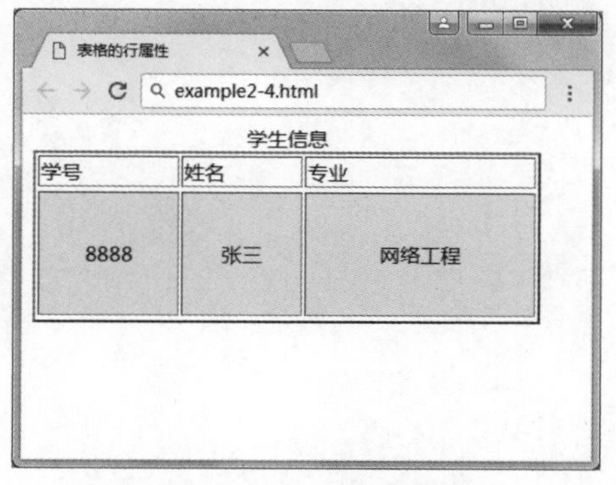

图2-4　表格的行属性

2.1.4 单元格合并

默认情况下，表格中每行的单元格高度和宽度都是一样的，但很多时候，由于制表需要或布局页面的需要，表格每行的单元格数目不一致，这时表格就需要执行跨行或跨列操作，也就是需要合并单元格。跨行和跨列功能可以分别通过单元格的rowspan和colspan属性实现，其基本语法如下：

```
<td rowspan="所跨行数" colspan="所跨列数">
```

需要说明的是，rowspan和colspan的属性值是一个具体的数值。在例2-5中制作一个2行5列的表格，要求把表格第1行和第2行的最后一个单元格合并，并在此合并的单元格中放入一张图片；把表格第2行的中间3个单元格合并，并在此合并单元格中放入一个超链接；把表格第3行的后面4个单元格合并。例2-5在浏览器中的显示效果如图2-5所示。

图2-5　单元格合并

【例2-5】example2-5.htm

```
<!doctype html>
<html>
  <head>
    <meta charset="utf-8">
    <title>合并单元格</title>
  </head>
  <body>
    <table border="2" width="400px" >
    <caption>大奖赛登记表</caption>
      <tr>
        <td>报名号</td>
        <td>00757</td>
        <td>性别</td>
        <td>女</td>
        <td rowspan="2">
          <img src="2-5.jpg" alt="登记照">
        </td>
      </tr>
      <tr>
        <td>姓名</td>
        <td colspan="3">
```

```
            <a href="#">李四</a>
          </td>
        </tr>
        <tr>
          <td>推荐单位</td>
          <td colspan="4">武汉科技有限公司</td>
        </tr>
      </table>
    </body>
  </html>
```

2.2 表 单

2.2.1 表单概述

表单是一个容器，用来收集客户端要提交到服务器端的信息。客户端将信息填写在表单的控件中，当用户单击表单中的提交按钮时，表单中控件所包含的信息就会被提交给表单的action属性所指定的服务器处理程序。表单的使用非常广泛，是网页上用于输入信息的区域，例如向文本框中输入文字，在选项框中进行选择等。从表单的设计到服务器返回处理结果的流程包括：

(1)通过表单控件设计表单。

(2)通过浏览器将表单显示在客户端。

(3)在客户端填写相关信息，并单击表单中的提交按钮，将表单提交给处理程序。

(4)服务器处理完表单后，将生成的结果返回给客户端浏览器。

1. 表单的组成

在一个网页中可以包含多个表单。每一个表单有三个基本组成部分，分别是：

(1)表单标签：包含处理表单数据使用的服务器端程序的URL以及数据提交到服务器的方法。

(2)表单域：包含文本框、密码框、隐藏域、多行文本框、复选框、单选按钮、下拉选择框和文件上传框等，用来收集用户需要提交到服务器的数据。

(3)表单按钮：包括提交按钮、重置按钮和普通按钮。这些按钮的触发事件用于将数据传送到服务器上的CGI脚本或者取消输入，还可以用表单按钮来控制其他定义了处理脚本的处理工作。

2. 表单标记

表单标记用来定义表单采集数据的范围，其起始标记和结束标记分别是<form>和</form>，在该标记中包含的数据将被提交到服务器或者电子邮件中。表单标记的语法格式如下所示：

```
<form action="URL" method="get|post" enctype="..." target="...">
</form>
```

其中：

(1) action="URL"，用来指定服务器端处理提交表单信息的程序是什么。也就是用户单击提交按钮后，用户输入的信息由action的属性值所指定的服务器端程序来接收数据，而action

的属性值可以是一个URL地址或一个电子邮件地址。

（2）method="get|post"，用来指明提交表单数据到服务器所使用的传递方法。使用post方法将会在传送表单信息的数据包中包含名称/键值对，并且这些信息对用户是不可见的。post方法的安全性比较高，传送的数据量相比get方法要大，所以一般推荐使用post方法进行数据传送。

get方法是把名称/键值对加在action的URL后面，并且把所形成的URL送至服务器。get方法的安全性较差，传输的数据量小，一般限制在2 KB左右，但其执行效率比post方法高。

（3）enctype="..."，enctype属性规定在发送到服务器之前应该如何对表单数据进行编码。

默认enctype的属性值为"application/x-www-form-urlencoded"，即该编码在发送到服务器之前，将所有字符都进行编码（空格转换为加号，特殊符号转换为ASCII HEX值）；multipart/form-data属性值不对字符编码，在使用包含文件上传控件的表单时，必须使用该值；text/plain属性值会把信息中的空格转换为“+”加号，但不对特殊字符编码。

（4）target="..."，用来指定提交数据给服务器后，服务器所返回的文档结果的显示位置，该属性的取值及含义如下。

- _ blank：在一个新的浏览器窗口中显示文档。
- _ self：在当前浏览器中显示指定文档。
- _ parent：把文档显示在当前框的直接父级框中，如果没有父框时等价于_self。
- _ top：把文档显示在原来的最顶部浏览器窗口中，因此取消所有其他框架。

2.2.2 表单标记详解

在form的开始与结束标记之间，除了可以使用html标记外，还有三个特殊标记，分别是input（在浏览器的窗口上定义一个可以供用户输入的单行窗口、单选按钮或复选框）、select（在浏览器的窗口上定义一个可以滚动的菜单，用户在菜单内进行选择）、textarea（在浏览器的窗口上定义一个域，用户可以在这个域内输入多行文本）。

1. input标记

HTML中的input标记是表单中最常用的标记。网页中常见的文本框、按钮等都是用这个标记定义的。input标记定义的语法格式如下所示：

```
<input  type="..."  name="..."  value="...">
```

其中，type属性用来说明提供给用户进行信息输入的类型，例如文本框、单选按钮或复选框。type属性的取值见表2-3。

表 2-3　input 标记 type 属性的属性值及说明

属性值	说　明
text	表示在表单中使用单行文本框
password	表示在表单中为用户提供密码输入框
radio	表示在表单中使用单选按钮
checkbox	表示在表单中使用复选框
submit	表示在表单中使用提交按钮
reset	表示在表单中使用重置按钮
button	表示在表单中使用普通按钮

（1）文字输入和密码输入。例2-6说明文字输入框和密码输入框的制作方法，在浏览器中

显示的结果如图2-6所示。

【例2-6】example2-6.htm

```
<!doctype html>
<html>
  <head>
    <meta charset="utf-8">
    <title>表单</title>
  </head>
  <body>
    <form action="reg.jsp" method="post">
      请输入您的真实姓名：<input type="text" name="userName"><br>
      您的主页的网址：<input type="text" name="webAddress" value="http://"><br>
      密码：<input type="password" name="password"><br>
      <input type="submit" value="提交">
      <input type="reset" value="复位">
    </form>
  </body>
</html>
```

扫一扫，看视频

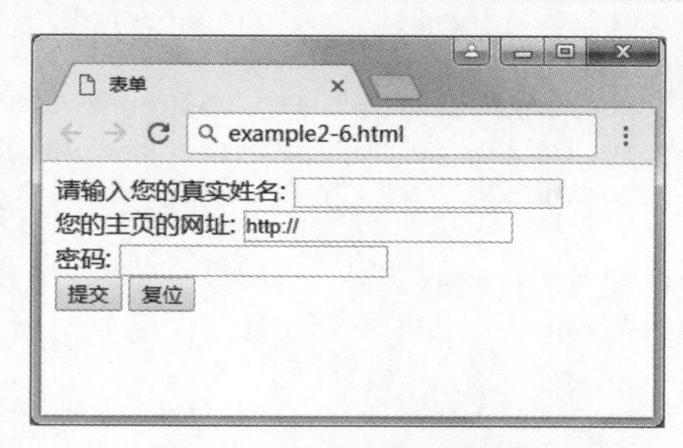

图2-6　文本框和密码框

从例2-6可以看出，第8行至第14行使用了制作表单的标记<form>…</form>。第9行是单行文本框标记，并设置属性name="userName"，这个属性定义了文本框在这个表单中的名字为userName，以便和其他文本框区别，用户在这个文本框中输入信息并送到Web服务器后（本例可看出是由服务器端的reg.jsp接收输入的信息）就激活了服务器端的reg.jsp程序，在该程序中获得这个文本框输入的内容就要用到userName这个名字。第10行同样定义了一个文本框，但其设置属性value="http://"，表示该文本框的默认值为value="http://"，图2-6中显示在第2行。第11行是密码输入框，其与文本框是有区别的，文本框是用户输入什么值就在文本框中显示什么值，而密码输入框是不管用户输入什么值都以“*”显示。

如果需要限制用户输入数据的最大长度时，在input标记中需要使用最大长度的属性maxlength。例如，一般中国人的名字最多为5个汉字即10个字节，所以在控制用户输入姓名时限制其最大长度为10，则可把上例中的第9行改成：

```
请输入您的真实姓名：<input type="text" name="userName" maxlength="10"><br>
```

（2）复选框和单选按钮。在网页中要求用户输入一些个人基本信息时，有些信息只能进行选择而不能由用户自行输入。这些数据有可能在服务器端进行一些统计，所以输入的数据必须有严格限制，这时就需要用到复选框或者单选按钮。例如性别选项，不能输入而只能进行选择，因为性别只可能是“男”或者“女”，这种形式的选择框叫单选按钮，即在几个选项中仅能选中一个。另外有一种选择框叫“复选框”，即允许用户选中多个。单选按钮和复选框的语法格式如下：

```
单选按钮：<input type="radio" value="..."  checked>
复选框：<input type= "checkbox" value="..."  checked>
```

其中checked属性表示在初始情况下该单选按钮或复选框是否被选中。例2-7是单选按钮和复选框的使用实例，特别注意的是，定义为一组的单选按钮其name属性值必须相同。例2-7在浏览器中的显示结果如图2-7所示。

【例2-7】example2-7.htm

```
<!doctype html>
<html>
  <head>
    <meta charset="utf-8">
    <title>表单</title>
  </head>
  <body>
    <form action="reg.asp" method="post" >
      选择一种你喜爱的水果:
      <br><input type="radio" name="sg" value="banana">香蕉
      <br><input type="radio" name="sg" value="apple">苹果
      <br><input type="radio" name="sg" value="orange">橘子
      <br>选择你所喜爱的运动:
      <br><input type="checkbox"  name="ra1" value="football">足球
      <br><input type="checkbox"  name="ra2" checked value="basketball">篮球
      <br><input type="checkbox"  name="ra3" value="volleyball">排球
      <br>
      <input type="submit" value="提交">
      <input type="reset" value="重新输入">
    </form>
  </body>
</html>
```

扫一扫，看视频

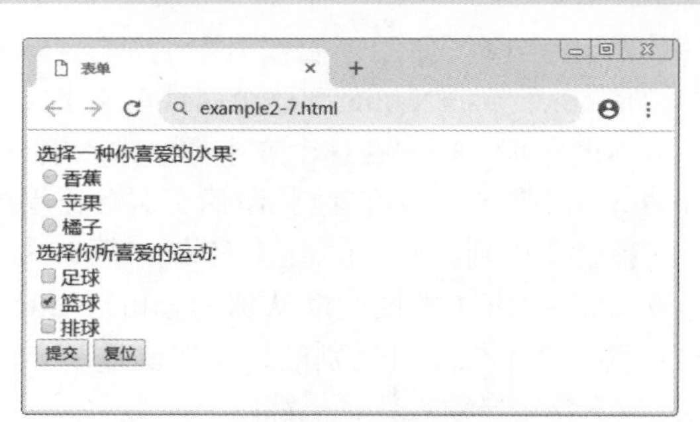

图2-7　单选按钮和复选框

（3）按钮。例2-6和例2-7中有两个按钮，一个是“submit”按钮，另一个“reset”按钮。其实“submit”按钮的真正含义叫“提交”，单击这个按钮后，用户输入的数据就会提交给一个驻留在Web服务器上的程序，该程序由<form>标记内的action属性来决定是哪个服务器程序，然后该服务器接收用户输入的信息并进行处理。提交按钮在表单中是必不可少的。当设置“submit”按钮时，可以通过设置value属性来改变“submit”按钮上显示的文字，例如value="提交"。如果省略value属性，则浏览器窗口的按钮上出现“submit”字样。

在浏览器中常用的另一种按钮叫“reset”按钮。单击这个按钮后，用户在表单中输入的数据被全部清除，必须重新输入新的数据。可以通过value属性设置reset按钮上显示的文字，例如value="重新输入"。

（4）隐藏域。隐藏域用来收集或发送信息的不可见元素。对于网页的访问者来说，隐藏域是看不见的。当表单被提交时，隐藏域就会将信息设置时定义的名称和值发送到服务器上。隐藏域的语法格式如下所示：

```
<input type="hidden" name="..." value="...">
```

2. select 标记

在制作HTML文件时，使用<select>...</select>标记可以在浏览器窗口中设置下拉式菜单或带有滚动条的菜单，用户可以在菜单中选中一个或多个选项。select标记的语法格式如下所示：

```
<select name="" size="" multiple>
  <option value="选项1">选项1
  ……
  <option value="选项n">选项n
</select>
```

select标记中有几个常用属性，分别是name、size、multiple。其中name属性是用户提交表单时，服务器程序用于获取用户输入信息的名字;size属性控制在浏览器窗口中这个菜单选项的显示条数;multiple属性设置用户一次是否可以选择多个选项，如果缺省multiple，用户一次只能选一项，类似于单选，有multiple属性时就是多选，使用组合键Shift键或Ctrl键，一次可以选中几个选项。

在select的开始和结束标记之间，通过option标记确定下拉列表选项，有几个选项就需要有几个option标记，选项的具体内容写在每个option之后。option标记的某个选项如果需要默认被选中，可以在该option标记中定义selected属性。若在select标记中设定multiple属性，可以在多个option标记中带有selected属性，表示这些选项已经预先被选中。

例2-8中定义了一个出生年的下拉列表，在这些年份中2000年默认被选中，在浏览器中的显示结果如图2-8所示。

【例2-8】example2-8.htm

```
<!doctype html>
<html>
  <head>
    <meta charset="utf-8">
    <title>select标记</title>
  </head>
  <body>
    出生年：
      <select name="birthYear" >
      <option value="1998">1998
      <option value="1999">1998
      <option value="2000" selected>2000
      <option value="2001">2001
      <option value="2002">2002
      <option value="2003">2003
      <option value="2004">2004
      <option value="2005">2005
      </select>
  </body>
</html>
```

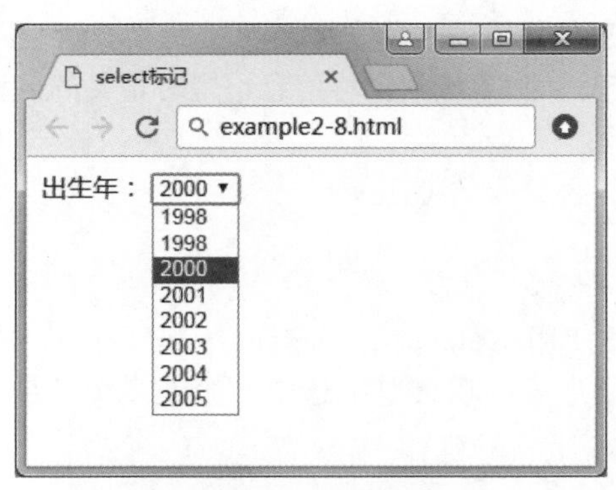

图 2-8　下拉列表框

3. textarea标记

在表单中如果需要输入大量的文字，特别是包括换行文字时，需要使用<textarea>多行文本框标记。在HTML中，<textarea>标记的语法格式如下：

```
<textarea name="..." cols="..." rows="..." wrap="off/virtual/physical">
</textarea>
```

其中：

（1）name属性，多行文本框的名称，这项是必不可少的，服务器端通过这个名字获取这个文本框所输入的信息。

（2）cols属性，垂直列。在没有进行样式表设置时，该属性的值表示一行中可容纳的字节数。例如cols=60，表示一行中最多可容纳60个英文字符，也就是30个汉字。另外需要说明的是文本框的宽度也是通过这个属性调整的。

（3）rows属性，水平行，表示可显示的行数。例如rows=10，表示可显示10行。超过10行，需要拖动滚动条进行查看。

（4）通常情况下，用户在输入文本区域中输入文本时，只有按下Enter键时才产生换行。如果希望启动自动换行功能（word wrapping），需要将wrap属性设置为virtual或physical。当用户输入的一行文本大于文本区的宽度时，浏览器会自动将多余的文字挪到下一行，在文字中最近的那一点进行换行。wrap="virtual"时，将实现文本区内的自动换行，以改善对用户的显示，但在传输数据给服务器时，文本只在用户按下Enter键的地方进行换行，其他地方没有换行效果；wrap="physical"时，将实现文本区内的自动换行，并以这种形式传送给服务器。因为文本要以用户在文本区内看到的效果传输给服务器，因此使用自动换行是非常有用的方法；如果把wrap设置为off，将得到默认的动作。

例如将60个字符的文本输入到一个40个字符宽的文本区域内：

```
word wrapping is  a feature that makes life easier for users.
```

如果设置为wrap="wrap"，文本区会包含一行文本，用户必须将光标移动到右边才能看到全部文本，这时将把一行文本传送给服务器；如果设置为wrap="virtual"，文本区会包含两行文本，并在单词"makes"后面换行，但是只有一行文本被传送到服务器，没有嵌入新行字符；如果设置为wrap="physical"，文本区会包含两行文本，并在单词"makes"后面换行，这时发送给服务器的是两行文本，单词"makes"后的新行字符将分隔这两行文本。

例2-9定义了一个多行文本框，主要是了解<textarea>标记的使用方法。例2-9在浏览器中的显示结果如图2-9所示。

【例2-9】example2-9.htm

```
<!doctype html>
<html>
  <head>
    <meta charset="utf-8">
    <title>textarea标记</title>
  </head>
  <body>
    备注：<br/>
    <textarea wrap="physical" name="bz" cols="40" rows="4">
    </textarea>
  </body>
</html>
```

扫一扫，看视频

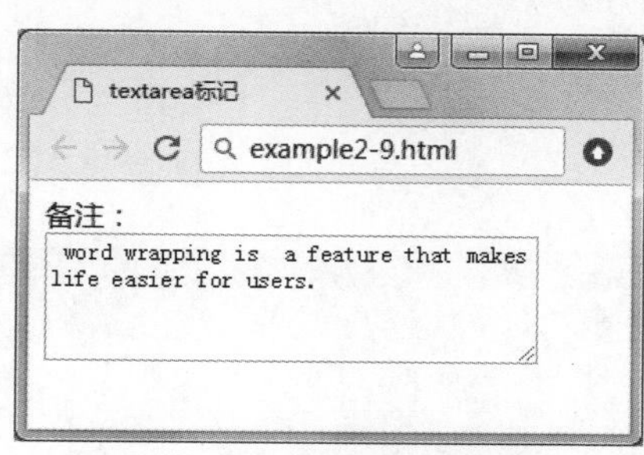

图 2-9　多行文本框

2.2.3　HTML5 新增标记

1. datalist标记

用户需要输入一串字符串（例如用户名）时，通常会用<input type="text"/>标记来提示用户进行数据输入，此时用户可以随意地输入内容。假如需要限制用户输入数据的可能性（例如输入国家名称），可以使用<select>元素来限制可选内容。如果在用户自由输入的同时需要给用户一些建议选项，这就需要使用<datalist>元素。

datalist元素用于定义输入框的选项列表，列表通过datalist内的option元素创建。如果用户不希望从列表中选择某项，也可以自行输入其他内容。datalist元素通常与input元素联合使用来定义input的取值。在使用<datalist>标记时，需要通过id属性为其指定一个唯一标识，然后为input元素指定list属性，将该属性值设置为option元素对应的id属性值即可。用例2-10来说明datalist标记的使用方法，在浏览器中的显示结果如图2-10所示。

【例2-10】example2-10.htm

```
<!doctype html>
<html>
  <head>
    <meta charset="utf-8">
    <title>datalist标记</title >
  </head>
  <body>
    <label>请选择合适的编辑器:</label>
      <input type="text" id="txt_ide" list="ide" />
```

扫一扫，看视频

```
        <datalist id="ide">
          <option value="Brackets" />
          <option value="Coda" />
          <option value="Dreamweaver" />
          <option value="Espresso" />
          <option value="jEdit" />
          <option value="Komodo Edit" />
          <option value="Notepad++" />
          <option value="Sublime Text 2" />
          <option value="Taco HTML Edit" />
          <option value="Textmate" />
          <option value="Text Pad" />
          <option value="TextWrangler" />
          <option value="Visual Studio" />
          <option value="VIM" />
          <option value="XCode" />
      </datalist>
    </body>
  </html>
```

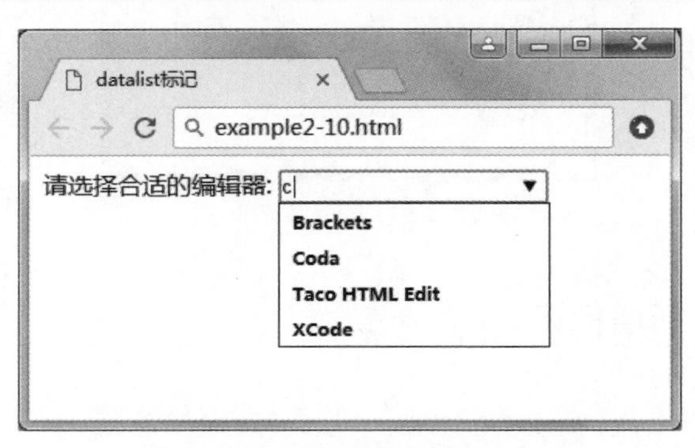

图 2-10　datalist 标记

2. date输入类型

很多页面和Web应用中都有输入日期和时间的需求，例如订飞机票、火车票、酒店等网站。在HTML5之前，对于这样的页面需求，最常见的方法是用JavaScript日期选择组件实现日期的选择，该组件提供将日期填充到指定的输入框中的功能。

现在HTML5里的input标记增加了date类型给浏览器实现原生日历的方法。在HTML5规范里只规定date新型input的输入类型，并没有规定日历弹出框的实现和样式。所以，各浏览器可根据自己的设计实现日历。

目前只有谷歌浏览器完全实现了日历功能，在不久以后所有的浏览器最终都将会提供原生的日历组件。定义date日历的语法格式如下：

```
<input type="date" name="..." value="..." min="..." max="..." step="...">
```

其中，min属性设置日期或时间的最小值;max属性设置日期或时间的最大值;step属性针对不同的类型有不同的默认步长（date类型的默认步长是1天）。

日期、时间型input常用的有date（日期）、week（周）、month（月）、time（时间）、datetime（日期时间）和datetime-local（本地日期和时间）。

例2-11说明了date类型的input标记的使用方法，定义了用户从2000年1月到2008年12月进行月份的选择，在浏览器中的显示结果如图2-11所示。

【例2-11】example2-11.htm

```
<!doctype html>
<html>
  <head>
    <meta charset="utf-8">
    <title>date类型input标记</title>
  </head>
  <body>
     出生年月：
     <input type="month" name="birthMonth" value="2003-09" min="2000-01" max="2008-12">
  </body>
</html>
```

扫一扫，看视频

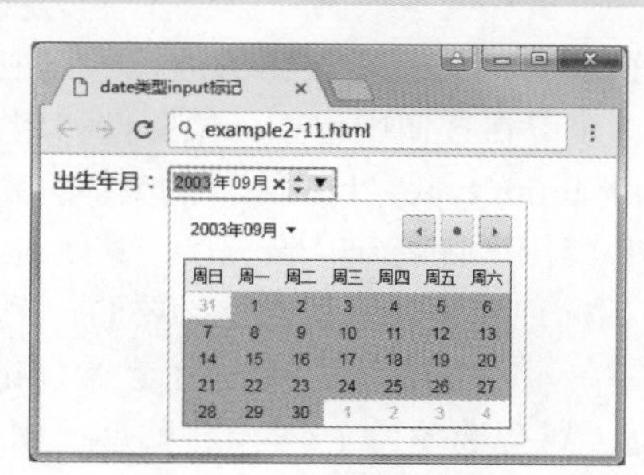

图 2-11　选择日期

3. color输入类型

color输入类型用于规定颜色，该输入类型允许用户从拾色器中选取颜色。其定义的语法格式如下：

```
<input type="color" value="..." name="..."/>
```

其中，value值是定义初始的默认颜色。例2-12说明了color类型input元素的使用方法，定义用户使用拾色器进行颜色选择，在浏览器中的显示结果如图2-12所示。

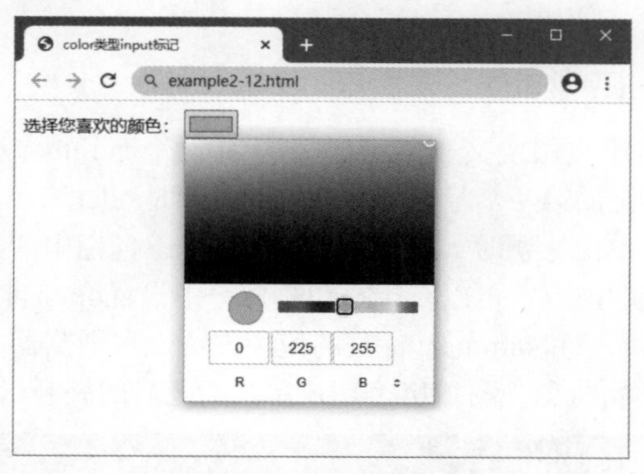

图 2-12　选择颜色

【例2-12】example2-12.htm

```
<!doctype html>
<html>
  <head>
    <meta charset="utf-8">
```

```
    <title>color类型input标记</title>
  </head>
  <body>
    选择您喜欢的颜色：
    <input type="color" value="#00ff00" name="likeColor">
  </body>
</html>
```

4. button标记

<button>标记定义一个按钮。<button>标记定义的语法结构如下所示：

```
<button>按钮内容</button>
```

<button>标记与<input type="button">相比，提供了更为强大的功能和更丰富的内容。<button>与</button>标记之间的所有内容都是按钮的内容，其中包括任何可接受的正文内容，例如文本或多媒体内容。例如，可以在按钮中包括一幅图像和相关的文本，这样可以制作一个非常有特点的按钮。<button>和<input type="button">的具体区别如下。

（1）关闭标记设置。<input>禁用关闭标记</input>，其闭合的写法：<input type="submit" value="OK" />。<button>的起始标记和关闭标记都是必要的，例如<button>OK</button>。

（2）<button>的值并不是写在value属性中，而是在起始标记和关闭标记之间，如上面的OK。同时<button>的值很广泛，可以有文字、图像、移动、水平线、框架、分组框、音频、视频等。

（3）可为button标记添加CSS样式。例如：

```
<button style="width:150px;height:50px;border:0;">OK</button>
```

其中，“width:150px;height:50px;”为按钮的宽度和高度；“border:0;”是删除默认的边框。

（4）鼠标单击事件、弹出信息的代码可直接写在<button>标记中，方法简单。例如：

```
<button onclick="alert('弹出信息的内容');
    window.open('打开网页的地址')">按钮名称</button>
```

其中，“alert('弹出信息的内容');”为单击时弹出的信息；“window.open('打开网页的地址')”为打开的网页。

5. details标记和summary标记

<details>标记用于描述文档或文档某个部分的细节。<summary>标记包含在<details>标记中，并且是<details>标记的第一个子标记，包含的内容是<details>标记的标题。初始时，标题对用户是可见的，用户单击标题时，会显示或隐藏details标记中的其他内容。如果需要默认状态为展开<details>标记的内容，可以在<details>标记中设置open属性，即<details open>。

例2-13说明了details标记和summary标记的使用方法，在浏览器中的显示结果如图2-13和图2-14所示。图2-13是初始状态，图2-14是用户单击标题后的展开状态。

【例2-13】example2-13.htm

```
<!doctype html>
<html>
  <head>
    <meta charset="utf-8">
    <title>details and summary</title>
  </head>
  <body>
```

扫一扫，看视频

```
        <details open>
          <summary>显示在线用户</summary>
          <ul>
            <li>张三</li>
            <li>李四</li>
            <li>王五</li>
            <li>赵六</li>
          </ul>
        </details>
    </body>
</html>
```

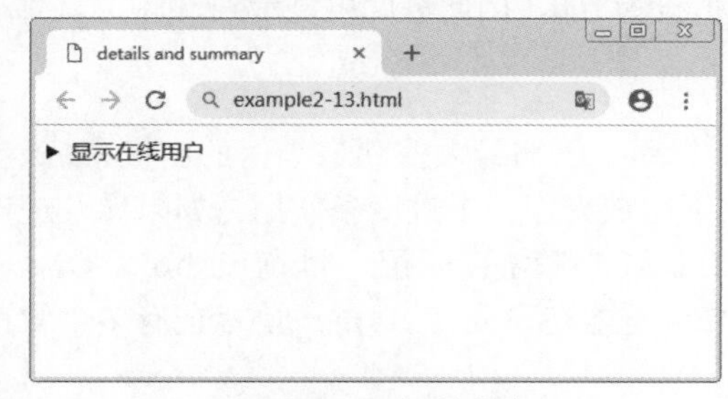

图 2-13　初始状态

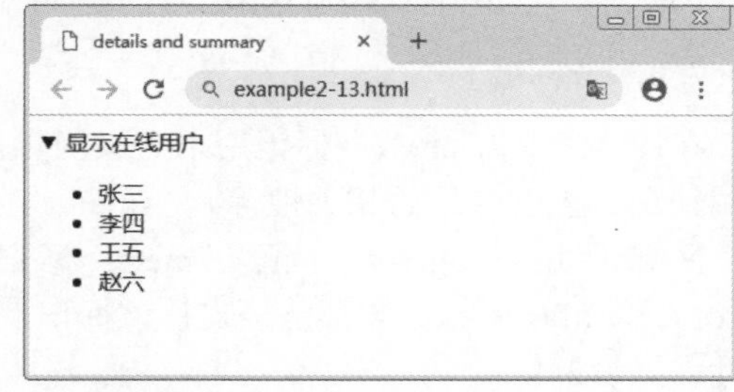

图 2-14　展开状态

6. progress标记

progress标记的作用是提示任务进度，这个标记可以用JavaScript脚本动态地改变当前的进度值。该标记的语法结构如下所示：

```
<progress value="值" max="值">
```

该标记的两个主要属性说明如下。

- max属性：是一个数值，指明任务一共需要多少工作量。
- value属性：是一个数值，规定已经完成多少工作量。

需要特别强调的是，value属性和max属性的值必须大于0，且value的值需要小于或等于max属性的值。

例2-14说明了progress标记的使用方法，在浏览器中的显示结果如图2-15所示。

【例2-14】example2-14.htm

```
<!doctype html>
<html>
  <head>
    <meta charset="utf-8">
    <title>progress</title>
  </head>
  <body>
    下载进度:
    <progress value="22" max="100">
    </progress>
    <p>
      <strong>注意: </strong>
      IE 9 或者更早版本的 IE 浏览器不支持 progress 标签。
    </p>
  </body>
</html>
```

扫一扫，看视频

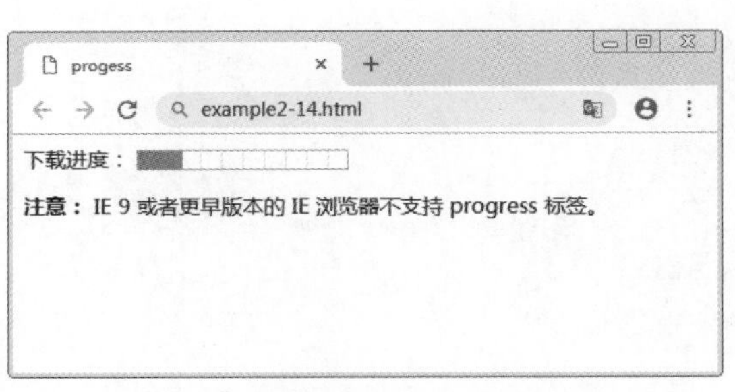

图 2-15　progress 进度条

例2-14中value属性的值设为22，max属性的值设为100，因此进度条显示到20%。

7. meter标记

在HTML中，<meter>标记用来定义度量衡，只用于已知最大值和最小值的度量(如磁盘使用情况、查询结果的相关性等)。<meter>标记不能被当作一个进度条使用，如果涉及进度条，一般使用<progress>标记。<meter>标记是HTML5新增的标记，目前Firefox、Opera、Chrome和Safari 6浏览器都已经支持该标记，但IE浏览器还不支持。<meter>标记有多个常用属性，见表2-4。

表 2-4　<meter> 标记的常用属性

属性名	描　述
value	在元素中的实际数量值。如果设置了最小值和最大值（由 min 属性和 max 属性定义），该值必须在最小值和最大值之间。该属性的默认值为 0
min	指定规定范围时允许使用的最小值，该属性的默认值为 0，设置最小值时，值不可以小于 0
max	指定规定范围时允许使用的最大值，如果设定该属性值小于 min 属性值，浏览器会把 min 设置为最大值。max 属性的默认值为 1
low	规定范围的下限值，必须小于或等于 high 属性的值。如果 low 属性值小于 min 属性值，浏览器把 min 属性的值视为 low 属性的值
high	规定范围的上限值，如果该属性值小于 low 属性值，则把 low 属性值视为 high 属性值，如果该属性值大于 max 属性值，则把 max 属性值视为 high 属性值
optimum	设置最佳值，属性值必须在 min 属性值与 max 属性值之间，可以大于 high 属性值

例2-15说明了meter标记的使用方法，在浏览器中的显示结果如图2-16所示。

【例2-15】example2-15.htm

```
<!doctype html>
<html lang="en">
  <head>
    <meta charset="utf-8">
    <title>meter</title>
  </head>
  <body>
    <h2>meter标签的应用</h2>
    <p>空间剩余大小:
      <meter min="0" max="1024" value="600">600/1024</meter>
      600/1024 GB</p>
    <p>您的得分是:
      <meter min="0" max="100" low="60" high="90" optimum="100" value="91">91分</meter>91分</p>
  </body>
</html>
```

扫一扫，看视频

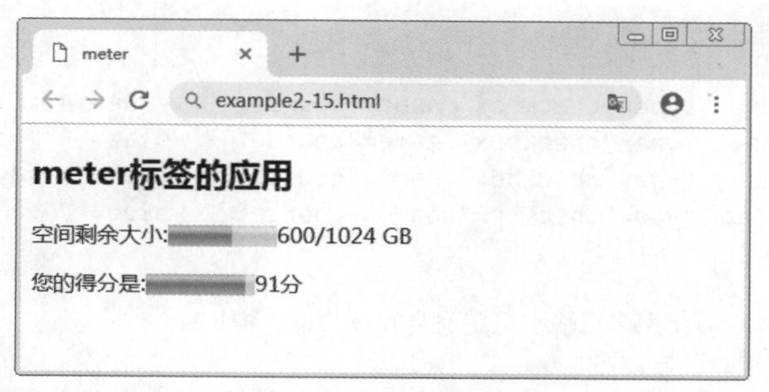

图 2-16　meter 标记

2.2.4　表单综合实例

例2-16是表单制作的综合实例，在本例中使用了多个表单元素，包括文本框、单选按钮、下拉列表、复选框、文本域、提交按钮和重置按钮。在浏览器中的运行效果如图2-17所示。

【例2-16】example2-16.htm

扫一扫，看视频

```
<!doctype html>
  <html>
    <head>
      <meta charset="utf8">
      <title>表单综合实例</title>
    </head>
    <body>
        <table align="center" width="500" border="0" cellpadding="2" cellspacing="0">
        <caption align="center"><h2>学生注册信息</h2></caption>
        <form action="server.php" method="post">
        <tr>
          <th>姓名：</th>
          <td><input type="text" name="username" size="20"/></td>
        </tr>
        <tr>   <!-- 使用单选按钮域定义性别输入框 -->
          <th>性别：</th>
          <td>
            <input type="radio" name="sex" value="1" checked="checked"/>男
            <input type="radio" name="sex" value="2"/>女
            <input type="radio" name="sex" value="3"/>保密
          </td>
        </tr>
        <tr>   <!--  使用下拉列表域定义学历输入框  -->
          <th>学历：</th>
          <td>
            <select name="edu">
              <option>--请选择--</option>
              <option value="1">高中</option>
              <option value="2">大专</option>
              <option value="3">本科</option>
              <option value="4">研究生</option>
              <option value="5">其他</option>
            </select>
          </td>
        </tr>
        <tr>   <!-- 使用复选框按钮域定义选修课程输入框 -->
```

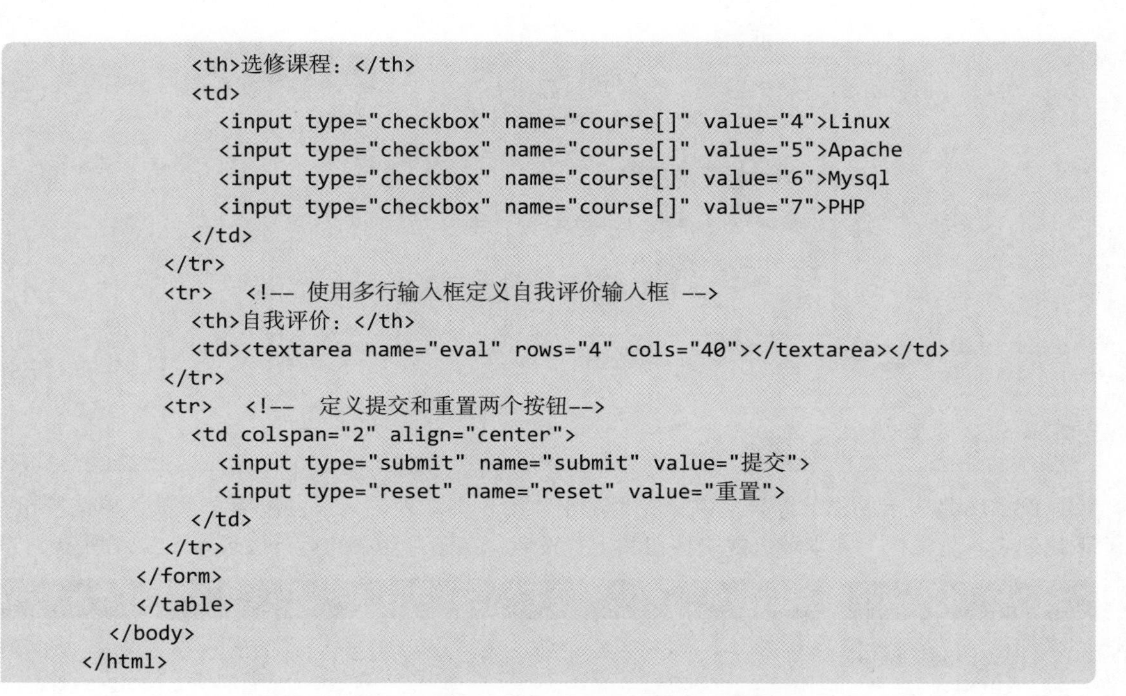

```
            <th>选修课程：</th>
            <td>
              <input type="checkbox" name="course[]" value="4">Linux
              <input type="checkbox" name="course[]" value="5">Apache
              <input type="checkbox" name="course[]" value="6">Mysql
              <input type="checkbox" name="course[]" value="7">PHP
            </td>
          </tr>
          <tr>  <!-- 使用多行输入框定义自我评价输入框 -->
            <th>自我评价：</th>
            <td><textarea name="eval" rows="4" cols="40"></textarea></td>
          </tr>
          <tr>  <!--  定义提交和重置两个按钮-->
            <td colspan="2" align="center">
              <input type="submit" name="submit" value="提交">
              <input type="reset" name="reset" value="重置">
            </td>
          </tr>
        </form>
        </table>
      </body>
    </html>
```

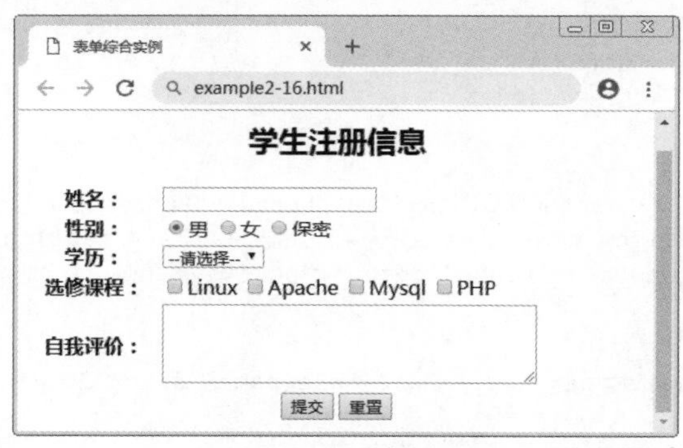

图 2-17　表单综合实例

2.3 框　架

2.3.1　概述

框架是一种布局网页的方式，主要运用于一些论坛网站上。现在大多数网站在使用这种布局时都采用CSS+DIV方式实现。

框架的作用是把浏览器窗口划分成若干个小窗口，每个小窗口可以分别显示不同的网页。这样在一个页面中可以同时呈现出不同的网页内容，不同窗口的内容相互独立。框架的主要用途是导航，通常会在一个窗口中显示导航条，另外一个窗口则作为内容窗口，用于显示导航栏目的目标页面的内容，窗口的内容会根据导航栏目的不同而动态变化。

框架页面中不涉及页面的具体内容，所以在该页面中不需要使用<body>标记。框架的基本结构主要分为框架集和框架两个部分，在网页中分别用<frameset>和<frame>标记定义。其基本语法的定义方法如下：

```
<frameset>
  <noframes>
    不支持框架结构显示页面!
  </noframes>
  <frame src="URL">
  </frame>
  ……
</frameset>
```

其中<noframes>...</noframes>中的内容显示在不支持框架的浏览器窗口中，一般用来指向一个普通版本的HTML文件，以便于不支持框架结构浏览器的用户阅读。另外，一个框架集（frameset）中可以包含多个框架（frame），每个框架窗口显示的页面由框架的src属性指定。

<frameset>标记有两个对窗口页面进行分割的属性:rows和cols，这两个属性可以将浏览器页面分为N行M列，也可以各自独立使用。这两个属性对浏览器窗口的分割方法主要有以下几种类型：左右（水平）分割、上下（垂直）分割、嵌套分割（浏览器窗口既存在左右分割，又存在上下分割）。

2.3.2 左右分割窗口

左右分割也叫水平分割，表示在水平方向将浏览器窗口分割成多个窗口，这种方式的分割需要使用<frameset>标记的cols属性。其语法的定义格式如下：

```
<frameset cols="value1,value2,...">
  <frame src="URL"></frame>
  <frame src="URL"></frame>
  ……
</frameset>
```

需要特别强调的是，cols属性值的个数决定了<frame>标记的个数，即分割的窗口个数。各个值之间使用逗号隔开，各个值定义了相应框架窗口的宽度，可以是数字（单位是像素），也可以是百分比和以“*”号表示的剩余值。剩余值表示所有窗口设定之后浏览器窗口大小的剩余部分，当“*”出现一次时，表示对应框架窗口的大小将根据浏览器窗口的大小自动调整，当“*”出现一次以上时，剩余值将等比例地分给每个对应的窗口。例如，<frameset cols="200,100,*">表示第一个和第二个窗口的大小分别为200像素和100像素，第三个窗口的大小等于浏览器窗口的宽度值减去300像素后的值；而<frameset cols="200,*,*">表示第一个窗口的大小是200像素，第二个和第三个窗口的大小相等，值是浏览器窗口减去200像素后大小的一半。

例2-17是使用框架结构对浏览器窗口进行左右分割，在浏览器中的显示结果如图2-18所示。

【例2-17】example2-17.htm

```
<!doctype html>
  <html>
    <head>
      <meta charset="utf-8">
      <title>左右分割窗口</title>
    </head>
    <frameset cols="200,*">
```

扫一扫，看视频

```
        <frame src="http://www.sina.com.cn" />
        <frame src="http://www.baidu.com" />
    </frameset>
</html>
```

上述代码使用cols属性将窗口分割成左右两个，其中一个窗口的大小是200像素，另一个窗口的大小是浏览器窗口减去200像素后的剩余值。

图 2-18　左右分割页面

2.3.3　上下分割窗口

上下分割也叫垂直分割，表示在垂直方向将浏览器窗口分割成多个，这种方式的分割需要使用<frameset>标记的rows属性。其语法的定义格式如下：

```
<frameset rows="value1,value2,...">
  <frame src="URL"></frame>
  <frame src="URL"></frame>
  ……
</frameset>
```

需要特别强调的是，rows属性值的个数决定了<frame>标记的个数，即分割的窗口个数。rows属性定义了窗口的高度，与cols属性的取值完全相同。

例2-18使用框架结构对浏览器窗口进行上下分割，在浏览器中的显示结果如图2-19所示。

【例2-18】example2-18.htm

```
<!doctype html>
  <html>
    <head>
      <meta charset="utf-8">
      <title>上下分割窗口</title>
    </head>
    <frameset rows="200,*">
      <frame src="http://www.sina.com.cn" />
      <frame src="http://www.baidu.com" />
    </frameset>
  </html>
```

扫一扫，看视频

上述代码使用rows属性将窗口分割成上下两个，其中上面窗口的大小是200像素，下面窗口的大小是浏览器窗口减去200像素后的剩余值。

图 2-19　上下分割页面

2.3.4　嵌套分割窗口

浏览器窗口可以先进行左右分割，再进行上下分割，或者相反操作，这种窗口分割方式称为嵌套分割。嵌套分割需要在<frameset>标记对内再嵌套<frameset>标记，并且子标记<frameset>将会把父标记<frameset>分割的对应窗口再按指定的分割方式进行第二次分割。其语法的定义格式如下：

```
<frameset rows="value1,value2,...">
  <frame src="URL"></frame>
  <frameset cols="value1,value2,...">
  </frameset>
  ……
</frameset>
```

例2-19是使用嵌套框架结构对浏览器窗口进行分割，在浏览器中的显示结果如图2-20所示。

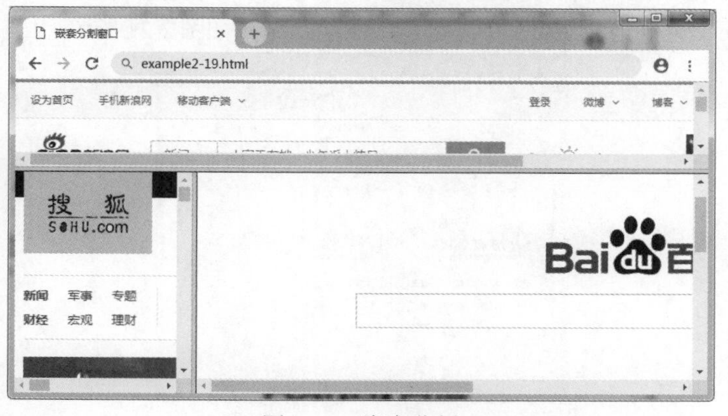

图 2-20　嵌套分割

【例2-19】example2-19.htm

```
<!doctype html>
  <html>
    <head>
      <meta charset="utf-8">
```

扫一扫，看视频

```
        <title>嵌套分割窗口</title>
      </head>
      <frameset rows="100,*">
          <frame src="http://www.sina.com.cn" />
          <frameset cols="200,*">
            <frame src="http://www.sohu.com" />
            <frame src="http://www.baidu.com" />
          </frameset>
      </frameset>
    </html>
```

上述代码首先使用rows属性将窗口分割成上下两个，然后通过嵌套<frameset>标记将第二个窗口分割成左右两个。

2.3.5 内联框架

<iframe>标记规定一个内联框架，内联框架用来在当前HTML文档中嵌入另一个文档。<iframe>标记不是应用在<frameset>内，其可以出现在文档中的任何地方。<iframe>标记在文档中定义了一个矩形区域，在这个区域中浏览器会显示一个单独的文档，包括滚动条和边框。该标记的语法格式如下所示：

```
<iframe 属性="属性值"></iframe>
```

iframe标记的常用属性如下所示。

（1）frameborder：是否显示边框，1代表是，0代表否。

（2）height：框架作为一个普通标记的高度，建议使用CSS设置。

（3）width：框架作为一个普通标记的宽度，建议使用CSS设置。

（4）name：框架的名称，window.frames[name]是专用的属性。

（5）scrolling：框架是否滚动，其值包括yes（是）、no（否）、auto（自动）。

（6）src：内联框架访问的地址，可以是页面地址，也可以是图片地址。

例2-20是使用iframe的实例，设计值用宽度300像素，高度200像素，访问的页面是http://www.sina.com.cn，边框是1像素，在浏览器中的显示结果如图2-21所示。

图 2-21　iframe 标记的用法

【例2-20】example2-20.htm

```
<!doctype html>
  <html>
    <head>
      <meta charset="utf-8">
```

```
        <title>iframe </title>
    </head>
    <body>
        下面的iframe内嵌入其它网页内容
        <iframe src="http://www.sina.com.cn"
            frameborder="1" height="200" width="300">
            <p>您的浏览器不支持  iframe 标签。</p>
        </iframe>
    </body>
</html>
```

iframe的主要优点是：在网页重新加载页面时不需要重新加载整个页面，只需要重新加载页面中的一个框架页，这样可以减少数据的传输，减少网页的加载时间；另外iframe技术简单，使用方便，主要应用于不需要搜索引擎来搜索的页面；方便开发，减少代码的重复率。

iframe也有一些缺点，主要表现在会产生很多页面，不易于管理；在打印网页时会有些麻烦，另外多框架的页面会增加服务器的http请求等。

2.4 本章小结

本章主要讲解HTML语言中的表格、表单和框架结构。其中表格是组织结构化数据的常用手段，也可以用表格进行页面布局；表单是收集用户输入数据的容器，对于不同的数据，表单可以使用不同的控件来呈现，主要包括文本框、密码框、单选按钮、复选框、下拉列表、提交按钮、重置按钮以及普通按钮等，同时还有一些HTML5最新推出的表单控件；框架可以实现整个网页中内容的划分，不同的区域引用不同的源文件，区域之间可以相互独立、互不影响，可以方便地实现页面的局部刷新。

通过对本章的学习，读者能够加深对各HTML标记的理解，为后面章节的学习打下扎实的基础。

2.5 习题二

扫描二维码，查看习题。

扫二维码
查看习题

2.6 实验二　表格与表单

扫描二维码，查看实验内容。

扫二维码
查看实验内容

第2部分

定义网页样式 美化网页布局

CHAPTER 3 CSS基础

学习目标：

本章主要讲解CSS的基础知识，包括CSS定义的方式、CSS选择器、CSS基本属性等。通过对本章的学习，读者应该掌握以下主要内容：

- CSS定义的基本语法和使用方法；
- CSS选择器的种类及使用方法；
- CSS文本样式属性，能够运用相应的属性定义文本样式；
- CSS优先级别。

思维导图（略图）

扫二维码
查看详细知识树导图

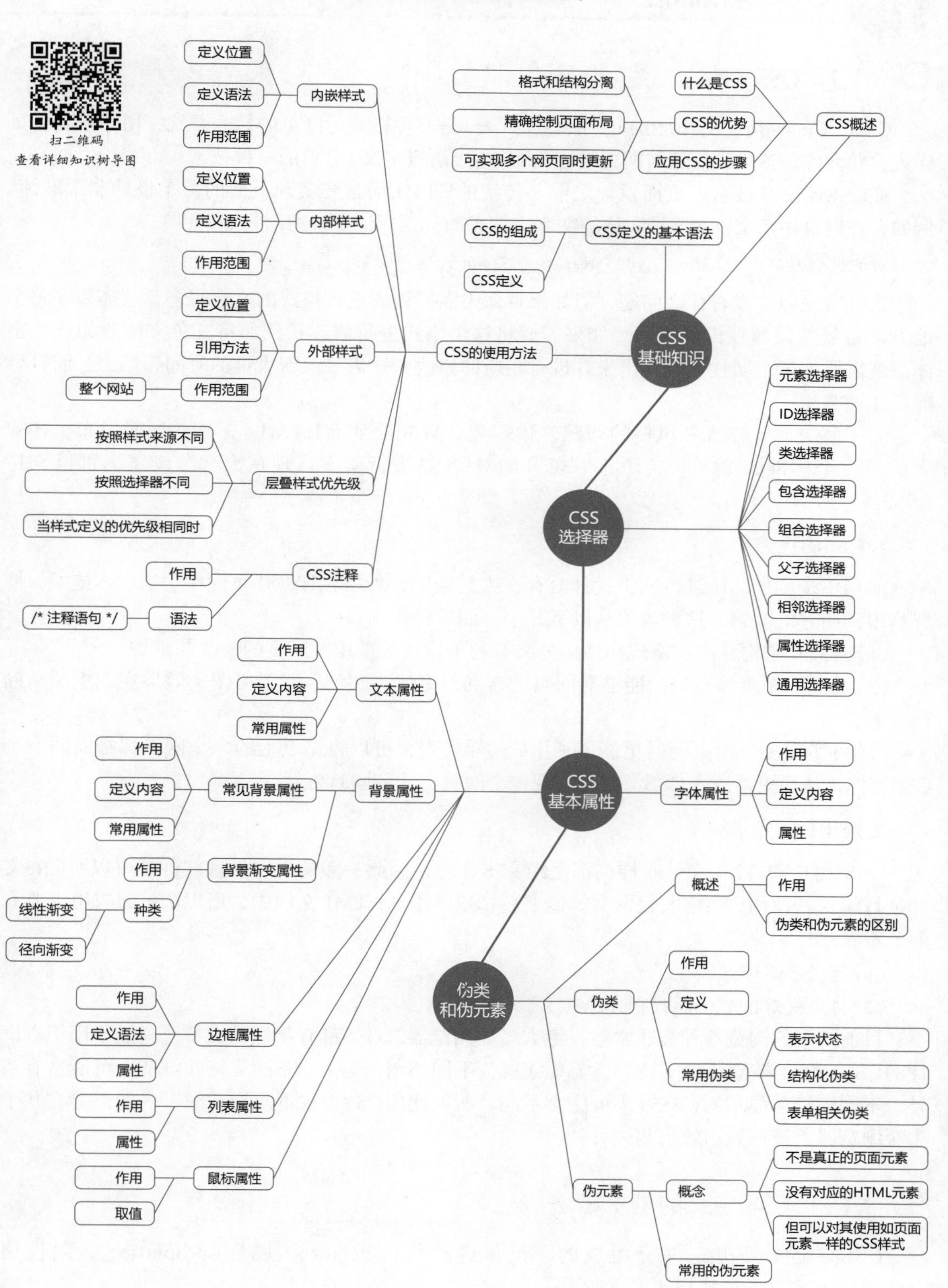

CSS基础知识
CSS概述
什么是CSS
CSS的优势
格式和结构分离
精确控制页面布局
可实现多个网页同时更新
应用CSS的步骤
CSS定义的基本语法
CSS的组成
CSS定义
CSS的使用方法
内嵌样式
定义位置
定义语法
作用范围
内部样式
定义位置
定义语法
作用范围
外部样式
定义位置
引用方法
作用范围
整个网站
层叠样式优先级
按照样式来源不同
按照选择器不同
当样式定义的优先级相同时
CSS注释
作用
语法
/* 注释语句 */
CSS选择器
元素选择器
ID选择器
类选择器
包含选择器
组合选择器
父子选择器
相邻选择器
属性选择器
通用选择器
CSS基本属性
字体属性
作用
定义内容
属性
文本属性
作用
定义内容
常用属性
背景属性
常见背景属性
作用
定义内容
常用属性
背景渐变属性
作用
种类
线性渐变
径向渐变
边框属性
作用
定义语法
属性
列表属性
作用
属性
鼠标属性
作用
取值
伪类和伪元素
概述
作用
伪类和伪元素的区别
伪类
作用
定义
常用伪类
表示状态
结构化伪类
表单相关伪类
伪元素
概念
不是真正的页面元素
没有对应的HTML元素
但可以对其使用如页面元素一样的CSS样式
常用的伪元素

3.1 CSS基础知识

3.1.1 CSS 概述

CSS（Cascading Style Sheet，层叠样式表）是一种格式化网页的标准方式，用于控制网页样式，并允许CSS样式信息与网页内容（由HTML语言定义）分离的一种技术。

在CSS还没有被引入页面设计之前，传统的HTML语言要实现页面的美工设计非常麻烦。例如要在网页中定义红色5号字体的文字，使用<font>标记实现的语句如下：

```
<font size="5" color="red"> Hello CSS World!</font>
```

这样实现似乎没有什么问题，但如果页面中需要设置这种格式的文字很多，就需要在每个地方都重复这段属性设置代码。如果需要将这个格式进行修改，例如将红色字体改为蓝色字体，就需要把每个属性代码找出来并进行相应的修改，这需要浪费大量的时间和精力，而且可能存在遗漏。

为了解决设计样式和风格的问题，1997年，W3C在颁布HTML4标准的同时发布了样式表的第一个标准CSS1.0。2010年W3C开始对CSS3进行研发，现在大部分浏览器都已支持CSS3。

1. CSS的优势

使用传统的HTML进行网页设计时存在大量缺陷，如果在HTML页面中引入CSS技术，情况将得到明显的改善，这种改善从以下几个方面进行体现。

（1）格式和结构分离。格式和结构分离有利于格式的重用及网页的修改与维护。

（2）精确控制页面布局。能够对网页的布局、字体、颜色、背景等图文效果实现更加精确的控制。

（3）可实现多个网页同时更新。利用CSS样式表，可以将站点上的多个网页都指向同一个CSS文件，从而更新这个CSS文件时实现多个网页样式的同时更新。

2. 应用CSS的步骤

CSS文件与HTML文件一样，都是纯文本文件，因此一般的文字处理软件都可以对CSS文件进行编辑。使用CSS格式化网页，需要将CSS应用到HTML文档中，所以CSS的应用主要有两个步骤：

（1）定义CSS样式表。

（2）将定义好的CSS样式在HTML文档中应用。

目前使用的浏览器种类非常多，绝大多数浏览器对CSS都有很好的支持，一般不用担心设计的CSS文件不被浏览器支持。但需要注意，不同的浏览器对CSS的支持在细节上可能会有差异，不同浏览器显示的CSS效果可能会不同，所以使用CSS设置网页样式时，一般需要在几个主流浏览器上进行显示效果测试。

3.1.2 CSS 定义的基本语法

CSS的定义是由三部分组成的，包括选择符（selector）、属性（properties）、属性值（value），其定义的语法格式如下所示：

```
选择器{
    属性1：属性值1;
    属性2：属性值2;
    ……
}
```

需要说明的是，选择器通常是指以什么方式选中需要改变样式的HTML元素；属性是希望设置的样式属性，每个属性有一个值，属性和值用冒号隔开。如果要定义不止一个“属性：属性值”的声明时，需要用分号将每个声明分开，最后一条声明规则不需要加分号，但大多数有经验的程序员会在每条声明的末尾都加上分号，这样做的好处是当从现有的规则中增减声明时，会减少出错的可能。另外，应该尽可能在每一行只描述一个属性和属性值的声明，这样可以增强CSS样式定义的可读性。

下面这段代码的作用是将网页中所有<h1>标记内的文字颜色定义为红色，同时将字体大小设置为14像素。

```
h1{                      /* 标记选择器h1选中网页的所有<h1>标记*/
  color:red;             /* 设置文字的颜色属性为红色 */
  font-size:14px;        /* 设置文字的大小属性为14像素*/
}
```

这里h1是选择器，用于选择网页中的所有<h1>标记，color和font-size是属性，red和14px是属性值。需要说明的是在CSS中“/* */”是注释语句。

如果属性值由若干个单词组成时，需要给属性值加引号。例如将<h1>元素内的字体设置为“New Century Schoolbook”，代码如下：

```
h1{
  font-family:'New Century Schoolbook';
  /*设置文字的字体属性为'New Century Schoolbook'，注意引号的使用*/
}
```

在CSS样式定义中是否包含空格不会影响CSS在浏览器中的工作效果，并且在定义选择器、属性和属性值时，CSS对大小写是不敏感的。不过存在一个例外：如果涉及与HTML文档一起工作，class类选择器和id选择器对名称的大小写是敏感的。

大多数属性仅有一个属性值进行定义，但也有些属性使用若干个属性值进行定义，每个属性值之间用逗号隔开，例如font-family属性可以定义多个字体属性，如果浏览器不支持第一个字体，则会尝试第二个，以此类推；如果属性值都不支持时，则采用默认属性值。例如：

```
h1{
  font-family: Times, 'New Century Schoolbook', Georgia;
}
```

3.1.3 CSS 的使用方法

在HTML页面中使用CSS主要有四种方法，即内嵌样式、内部样式、使用<link>标记链接外部样式表、使用CSS的@import标记导入外部样式文件。

1. 内嵌样式

内嵌样式指将CSS规则混合在HTML标记中使用的方式。CSS规则作为HTML标记style属性的属性值。例如：

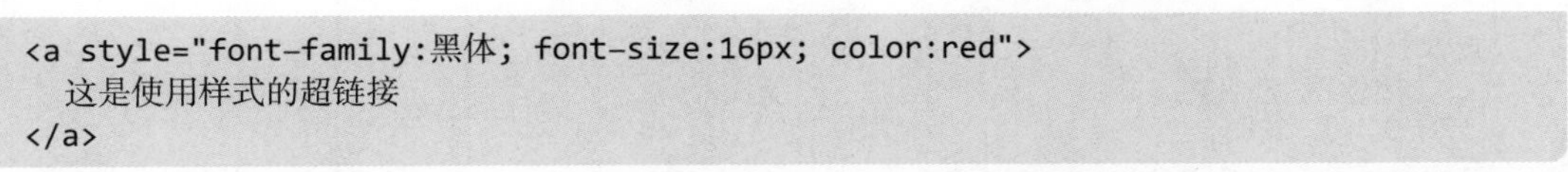

```
<a style="font-family:黑体; font-size:16px; color:red">
  这是使用样式的超链接
</a>
```

内嵌样式只对其所在的标记起作用，其他的同类标记不受影响。由于将表现和内容混杂在一起，内联样式会损失样式表的许多优势，所以不建议使用这种方法。

例3-1中定义了两个超链接，第一个超链接定义了内嵌样式，文字为红色，字体大小为28像素，第二个超链接使用默认样式，在浏览器中的显示结果如图3-1所示。

【例3-1】example3-1.html

```
<!doctype html>
<html>
  <head>
    <meta charset="utf-8">
    <title>样式使用</title>
  </head>
  <body>
    <a href="http://www.baidu.com" style="color:red; font-size:28px;">
      百度
    </a> <br/>
    <a href="http://www.baidu.com">百度</a>
  </body>
</html>
```

扫一扫，看视频

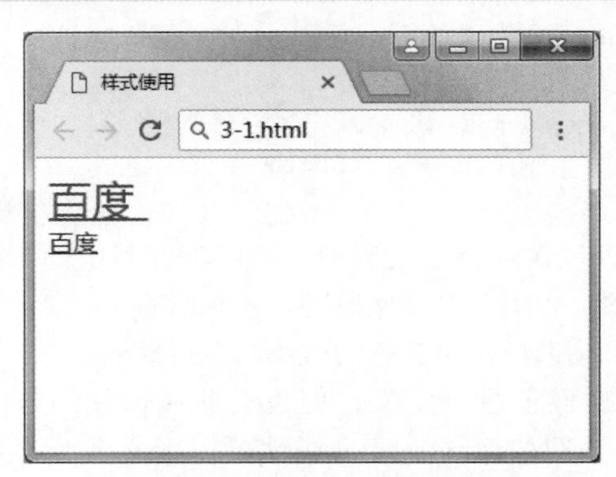

图3-1　CSS样式的使用

2. 内部样式

内嵌样式只能定义某一个标记的样式，如果需要对整个网页文档的某个标记进行特定样式定义时，就需要使用内部样式。内部样式一般是在<head>标记中并使用<style>标记进行定义，其定义的语法格式如下所示：

```
<style type="text/css">
  选择器{
    属性:属性值;
    ……
    属性:属性值;
  }
</style>
```

例3-2的程序代码是使用内部样式来实现与例3-1同样的功能，其在浏览器中显示的结果如图3-1所示。

【例3-2】example3-2.html

```
<!doctype html>
<html>
  <head>
    <meta charset="utf-8">
    <title>样式使用</title>
    <style>
      #myCSS{
        color:red;
        font-size:28px;
      }
    </style>
  </head>
  <body>
      <a href="http://www.baidu.com" id="myCSS">
        百度
      </a><br/>
      <a href="http://www.baidu.com">百度</a>
  </body>
</html>
```

扫一扫，看视频

3. 外部样式

外部样式是将样式表以单独的文件（文件后缀一般为.css）存放，让网站的所有网页通过<link>标记均可引用此样式文件，以降低网站的维护成本，并可以让网站拥有统一的风格。需要说明的是，<link>标记一般放到页面的<head>区域内。使用<link>标记引入外部样式文件的语法格式如下所示：

```
<link rel="stylesheet" type="text/css" href="样式表源文件地址">
```

其中，href属性中的外部样式文件地址的填写方法和超链接的链接地址的写法一样；rel="stylesheet"告诉浏览器链接的是一个样式表文件，是固定格式；type="text/css"表示传输的文本类型为样式表类型文件，也是固定格式。

一个外部样式文件可以应用于整个网站的多个页面。当改变这个样式表文件时，所有引用该样式文件的页面样式都会随之改变。样式表文件可以用任何文本编辑器（例如，记事本）打开并编辑，其内容就是定义的样式，不包含HTML标记。由此可以看出内嵌样式、内部样式、外部样式之间的本质区别，其区别如下：

（1）外部样式用于定义整个网站样式。

（2）内部样式用于定义整个网页样式。

（3）内嵌样式用于定义某个标记样式。

例3-3的程序代码是使用外部样式完成图3-1所示的页面，外部样式表文件名是CSS3-3.css，引用该样式文件的HTML代码文件是example3-3.html。

【例3-3】example3-3.html

```
<!doctype html>
<html>
  <head>
    <meta charset="utf-8">
    <title>样式使用</title>
    <link href="css3-3.css" type="text/css" rel="stylesheet">
```

扫一扫，看视频

```
    </head>
    <body>
        <a href="http://www.baidu.com" id="myCSS">
            百度
        </a><br/>
        <a href="http://www.baidu.com">百度</a>
    </body>
</html>
```

【例3-3】外部样式文件css3-3.css

```
#myCSS{
    color:red;
    font-size:28px;
}
```

需要特别强调的是，在一个HTML文件中可以引入多个外部样式表，当这些外部样式表都对某一个标记进行了样式定义时，起作用的将是最后引用的外部样式文件中对于该标记的定义。

4. 使用@import引入外部样式文件

与<link>标记类似，使用@import也能引用外部样式文件，不过@import只能放在<style>标记内使用，而且必须放在其他CSS样式之前。@import引入外部样式文件的语法格式如下：

```
@import  url(样式表源文件地址)
```

其中，url为关键字，不能随便更改；样式表源文件地址指外部样式的URL，可以是绝对URL，也可以是相对URL。@import除了语法和所在位置与<link>标记不同，其他的使用方法与效果都是一样的。

例3-4的程序代码是使用@import引入外部样式文件完成图3-1所示的页面，外部样式表的文件名是CSS3-3.css，引用该样式文件的HTML代码文件是example3-4.html。

【例3-4】example3-4.html

```
<!doctype html>
<html>
    <head>
        <meta charset="utf-8">
        <title>样式使用</title>
        <style>
            @import url("css3-3.css");
        </style>
    </head>
    <body>
        <a href="http://www.baidu.com" id="myCSS">
            百度
        </a><br/>
        <a href="http://www.baidu.com">百度</a>
    </body>
</html>
```

扫一扫，看视频

5. 层叠样式优先级

内嵌样式是对某一个HTML标记进行样式定义，定义位置在某个HTML标记中；内部样式是对某一个网页进行样式定义，适用于整个HTML网页文档，定义位置一般都在HTML文件的<head>标记中，通过<style>标记进行定义，其定义位置也可以在网页中的其他位置；外部样式是对某一个网站的多个网页样式进行定义，适用于整个网站的HTML网页文档，一般先建立一个后缀为.css的样式定义文件，再在HTML网页文件中通过<link>标记或者@import进行外部样式文件的引用，这种方式对网站的样式管理非常方便。

外部样式如果被多个HTML网页引用，浏览器只需加载一次，而且如果需要修改某个样式在不同HTML网页中的定义，仅需修改外部样式文件即可；如果以内部样式的方式写入多个页面中，每打开一个页面时浏览器就要加载一次，占用的流量多，进行修改时需要一个一个页面地打开并修改，其工作量大，比较烦琐，容易出错。

CSS层叠样式表中的层叠指样式的优先级，当内嵌样式、内部样式、外部样式都对某个HTML标记进行了样式定义，即当样式定义发生冲突时，以优先级高的为最终显示效果。其实层叠就是浏览器对多个样式来源进行叠加，最终确定显示结果的过程。

浏览器会按照不同的方式来确定样式的优先级，其原则如下。

（1）按照样式来源不同，其优先级如下：内嵌样式>内部样式>外部样式>浏览器默认样式。

（2）按照选择器不同，其优先级如下：id选择器>class类选择器>元素选择器。

（3）当样式定义的优先级相同时，取后面定义的样式为最终显示效果的样式。

例3-5中引入了外部样式文件css3-5.css，在该样式文件中对h2标记定义文字颜色为红色，文字大小为16像素；在网页中使用内部样式同样也定义了h2标记，其定义的文字颜色为绿色，在一个h2标记使用内嵌样式定义h2标记，其定义的文字颜色为粉色，文字大小为20像素，在浏览器中的显示结果如图3-2所示。

【例3-5】example3-5.html

```
<!doctype html>
<html>
  <head>
    <meta charset="utf-8">
    <title>样式优先级</title>
    <link href="css3-5.css" rel="stylesheet" type="text/css">
    <style>
      h2{color:green;}
    </style>
  </head>
  <body>
    <h2>内部样式定义的颜色和外部定义字体大小起作用</h2>
    <h2 style="color:pink; font-size:20px;">
      内嵌样式起作用，文字粉色，文字大小20像素
    </h2>
  </body>
</html>
```

扫一扫，看视频

【例3-5】样式文件css3-5.css

```
h2{
  color:red;
  font-size:16px;
}
```

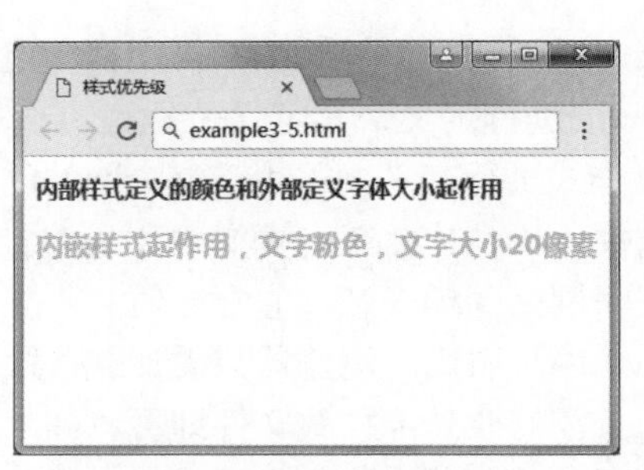

图 3-2　样式优先级

6. 注释

注释用来说明所写代码的含义，对读者读懂这些代码很有帮助。CSS用C/C++的语法进行注释，其中“/*”放在注释的开始处，“*/”放在结束处。例如下面的CSS语句：

```
<STYLE TYPE="text/css">
  h1 { font-size: x-large; color: red } /*这是一个CSS的注释*/
  h2 { font-size: large; color: blue }
</STYLE>
```

当把一个网页样式提交给用户使用之后，经过很长时间，用户又需要重新修改网页样式时，可能程序员已经忘记了代码的准确含义，这些注释可以帮助程序员记起这些样式定义的含义。养成注释的习惯是一个程序员必须具备的基本素质，特别是对团队工作程序员来说更加重要。

3.2 CSS选择器

CSS最大的作用就是能将一种样式加载在多个标记上，方便开发者管理与使用。CSS通过选择器选中网页文档的某些标记，并对这些标记进行相应的样式设置，以达到设计者对网页外观的显示要求。本节将详细讲述CSS中如何进行标记的选择。

3.2.1　元素选择器

元素选择器是最常见的CSS选择器，又称为类型选择器（type selector）。如果使用元素选择器，选中的是本网页文档中所有的相对应元素，例如元素选择器使用p元素，则选中本网页中所有<p></p>所包含的文字内容，再对文字内容设置相应的样式，就可以改变显示效果。设置元素选择器的基本语法格式如下：

```
HTML元素名{
  样式属性：属性值;
  样式属性：属性值;
  ……
}
```

例如：

```
h2{
  color:red;
  font-size:16px;
}
```

例3-6中使用元素选择器h2和span，并对其进行相关样式的属性设置，在浏览器中的显示结果如图3-3所示。

【例3-6】example3-6.html

```
<!doctype html>
<html>
  <head>
    <meta charset="utf-8">
    <title>元素选择器</title>
    <style>
      h2{
         color:red;
      }
      span{
         color:blue;
         font-size:48px;
      }
    </style>
  </head>
  <body>
    <h2>hello</h2>
    <h2>hello</h2>
    <span>world</span>
  </body>
</html>
```

扫一扫，看视频

图3-3　元素选择器

3.2.2　类选择器

使用HTML元素选择器可以设置网页中所有相同标记的统一格式，但如果需要对相同标记中某些个别标记做特殊效果设置时，使用HTML元素标记就无法实现，此时需要引入其他的选择器来完成。

类（class）选择器允许以一种独立于文档元素的方式来指定样式。该选择器可以单独使用，也可以与其他元素结合使用。类选择器样式定义的语法格式如下所示：

```
.类选择器名称{
    样式属性：属性值;
    样式属性：属性值;
    ……
}
```

需要强调说明：类选择器的定义是以英文圆点开头。类选择器的名称可以任意(但是不能用中文)，该名称最好以驼峰方式命名，即名称由多个单词组成时，第一个单词的所有字母小

写，从第二个单词开始往后的每个单词的首字母大写，其他字母小写。例如：

```
.myBoxColor{
   color:red;
}
.myBoxBackground{
   background:grey;
}
```

类选择器的使用语法格式如下：

```
<标记名称 class="类选择器名称1  类选择器名称2 ...">
```

例如：

```
<div class="myBoxColor myBoxBackground"> </div>
```

这里定义了两个类选择器myBoxColor和myBoxBackground，然后在HTML的div标记中使用这两个类选择器，在使用两个以上的类选择器时，其名称之间要用空格分隔，最终这两个选择器定义的样式会叠加，并在div标记中呈现。如果在两个类选择器中都对同一个样式属性进行了样式定义，则最后定义的样式起作用。

在程序代码example3-7.htm中，使用两个类选择器youClass和myClass，并对其进行相关样式属性的设置，请仔细体会样式定义呈现的效果，在浏览器中显示结果如图3-4所示。

【例3-7】example3-7.htm

扫一扫，看视频

```
<!doctype html>
<html>
  <head>
    <meta charset="utf-8">
    <title>类选择器</title>
    <style>
      .youClass{
          color:red;                      /*颜色为红色*/
      }
      .myClass{
          font-size:16px;                 /*字体大小为16像素*/
          text-decoration:underline;      /*文字加下划线*/
      }
    </style>
  </head>
  <body>
    <h2 class="youClass">hello</h2>
    <span class="myClass youClass">world</span>
  </body>
</html>
```

图3-4　类选择器

3.2.3 ID 选择器

在某些方面ID选择器类似于类选择器，但也有一些差别，主要表现有：

（1）在语法定义上ID选择器前面使用“#”号，而不是类选择器的点。

（2）ID选择器在引用时不是通过class属性，而是使用id属性。

（3）在一个HTML文档中，ID选择器仅允许使用一次，而类选择器可以使用多次。

（4）ID选择器不能结合使用，因为ID属性不允许有以空格分隔的词列表。

需要特别强调的是，类选择器和ID选择器在定义和使用时都是区分大小写的。下面是定义ID选择器的语法格式：

```
#ID选择器名称{
    样式属性：属性值；
    样式属性：属性值；
    ……
}
```

使用ID选择器的语法格式如下所示：

```
<标记名称 id="ID选择器名称">
```

在程序代码example3-8.html中，使用两个ID选择器youID和myID，并对其进行相关样式属性的设置，请仔细体会样式定义呈现的效果，显示结果如图3-4所示。

【例3-8】example3-8.html

扫一扫，看视频

```
<!doctype html>
<html>
  <head>
    <meta charset="utf-8">
    <title>id选择器</title>
    <style>
      #youID{
        color:red;
      }
      #myID{
        color:red;
        font-size:16px;
        text-decoration:underline;
      }
    </style>
  </head>
  <body>
    <h2 id="youID">hello</h2>
    <span id="myID">world</span>
  </body>
</html>
```

3.2.4 包含选择器

包含选择器又称后代选择器，该选择器可以选择作为某元素后代的元素。当HTML标记发生嵌套时，内层标记就成为外层标记的后代。例如：

```
<h2>
  <p>
```

```
      Hello
      <span>World!</span>
    </p>
</h2>
```

上例中<p>和<span>标记被<h2>标记包含，所以<p>和<span>标记是<h2>标记的后代，且<p>标记是<h2>标记的儿子标记，反过来<h2>标记是<p>标记的父标记；<span>标记是<p>标记的儿子标记，反过来<p>标记是<span>标记的父标记。定义后代选择器的语法格式如下：

```
祖先选择器 后代选择器{
    样式属性：属性值；
    样式属性：属性值；
    ……
}
```

祖先选择器和后代选择器之间必须用空格进行分隔。另外，祖先选择器可以包括一个或多个用空格分隔的选择器。选择器之间的空格是一种结合符。每个空格结合符可以解释为“……在……找到”“……作为……的一部分”“……作为……的后代”，但是要求必须从左向右读选择器。例如：

```
h2 p span{ color:red; font-size:28px; }
```

“h2 p span”选择器选中的元素可以读作“选中h2元素后代中p元素后代中的所有span元素”。

例3-9中使用包含选择器对相应元素进行样式属性设置，请仔细体会样式定义呈现的效果，在浏览器中的显示结果如图3-5所示。

【例3-9】example3-9.html

```
<!doctype html>
  <html>
  <head>
    <meta charset="utf-8">
    <title>包含选择器</title>
    <style>
      h2 span{
        color:red;
        font-size:48px;
      }
    </style>
  </head>
  <body>
    <h2>hello <span>world!</span></h2>
    <span>world</span>
  </body>
</html>
```

扫一扫，看视频

图3-5　包含选择器

3.2.5 组合选择器

组合选择器也称为并集选择器，是各个选择器通过逗号连接而成的，任何形式的选择器(包括标记选择器、类选择器及id选择器等)都可以作为组合选择器的一部分。如果某些选择器定义的样式完全相同或部分相同，就可以利用并集选择器为其定义相同的CSS样式。定义组合选择器的语法格式如下：

```
选择器1，选择器2，...，选择器n{
    样式属性：属性值；
    样式属性：属性值；
    ……
}
```

例3-10中使用组合选择器对h2和span标记进行相同样式属性的设置，请仔细体会样式定义呈现的效果，在浏览器中的显示结果如图3-6所示。

【例3-10】example3-10.html

```
<!doctype html>
<html>
  <head>
    <meta charset="utf-8">
    <title>组合选择器</title>
    <style>
      h2,span{
        color:red;
        font-size:48px;
      }
    </style>
  </head>
  <body>
    <h2>hello </h2>
    <h3> hello world!</h3>
    <span>world</span>
  </body>
</html>
```

图3-6　组合选择器

3.2.6 父子选择器

如果不希望选择所有的后代，而是希望缩小范围，只选择某个元素的子元素，就需要使用父子选择器。父子选择器使用大于号作为选择器的分隔符，其语法格式如下所示：

```
父选择器 > 子选择器 {
    样式属性：属性值;
    样式属性：属性值;
    ……
}
```

其中，父选择器包含子选择器，并且样式只能作用在子选择器上，而不能作用到父选择器上。

例3-11中使用父子选择器对h2的子元素span标记进行样式属性的定义，同时使用包含选择器对h2的后代span标记进行样式属性的定义，在浏览器中的显示结果如图3-7所示。请仔细体会父子选择器和包含选择器的区别。

【例3-11】example3-11.html

```
<!doctype html>
<html>
  <head>
    <meta charset="utf-8">
    <title>父子选择器</title>
    <style>
      h2 span {color:blue}
      h2>span{color:red; font-size:48px;}
    </style>
  </head>
  <body>
    <h2>hello <span>world!</span></h2>
    <h2>hello <p> <span>world</span> </p> </h2>
  </body>
</html>
```

扫一扫，看视频

图3-7　父子选择器

3.2.7　相邻选择器

如果需要选择紧接在某一个元素后的元素，并且二者有相同的父元素，可以使用相邻兄弟选择器。相邻选择器使用加号作为选择器的分隔符，其语法格式如下：

```
选择器1 + 选择器2 {
    样式属性：属性值;
    样式属性：属性值;
    ……
}
```

其中，选择器2是紧跟在选择器1之后的兄弟标记，并且样式只能作用在选择器2上，而不能作用到选择器1上。

例3-12中使用元素选择器h2对兄弟span标记进行样式属性的定义，请仔细体会相邻选择器的内在含义，在浏览器中的显示结果如图3-8所示。

【例3-12】example3-12.html

```
<!doctype html>
<html>
  <head>
    <meta charset="utf-8">
    <title>相邻选择器</title>
    <style>
      h2+span{
        color:red;
        font-size:48px;
      }
    </style>
  </head>
  <body>
    <h2>hello <span>world!</span></h2>
    <span>world</span>
    <span>hello world too!</span>
  </body>
</html>
```

扫一扫，看视频

图3-8　相邻选择器

3.2.8　属性选择器

属性选择器是CSS3选择器，其主要作用是对带有指定属性的HTML元素进行样式设置。使用CSS属性选择器，可以只选中含有某个属性的HTML元素，或者同时含有某个属性和其对应属性值的HTML元素，并对其进行相关样式的设置。定义属性选择器的语法格式如下：

```
标记名称[属性选择符] {
    样式属性：属性值；
    样式属性：属性值；
    ……
}
```

其中属性选择符可以是表3-1中的一种。例如定义具有href属性的超链接元素，让其文字显示为红色，其样式定义的语法格式如下所示：

```
a[href] {
  color:red;
}
```

又如定义选中含有class属性且属性值为"important"的p标记，其样式定义的语法如下

所示：

```
p[class="important"]{
  color:red;
}
```

表 3-1　属性选择器

选择器	说　明
[attribute]	用于选取带有指定属性的元素
[attribute=value]	用于选取带有指定属性和属性值的元素
[attribute~=value]	用于选取属性值中包含指定词汇的元素
[attribute|=value]	用于选取带有以指定值开头的属性值的元素，该值必须是整个单词
[attribute^=value]	匹配属性值以指定值开头的每个元素
[attribute$=value]	匹配属性值以指定值结尾的每个元素
[attribute*=value]	匹配属性值中包含指定值的每个元素

例3-13中使用两种属性选择器对p标记进行样式属性的定义，请仔细体会属性选择器的内在的含义，在浏览器中的显示结果如图3-9所示。

【例3-13】example3-13.html

```
<!doctype html>
<html>
  <head>
    <meta charset="utf-8">
    <title>属性选择器</title>
    <style>
      p[align]{
        color:red;
        font-size:48px;
      }
      p[align=right]{
        color:blue;
        font-size:24px;
      }
    </style>
  </head>
  <body>
    <p align="center">Hello world!</p>
    <p align="right">Hello world too!</p>
  </body>
</html>
```

图 3-9　属性选择器

3.2.9　通用选择器

通用选择器是所有选择器中最强大却用得最少的选择器。通用选择器的作用就像是通配符，其匹配所有可用元素。通用选择器由一个星号表示，一般用来对网页上的所有元素进行样式设置，其语法结构如下：

```
* {
   样式属性：属性值；
   样式属性：属性值；
   ……
}
```

*代表所有，即所有标记都使用该样式。例3-14中使用通用选择器进行样式属性的定义，把网页内的h2和span标记都设定成蓝色字体，文字大小为36像素，其在浏览器中的显示结果如图3-10所示。

【例3-14】example3-14.html

```
<!doctype html>
<html>
  <head>
    <meta charset="utf-8">
    <title>通用选择器</title>
    <style>
      * {color:blue; font-size:36px;}
    </style>
  </head>
  <body>
    <p>Hello world!</p>
    <span>Hello world too!</span>
  </body>
</html>
```

扫一扫，看视频

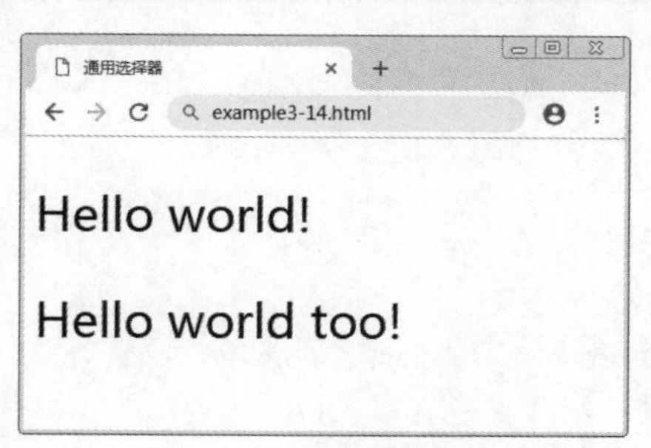

图3-10　通用选择器

3.3 CSS基本属性

3.3.1　字体属性

CSS中对文字样式的设置主要包括字体设置、字体大小、字体粗细、字体风格、字体颜色等。常用的字体属性及说明见表3-2。

表 3-2　字体属性及说明

属　性	说　明
font	简写属性。把所有针对字体的属性设置在一个声明中
font-family	设置字体系列。例如“隶书，Times New Roman”等，当指定多种字体时，用逗号分隔，如果浏览器不支持第一个字体，则会尝试下一个字体；当字体由多个单词组成时，由双引号括起来
font-size	设置字体的尺寸。常用单位为像素（px）
font-style	设置字体风格。Normal 为正常；italic 为斜体；oblique 为倾斜
font-weight	设置字体的粗细。Normal 为正常；lighter 为细体；bold 为粗体；bolder 为特粗体

表3-2中font属性是一个简写属性，也就是说可以在这个声明中设置所有字体的属性。注意，在font属性的样式定义中，至少要指定字体大小和字体系列。可以按以下顺序设置font属性：font-style、font-variant、font-weight、font-size/line-height、font-family。如果有些属性没有进行设置，会使用其默认值。

例3-15中使用通用字体属性进行样式属性的设置，其在浏览器中的显示结果如图3-11所示。

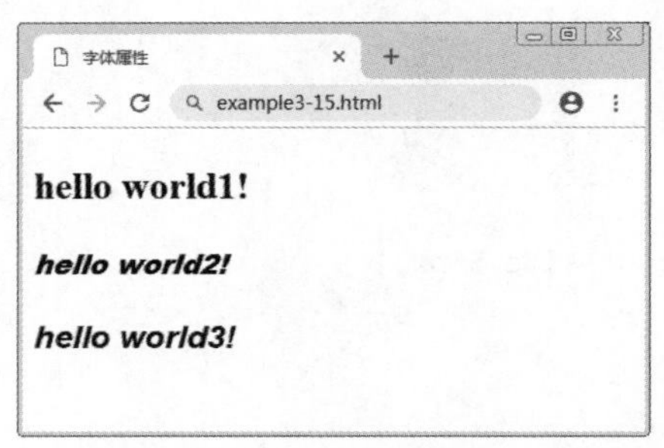

图 3-11　字体属性

【例3-15】example3-15.html

扫一扫，看视频

```
<!doctype html>
  <html>
  <head>
    <meta charset="utf-8">
    <title>字体属性</title>
    <style>
      #fontCSS1{
        font-family:"Times New Roman",Georgia,Serif ; /*设置字体类型*/
        font-size:28px;                               /*设置字体大小*/
        font-weight: bold;                            /*设置字体粗细*/
      }
      #fontCSS2{
        font-family:Arial,Verdana,Sans-serif;
        font-size:20px;
        font-style:italic;                            /*设置字体风格*/
        font-weight: 900;
      }
      #myFont{
        /*设置字体为倾斜、加粗，大小为24像素，行高为36像素，字体为arial,sans-serif*/
        font: oblique bold 24px/36px arial,sans-serif;
      }
```

```
      </style>
    </head>
    <body>
      <p id="fontCSS1">hello world1!</p>
      <p id="fontCSS2">hello world2!</p>
      <p id="myFont">hello world3!</p>
    </body>
  </html>
```

3.3.2 文本属性

文本属性是对一段文字整体地进行设置。文本属性的设置包括设置阴影效果、大小写转换、文本缩进、文本对齐方式等，其属性及说明见表3-3。

表 3-3 文本属性及说明

属 性	说 明
color	设置文本颜色。设置方式包括预定义颜色（如 red.green 等）、十六进制（如 #ff0000）、RGB 代码（如 RGB(255,0,0)）
direction	设置文本方向
line-height	设置行高，单位为像素。此属性在用于进行文字垂直方向对齐时，属性值与 height 属性值的设置相同
letter-spacing	设置字符间距，就是字符与字符之间的空白。其属性值可以为不同单位的数值，并且允许使用负值，默认值为 normal
text-align	设置文本内容的水平对齐方式。left 为左对齐（默认值），center 为居中对齐，right 为右对齐
text-decoration	向文本添加修饰。none 为无修饰（默认值），underline 为下划线，overline 为上划线，line-through 为删除线
text-indent	设置首行文本的缩进
text-overflow	设置对象内溢出的文本处理方法。clip 为不显示溢出文本；ellipsis 为用省略标记"..."标示溢出文本
text-shadow	设置文本阴影
text-transform	控制文本转换。none 为不转换（默认值），capitalize 为首字母大写，uppercase 为全部字符转换成大写，lowercase 为全部字符转换成小写
unicode-bidi	设置文本方向
white-space	设置元素中空白的处理方式
word-spacing	设置字间距。用于定义英文单词之间的间距，对中文无效

例3-16中对字体的常见属性进行样式定义，在浏览器中的显示结果如图3-12所示。

【例3-16】example3-16.html

扫一扫，看视频

```
<!doctype html>
<html>
  <head>
    <meta charset="utf-8">
    <title>文本属性</title>
    <style>
      #one{
        text-align:left;            /*文字左对齐*/
        word-spacing:30px;          /*单词之间的间距为30像素*/
```

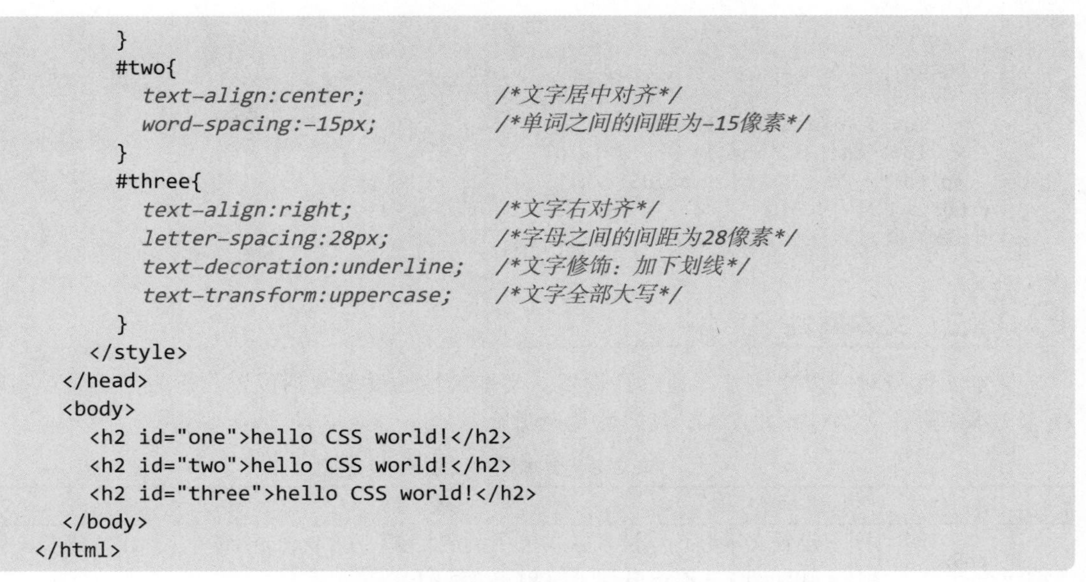

```
            }
            #two{
              text-align:center;               /*文字居中对齐*/
              word-spacing:-15px;              /*单词之间的间距为-15像素*/
            }
            #three{
              text-align:right;                /*文字右对齐*/
              letter-spacing:28px;             /*字母之间的间距为28像素*/
              text-decoration:underline;       /*文字修饰：加下划线*/
              text-transform:uppercase;        /*文字全部大写*/
            }
          </style>
        </head>
        <body>
          <h2 id="one">hello CSS world!</h2>
          <h2 id="two">hello CSS world!</h2>
          <h2 id="three">hello CSS world!</h2>
        </body>
      </html>
```

图 3-12　文本属性

text-shadow属性是CSS3的属性，是向文本添加一个或多个阴影，该属性是用逗号分隔的阴影列表，每个阴影由两个或三个长度值和一个可选的颜色值进行规定，省略的长度是0，该属性的语法格式定义如下：

```
text-shadow: h-shadow v-shadow blur color[,h-shadow v-shadow blur color];
```

其中，h-shadow是必须定义的，表示水平阴影的位置，如果是正值则表示阴影向右位移的距离，如果是负值则表示阴影向左位移的距离；v-shadow是必须定义的，表示垂直阴影的位置，如果是正值则表示阴影向下位移的距离，如果是负值则表示阴影向上位移的距离；blur是可选项，表示阴影的模糊距离；color是可选项，表示阴影的颜色。

例3-17中对一段文字定义了两个阴影，一个阴影是红色，一个阴影是绿色，注意两个阴影的位置不要重合，否则将只能看到一个阴影，在浏览器中的显示结果如图3-13所示。

【例3-17】example3-17.html

```
<!doctype html>
<html>
  <head>
    <meta charset="utf-8">
    <title>文本属性</title>
    <style>
      h2{
```

扫一扫，看视频

```
            font-size:48px;
            font-family:隶书;
            text-shadow:red 6px -7px 5px,grey 16px -17px 15px;
        }
      </style>
    </head>
    <body>
      <h2>Web程序设计基础</h2>
    </body>
</html>
```

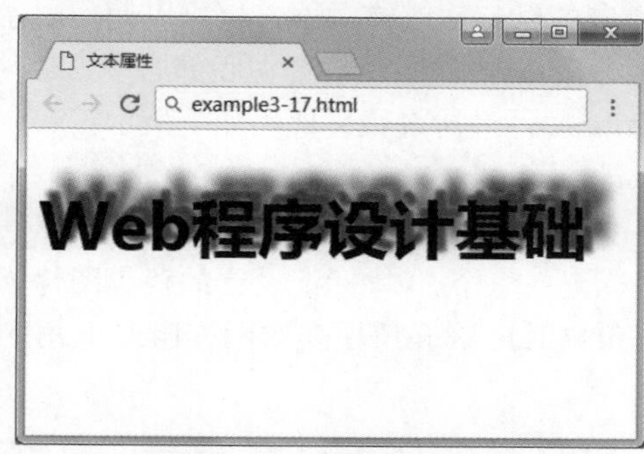

图 3-13　文本阴影属性

3.3.3　背景属性

1. 常见的背景属性

CSS背景属性主要用于设置对象的背景颜色、背景图片、背景图片的重复性、背景图片的位置等属性，其常见属性及说明见表3-4。

表 3-4　常见的背景属性及说明

属　性	说　明
background	简写属性，将背景的所有属性设置在一个声明中
background-attachment	设置背景图像是否固定或者随着页面的其余部分滚动。scroll 指背景图像随内容滚动；fixed 指背景图像不随内容滚动
background-color	设置元素的背景颜色。取英文单词，或 #rrggbb，或 #rgb
background-image	把图像设置为背景。其值可以为绝对路径或相对路径表示的 URL
background-position	设置背景图像的起始位置。left 为水平居左，right 为水平居右，center 为水平居中或垂直居中，top 为垂直靠上，bottom 为垂直靠下或精确的值
background-repeat	设置背景图像是否重复及如何重复。repeat-x 为横向平铺；repeat-y 为纵向平铺；norepeat 为不平铺；repeat 为平铺背景图片，该值为默认值

（1）使用background-color属性为元素设置背景色。这个属性接受任何合法的颜色值。例如把p元素的背景设置为灰色：

```
p {
  background-color: gray;
}
```

background-color不能继承，其默认值是transparent。transparent有“透明”之意。也就是说，如果一个元素没有指定背景色，背景就是透明的，这样其祖先元素的背景就可以显现

出来。

（2）要把图像放入背景，需要使用background-image属性。background-image属性的默认值是none，表示背景上没有放置任何图像。如果需要设置一个背景图片，必须为这个属性设置一个URL值。例如把p元素的背景图片设置为1.jpg，代码如下：

```
p {
  background-image: url(images/1.jpg);
}
```

（3）设置背景图片的起始位置需要使用background-position属性，该位置的属性值可以有多种形式，可以是X、Y轴方向的百分比或绝对值，也可以使用表示位置的英文名称，如left、center、right、top、bottom。例如把背景图片放置在底部居中，必须先去除背景图片的重复属性，然后用background-position属性进行设置，代码如下所示：

```
background-repeat:no-repeat;          /*设置背景图片不重复*/
background-position:center bottom;    /*设置背景图片水平居中，底端对齐*/
```

例3-18中建立5个div块标记，每个div块标记设置的背景图片为图3-14右下角所示的五角星，当鼠标指针指到某个五角星时，该五角星变成图3-14左上角的五角星，在浏览器中的显示结果如图3-15所示。

图 3-14　五角星背景图片

图 3-15　鼠标指向中间五角星时的效果

【例3-18】example3-18.html

```
<!doctype html>
<html>
  <head>
    <meta charset="utf-8">
    <title>背景综合应用</title>
    <style>
      div
      {
        width:170px;                                    /*显示五角星的div块标记宽度*/
        height:150px;                                   /*显示五角星的div块标记高度*/
        background-image:url(images/fivestar.jpg);      /*设置背景图片为五角星*/
        /*显示背景图片的起始位置是水平方向-340像素，垂直方向-325像素，即右下角五角星*/
        background-position:-340px -325px;
        float:left;
      }
      div:hover{              /*伪类，表示当鼠标经过某个div时，该 div 标记属性改变成以下设置*/
        background-position:0px 0px;   /*背景位置改成水平方向和垂直方向都是0，即左上角
五角星*/
      }
    </style>
  </head>
  <body>
```

扫一扫，看视频

```
        <div></div>
        <div></div>
        <div></div>
        <div></div>
        <div></div>
    </body>
</html>
```

（4）如果需要在网页上对背景图像进行平铺，可以使用background-repeat属性。该属性的属性值如果是repeat，则会将背景图像在水平方向和垂直方向上都平铺，就像HTML中“<body background="2.jpg">”；如果值是repeat-x和repeat-y，则分别使图像只在水平方向或垂直方向上进行重复；如果值是no-repeat，则不允许图像在任何方向上进行平铺。默认情况下，背景图像将从一个元素的左上角开始。例3-19将背景图像放在右边，然后在Y轴方向进行平铺。在浏览器中的显示结果如图3-16所示。

【例3-19】example3-19.html

```
<!doctype html>
<html>
    <head>
        <meta charset="utf-8">
        <title>背景属性</title>
        <style>
            body{
                background-image:url(images/1.jpg);          /* 设置背景图像位置 */
                background-position:right;                   /* 设置背景图像水平方向右对齐 */
                background-repeat:repeat-y;                  /* 设置背景图像Y轴方向平铺 */
            }
        </style>
    </head>
    <body>
    </body>
</html>
```

扫一扫，看视频

图3-16　设置背景图像的位置

（5）background-clip属性规定背景的绘制区域，该属性是CSS3的属性，主要用于设置背景图像的裁剪区域，其基本语法格式是：

```
background-clip : border-box | padding-box | content-box;
```

其中，border-box是默认值，表示从边框区域向外裁剪背景；padding-box表示从内边距区域向外裁剪背景；content-box表示从内容区域向外裁剪背景。

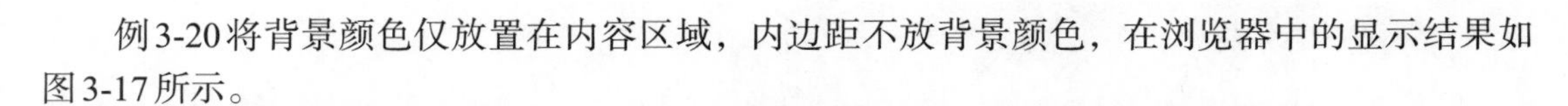

例3-20将背景颜色仅放置在内容区域，内边距不放背景颜色，在浏览器中的显示结果如图3-17所示。

【例3-20】example3-20.html

```
<!doctype html>
<html>
  <head>
    <meta charset="utf-8">
    <title>背景裁剪属性</title>
    <style>
      div
      {
        width:300px;                        /*设置DIV块宽度为300px*/
        height:300px;                       /*设置DIV块高度为300px*/
        padding:20px;                       /*设置DIV块内边距为20px*/
        background-color:yellow;            /*设置DIV块背景色为黄色*/
        background-clip:content-box;        /*设置DIV块裁剪属性为从内容区域向外裁剪*/
        border:3px solid red;               /*设置DIV块边框为3像素、实心线、红色*/
      }
    </style>
  </head>
  <body>
    <div>
      这是文本。这是文本。这是文本。这是文本。这是文本。这是文本。这是文本。这是文本。
      这是文本。这是文本。这是文本。这是文本。这是文本。这是文本。这是文本。这是文本。
      这是文本。这是文本。这是文本。这是文本。这是文本。这是文本。这是文本。这是文本。
      这是文本。这是文本。这是文本。这是文本。这是文本。这是文本。这是文本。这是文本。
      这是文本。这是文本。这是文本。这是文本。这是文本。这是文本。这是文本。这是文本。
      这是文本。这是文本。这是文本。这是文本。这是文本。这是文本。这是文本。这是文本。
    </div>
  </body>
</html>
```

扫一扫，看视频

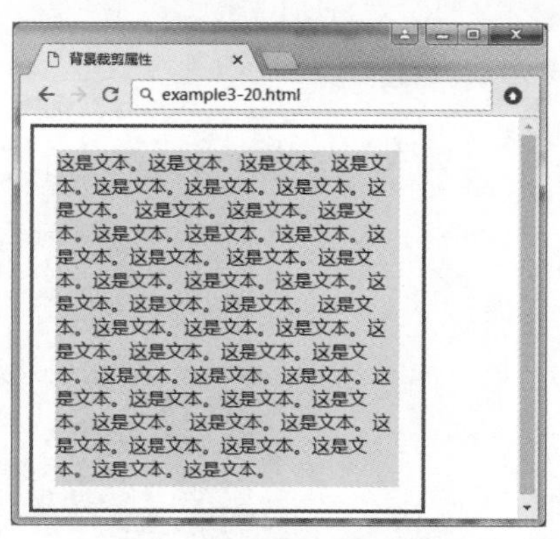

图3-17　背景绘制区域

2. CSS3的背景渐变属性

CSS3的渐变属性可以使两个或多个指定的颜色之间显示平稳的过渡，以前这种显示效果必须使用图像来实现，现在可以通过使用CSS3渐变来完成，减少了下载的数据和宽带的使用。此外，渐变效果的元素在放大时看起来效果更好，因为渐变是由浏览器生成的。CSS3定义了两种类型的渐变：一种是线性渐变，即向下/向上/向左/向右/对角方向；另一种是径向渐变，即由中心定义。

（1）线性渐变。为了创建一个线性渐变，必须至少定义两种颜色节点。颜色节点为要呈现平稳过渡的颜色。同时，也可以设置一个起点和一个方向（或一个角度）。其定义的基本语法格式如下：

```
background:linear-gradient(direction,color-stop1,color-stop2,...);
```

其中，direction指明线性渐变的方向，默认是从上到下。下面的实例演示了从顶部开始的线性渐变，起点是红色，慢慢过渡到黄色：

```
background: linear-gradient(red, yellow);
```

从左到右的线性渐变：

```
background: linear-gradient(to right, red, yellow);
```

也可以通过指定水平方向和垂直方向的起始位置来制作一个对角渐变。下面的实例演示了从左上角开始到右下角的线性渐变。起点是红色，慢慢过渡到黄色：

```
background: linear-gradient(to bottom right, red , yellow);
```

如果要在渐变方向上做更多的控制，可以定义一个角度，而不用预定义方向（to bottom、to top、to right、to left、to bottom right，等等）。角度指水平线和渐变线之间的角度，按逆时针方向计算。换句话说，0deg将创建从下到上的渐变，90deg将创建从左到右的渐变。下面的实例演示45度的线性渐变。起点是红色，慢慢过渡到黄色：

```
background: linear-gradient(45deg, red 30%, yellow 70%);
```

上例的渐变只有两种颜色，第一种颜色为红色且位置设置在n%（n=30）处，第二种颜色为黄色且位置设置在m%（m=70）处。浏览器会将0%~n%的范围设置为第一种颜色的纯色，即红色，n%~m%的范围设置为第一种颜色到第二种颜色的过渡，m%~100%的范围设置为第二种颜色的纯色。

（2）径向渐变。为了创建一个径向渐变，必须至少定义两种颜色节点，颜色节点既要呈现平稳过渡的颜色，又要指定渐变的中心、形状（圆形或椭圆形）、大小。默认情况下，渐变的中心是center（表示在中心点），渐变的形状是ellipse（表示椭圆形），渐变的大小是farthest-corner（表示到最远的角落）。其定义的基本语法如下：

```
background:radial-gradient(shape,start-color,...,last-color);
```

shape参数定义形状，其值可以是circle或ellipse。其中，circle表示圆形，ellipse表示椭圆形。默认值是ellipse。例如：

```
background: radial-gradient(circle, red, yellow, green);
```

（3）重复径向渐变。repeating-radial-gradient()函数用于重复径向渐变，该函数的所有参数及语法与径向渐变相同。

例3-21制作了两个div标记，并把这两个div块的背景设置为线性渐变和重复径向渐变，其在浏览器中的显示结果如图3-18所示。

【例3-21】example3-21.html

```
<!doctype html>
<html>
  <head>
    <meta charset="utf-8">
    <title>背景</title>
    <style>
```

扫一扫，看视频

```
        #box1
        {
          width:100px;              /*设置DIV块的宽度为100px*/
          height:100px;             /*设置DIV块的高度为100px*/
          border-radius:50%;        /*设置DIV块的边框半径为50%, 即圆*/
          /*DIV球背景色渐变从左下到右上，即45度，其中红色占30%,黄色占60%*/
          background-image:linear-gradient(45deg,#f00 30%,#ff0 60%);
        }
        #box2
        {
          width:100px;
          height:100px;
          border-radius:50%;
          /*背景重复径向渐变，圆形，且有红、黄、蓝三色 */
          background-image:repeating-radial-gradient(circle at 50% 50%,red,yellow 10%,blue 15%);
        }
      </style>
    </head>
    <body>
      <div id="box1"></div>
      <div id="box2"></div>
    </body>
  </html>
```

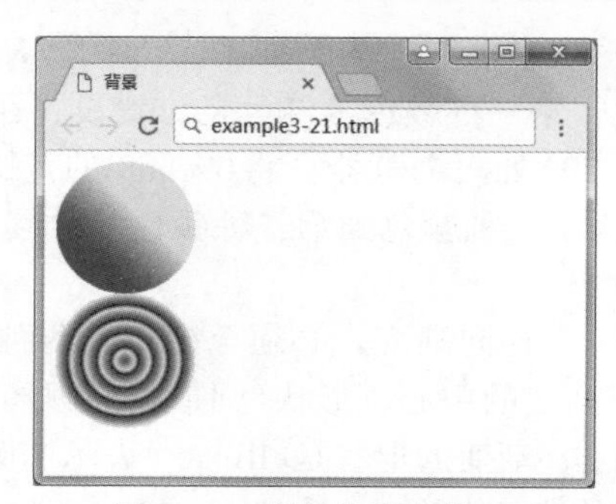

图 3-18　背景的渐变效果

3.3.4　边框属性

利用CSS边框属性可以设置对象边框的颜色、样式以及宽度。使用对象的边框属性之前，必须先设定对象的高度及宽度。设置边框属性的语法格式如下：

```
border : 边框宽度 边框样式 边框颜色
```

需要说明的是，border-width属性可以单独设置边框宽度；border-style属性可以单独设置边框样式；border-color属性可以单独设置边框颜色。其中边框样式的取值及说明见表3-5。

表 3-5　边框样式的取值及说明

边框样式	说　明	边框样式	说　明
none	无边框，无论边框宽度设为多大	double	双线边框
hidden	隐藏边框	groove	3D 凹槽边框
dotted	点线边框	ridge	菱形边框
dashed	虚线边框	inset	3D 内嵌边框
solid	实线边框，默认值	outset	3D 凸边框

例3-22制作了多个样式的边框，以让读者理解不同样式边框呈现的状态，其在浏览器中的显示结果如图3-19所示。

【例3-22】example3-22.html

```
<html>
  <head>
    <meta charset="utf-8">
    <title>边框样式</title>
    <style type="text/css">
      p.dotted {border-style: dotted;}
      p.dashed {border-style: dashed;}
      p.solid {border-style: solid;}
      p.double {border-style: double;}
      p.groove {border-style: groove;}
      p.ridge {border-style: ridge;}
      p.inset {border-style: inset;}
      p.outset {border-style: outset;}
    </style>
  </head>
  <body>
    <p class="dotted">A dotted border</p>
    <p class="dashed">A dashed border</p>
    <p class="solid">A solid border</p>
    <p class="double">A double border</p>
    <p class="groove">A groove border</p>
    <p class="ridge">A ridge border</p>
    <p class="inset">An inset border</p>
    <p class="outset">An outset border</p>
  </body>
</html>
```

扫一扫，看视频

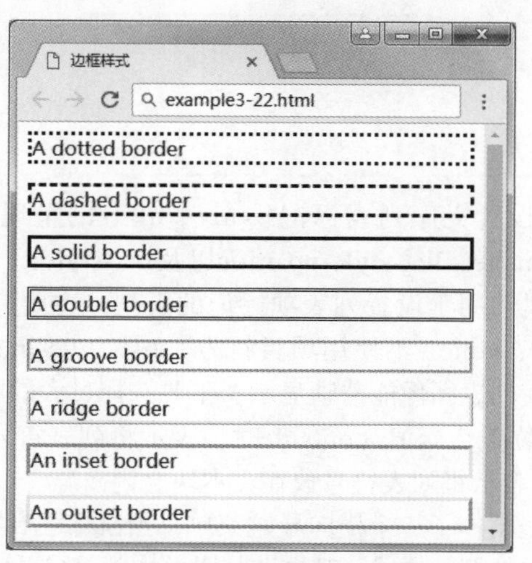

图3-19　边框样式

在CSS3中可以通过border-radius属性为元素增加圆角边框，定义该属性的语法如下：

```
border-radius : 像素值|百分比
```

例3-23将一个正方形元素设置其border-radius值为边长的一半，可以得到一个圆形，在浏览器中的显示结果如图3-20所示。

【例3-23】example3-23.html

扫一扫，看视频

```
<html>
  <head>
    <meta charset="utf-8">
    <title>边框样式</title>
    <style type="text/css">
      #circle{
        width:200px;                /*设置宽度为200像素*/
        height:200px;               /*设置长度为200像素*/
        border-radius:50%;          /*设置边框圆角值为宽高的一半，即100像素*/
        border:2px solid red;       /*设置边框为2像素，实心线，红色*/
        background:blue;            /*设置背景色为蓝色*/
      }
    </style>
  </head>
  <body>
    <div id="circle"></div>
  </body>
</html>
```

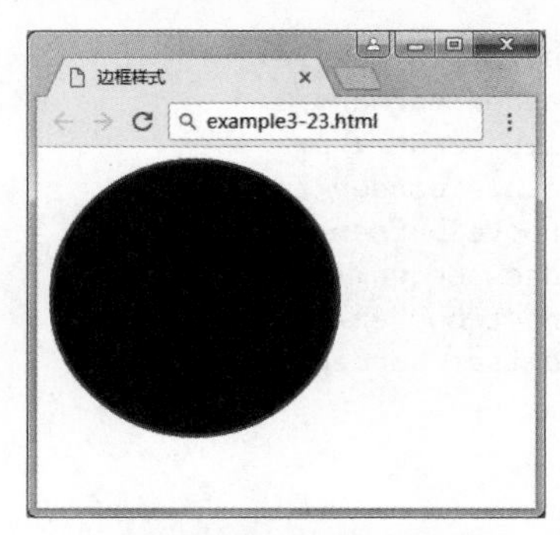

图 3-20　圆角边框

3.3.5　列表属性

在CSS中列表属性是设置无序列表标记（<ul></ul>）的呈现形式，常用的列表属性有list-style-type、list-style-image、list-style-position以及list-style。

其中，list-style-type属性用于设置列表项标记的类型，主要有disp（实心圆）、circle（空心圆）、square（实心方块）、none（不使用项目符号）；list-style-image属性用于设置使用什么图像作为列表符号，为了使列表图像能清晰显示，不要选择过大的图片；list-style-position属性用来指定列表符号的显示位置，当值为outside时，表示将列表符号放在文本块之外，该值为默认值，当值为inside时，表示将列表符号放在文本块之内。

例3-24利用无符号列表制作了一个横向导航菜单，当鼠标放到某个导航菜单按钮时，通过hover伪类改变当前导航菜单按钮的样式，其在浏览器中的显示结果如图3-21和图3-22所示。

【例3-24】example3-24.html

扫一扫，看视频

```
<html>
  <head>
    <meta charset="utf-8">
    <title>列表样式</title>
```

```
    <style type="text/css">
      #box{ background-color:#FC6;     /*设置背景色*/
        margin:0 auto;                 /*设置div块的标记自动水平居中*/
        height:40px;                   /*设置高度属性为40像素*/
      }
      #box ul{
        list-style:none;               /*设置列表显示风格为无，即不显示列表标记*/
      }
      #box ul li{
        width:80px;                    /*设置列表元素的宽度为80像素*/
        height:40px;                   /*设置列表元素的高度为40像素*/
        text-align:center;             /*设置列表元素内的文字水平方向居中*/
        line-height:40px;              /*设置列表元素内的文字垂直方向居中*/
        float:left;                      /*设置列表元素浮动，目的是把列表元素水平排列*/
      }
      #box ul li.strong{
        font-weight:bold;              /*设置选中列表元素内的文字加粗显示*/
      }
      #box ul li:hover{                /*鼠标指针放到li标记时li所显示的样式*/
        background-color:black;        /*设置列表元素的背景色为黑色*/
        text-decoration:underline;     /*设置列表元素的文字有下划线*/
        cursor:pointer;                /*设置鼠标指针为手形*/
      }
      #box ul li a{                    /*选中#box内的ul内的li内的所有a标记*/
        text-decoration:none;          /*超链接指针文字无下划线*/
        color:black;
      }
      #box ul li:hover a{              /*选中鼠标所在的li元素上的a标记*/
        text-decoration:underline;     /*超链接指针文字有下划线*/
        color:#fc6;
      }
    </style>
  </head>
  <body>
    <div id="box">
      <ul>
        <li class="strong">新闻</li>
        <li>军事</li>
        <li>社会</li>
        <li>国际</li>
      </ul>
    </div>
  </body>
</html>
```

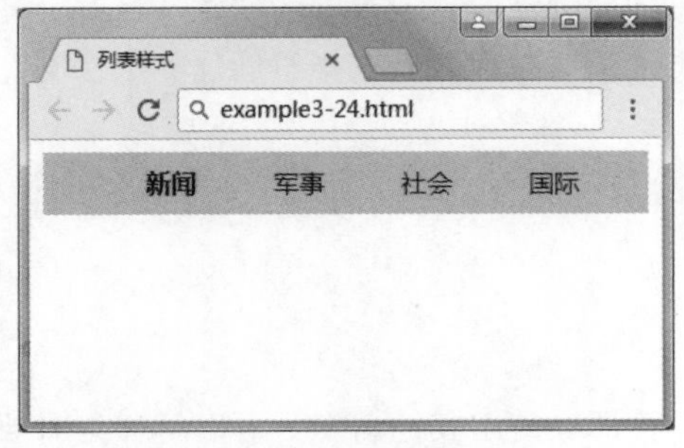

图 3-21　列表样式

图 3-22　导航激活状态

3.3.6 鼠标属性

在CSS中可以通过鼠标指针的cursor属性设置鼠标指针的显示图形，其定义的语法格式如下：

```
cursor：鼠标指针样式;
```

cursor属性的取值和说明见表3-6。使用方法可以参考例3-24中“#box ul li:hover”样式的定义。

表 3-6 cursor 属性和说明

属性值	说　明	属性值	说　明
crosshair	十字准线	s-resize	向下改变大小
pointer ｜ hand	手形	e-resize	向右改变大小
wait	表或沙漏	w-resize	向左改变大小
help	问号或气球	ne-resize	向上右改变大小
no-drop	无法释放	nw-resize	向上左改变大小
text	文字或编辑	se-resize	向下右改变大小
move	移动	sw-resize	向下左改变大小
n-resize	向上改变大小		

3.4 伪类和伪元素

伪类和伪元素的引入都是因为在文档树内有些信息无法用选择器选中，例如CSS没有“段落的第一行”“文章首字母”之类的选择器，而这在一些网页中又是必需的，这种情况下就引出了伪类和伪元素。也就是说CSS引入伪类和伪元素的概念是为了实现基于文档树之外的信息的格式化。伪类和伪元素的区别是：

（1）伪类的操作对象是文档树中已有的元素，而伪元素创建了一个文档树之外的元素。

（2）CSS3规范中要求使用双冒号（::）表示伪元素，以此来区分伪元素和伪类。IE8及以下版本的一些浏览器不兼容双冒号（::）表示方法，所以除了少部分伪元素，其余伪元素既可以使用单冒号（:），也可以使用双冒号（::）。

3.4.1 伪类

伪类是一种特殊的类选择符，是能够被支持CSS的浏览器自动识别的特殊选择符，其最大用途是为超链接定义不同状态下的样式效果。伪类的语法是在原有选择符后加一个伪类，其语法格式如下：

```
选择器：伪类{
    属性：属性值;
    属性：属性值;
    ……
}
```

伪类是在CSS中已经定义好的，不能像类选择符那样使用其他名字，可以解释为对象在某个特殊状态下的样式。常用的伪类如下：

（1）表示状态。

- :link：选择未访问的链接。
- :visited：选择已访问的链接。
- :hover：选择鼠标指针移入链接。
- :active：被激活的链接，即按下鼠标左键但未松开。
- :focus：选择获取焦点的输入字段。

（2）结构化伪类。

- :not：否定伪类，用于匹配不符合参数选择器的元素。
- :first-child：匹配元素的第一个子元素。
- :last-child：匹配元素的最后一个子元素。
- :first-of-type：匹配属于其父元素的首个特定类型的子元素的每个元素。
- :last-of-type：匹配元素的最后一个子元素。
- :nth-child：根据元素的位置匹配一个或者多个元素，并接受一个an+b形式的参数（an+b最大数为匹配元素的个数）。
- :nth-last-child：与:nth-child相似，不同之处在于是从最后一个子元素开始计数的。
- :nth-of-type：与nth-child相似，不同之处在于只匹配特定类型的元素。
- :nth-last-type：与nth-of-type相似，不同之处在于是从最后一个子元素开始计数的。
- :only-child：当元素是其父元素中唯一一个子元素时，:only-child匹配该元素。
- :only-of-type：当元素是其父元素中唯一一个特定类型的子元素时，:only-child匹配该元素。
- :target：当URL带有锚名称，指向文档内某个具体元素时，:target匹配该元素。

（3）表单相关伪类。

- :checked：匹配被选中的input元素，这个input元素包括radio和checkbox。
- :default：匹配默认选中的元素，例如，提交按钮总是表单的默认按钮。
- :disabled：匹配禁用的表单元素。
- :empty：匹配没有子元素的元素。如果元素中含有文本节点、HTML元素或者一个空格，则:empty不能匹配这个元素。
- :enabled：匹配没有设置disabled属性的表单元素。
- :valid：匹配条件验证正确的表单元素。
- :invalid：与:valid相反，匹配条件验证错误的表单元素。
- :optional：匹配具有optional属性的表单元素。当表单元素没有设置为required时，即为optional属性。
- :required：匹配设置了required属性的表单元素。

例3-25使用了上述三种伪类，目的是让读者理解和体会三种伪类的用法，在浏览器中的显示结果如图3-23所示。

【例3-25】example3-25.html

```
<!doctype html>
<html>
  <head>
    <meta charset="utf-8">
    <title>伪类</title>
    <style>
```

```
        a:link {            /* 未访问链接*/
          color:#000000;
        }
        a:visited {         /* 已访问链接 */
          color:#00FF00;
        }
        a:hover {           /* 鼠标移动到链接上 */
          color:#FF00FF;
        }
        a:active {          /* 鼠标单击时 */
          color:#0000FF;
        }
        input:focus         /*input标记获得焦点时*/
        {
          background-color:yellow;
        }
        p:last-child        /*p标记的最后一个标记*/
        {
          font-size:24px;
        }
      </style>
    </head>
    <body>
      <p><b><a href="/css/" target="_blank">这是一个链接</a></b></p>
      <p>
        <b>注意：</b>
        a:hover 必须在 a:link 和 a:visited 之后，需要严格按顺序才能看到效果。
      </p>
      <p><b>注意：</b> a:active 必须在 a:hover 之后。</p>
      <p>你可以使用 "first-letter" 伪元素向文本的首字母设置特殊样式：</p>
      First name: <input type="text" name="fname"/><br>
      <p>This is some text.</p>
      <p>This is some text.</p>
    </body>
  </html>
```

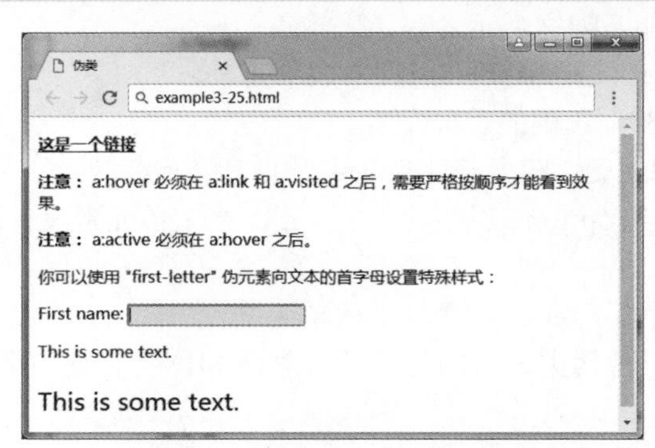

图 3-23　伪类

3.4.2　伪元素

CSS的伪元素之所以被称为伪元素，是因为其不是真正的页面元素，即没有对应的HTML元素，但是其所有用法和表现行为与真正的页面元素一样，可以对其使用如页面元素一样的CSS样式，表面看上去貌似用页面的某些元素来展现，实际上是CSS样式展现的行为，因此被称为伪元素。常用的伪元素如下。

- :before：在某个元素之前插入一些内容。
- :after：在某个元素之后插入一些内容。
- :first-letter：为某个元素中文字的首字母或第一个字使用样式。
- :first-line：为某个元素的第一行文字使用样式。
- :selection：匹配被用户选中或者处于高亮状态的部分。
- :placeholder：匹配占位符的文本，只有元素设置了placeholder属性时，该伪元素才能生效。

例3-26中的显示效果使用了几种伪元素定义，目的是让读者理解和体会伪元素的用法，其在浏览器中的显示结果如图3-24所示。

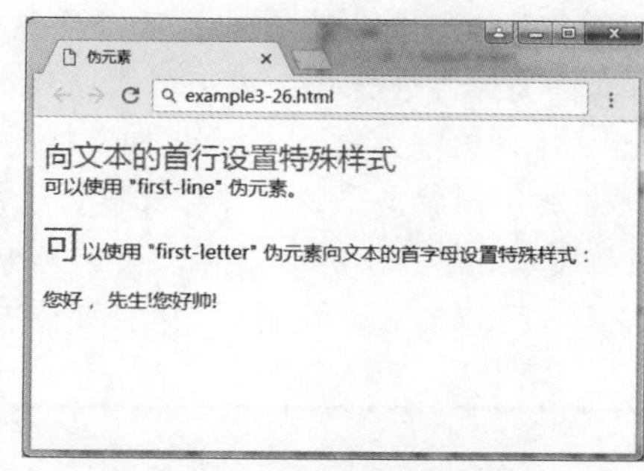

图 3-24　伪元素

【例3-26】example3-26.html

```
<!doctype html>
<html>
  <head>
    <meta charset="utf-8">
    <title>伪元素</title>
    <style>
      p.fl:first-line
      {
        color:#ff00ff;
        font-size:24px;
      }
      p.myClass:first-letter{
        color:#ff0000;
        font-size:xx-large;
      }
      p.youClass:before{
        content: "您好，"
      }
      p.youClass:after{
        content: "您好帅!"
      }
    </style>
  </head>
  <body>
    <p class="fl">
      向文本的首行设置特殊样式<br/>可以使用 "first-line" 伪元素。
    </p>
```

扫一扫，看视频

```
      <p class="myClass">
         可以使用 "first-letter" 伪元素向文本的首字母设置特殊样式:
      </p>
      <p class="youClass"> 先生!</p>
   </body>
</html>
```

3.5 本章小结

CSS是层叠样式表，是设计网页的布局和格式的有效手段。本章首先介绍了CSS的发展史，说明了CSS的样式规则，包括选择符、属性名以及属性值；然后对CSS常用的选择器进行说明，主要包括HTML选择器、类选择器、ID选择器、组合选择器以及包含选择器等，并对各种样式表的优先级进行梳理，从高到低依次为内嵌样式、内部样式、外部样式和浏览器的默认样式；再对CSS的属性进行讲解，包括文本属性、字体属性、背景属性、边框属性、列表属性等；最后对CSS中的伪类和伪元素所提供的不同状态下的特殊样式进行讨论。

通过本章的学习，读者应该对CSS有了一定的了解，能够充分理解CSS所实现的结构与表现的分离及CSS样式的优先级规则，可以熟练地使用CSS控制页面中的字体和文本外观样式。

3.6 习题三

扫描二维码，查看习题。

扫二维码
查看习题

3.7 实验三　CSS基础

扫描二维码，查看实验内容。

扫二维码
查看实验内容

CHAPTER

4 CSS页面布局

学习目标：

本章主要讲解利用CSS进行网页布局的方法。通过对本章的学习，读者应该：

- 掌握HTML标记的定位，能够为HTML标记设置常见的定位方式；
- 理解HTML标记的浮动原理；
- 熟悉CSS文本样式属性，能够运用相应的属性定义文本样式。

思维导图（略图）

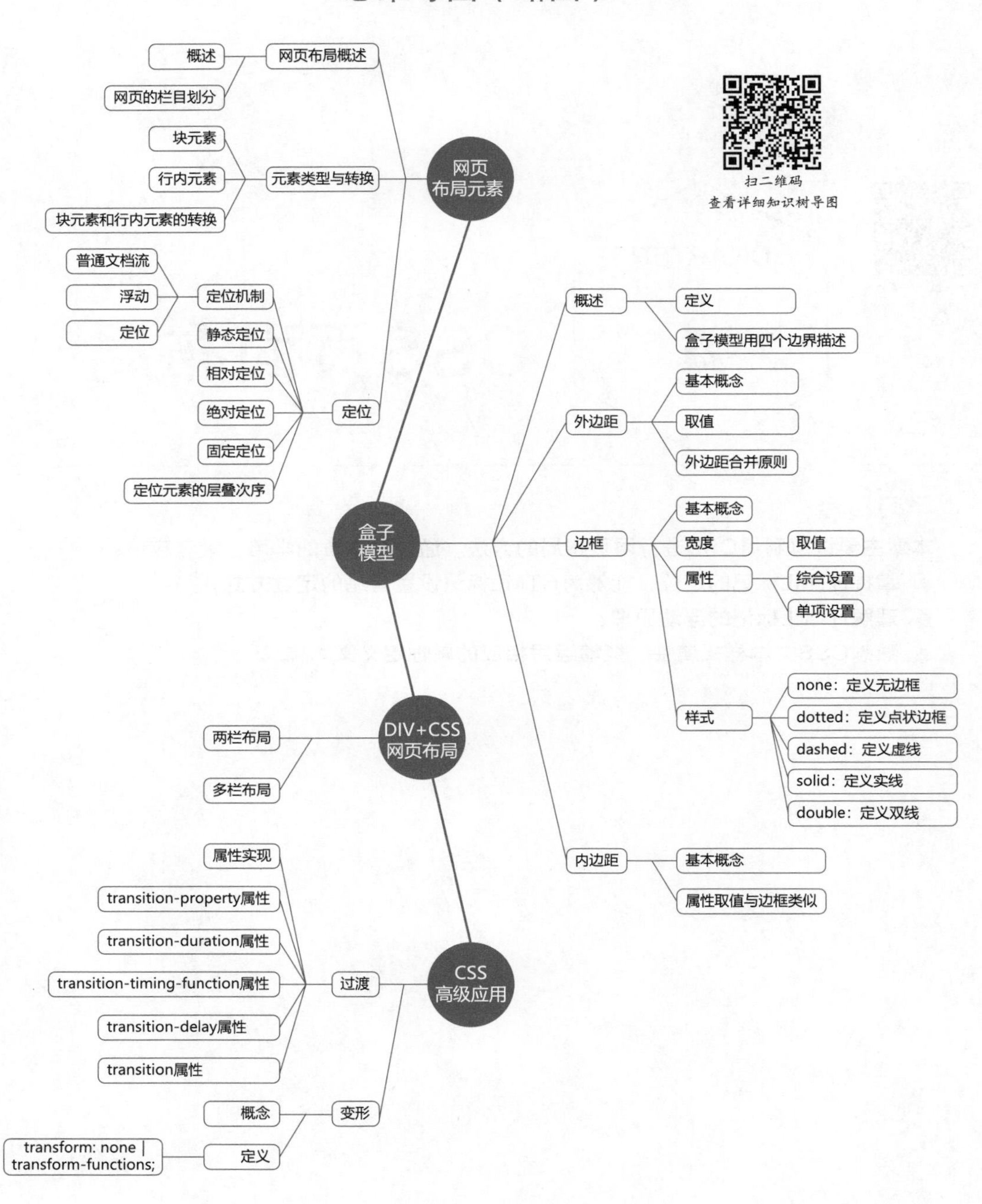
扫二维码
查看详细知识树导图
网页布局元素
网页布局概述
概述
网页的栏目划分
元素类型与转换
块元素
行内元素
块元素和行内元素的转换
定位
定位机制
普通文档流
浮动
定位
静态定位
相对定位
绝对定位
固定定位
定位元素的层叠次序
盒子模型
概述
定义
盒子模型用四个边界描述
外边距
基本概念
取值
外边距合并原则
边框
基本概念
宽度
取值
属性
综合设置
单项设置
样式
none：定义无边框
dotted：定义点状边框
dashed：定义虚线
solid：定义实线
double：定义双线
内边距
基本概念
属性取值与边框类似
DIV+CSS 网页布局
两栏布局
多栏布局
CSS 高级应用
过渡
属性实现
transition-property属性
transition-duration属性
transition-timing-function属性
transition-delay属性
transition属性
变形
概念
定义
transform: none | transform-functions;

4.1 网页布局元素

4.1.1 网页布局概述

1. 概述

网页布局是网页设计中的一个基本概念，当一张空白的网页呈现时，如何把文字、图片等网页元素有规则地排列在网页的指定位置，就是网页布局要考虑的主要问题。好的网页布局能够让网页制作人员更好地把握网页的整体结构，提高代码的书写效率、复用性和后期维护速度。作为初学者，更应该重视页面布局，而不是简单地为了达到页面效果而不考虑页面的布局，毕竟页面布局和代码的质量是紧密相关的。在进行网页布局时应该主要考虑以下几个方面。

（1）要有整体意识。在页面布局时，应从整体出发，了解页面的大概内容，清楚应该把一个网页分成几个大的模块。

（2）从外向内，层层递进。写清标记的嵌套关系，简单明了的层级关系不仅便于查找页面内容，方便在出现错误时能够快速地修改，而且在书写JavaScript代码时可以更快地找到所需要的元素。后期其他开发人员在修改代码时更加便利，可以减少工作量，提高工作效率。

（3）模块化。在把握页面大模块的同时，分析组成大模块的局部，把局部模块化，可以排除很多其他页面元素的干扰，降低页面在出现错误时可能的影响范围。

（4）命名规则。在给页面元素命名时，尽量做到望名知意。因为代码写出来不仅仅是给网页设计者看的，后期还需要大量的维护和更新。如果没有意义的名字太多，就会大大增加后面的维护成本。在命名时最好还要体现元素的嵌套关系，这样在书写CSS代码时就会便捷许多。

实现网页的页面布局一般有三种方法：表格布局、框架布局以及DIV+CSS页面布局。

（1）表格布局的实现方式比较简单。各个元素可以位于表格独立的单元格中，相互影响较小，而且对浏览器的兼容性较好。但表格布局的缺陷也相当明显，主要表现在以下几个方面：

- 在某些浏览器下（例如IE），表格只有在全部下载完成后才可以显示，数据量比较大时会影响网页的浏览速度。
- 搜索引擎难以分析较复杂的表格，而且网页样式的改版也比较麻烦。
- 在多重表格嵌套的情况下，代码可读性较差，页面的下载速度也会受到影响。

目前，除了规模较小的网站之外，一般不采用表格布局。

（2）框架布局指利用框架对页面空间进行有效的划分，每个区域可以显示不同的网页内容，各个区域之间互不影响。使用框架进行布局，可以使网页更整洁、清晰，网页的下载速度较快。如果框架用得较多，也会影响网页的浏览速度。内容较多、较复杂的网站最好不要采用框架布局。另外，框架和浏览器的兼容性不好，保存比较麻烦，应用的范围有限，一般也只应用于较小规模的网站。

（3）对于规模较大、比较复杂的网站大多数采用DIV+CSS方式进行布局。DIV+CSS布局方式具有较为明显的优势，主要表现在以下几点：

- 内容和表现相分离。
- 对搜索引擎的支持更加友好。
- 文件代码更加精简，执行速度更快。
- 易于维护。

2. 网页的栏目划分

网页布局是设计在网页上放什么内容，以及这些内容放在网页的什么位置。网页设计没有什么定论可言，只要设计得漂亮就行。一个良好的网页，尤其是网站的主页（即网站的第一个页面），都会包含以下几个主要区域：页头、banner、导航区域、内容、页脚。

（1）页头。页头也称为网页的页眉，主要作用是定义页面的标题。通过网页的标题，用户可以立即知道该网页甚至是该网站的主题。通常页头都会放置网站的logo（网站标志）、banner等图片或动画。

（2）banner。banner是横幅广告的意思，在很多网站最上方都会放置一个banner。不过banner的位置不一定在页头，也有可能出现在网页的其他区域。 banner不一定放置的都是广告，也常放置一些网站的标题或介绍。也有一些网站没有放置任何banner。

（3）导航区域。不是每个网站都会有banner，但几乎所有网站都会有导航区域。导航区域用于链接网站的各个栏目，通过导航区域可以看出一个网站的定位是什么。导航区域通常是以导航条的形式出现的，导航条大致可以分为横向导航条、纵向导航条和菜单导航条三大类，其中横向导航条将栏目横向平铺，纵向导航条将栏目纵向平铺，菜单导航条通常用于栏目比较多的情况下，尤其是栏目下又有子栏目的情况。

（4）内容。按照链接的深度，一个网站可以分为多级：一级页面通常是网站的主页，该页面的内容比较多，例如各栏目的介绍、最新动态、最新更新、重要资讯等；二级页面通常是在主页内单击栏目链接之后的页面，该页面的内容是某一个栏目下的所有内容（往往只显示标题），例如单击新浪网首页导航条的“体育”栏目之后看到的就是二级页面，在该页面内可以看到所有与体育相关的新闻标题；三级页面通常是在二级页面中单击标题后出现的页面，该页面内通常是一些具体内容，例如某个新闻的具体内容。

（5）页脚。页脚通常是指建站系统最下面的一些信息。通常建站时使用页脚来展示网站的版权信息、法律声明信息、网站的备案信息、网页内容导航条、友情链接信息、网站的LOGO图片、合作伙伴信息、网站的联系方式、其他的说明等。

4.1.2 元素类型与转换

HTML标记语言提供了丰富的标记，用于组织页面结构，使页面结构的组织更加轻松、合理。用于组织页面布局的HTML标记分成两种类型：块标记（块元素）和行内标记（行内元素）。了解这两种标记类型的特性可以为熟练掌握CSS布局设置打下良好基础。

1. 块元素

块元素在页面中以区域块的形式出现，其特点是，每个块元素通常都会独自占据一整行或多个整行，可以对其设置宽度、高度、对齐等属性，常用于网页布局和网页结构的搭建。常见的块元素有<h1> ~ <h6>、<p>、<div>、<ul>、<ol>、<li>等，其中<div>标记是最典型的块元素。

2. 行内元素

行内元素也称为内联元素或内嵌元素，其特点是不必在新的一行开始，同时也不强迫其他元素在新的一行显示。一个行内元素通常会和其前后的其他行内元素显示在同一行中，不占有独立的区域，仅仅靠自身的字体大小和图像尺寸来支撑结构，一般不可以设置高度、对齐等属性，常用于控制页面中文本的样式。常见的行内元素有<strong>、<b>、<em>、<i>、<del>、<s>、<ins>、<u>、<a>、<span>等，其中<span>标记是最典型的行内元素。

下面通过例4-1来进一步认识块元素与行内元素的区别，其在浏览器中的显示结果如图4-1所示。

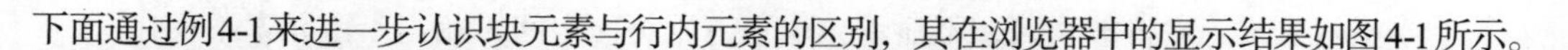


```
<!doctype html>
<html>
  <head>
    <meta charset="utf-8">
    <title>块元素与行内元素的区别</title>
    <style>
      p{
        background-color:pink;
      }
      span{
        background-color:yellow;
      }
      i{
        background-color:#CFF;
      }
      div{
        background-color:#FFC;
      }
    </style>
  </head>
  <body>
     <p>p标记——块元素</p>
     <span>span标记——行内元素</span>
     <i>i标记——行内元素</i>
     <div>div标记——块元素</div>
  </body>
</html>
```

扫一扫，看视频

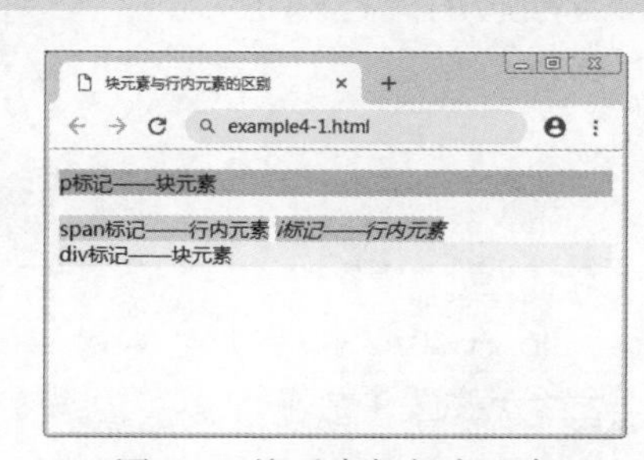

图 4-1　块元素与行内元素

从例4-1在浏览器中的运行结果可以看出，块标记<p>和<div>各占一行，而行内标记<span>和<i>在一行中显示。

3. 块元素和行内元素的转换

网页是由多个块元素和行内元素构成的盒子排列而成的。如果希望行内元素具有块元素的某些特性，例如可以设置宽度和高度属性，或者需要块元素具有行内元素的某些特性，例如不单独占一行排列，可以使用display属性对元素的类型进行转换。display属性常用的属性值及含义如下。

（1）inline：此元素将显示为行内元素（行内元素默认的display属性值）。

（2）block：此元素将显示为块元素（块元素默认的display属性值）。

（3）inline- block：此元素将显示为行内块元素，可以对其设置宽度、高度和对齐等属性，但是该元素不会独占一行。

（4）none：此元素将被隐藏，不显示，也不占用页面空间，相当于该元素不存在。

下面通过例4-2来说明块元素与行内元素通过display属性进行转换，其在浏览器中的显示结果如图4-2所示。

【例4-2】example4-2.html

```
<!doctype html>
<html>
  <head>
    <meta charset="utf-8">
    <title>块元素与行内元素的转换</title>
    <style>
      p{
        background-color:pink;
      }
      span{
        background-color:yellow;
        display:block;
      }
      i{
        background-color:#CFF;
      }
      div{
        background-color:#FFC;
        display:inline;
      }
    </style>
  </head>
  <body>
     <span>span标记——行内元素转换为块元素</span>
     <div>div标记——块元素被转换为行内元素</div>
     <i>i标记——行内元素</i>
     <p>p标记——块元素</p>
  </body>
</html>
```

扫一扫，看视频

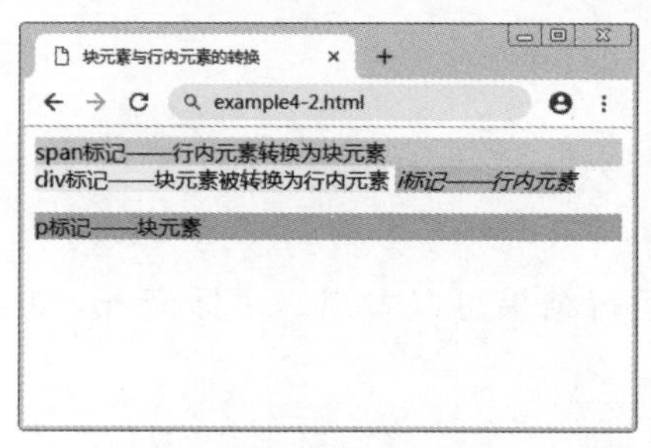

图4-2　元素转换

4.1.3　定位

CSS有三种基本的定位机制：普通文档流、浮动和定位。除非特殊说明，否则所有HTML元素都在普通文档流中定位。也就是说，普通文档流中元素的位置由元素在HTML中的位置决定。块级元素从上到下一个接一个地排列，块级元素之间的垂直距离是由元素的垂直外边距计算出来的。

行内框在一行中水平布置。可以使用水平内边距、边框和外边距来调整各框之间的间距。由一行形成的水平框称为行框，行框的高度总是足以容纳所包含的所有行内框。不过，设置行高可以增加这个框的高度。

定位的含义是允许定义某个元素脱离其原来在普通文档流应该出现的正常位置，而是设置其相对于父元素、某个特定元素或浏览器窗口本身的位置。利用定位属性，可以建立列式布局，将布局的一部分与另一部分重叠，这种方法可以完成原来需要使用多个表格才能完成的任务，这种使用CSS定位的好处是可以根据浏览器窗口的大小进行内容显示的自适应。

通过使用定位属性(position)可以选择4种不同类型的定位，这会影响元素的显示位置。定位属性的取值可以是static（静态定位)、relative（相对定位)、absolute（绝对定位)、fixed（固定定位)。

1. 静态定位

静态定位是元素默认的定位方式，是各个元素在HTML文档流中的默认位置。块级元素生成一个矩形框，作为文档流的一部分，行内元素会创建一个或多个行框，置于其父元素中。在静态定位方式中，无法通过位置偏移属性(top、bottom、left或right)来改变元素的位置。

下面通过例4-3来说明静态定位中<p>标记的显示按照其在文档中的位置进行，其在浏览器中的显示结果如图4-3所示。

【例4-3】example4-3.html

```
<!doctype html>
<html>
  <head>
    <meta charset="utf-8">
    <title>静态定位</title>
    <style>
      p{
        text-align:center;              /*设定文本居中对齐*/
        border:5px solid blue;          /*设定边框线为5像素，实心线，蓝色*/
        width:100px;                    /*设定宽度值为100像素*/
        margin:15px;                    /*设定外边距为15像素*/
      }
    </style>
  </head>
  <body>
    <p>第一段文字</p>
    <p>第二段文字</p>
    <p>第三段文字</p>
  </body>
</html>
```

扫一扫，看视频

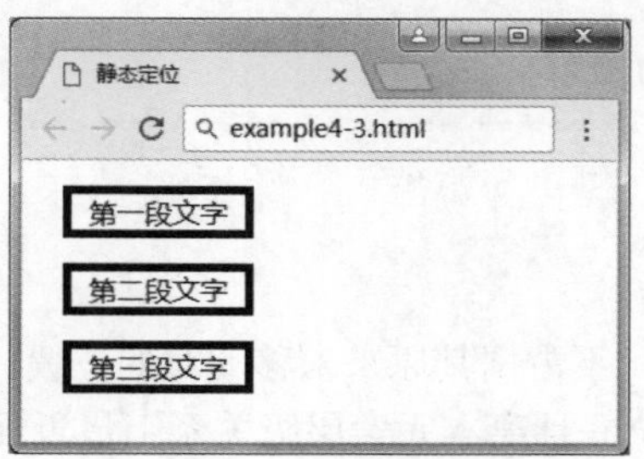

图4-3 静态定位

2. 相对定位

相对定位是普通文档流的一部分，相对于本元素在文档流原来出现位置的左上角进行定位，可以通过位置偏移属性改变元素的位置。虽然其移动到其他位置，但该元素仍占据原来未移动时的位置，该元素移动后会导致其覆盖其他的框元素。

下面通过例4-4来说明相对定位，将第二个<p>标记相对于其原来的位置向下移动10像素，向右移动40像素，其在浏览器中的显示结果如图4-4所示。

【例4-4】example4-4.html

扫一扫，看视频

```
<!doctype html>
<html>
  <head>
    <meta charset="utf-8">
    <title>相对定位</title>
    <style>
      p{
        text-align:center;            /*设定文本居中对齐*/
        border:5px solid blue;        /*设定边框线为5像素，实心线，蓝色*/
        width:100px;                  /*设定宽度值为100像素*/
        margin:15px;                  /*设定外边距为15像素*/
      }
      p.relative{
        position:relative;            /*选定元素为相对定位*/
        top:10px;                     /*移动选定元素离原位置左上角的顶端向下10像素*/
        left:40px;                    /*移动选定元素离原位置左上角的左边向右40像素*/
        background:black;             /*背景色设为黑色*/
        color:white;                  /*前景色设为白色*/
      }
    </style>
  </head>
  <body>
    <p>第一段文字</p>
    <p>class="relative">第二段文字</p>
    <p>第三段文字</p>
  </body>
</html>
```

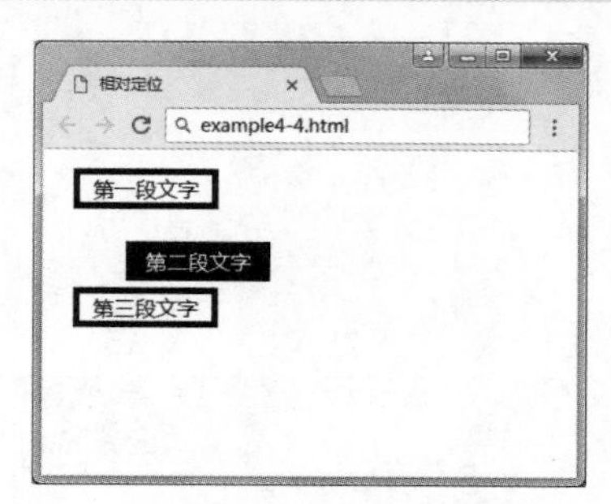

图 4-4　相对定位

3. 绝对定位

绝对定位是脱离文档流的，不占据其原来未移动时的位置，是相对于父级元素或更高的祖先元素中有relative（相对）定位并且离本元素层级关系上最近元素的左上角进行定位。如果在祖先元素中没有设置relative定位的，就默认相对于body进行定位。

下面通过例4-5来说明绝对定位的使用方法。将第二个<p>标记相对于其父级元素<div>标记的左上角位置向下移动10像素，向右移动40像素，该例中作为参考点的父元素<div>设置为相对定位，移动的元素<p>设定为绝对定位，移动的位置通过top、bottom、left、right属性进行相应设置。例4-5在浏览器中的显示结果如图4-5所示。

【例4-5】example4-5.html

扫一扫，看视频

```
<!doctype html>
<html>
  <head>
    <meta charset="utf-8">
    <title>绝对定位</title>
    <style>
      #box{
        height:200px;              /*块元素高度为200像素*/
        width:300px;               /*块元素宽度为300像素*/
        margin:0 auto;             /*块元素自动居中*/
        background:grey;           /*块元素背景色为灰色*/
        position:relative;         /*块元素使用相对定位*/
      }
      #box p{
        text-align:center;         /*设定文本居中对齐*/
        border:5px solid blue;     /*设定边框线为5像素、实心线，蓝色*/
        width:100px;               /*设定宽度值为100像素*/
        margin:15px;               /*设定外边距为15像素*/
        background:pink;           /*背景色为粉色*/
      }
      #box p.absolute{
        background:yellow;         /*背景色为黄色*/
        position:absolute;         /*使用绝对定位方式*/
        top:10px;                  /*距父元素的顶端10像素*/
        left:40px;                 /*距父元素的左边40像素*/
      }
    </style>
  </head>
  <body>
    <div id="box">
        <p>第一段文字</p>
        <p class="absolute">第二段文字</p>
        <p>第三段文字</p>
    </div>
  </body>
</html>
```

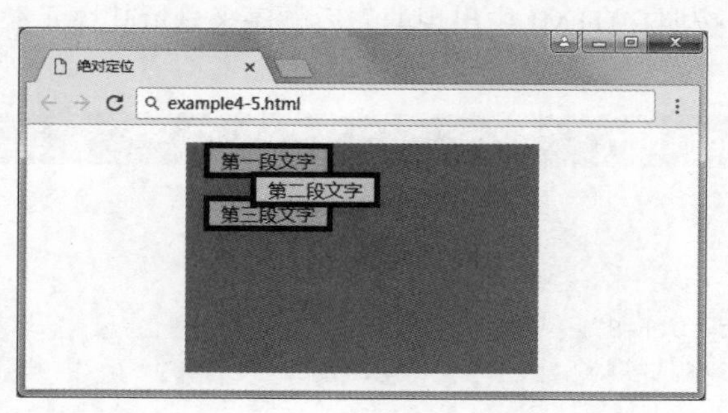

图4-5　绝对定位

在图4-5的实例example4-5.html中由于父元素使用相对定位且被移动到浏览器的中间，而<p>标记使用绝对定位，其参考点为祖先元素，被设置相对定位最近元素的左上角，即其父元素<div>标记的左上角定为参考点。当把example4-5.html中的父元素<div>中相对定位样式语句"position:relative;"删除后，其在浏览器中的显示结果如图4-6所示。原因是采用绝对定位的<p>标记在其祖先标记中没有找到相对定位的元素，即没有找到参考点，这时其使用浏览器窗口的左上角为参考点，所以第二个<p>标记出现在图4-6中的位置。

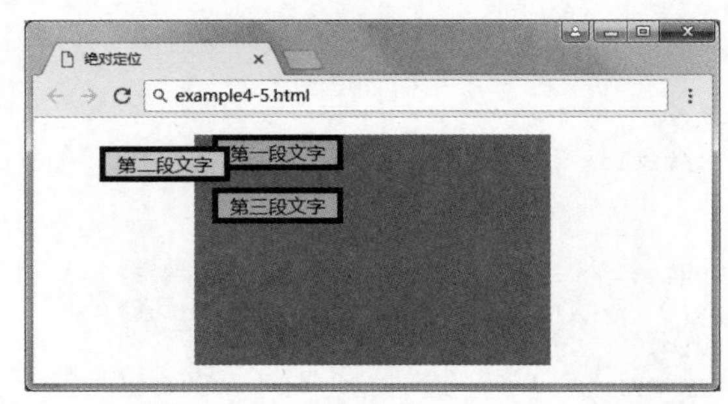

图4-6　相对浏览器左上角的绝对定位

4. 固定定位

固定定位是绝对定位的一种特殊形式，是以浏览器窗口作为参照物来定义网页元素。当position属性的取值为fixed时，即可将元素的定位模式设置为固定定位。

当对元素设置固定定位后，该元素将脱离标准文档流的控制，始终依据浏览器窗口的左上角来定义自己的显示位置。不管浏览器滚动条如何滚动，也不管浏览器窗口的大小如何变化，该元素都会始终显示在浏览器窗口的固定位置。

5. 定位元素的层叠次序

当多个块元素脱离普通文档流后就形成多个层。如果没有对这些层进行层叠设置，则一般在HTML源文件靠下面添加的层，其位置越靠上，即显示在浏览器的最前面。如果需要改变这种层叠次序，就需要使用z-index属性。

z-index属性设置一个定位元素沿z轴的位置，z轴定义为垂直延伸到显示区的轴。如果为正数，则离用户更近，为负数则表示离用户更远。即拥有z-index属性值大的元素放置顺序总是会处于较低z-index属性值的前面。

需要强调的是，元素可拥有负的z-index属性值，而且z-index仅能在绝对定位元素（例如position:absolute;）上起作用。

下面通过例4-6来说明层叠次序定位的使用方法。定位三个<div>块元素，如果没有进行任何层叠次序设置时，按照在HTML中出现的先后顺序来显示其块元素，其在浏览器中的显示结果如图4-7所示。

【例4-6】example4-6.htm

```
<!doctype html>
<html>
  <head>
    <meta charset="utf-8">
    <title>层次定位</title>
    <style>
      div{
```

```
        height:100px;             /*高度100像素*/
        width:100px;              /*宽度100像素*/
        position:absolute;        /*使用绝对定位，z-index才起作用*/
        top:0px;                  /*距顶端0像素*/
        left:0px;                 /*距左边界0像素*/
        background:yellow;        /*背景色为黄色*/
      }
      #two {
        top:0px;                  /*距顶端0像素*/
        left:0px;                 /*距左边界0像素*/
        background:grey;          /*背景色为灰色*/
      }
      #three{
        top:0px;                  /*距顶端0像素*/
        left:0px;                 /*距左边界0像素*/
        background:pink;          /*背景色为粉色*/
      }
    </style>
  </head>
  <body>
    <div id="one">1</div>
    <div id="two">2</div>
    <div id="three">3</div>
  </body>
</html>
```

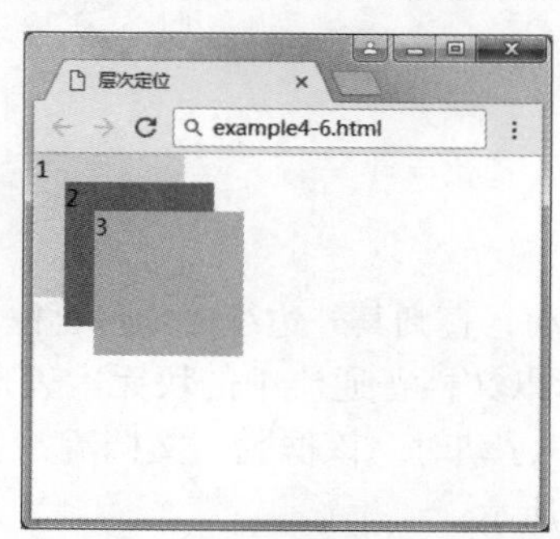

图 4-7　没有设置层叠次序

在例4-6中，如果想改变三个<div>块元素的层叠显示次序，可以通过以下样式设置替换example4-6.htm中<style>样式的设计内容，在浏览器中的显示结果如图4-8所示。

```
<style>
  div{
    height:100px;             /*高度100像素*/
    width:100px;              /*宽度100像素*/
    position:absolute;        /*使用绝对定位，z-index才起作用*/
    top:0px;                  /*距顶端0像素*/
    left:0px;                 /*距左边界0像素*/
    background:yellow;        /*背景色为黄色*/
    Z-index:2;                /*层叠次序号为2*/
  }
  #two {
    top:0px;                  /*距顶端0像素*/
    left:0px;                 /*距左边界0像素*/
    background:grey;          /*背景色为灰色*/
    Z-index:1;                /*层叠次序号为1*/
```

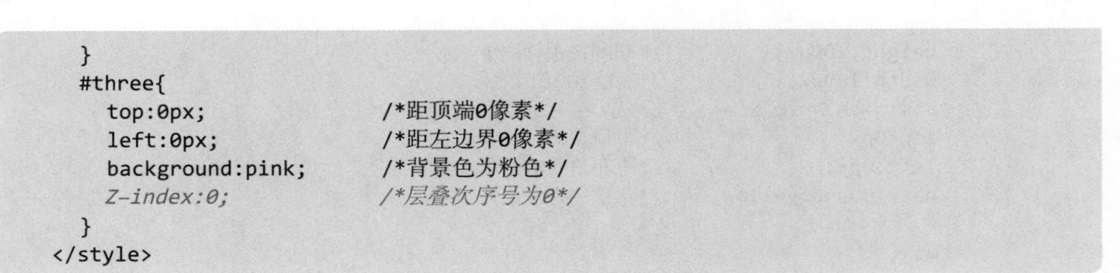

```
    }
    #three{
      top:0px;                    /*距顶端0像素*/
      left:0px;                   /*距左边界0像素*/
      background:pink;            /*背景色为粉色*/
      Z-index:0;                  /*层叠次序号为0*/
    }
</style>
```

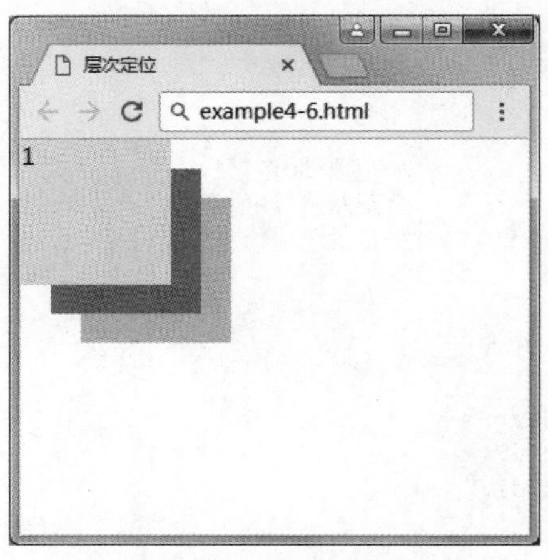

图 4-8　设置层叠次序

4.1.4　浮动

1. 概述

浮动的框可以向左或向右移动，直到其外边缘碰到包含框或另一个浮动框的边框为止。由于浮动框不在文档普通流中，所以文档普通流中的块元素表现得就像浮动框不存在一样。例如，把不浮动的图4-9中框1向右浮动时，该框脱离文档流并且向右移动，直到该框的右边缘碰到包含框的右边缘，如图4-10所示。

在图4-9中，如果让框1向左浮动，则框1会脱离文档流并且向左移动，直到其左边缘碰到包含框的左边缘。因为框1不再处于文档流中，所以不占据空间，实际上覆盖住了框2，导致框2从视图中消失，如图4-11所示。

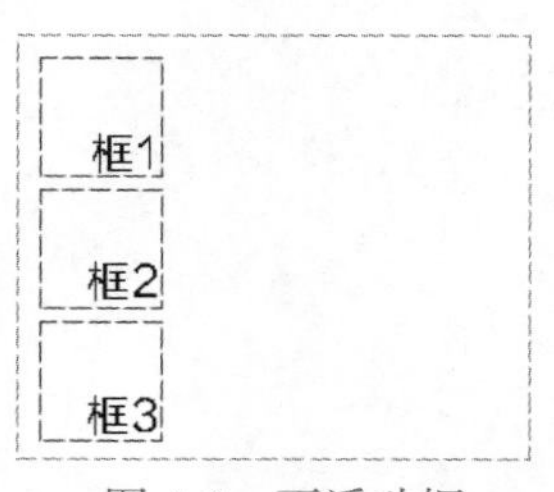

图 4-9　不浮动框

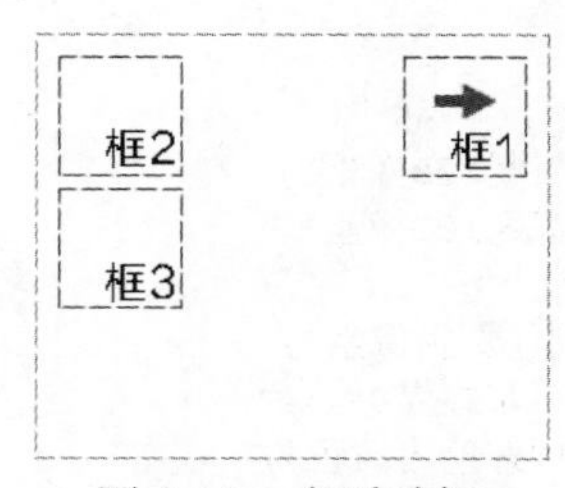

图 4-10　右浮动框

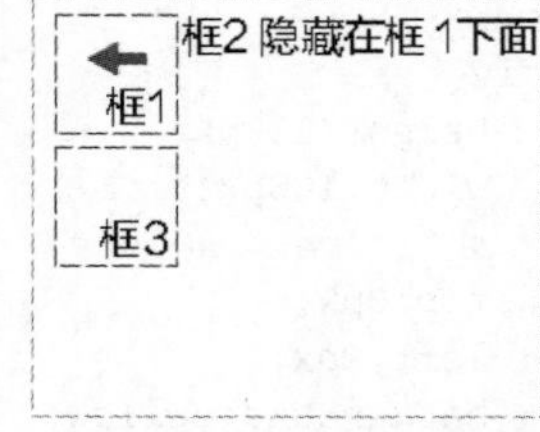

图 4-11　仅框 1 左浮动

如果把所有三个框都向左移动，那么框1向左浮动直到碰到包含框，另外两个框向左浮动直到碰到前一个浮动框，如图4-12所示。

如果包含框太窄，无法容纳水平排列的三个浮动块，那么其他浮动块向下移动，直到有足够的空间，如图4-13所示；如果浮动元素的高度不同，那么当向下移动时可能被其他浮动元素

“卡住”，如图4-14所示。

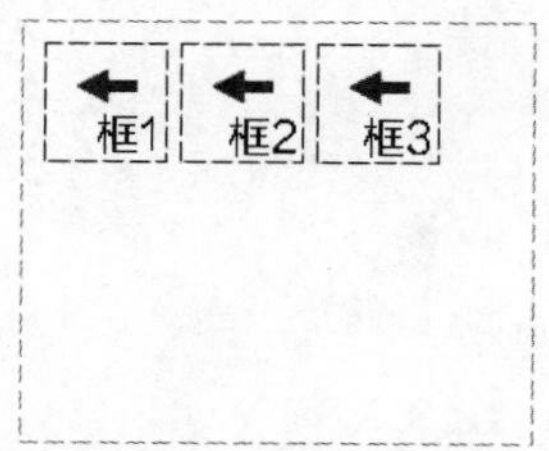

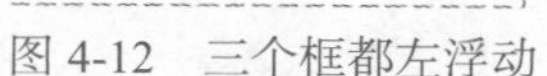
图4-12　三个框都左浮动

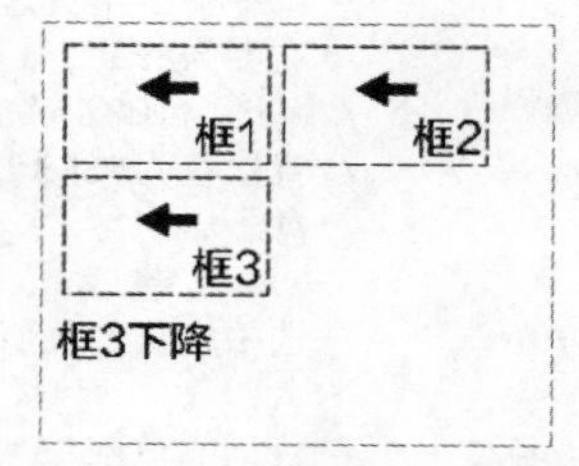

图4-13　父框宽度不够

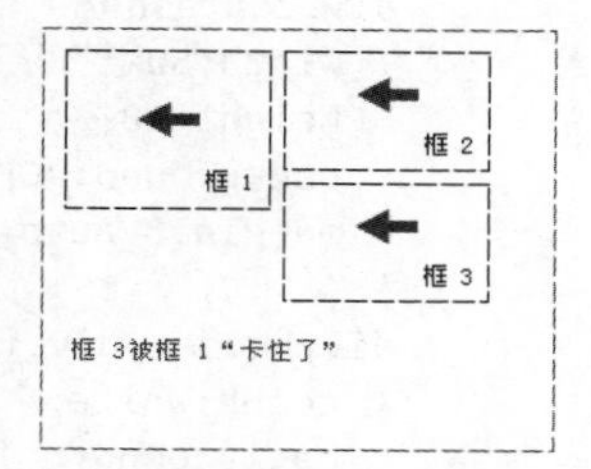

图4-14　框下浮动

2. 浮动属性

（1）float属性。在CSS中，通过float属性可以实现元素的浮动，而且可以定义是向哪个方向浮动。在CSS中，任何元素都可以浮动，并且浮动元素会生成一个块级框，而不论本身是何种元素。float属性的属性值及说明见表4-1。

表4-1　float属性值及说明

属性值	说　明
left	元素向左浮动
right	元素向右浮动
none	默认值。元素不浮动，并会显示在其文本中出现的位置
inherit	规定应该从父元素继承 float 属性的值

（2）clear属性。clear属性规定元素的哪一侧不允许出现浮动元素。在CSS中是通过自动为清除元素（即设置了clear属性的元素）增加上外边距实现的。例如，图像的左侧和右侧均不允许出现浮动元素，其设置代码如下所示：

```
img
  {
    float:left;          /*左浮动*/
    clear:both;          /*左右两侧都不允许出现浮动元素*/
  }
```

例4-7的代码说明CSS浮动在网页中的综合使用方法，完成的是一个主页的设计，其在浏览器中的运行结果如图4-15所示。

【例4-7】example4-7.htm

```
<!doctype html>
<html>
  <head>
    <meta charset="utf-8">
    <title>浮动</title>
    <style>
        *{                              /*选中所有元素*/
          margin:0px;                   /*外边距为0像素*/
          padding:0px;                  /*内边距为0像素*/
        }

        html,body{                      /*选中html、body元素*/
          width:100%;                   /*宽度为100%*/
          height:100%;                  /*高度为100%*/
          background:#FFC;              /*背景色为#FFC*/
```

扫一扫，看视频

```
        }
        div.container{                    /*选中整个主页盒子*/
          width:80%;                      /*宽度为80%*/
          height:100%;                    /*高度为100%*/
          background:#CF3;                /*背景色为#CF3*/
          margin:0 auto;                  /*盒子居中*/
        }
        div.header,div.footer{            /*选中主页的页眉和页脚*/
          color:white;
          background-color:gray;          /*背景颜色#CF3*/
          clear:left;                     /*清除左浮动*/
          text-align:center;              /*文字居中对齐*/
          height:80px;                    /*高度为80像素*/
          line-height:80px;               /*行高与height属性值相同，目的使文字垂直方向居中*/
        }
        div.middle{
          background-color:pink;            /*背景颜色为粉色*/
          height:502px;                     /*高度为502像素*/
        }
        div.left,div.content,div.right{   /*选中主页内容中间的三个块元素*/
          float:left;                           /*左浮动，使三个块元素横向排列*/
          background:yellow;                  /*背景色为黄色*/
          height:100%;                        /*高度为100%*/
          width:70%;                          /*宽度为70%*/
        }
        div.left,div.right{                 /*选中主页内容左右的两个块元素*/
          background-color:#99F;            /*背景颜色#99F*/
          width:15%;                        /*宽度为15%*/
        }
      </style>
    </head>
    <body>
      <div class="container">
        <div class="header">
          <h1 class="header">数学与计算机学院</h1>
        </div>
        <div class="middle">
          <div class="left">
              <p> Web程序设计基础——HTML、CSS、Javascript</p>
          </div>
          <div class="content">
              <h2>CSS 样式表的作用</h2>
              <p>http://www.whpu.edu.cn/div_css</p>
              <p>希望认真学习CSS样式表，制作精彩的网页！</p>
          </div>
          <div class="right">
              <p> Web程序设计课程实验显示</p>
          </div>
        </div>
        <div class="footer">
          版权：2019 艺丹小组
        </div>
      </div>
    </body>
  </html>
```

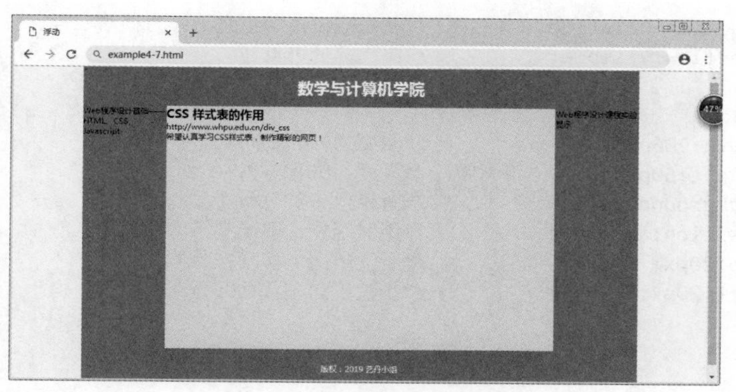

图 4-15　浮动

4.1.5　溢出与剪切

在盒子模型中代表块元素的矩形对象，可以通过CSS样式来定义内容区域的高度与宽度。当这个内容无法容纳子矩形对象时，必须决定这些子矩形对象怎么显示，显示什么，这样的处理规则就称为溢出处理。浏览器在做显示运算的时候，会依照溢出处理来计算内容区域无法容纳的子矩形对象在浏览器上的显示方式。

（1）visible：当开发人员将矩形对象的overflow属性设置为visible时，如果内容区域的大小能够容纳子矩形对象，浏览器会正常显示子矩形对象；当内容区域无法容纳子矩形区域时，浏览器会在内容区域之外显示完整的子矩形对象。

（2）hidden：当开发人员将矩形对象的overflow属性设置为hidden时，如果内容区域的大小能够容纳子矩形对象，浏览器会正常显示子矩形对象；当内容区域无法容纳子矩形区域时，浏览器会显示内容区域之内的子矩形对象，超出内容区域的则不显示。

（3）scroll：当开发人员将矩形对象的overflow属性设置为scroll时，如果内容区域的大小能够容纳子矩形对象，浏览器会正常显示子矩形对象，并且显示预设滚动条；当内容区域无法容纳子矩形区域时，浏览器会在内容区域之内显示完整的子矩形对象，同时显示滚动条并启用滚动条功能，让用户能够通过滚动条浏览完整的子矩形对象。

（4）auto：当开发人员将矩形对象的overflow属性设置为auto时，如果内容区域的大小能够容纳子矩形对象，浏览器会正常显示子矩形对象；当内容区域无法容纳子矩形区域时，浏览器会在内容区域之内显示完整的子矩形对象，同时显示滚动条并启用滚动条功能，让用户能够通过滚动条浏览完整的子矩形对象。

例4-8说明CSS溢出在网页中的使用方法，其在浏览器中的运行结果如图4-16所示。

【例4-8】example4-8.html

```
<!doctype html>
<html>
  <head>
    <meta charset="utf-8"
    <title>溢出</title>
    <style>
      .mainBox {
        width:100px;                /*宽度为100像素*/
        height:100px;               /*高度为100像素*/
        background:pink;            /*背景色为粉色*/
```

扫一扫，看视频

```
            position:relative;          /*相对定位，即主盒子设为移动参考点*/
            overflow:visible;           /*溢出部分可见*/
        }
        .subBox{
            width:200px;                /*宽度为200像素*/
            height:50px;                /*高度为50像素*/
            background:yellow;          /*背景色为黄色*/
            position:absolute;          /*绝对定位，即子盒子为移动元素*/
            top:20px;                   /*子盒子向下移动20像素*/
            left:20px;                  /*子盒子向左移动20像素*/
        }
    </style>
  </head>
  <body>
    <div class="mainBox">
      <div class="subBox"></div>
    </div>
  </body>
</html>
```

在程序代码example4-8.html中，如果将主盒子的“overflow:visible;”改成“overflow:hidden;”，表示主盒子的溢出部分不可见并被裁剪，如图4-17所示。

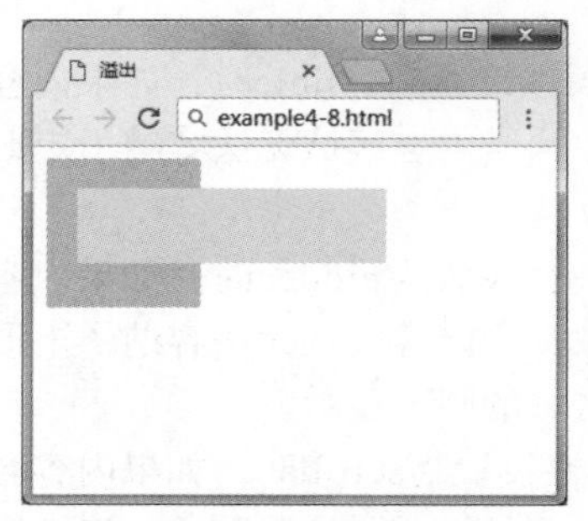

图 4-16　溢出可见

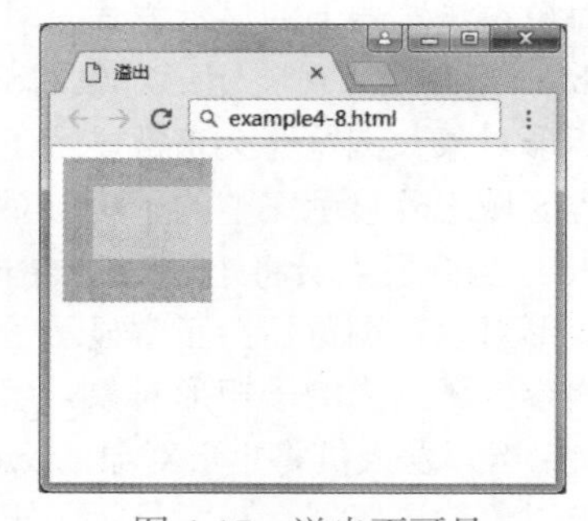

图 4-17　溢出不可见

这里需要特别强调的是，子盒子使用了绝对定位，表示脱离了普通文档流，如果不对主盒子使用相对定位，则通过“overflow:hidden;”将无法裁剪子盒子的溢出部分。

4.1.6　对象的显示与隐藏

对于块状对象而言，除了可以设置溢出与剪切之外，还可以对整个块设置显示或隐藏。显示或隐藏与溢出、剪切不同，溢出与剪切所影响的只是对象的局部（当然也可以将局部扩大到全部），而显示与隐藏影响的是整个对象。

在CSS中，display属性设置一个元素如何显示，visibility属性指定一个元素可见还是隐藏。隐藏一个元素可以通过把display属性设置为none，或把visibility属性设置为hidden。注意这两种方法会产生不同的结果。

1. visibility属性

在CSS中可以使用visibility属性设置对象是否可见，该属性的语法格式如下：

```
visibility: visible | hidden  ;
```

以上代码的属性值代表的含义如下。

- visible：对象可见。
- hidden：对象不可见。

visibility:hidden可以隐藏某个元素，但隐藏的元素仍需占用与未隐藏之前一样的空间。也就是说，该元素虽然被隐藏了，但仍然会影响布局。

例4-9中通过visibility属性设置横向菜单的某一个对象隐藏，重点理解visibility属性隐藏对象的特性，即对象虽然隐藏，但是对象占据的位置并没有让出，在浏览器中的显示结果如图4-18所示。

【例4-9】example4-9.html

扫一扫，看视频

```
<!doctype html>
<html>
  <head>
    <meta charset="utf-8">
    <title>对象的隐藏</title>
    <style>
      .c1 ul{
        list-style: none;                //列表样式为无
      }
      .c1 li{
        border:1px black solid;
        background-color:yellow;         //背景色为黄色
        font-size:24px;                  //文字大小为24像素
        width:100px;                     //宽度为100像素
        height:40px;                     //高度为40像素
        line-height:40px;                //行高为40像素，目的是文字垂直居中
        text-align: center;              //文字水平居中
        float:left;                        //左浮动，目的是菜单水平排列
      }
      .c1 ul li.setHidden{
        visibility:hidden;               //设置隐藏效果，但仍然占据所占位置
      }
    </style>
  </head>
  <body>
    <div class="c1">
      <ul>
        <li><a href="#">首页</a></li>
        <li class="setHiddin"><a href="#">新闻</a></li>
        <li><a href="#">娱乐</a></li>
        <li><a href="#">科技</a></li>
        <li><a href="#">财经</a></li>
      </ul>
    </div>
  </body>
</html>
```

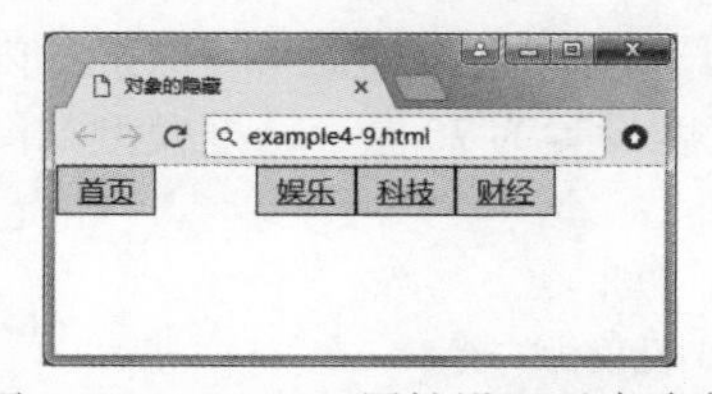

图4-18　visibility属性设置元素隐藏

2. display属性

display:none同样可以隐藏某个元素，且隐藏的元素不会占用任何空间。也就是说，该元素不但被隐藏了，而且该元素原本占用的空间也会从页面布局中消失。

把例4-9改成display:none方式进行隐藏，在浏览器中的显示结果如图4-19所示。

```
.c1 ul li.setHidden{
  display:none;      //设置隐藏效果，但所占位置已释放
}
```

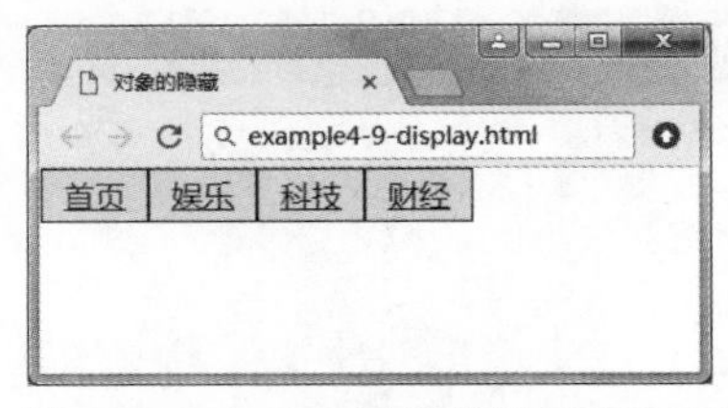

图4-19　display 属性设置元素隐藏

4.2 盒子模型

4.2.1　盒子模型概述

HTML文档中的每个元素都被描绘成矩形盒子，这些矩形盒子通过一个模型来描述其占用的空间，这个模型称为盒子模型。盒子模型用四个边界描述:margin（外边距），border（边框），padding（内边距），content（内容区域），如图4-20所示。

盒子模型中最内部分是实际显示元素的内容，内容所占高度由height属性决定，内容所占宽度由width属性决定，直接包围内容的是内边距（padding），内边距指显示的内容与边框之间的间隔距离，并且会显示内容的背景色或背景图片，包围内边距的是边框（border），边框以外是外边距（margin），外边距指该盒子与其他盒子之间的间隔距离。如果设定背景色或者图像，则会应用于由内容和内边距组成的区域。对于浏览器来说，网页其实是由多个盒子嵌套排列的结果。

浏览器默认会把某些HTML元素的外边距和内边距设置一定的初值，用户在进行网页内容布局时如果造成不可预计的错误，可以选中某个元素并设置其margin和padding的值为0来改变其样式，也可以使用通用选择器对所有元素进行设置，其代码如下：

```
* {                    /*通用选择器，选中网页中的所有元素*/
  margin: 0;           /*外边距清0*/
  padding: 0;          /*内边距清0*/
}
```

在CSS中，增加内边距、边框和外边距不会影响内容区域的尺寸大小，但是会增加元素框的总尺寸。假设框的每个边上有10像素的外边距和5像素的内边距。如果希望这个元素框达到100像素，就需要将内容的宽度设置为70像素，框模型如图4-21所示，CSS样式的定义方法如下：

```
#box {
  width: 70px;         //内容的宽度为70像素
  margin: 10px;        //外边距为10像素
```

```
    padding: 5px;     //内边距为5像素
  }
```

图 4-20　CSS 框模型

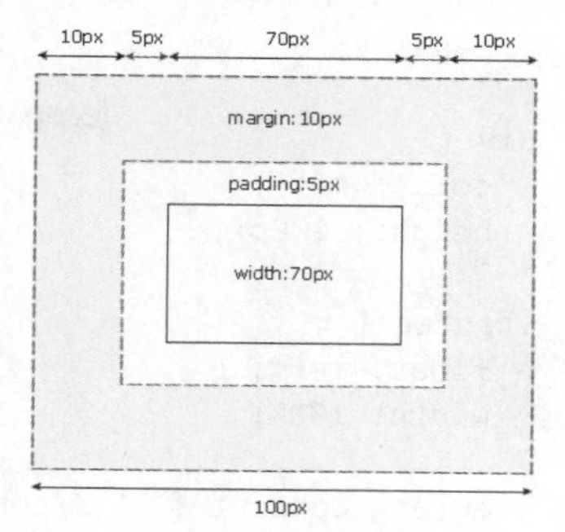

图 4-21　CSS 框模型实例

4.2.2　外边距

元素的外边距指盒子模型的边框与其他盒子之间的距离，使用margin属性定义。margin的默认值是0。外边距没有继承性，也就是说给父元素设置的margin值并不会自动传递到子元素中。margin属性是在一个声明中设置所有的外边距属性，该属性可以有1~4个值，表示的含义如下：

（1）margin: 10px;　　//表示4个方向的外边距都是10px

（2）margin: 10px 5px;　　//表示上下外边距是10px，左右外边距是5px

（3）margin: 10px 5px 15px;　　//表示上外边距是10px，左右外边距是5px，下外边//距是15px

（4）margin: 10px 5px 15px 20px;　　//表示上外边距是10px，右外边距是5px，下外边距//是15px，右外边距是20px

设置四个外边距的顺序从上开始，然后按照上、右、下、左的顺时针方向设置，也可以使用margin-top、margin-right、margin-bottom和margin-left四个属性对上外边距、右外边距、下外边距和左外边距分别设置。

margin外边距合并有以下原则：

(1)块级元素的垂直相邻外边距会合并，且其垂直相邻外边距合并之后的值为上元素的下外边距和下元素的上外边距的较大值。

(2)行内元素实际上不占上下外边距，行内元素的左右外边距不会合并。

(3)浮动元素的外边距不会合并。

例4-10制作了一个左右固定、中间自适应的网页布局，即中间的区域会根据浏览器宽度的变化而变化，这种布局俗称为双飞翼，这种布局的好处是主要内容先加载优化；在浏览器上的兼容性非常好；其他的布局方式可以通过调整相关CSS属性实现。例4-10在浏览器中的显示结果如图4-22和图4-23所示。

【例4-10】example4-10.html

```
<!doctype html>
<html>
  <head>
    <meta charset="utf-8">
    <title>双飞翼布局</title>
```

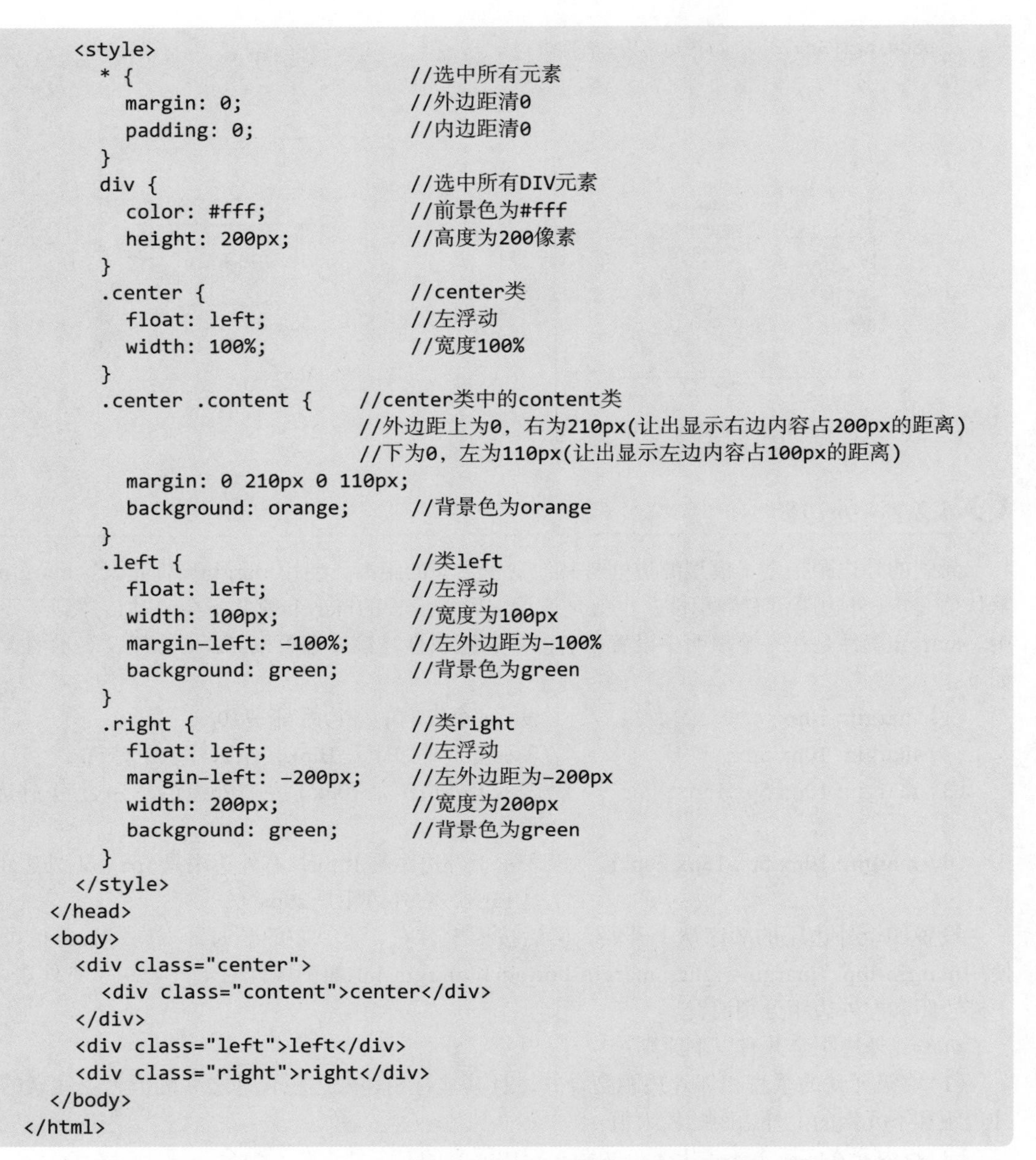

```
    <style>
      * {                         //选中所有元素
        margin: 0;                //外边距清0
        padding: 0;               //内边距清0
      }
      div {                       //选中所有DIV元素
        color: #fff;              //前景色为#fff
        height: 200px;            //高度为200像素
      }
      .center {                   //center类
        float: left;              //左浮动
        width: 100%;              //宽度100%
      }
      .center .content {      //center类中的content类
                              //外边距上为0，右为210px(让出显示右边内容占200px的距离)
                              //下为0，左为110px(让出显示左边内容占100px的距离)
        margin: 0 210px 0 110px;
        background: orange;       //背景色为orange
      }
      .left {                     //类left
        float: left;              //左浮动
        width: 100px;             //宽度为100px
        margin-left: -100%;       //左外边距为-100%
        background: green;        //背景色为green
      }
      .right {                    //类right
        float: left;              //左浮动
        margin-left: -200px;      //左外边距为-200px
        width: 200px;             //宽度为200px
        background: green;        //背景色为green
      }
    </style>
  </head>
  <body>
    <div class="center">
      <div class="content">center</div>
    </div>
    <div class="left">left</div>
    <div class="right">right</div>
  </body>
</html>
```

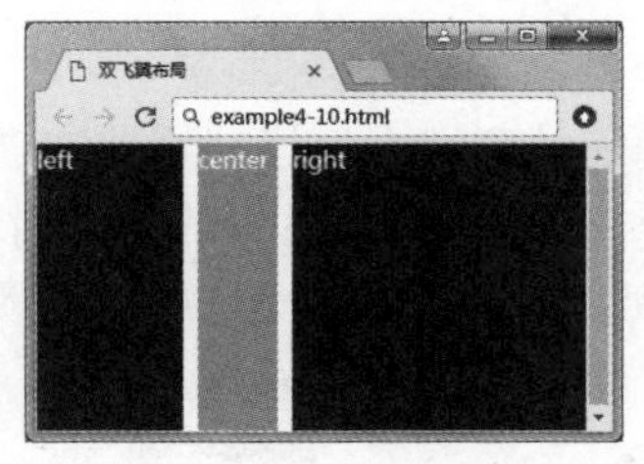

图 4-22　双飞翼布局

图 4-23　改变窗口大小后的双飞翼布局

例4-11是margin的另外一种应用，制作一个DIV块元素，让其在浏览器的正中间显示，首先让其左上角定位到浏览器窗口的正中间，然后把移动元素的中心点放在浏览器的正中间，在浏览器中的显示结果如图4-24所示。

【例4-11】example4-11.html

```
<!doctype html>
<html>
  <head>
    <meta charset="utf-8">
    <title>水平垂直居中</title>
    <style>
      div {
        width: 100px;           //宽度为100像素
        height: 100px;          //高度为100像素
        position: absolute;     //绝对定位
        left: 50%;              //距浏览器左边框50%
        top: 50%;               //距浏览器顶端50%
        margin-left: -50px;     //盒子向左移为50像素
        margin-top: -50px;      //盒子向上移为50像素
        background: orange;     //背景色为橘色
      }
    </style>
  </head>
  <body>
    <div></div>
  </body>
</html>
```

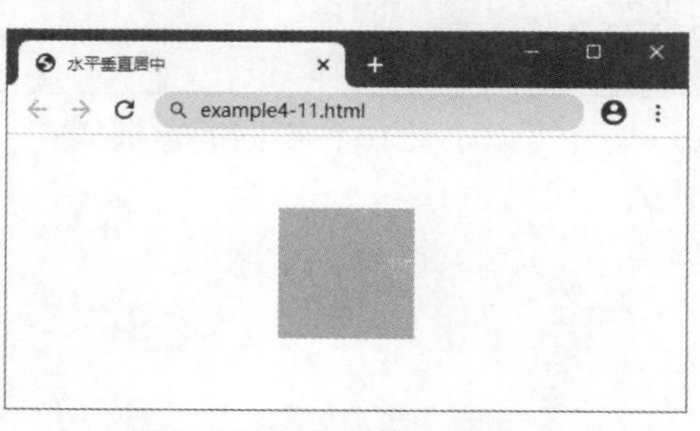

图 4-24　DIV 水平垂直居中

4.2.3　CSS 边框

元素的边框（border）是围绕元素内容和内边距的一条或多条线。CSS中使用border属性设置元素边框的样式、宽度和颜色。

CSS规范指出，边框线是绘制在“元素的背景之上”。这样当有些边框是“间断的”（例如，点线边框或虚线框），元素的背景就出现在边框的可见部分之间。每个边框有三个方面的主要属性：宽度、样式、颜色，其简化定义方式如下：

```
border :  宽度    样式    颜色;
```

在CSS边框的定义中，还可以对边框的四条边分别定义样式、宽度和颜色，其设定的属性及说明见表4-2。

表 4-2　CSS 边框的属性及说明

属　性	说　明
border	用于把针对四条边的属性设置在一个声明中
border-style	用于设置元素所有边框的样式，或者单独为各边设置边框样式

续表

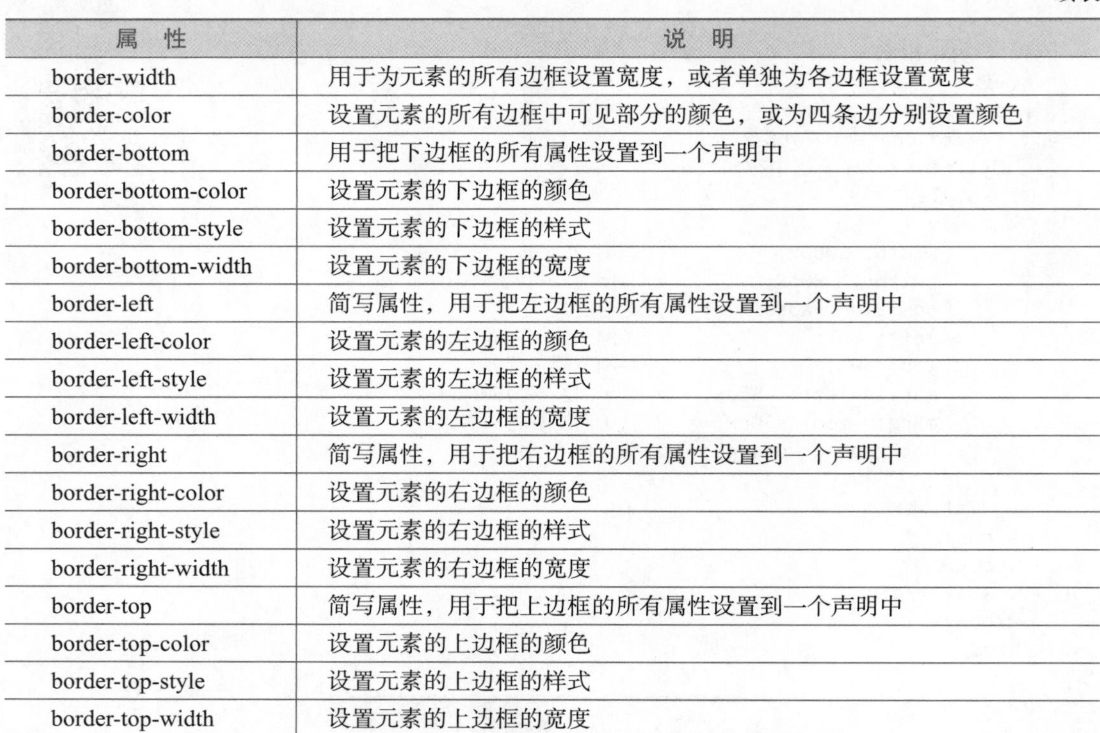

属　性	说　明
border-width	用于为元素的所有边框设置宽度，或者单独为各边框设置宽度
border-color	设置元素的所有边框中可见部分的颜色，或为四条边分别设置颜色
border-bottom	用于把下边框的所有属性设置到一个声明中
border-bottom-color	设置元素的下边框的颜色
border-bottom-style	设置元素的下边框的样式
border-bottom-width	设置元素的下边框的宽度
border-left	简写属性，用于把左边框的所有属性设置到一个声明中
border-left-color	设置元素的左边框的颜色
border-left-style	设置元素的左边框的样式
border-left-width	设置元素的左边框的宽度
border-right	简写属性，用于把右边框的所有属性设置到一个声明中
border-right-color	设置元素的右边框的颜色
border-right-style	设置元素的右边框的样式
border-right-width	设置元素的右边框的宽度
border-top	简写属性，用于把上边框的所有属性设置到一个声明中
border-top-color	设置元素的上边框的颜色
border-top-style	设置元素的上边框的样式
border-top-width	设置元素的上边框的宽度

在CSS中使用border-style属性可以定义10种不同的边框样式，见表4-3。例如，可以把一幅图片的边框定义为outset样式，代码如下：

```
a:link img {
  border-style: outset;
}
```

表 4-3　边框样式

属性值	说　明
none	定义无边框
hidden	与 none 相同。但应用于表时除外，对于表，hidden 用于解决边框冲突
dotted	定义点状边框。在大多数浏览器中呈现为实线
dashed	定义虚线。在大多数浏览器中呈现为实线
solid	定义实线
double	定义双线。双线的宽度等于 border-width 的值
groove	定义 3D 凹槽边框。其效果取决于 border-color 的值
ridge	定义 3D 垄状边框。其效果取决于 border-color 的值
inset	定义 3Dinset 边框。其效果取决于 border-color 的值
outset	定义 3Doutset 边框。其效果取决于 border-color 的值

边框的宽度可以通过border-width属性指定。为边框指定宽度有两种方法：可以指定长度值，例如2px；或者使用3个关键字，分别是thin、medium（默认值）和thick。如下代码是设置边框的宽度：

```
p {
  border-style: solid;
  border-width: 5px;
}
```

在CSS中使用border-color属性来设定边框的颜色，且一次可以接受最多4个颜色值。该属性可以使用任何类型的颜色值，包括命名颜色（例如red）、十六进制值（例如#ff0000）和RGB值rgb(25%,35%,45%)。如下代码是设定颜色值的样式定义：

```
p {
  border-style: solid;
  border-color: blue rgb(25%,35%,45%) #909090 red;
}
```

例4-12说明CSS边框属性在网页中的使用方法，在浏览器的运行结果如图4-25所示。

【例4-12】example4-12.html

```
<!doctype html>
<html>
  <head>
    <meta charset="utf-8">
    <title>边框样式</title>
    <style>
      p{
        border: medium double rgb(250,0,255)
      }
      p.soliddouble {
        border-width:10px;
        border-style: solid double;
        border-top-color:green;
      }
    </style>
  </head>
  <body>
    <p>文档中的一些文字</p>
    <p class="soliddouble">文档中的一些文字</p>
  </body>
</html>
```

扫一扫，看视频

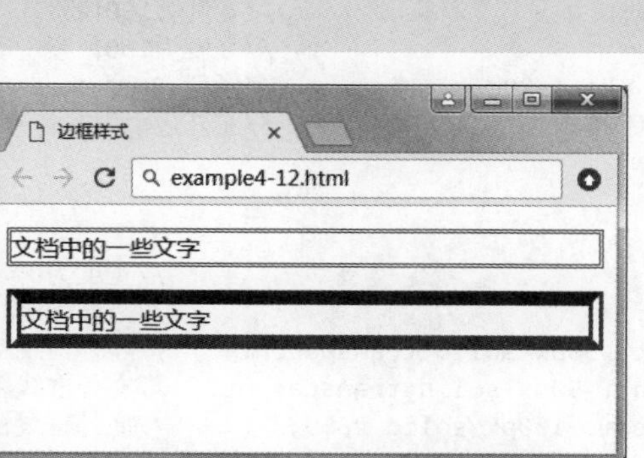

图4-25　CSS边框

由图4-25可以看出上、下、左、右边框交界处会呈现平滑的斜线。利用这个特点，通过设置不同的上、下、左、右边框的宽度或颜色，可以得到三角形、梯形、圆形等。例4-13利用边框线的样式制作正方形、矩形、梯形、平行四边形、三角形、空心圆等图形，注意CSS样式定义的方法，在浏览器中的显示结果如图4-26所示。

【例4-13】example4-13.html

扫一扫，看视频

```
<!doctype html>
<html>
  <head>
    <meta charset="utf-8">
    <title>边框样式</title>
    <style>
      #box{                                     //选中#box的DIV块元素
        width:600px;                            //宽度为600像素，目的是一行显示三个图形
      }
      #box div{                                 //选中#box中的DIV块元素
        float:left;                               //左浮动，目的是让DIV块元素横向排列
        margin:10px;                            //DIV块元素之间拉开10像素间隔
        background: #669;                       //背景色为#669

      }
      /*正方形*/
      .square {
        width:100px;                            //宽度为100像素
        height:100px;                           //高度为100像素
      }
      /*矩形*/
      .rectangle {
        width:200px;                            //宽度为200像素
        height:100px;                           //高度为100像素
      }
      /*梯形*/
      .trapezoid {
        border-bottom: 100px solid #669;        //下边框粗100px，实心线，颜色为#669
        border-left: 50px solid transparent;    //左边框粗50像素，实心线，透明色
        border-right: 50px solid transparent;   //右边框粗50像素，实心线，透明色
        height: 0;                              //高度为0像素
        width: 100px;                           //宽度为100像素
      }
      /*平行四边形*/
      .parallelogram {
        width:150px;                            //宽度为150像素
        height:100px;                           //高度为100像素
        transform: skew(-20deg);                //倾斜-20度
        margin-left:20px;                       //左外边距为20像素
      }
      /*三角形*/
      .triangle-up {
        width:0px;                              //宽度为0像素
        height:0px;                             //高度为0像素
        border-left: 50px solid transparent;    //左外框线粗50像素，实心线，透明
        border-right: 50px solid transparent;   //左外框线粗50像素，实心线，透明
        border-bottom: 100px solid #669;        //底外框线粗100px，实心线，颜色为#669
      }
      /*空心圆*/
      .circle-circle {
        width:100px;                            //宽度为100像素
        height:100px;                           //高度为100像素
        border:20px solid #669;                 //边框线粗20px，实心线，颜色为#669
        background: #fff;                       //背景色为#fff
```

```
            border-radius: 100px;                //边框圆角半径为100px
        }
      </style>
    </head>
    <body>
      <div id="box">
        <div class="Square"></div>
        <div class="rectangle"></div>
        <div class="trapezoid"></div>
        <div class="parallelogram"></div>
        <div class="triangle-up"></div>
        <div class="circle-circle"></div>
      </div>
    </body>
</html>
```

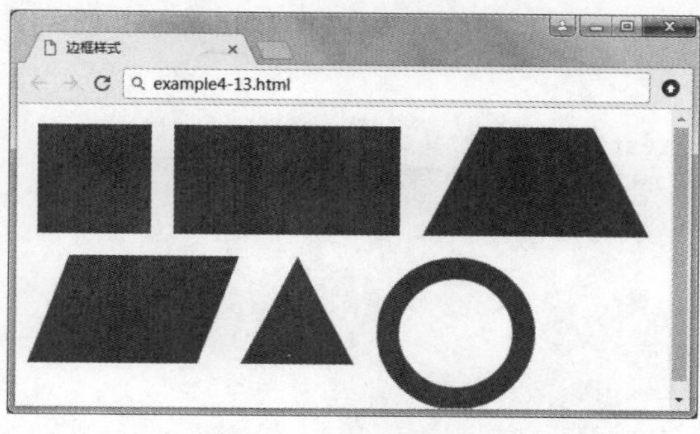

图 4-26　特殊边框样式

4.2.4　内边距

内边距指盒子模型的边框与显示内容之间的距离，使用padding属性定义。例如，设置h1元素的各边都有10像素的内边距，其代码如下：

```
h1 {padding: 10px;}
```

上面设置h1元素的各边都有10像素的内边距，如果需要设置各内边距不同时，可以按照上、右、下、左的顺序分别设置各边的内边距，各边均可以使用不同的单位或百分比值，例如下面的代码：

```
h1 {padding: 5px 6px 7px 8px;}
```

上面代码中的四个值代表的含义是上内边距5px、右内边距6px、下内边距7px、左内边距8px。另外可以通过padding-top、padding-right、padding-bottom、padding-left四个单独的属性，分别设置上、右、下、左内边距，即上面的代码可以使用下面的方式进行定义：

```
h1 {
   padding-top: 10px;
   padding-right: 10px;
   padding-bottom: 10px;
   padding-left: 10px;
}
```

例4-14说明CSS内边距属性在网页中的使用方法，在浏览器中的运行结果如图4-27所示。

【例4-14】example4-14.html

扫一扫，看视频

```
<!doctype html>
<html>
  <head>
    <meta charset="utf-8">
    <title>CSS内边距</title>
    <style>
      td.test1 {
        padding:20px;               //显示内容与边框四个边的距离都是20像素
      }
      td.test2 {
        padding:50px,40px;          //显示内容距离上下边框50像素，距离左右边框40像素
      }
    </style>
  </head>
  <body>
    <table border="1">
      <tr>
        <td class="test1">
          这个表格单元的每个边拥有相等的内边距。
        </td>
      </tr>
    </table>
    <br/>
    <table border="1">
      <tr>
        <td class="test2">
          这个表格单元的上和下内边距是 50px，左和右内边距是40px。
        </td>
      </tr>
    </table>
  </body>
</html>
```

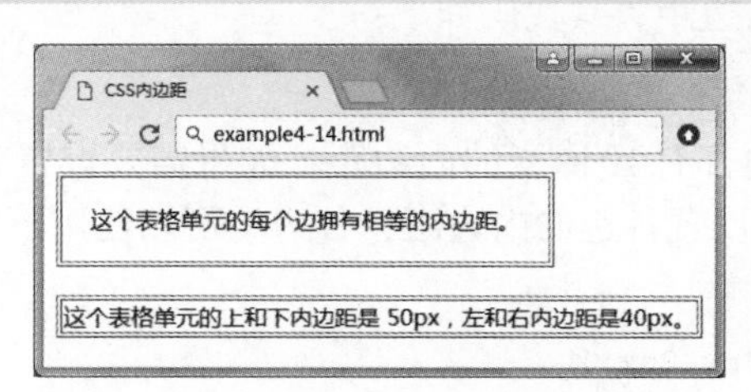

图 4-27　CSS 内边距

4.3 DIV+CSS网页布局技巧

使用CSS布局，虽然比使用表格布局简洁、方便，但是DIV与表格有很大的区别，特别是对从表格布局转向CSS布局的开发者来说，CSS布局没有表格布局容易控制。使用表格布局，只要将表格划分好就可以在单元格里填入内容；而使用CSS布局时，很多开发者觉得DIV层不知道要如何控制，总是无法将其摆放到想要放置的位置上。本节总结了一些在网站上常用的网页布局模式，并介绍如何在CSS中处理这样的布局模式。

4.3.1 两栏布局

两栏布局是将网页分为左侧和右侧两列，这种布局方式也是网络中用得比较多的布局。两栏布局的实现方法如下：

(1)创建两个层，再设置两个层的宽度。

(2)设置两栏并列显示。

例4-15说明如何设置两栏布局的网页结构，在浏览器中的运行结果如图4-28所示。

【例4-15】example4-15.html

```
<!doctype html>
<html>
  <head>
    <meta charset="utf-8">
    <title>CSS两栏布局</title>
  </head>
  <style>
    * {                                   /*选中所有元素*/
      margin: 0;                          /*外边距清0*/
      padding: 0;                         /*内边距清0*/
    }
    .container{                           /*选中类container */
      width: 410px;                       /*宽度为410像素*/
      height: 200px;                      /*高度为200像素*/
    }
    .left{                                /*选中left类*/
      background-color: yellow;           /*背景色为黄色*/
      float: left;                        /*左浮动*/
      height: 100%;                       /*高度为父元素的大小，即100%*/
      width:100px;                        /*宽度为100像素*/
    }
    .right{                               /*选中right类*/
      background-color: red;              /*背景色为红色*/
      margin-left: 10px;                  /*左外边距为10像素*/
      float: left;                        /*左浮动*/
      height:100%;                        /*高度为父元素的大小，即100%*/
      width:300px;                        /*宽度为300像素*/
    }
    .container::after{                    /* 类container的after伪属性 */
      content: '';                        /*内容为空*/
      display: block;                     /*display属性设置为块属性*/
      visibility: hidden;                 /*可见性为隐藏*/
      clear: both                         /*清除块两端的浮动*/
    }
  </style>
  <body>
    <div class=container>
      <div class=left>左分栏</div>
      <div class=right>右分栏</div>
    </div>
  </body>
</html>
```

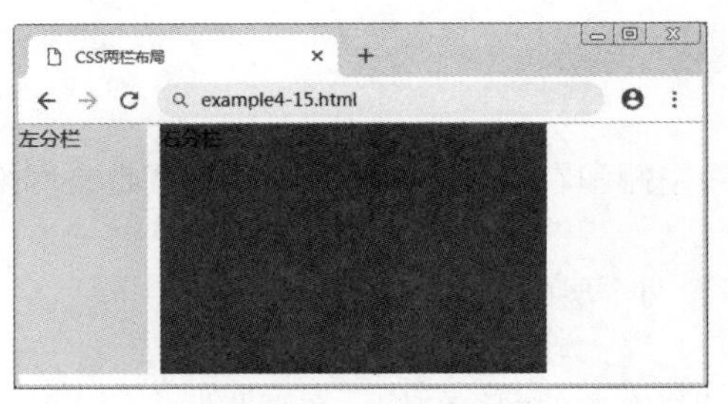

图 4-28　两栏布局

例4-15中为右分栏设置左边距10像素，因此两列之间有间距，运行后从图4-28中可以看出。当然也可以在左分栏中设置右边距来达到同样的效果，这些方面读者可以灵活运用。

4.3.2　多栏布局

将一个元素中的内容分为两栏或多栏显示，并且确保各栏中内容的底部对齐，叫作多栏布局。多栏布局先把网页通过DIV块划分成多个区域，再在这些区域内添加相关内容，以达到网页制作的要求。

例4-16中首先把网页分成三行，分别是头部、内容和页脚；再把内容部分分成左、中、右三列；最后把内容部分的中间一列分成两行，通过该例让读者理解如何对网页进行多栏划分，在浏览器中的运行结果如图4-29所示。

【例4-16】example4-16.html

扫一扫，看视频

```
<!doctype html>
<html>
  <head>
    <meta charset="UTF-8" />
    <title>多栏布局</title>
    <style type="text/css">
      /*将多个div块的共性单独抽出来然后列举，减少代码量*/
      .header,.footer{
        width:500px;
        height:100px;
        background:pink;
      }
      .main{
        width:500px;
        height:300px;
      }
      .left,.right{
        width:100px;
        height:300px;
      }
      .content-top,.content-bot{
        width:300px;
        height:150px;
      }
      /*开始修饰*/
      .left{
        background:#C9E143;
        float:left;
      }
```

```
        .content-top{
          background:#FF0000;
        }
        .content-bot{
          background:#FFA500;
        }
        .content{
          float:left;
        }
        .right{
          background:black;
          float:right;
        }
      </style>
    </head>
    <body>
      <div class="header"></div>
      <div class="main">
        <div class="left"></div>
        <div class="content">
          <div class="content-top"></div>
          <div class="content-bot"></div>
        </div>
        <div class="right"></div>
      </div>
      <div class="footer"></div>
    </body>
</html>
```

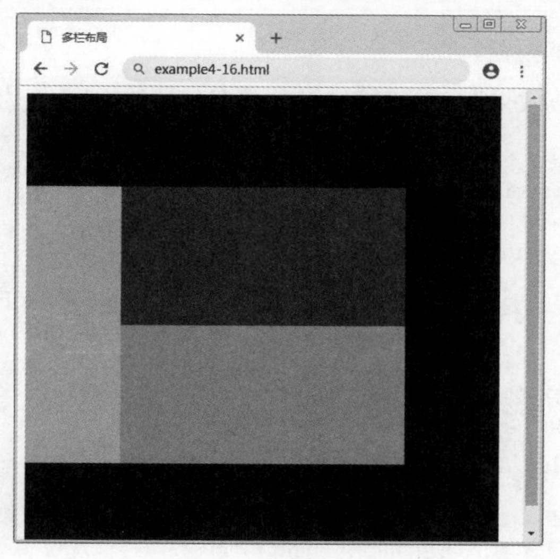

图 4-29　多栏布局

4.4 CSS高级应用

在传统的Web设计中，当网页中需要显示动画或特效时，需要使用JavaScript脚本或者用Flash来实现。CSS3 提供了对动画的强大支持，可以实现旋转、缩放、移动和过渡等效果。

4.4.1 过渡

CSS3提供了强大的过渡属性，可以在不使用Flash动画或者JavaScript脚本的情况下，为元素从一种样式转变为另一种样式时添加效果，如渐显、渐弱、动画快慢等。在CSS3中，过渡通过以下属性实现：

- transition-property属性：规定设置过渡效果的CSS属性的名称。
- transition-duration属性：规定完成过渡效果需要多少秒或毫秒。
- transition-timing-function属性：规定速度效果的速度曲线。
- transition-delay属性：定义过渡效果何时开始。

1. transition-property属性

该属性规定应用过渡效果的CSS属性的名称（当指定的CSS属性改变时，过渡效果将开始）。需要说明的是，过渡效果通常在用户将鼠标指针浮动到元素上时发生。其语法格式如下：

```
transition-property: none|all|property;
```

在上面的语法格式中，transition-property属性的取值包括none、all和property，具体说明见表4-4。

表 4-4 transition-property 属性值及说明

属性值	说　明
none	没有属性会获得过渡效果
all	所有属性都将获得过渡效果
property	定义应用过渡效果的 CSS 属性的名称列表，列表以逗号分隔

2. transition-duration属性

该属性规定完成过渡效果所花的时间（以秒或毫秒计），默认值为0，表示没有过滤效果。其语法格式如下：

```
transition-duration: time;
```

3. transition-timing-function属性

该属性规定过渡效果的速度曲线，并且允许过渡效果随着时间来改变其速度，该属性的默认值是ease。

```
transition-timing-function:linear|ease|ease-in|ease-out
   |ease-in-out|cubic-bezier(n,n,n,n);
```

从上述语法可以看出，transition-timing-function属性的取值很多，常见属性值及说明见表4-5。

表 4-5 transition-timing-function 属性值及说明

属性值	说　明
linear	规定以相同速度开始至结束的过渡效果（等于 cubic-bezier(0,0,1,1)）
ease	规定慢速开始，然后变快，然后慢速结束的过渡效果（等于 cubic-bezier(0.25,0.1,0.25,1)）
ease-in	规定以慢速开始的过渡效果（等于 cubic-bezier(0.42,0,1,1)）
ease-out	规定以慢速结束的过渡效果（等于 cubic-bezier(0,0,0.58,1)）
ease-in-out	规定以慢速开始和结束的过渡效果（等于 cubic-bezier(0.42,0,0.58,1)）
cubic-bezier(n,n,n,n)	在 cubic-bezier 函数中定义自己的值。可能的值是 0 至 1 之间的数值

4. transition-delay属性

该属性规定过滤效果何时开始，默认值为0，其常用单位是秒或毫秒。transition-delay的属性值可以为正整数、负整数和0。当设置为负数时，过渡动作会从该时间点开始，之前的动作被截断；设置为正数时，过渡动作会延迟触发。其基本语法格式如下：

```
transition-delay: time;
```

5. transition属性

transition属性是一个复合属性，用于在一个属性中设置transition-property、transition-duration、transition-function、transition-delay四个过渡属性。其基本语法格式如下：

```
transition: property duration function delay;
```

在使用transition属性设置多个过渡效果时，各个参数值必须按照顺序定义，不能随意颠倒。

例4-17中定义了一个正方形DIV块，当鼠标指针移到该DIV块上时，这个正方形会慢慢过渡到矩形，并且颜色由红色慢慢过渡到蓝色，当鼠标指针从该DIV块移出时又重新过渡到正方形和红色。通过该例让读者理解过渡的设计方式，在浏览器中的运行结果如图4-30和图4-31所示。

【例4-17】example4-17.html

```
<!doctype html>
<html>
  <head>
    <meta charset="UTF-8" />
    <title>过渡属性</title>
    <style>
      .box {
        width: 200px;                          /* 宽度为200像素 */
        height: 200px;                         /* 高度为200像素 */
        border: 1px solid #000;                /* 边框为1像素、实心线、黑色 */
        margin: 100px auto;                    /*上下外边距为100像素，左右外边距自适应 */
        background-color: red;                 /* 背景色为红色 */

        /* 部分属性定义过渡(动画) */
        /* 宽度用2秒过渡，背景色用1秒过渡,多个属性之间用","号隔开 */
        transition: width 2s,background-color 1s;
        transition: width 2s linear;          /* 匀速变化(默认速度由快变慢)*/
        transition: width 2s linear 1s;       /* 1s表示延迟变化 */
        transition: all 2s;                   /* 所有属性都过渡，且效果一样 */
        /* 全部属性定义过渡 */
        transition-property: all;             /*all:表示所有属性*/
        transition-duration: 2s;              /* 过渡持续时间 */
        transition-timing-function:ease-out;    /* 动画变幻速度：减速*/
        transition-delay: 1s;                 /* 动画延迟 */
        /*过渡属性常用的简写方式，与上面四个属性设置完成的功能相同 */
        transition:all 2s ease-in-out 1s;
      }
      .box:hover {
        width: 600px;
        background-color: blue;
      }
    </style>
```

扫一扫，看视频

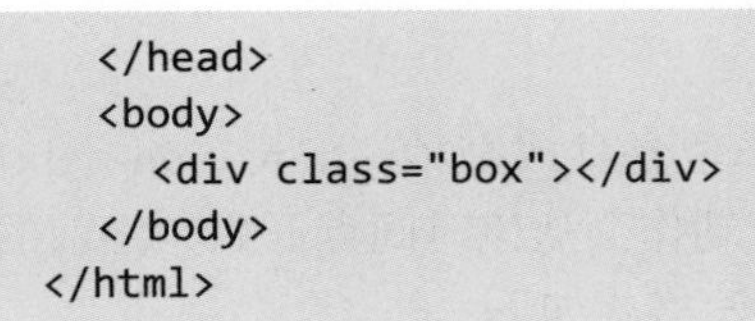

```
    </head>
    <body>
      <div class="box"></div>
    </body>
  </html>
```

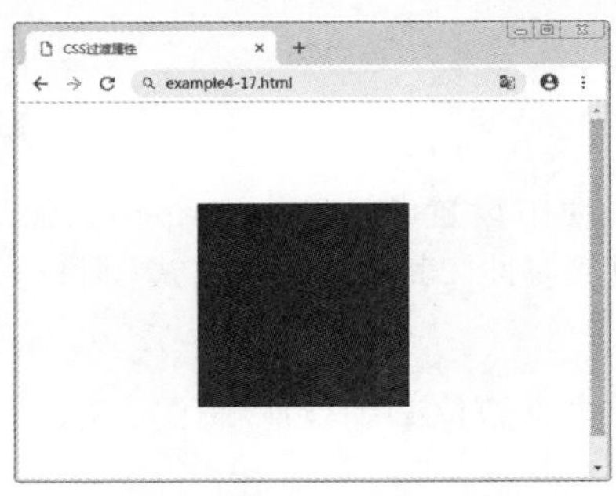

图 4-30　颜色过渡前的效果

图 4-31　颜色过渡后的效果

4.4.2　变形

CSS3变形是一系列效果的集合，如平移、旋转、缩放和倾斜，每个效果都被称为变形函数（Transform Function），它们可以操控元素发生平移、旋转、缩放和倾斜等变化。这些效果在CSS3之前都需要依赖图片、Flash或JavaScript才能完成。现在，使用CSS3就可以实现这些变形效果，而无须加载额外的文件，极大地提高了网页开发者的工作效率和页面执行速度。

通过CSS3中的变形操作，可以让元素生成静态视觉效果，也可以结合过渡和动画属性产生一些新的动画效果。

CSS3的变形（transform）属性可以让元素在一个坐标系统中变形，这个属性包含一系列变形函数，可以进行元素的移动、旋转和缩放。transform属性的基本语法如下：

```
transform: none | transform-functions;
```

在上面的语法格式中，transform属性的默认值为none，适用于内联元素和块元素，表示不进行变形。transform-function用于设置变形函数，可以是一个或多个变形函数列表，该函数列表的主要函数见表4-6。

表 4-6　变形的主要函数

函　数	说　明
matrix(n,n,n,n,n,n)	使用六个值的矩阵
translate(x,y)	沿着 X 和 Y 轴移动元素
translateX(n)	沿着 X 轴移动元素
translateY(n)	沿着 Y 轴移动元素
scale(x,y)	缩放转换，改变元素的宽度和高度
scaleX(n)	缩放转换，改变元素的宽度
scaleY(n)	缩放转换，改变元素的高度
rotate(angle)	旋转，在参数中设置角度
skew(x-angle,y-angle)	倾斜转换，沿着 X 和 Y 轴
skewX(angle)	倾斜转换，沿着 X 轴
skewY(angle)	倾斜转换，沿着 Y 轴

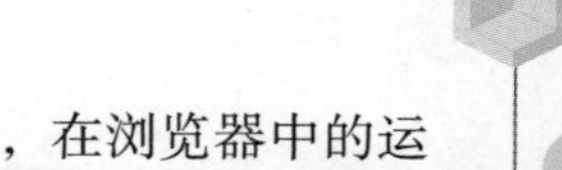

例4-18中定义了4个正方形DIV块，并对这4个正方形进行相应的变形，在浏览器中的运行结果如图4-32所示。通过该例帮助读者理解变形函数的使用方法，注意这些变形函数的参数书写方式及所代表的含义。

【例4-18】example4-18.html

扫一扫，看视频

```
<!doctype html>
<html>
  <head>
    <meta charset="UTF-8" />
    <title>CSS变形</title>
    <style>
      div {
        width: 100px;
        height: 100px;
        border: 1px solid #000;
        background-color: red;
        float:left;
        margin:50px;
      }
      .box-one{
        transform: rotate(30deg);          /*旋转30度*/
      }
      .box-two{
        /*向右移动20像素，向下移动20像素*/
        transform: translate(20px,20px);
      }
      .box-three{
        /*宽度为原始大小的2倍，高度为原始大小的1.5倍。*/
        transform: scale(2,1.5);
      }
      .box-four{
        transform: skew(30deg,20deg);    /*在X轴和Y轴上倾斜20度和30度。*/
      }
    </style>
  </head>
  <body>
    <div class="box-one"></div>
    <div class="box-two"></div>
    <div class="box-three"></div>
    <div class="box-four"></div>
  </body>
</html>
```

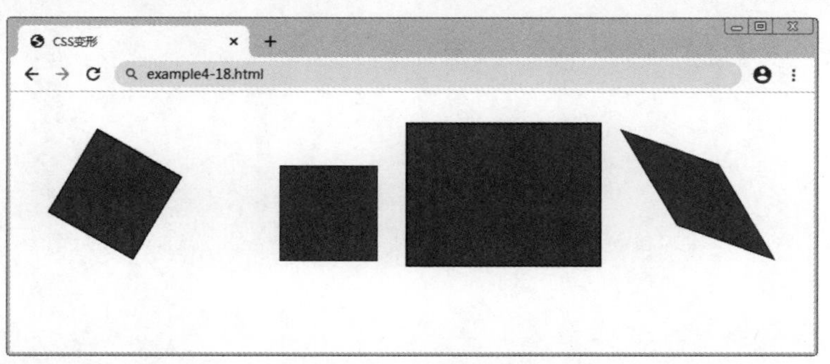

图 4-32　CSS 变形

4.5 本章小结

本章首先讲解了元素的定位属性及网页中常见的几种定位模式，说明元素的类型及相互间的转换，然后阐述了元素浮动、不同浮动方向呈现的效果、清除浮动的常用方法，再对CSS中的盒子模型进行详细说明，并应用前面讲到的知识进行网页的布局，最后对CSS3中某些最新的应用进行了简要说明。

需要强调的是，各个浏览器对CSS的解析存在差异，可能导致在不同浏览器上显示的页面不同。为了将各个浏览器的显示页面统一起来，需要针对不同的浏览器提供不同的CSS代码，这个过程称为CSS hack。

通过本章的学习，读者应该能够熟练地运用浮动和定位进行网页布局，掌握清除浮动的几种常用方法，理解元素的类型与转换。

4.6 习题四

扫描二维码，查看习题。

扫二维码
查看习题

4.7 实验四 CSS页面布局

扫描二维码，查看实验内容。

扫二维码
查看实验内容

第3部分

控制网页行为
制作动态网页

CHAPTER 5 JavaScript语言

学习目标：

本章主要讲解JavaScript语言的基础知识，主要包括JavaScript的运算符、流程控制语句、内置函数和自定义函数、对象的定义和引用方法。通过本章的学习，读者应该掌握以下内容：

- JavaScript语言的运算符，包括算术运算符、比较运算符、逻辑运算符、位运算符、复合运算符等；
- JavaScript语言的流程控制语句，包括分支语句和循环语句；
- JavaScript语言的事件触发机制。

思维导图（略图）

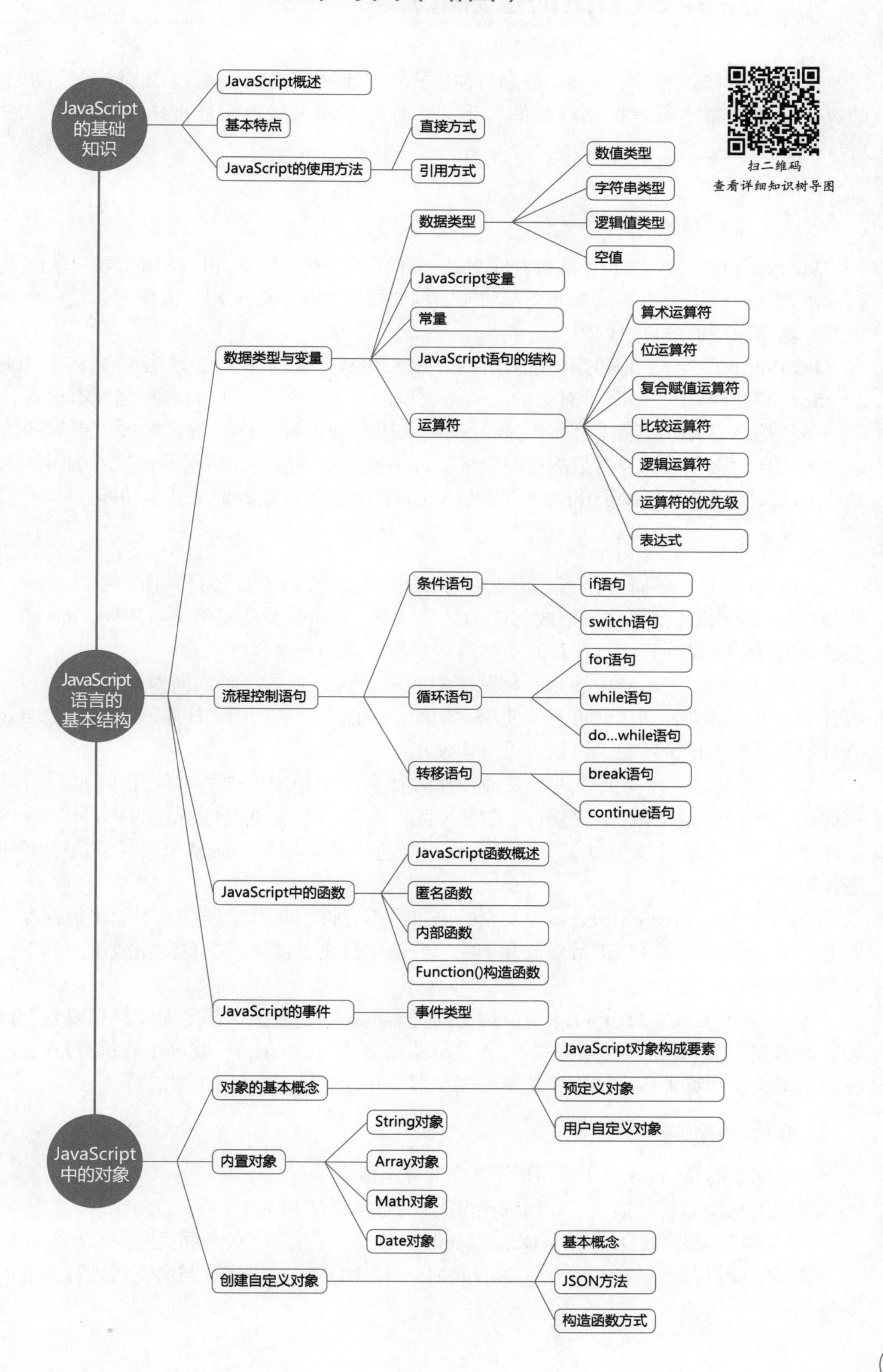

JavaScript的基础知识
JavaScript概述
基本特点
JavaScript的使用方法
直接方式
引用方式
扫二维码
查看详细知识树导图
JavaScript语言的基本结构
数据类型与变量
数据类型
数值类型
字符串类型
逻辑值类型
空值
JavaScript变量
常量
JavaScript语句的结构
运算符
算术运算符
位运算符
复合赋值运算符
比较运算符
逻辑运算符
运算符的优先级
表达式
流程控制语句
条件语句
if语句
switch语句
循环语句
for语句
while语句
do...while语句
转移语句
break语句
continue语句
JavaScript中的函数
JavaScript函数概述
匿名函数
内部函数
Function()构造函数
JavaScript的事件
事件类型
JavaScript中的对象
对象的基本概念
JavaScript对象构成要素
预定义对象
用户自定义对象
内置对象
String对象
Array对象
Math对象
Date对象
创建自定义对象
基本概念
JSON方法
构造函数方式

5.1 JavaScript的基础知识

在网页制作过程中，一般通过HTML语言设计网页内容，通过CSS样式控制网页显示的风格，通过脚本语言控制网页的行为，并且为了网页的重用性把HTML语言、CSS样式、JavaScript语言分离。

5.1.1 JavaScript 概述

JavaScript是一种基于对象和事件驱动，具有相对安全性，并广泛用于客户端网页开发的脚本语言，主要用于为网页添加交互功能，例如校验数据、响应用户操作等，是一种动态、弱类型、基于原型的语言，内置支持类。

JavaScript最早是在HTML上使用的，用来给HTML网页添加动态功能，由Netscape的LiveScript发展而来，是基于对象的、动态类型的、可区分大小写的客户端脚本语言，主要目的是解决服务器端语言遗留的速度问题及响应用户的各种操作，为客户提供更流畅的浏览效果。因为当时服务端需要对数据进行验证，网络速度相当缓慢，数据验证浪费的时间太多，于是Netscape的浏览器Navigator加入了JavaScript，提供了数据验证的基本功能。

1. 基本特点

JavaScript是一种脚本语言，嵌入在标准的HTML文档中，并且采用小程序段的方式进行编程。JavaScript的基本结构形式与C、C++、VB、Delphi类似，但又有不同，JavaScript不需要事先编译，只是在程序运行过程中被逐行解释，是一种解释性语言。

（1）基于对象。JavaScript是一种基于对象的语言，也是一种面向对象的语言。JavaScript中有些对象不必进行创建就可直接使用。例如，可以不必创建的“日期”对象，因为JavaScript语言中已经有了这个对象，所以可以直接使用。

（2）事件驱动。在网页中进行某种操作时就会产生相应事件。事件几乎可以是任何事情，例如单击按钮、拖动鼠标、打开或关闭网页、提交一个表单等均可视为事件。JavaScript是事件驱动的，当事件发生时，可对事件做出响应。具体如何响应某个事件取决于事件处理程序代码。

（3）安全性。JavaScript是一种安全的语言，不允许访问本地硬盘，不能将数据存入到服务器上，不允许对网络文档进行修改和删除，只能通过浏览器实现信息浏览或动态网页交互，从而具有一定的安全性。

（4）平台无关性。JavaScript是依赖于浏览器本身的，与操作环境无关，只要是能运行浏览器的设备（包括计算机、移动设备），并且浏览器支持JavaScript，就可正确执行JavaScript脚本程序。不论使用哪种版本操作系统下的浏览器，JavaScript都可以正常运行。

2. JavaScript脚本语言的组成

一个完整的JavaScript实现由以下3个部分组成。

（1）ECMAScript：描述了JavaScript语言的基本语法和基本对象。

（2）文档对象模型（Document Object Model，DOM）：描述了处理网页内容的方法和接口。

（3）浏览器对象模型（Browser Object Model，BOM）：描述了与浏览器进行交互的方法和接口。

5.1.2 JavaScript 的使用方法

在网页中使用JavaScript有两种方法：直接方式和引用方式。

1. 直接方式

直接方式是JavaScript最常用的方法，大部分含有JavaScript的网页都采用这种方法。例5-1中通过JavaScript进行一段文字的输出，在浏览器中的运行结果如图5-1所示。

【例5-1】example5-1.html

```
<!doctype html>
<html>
  <head>
    <meta charset="utf-8">
    <title>JavaScript直接方式</title>
  </head>
  <body>
    Hello World
    <script language="javascript">
      document.write("Hello World JavaScript直接方式！");
    </script>
  </body>
</html>
```

扫一扫，看视频

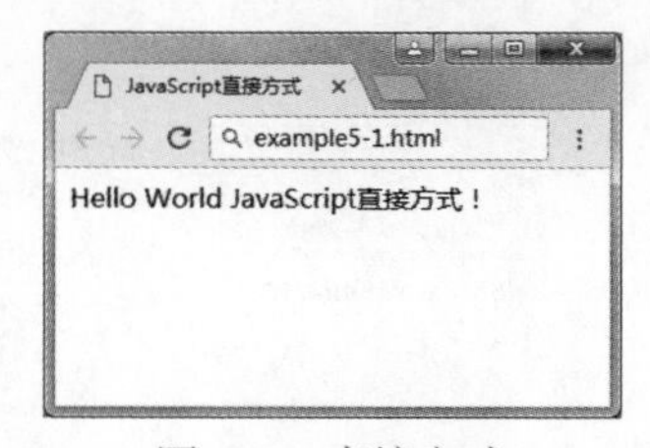

图 5-1　直接方式

从例5-1中可以发现，JavaScript源代码被嵌在一个HTML文档中，而且可以出现在文档头部（<head> </head>）和文档主体（<body> </body>）。JavaScript标记的一般格式为：

```
<script language="javascript">
<!--
  //JavaScript脚本语句
-->
</script>
```

为了使老版本的浏览器（即Navigator 2.0版以前的浏览器）避开不识别的“JavaScript语句串”，用JavaScript编写的源代码可以用注解括起来，即使用HTML的注解标记<!--……-->，而Navigator 2.x可以识别放在注解行中的JavaScript源代码。

说明：

<script>标记可声明一个脚本程序，language属性声明该脚本是一个用JavaScript语言编写的脚本。在<script >和</script >之间的任何内容都视为脚本语句，会被浏览器解释执行。在JavaScript脚本中，用“//”作为行的注释标注。

document是JavaScript的文档对象，document.write("JavaScript")语句用于在文档中输出字符串"JavaScript"。

2. 引用方式

如果已经存在一个JavaScript源文件（通常以js为扩展名），则可以采用引用方式进行JavaScript脚本库的调用，以提高程序代码的利用率。引用方式的语法格式如下：

```
<script src="URL" type="text/javascript"></script>
```

其中，URL是JavaScript源程序文件的地址，这个引用语句可以放在HTML文档头部或主体的任何部分。如果要实现例5-1的效果，可以首先创建一个JavaScript源代码文件"myScript.js"，其内容如下：

```
document.write("Hello World JavaScript引用方式! ");
```

在例5-2中引用定义的"myScript.js"库文件，在浏览器中的运行结果如图5-2所示。

【例5-2】example5-2.html

```
<!doctype html>
<html>
  <head>
    <meta charset="utf-8">
    <title>引用方式</title>
  </head>
  <body>
    Hello World
    <script src="myScript.js"></script>
  </body>
</html>
```

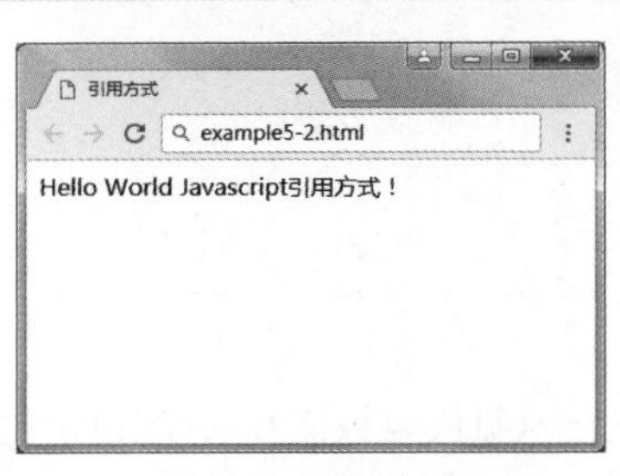

图5-2　引用方式

5.2 JavaScript语言的基本结构

5.2.1 数据类型与变量

在JavaScript中有四种基本的数据类型：数值型（整数类型和实数类型）、字符串型（用一对双引号或单引号括起来的字符或数值）、布尔型（true或false）和空值。JavaScript的基本数据类型中的数据可以是常量，也可以是变量。JavaScript的变量（以及常量）采用弱类型，因此不需要先声明变量再使用变量，可以在使用或赋值时自动确定其数据类型。

1. 数据类型

在JavaScript中，数据类型十分宽松，程序员在声明变量时可以不指定该变量的数据类型，JavaScript会自动地按照用户给该变量所赋初值来确定适当的数据类型，这一点和Java或C++

是截然不同的。JavaScript有以下几种基本的数据类型。

(1)数值类型。例如，34、3.14表示十进制数;034表示八进制数，用十进制表示其值为28;0x34表示十六进制数，用十进制表示其值为52。

(2)字符串类型。使用双引号括起来的字母或数字，如"Hello!"。

(3)逻辑值类型。取值仅可能是“真”或“假”，用true或false表示。

(4)空值。当定义一个变量并且没有赋初值时，则该变量为空值。例如：

```
var ch1;
```

此时ch1为空值，并且不属于任何一种数据类型。

2. JavaScript变量

JavaScript变量的定义要求与C语言相仿，例如以字母或下划线开头，变量不能是保留字(例如int、var等)，不能使用数字作为变量名的第一个字母，等等。JavaScript变量定义的关键字是var，其定义的语法格式如下：

```
var 变量名;
```

或者

```
var 变量名=初始值;
```

JavaScript并不是在定义变量时说明变量的数据类型，而是在给变量赋初始值时确定该变量的数据类型;JavaScript对字母的大小写是敏感的。如var my和var My，JavaScript认为这是定义两个不同的变量。

说明：

在使用变量之前，最好对每个变量使用关键字var进行变量声明，防止发生变量有效区域的冲突问题。

3. JavaScript常量

JavaScript常量分为四类：整数、浮点数、布尔值和字符串。

(1)整数常量。在JavaScript中整数可以如下表示。

- 十进制数：即一般的十进制整数，前面不可以有前导0。例如:75。
- 八进制数：以0为前导，表示八进制数。例如:075。
- 十六进制数：以0x为前导，表示十六进制数。例如:0x0f。

(2)浮点数常量。浮点数可以用一般的小数格式表示，也可以使用科学计数法表示。例如：7.54343，3.0e9。

(3)布尔型常量。布尔型常量只有两个值:true和false。

(4)字符串常量。字符串常量用单引号或双引号括起来的0个或多个字符组成，例如:"Test String"，"12345"。

4. JavaScript语句的结构

在JavaScript的语法规则中，每一条语句的最后最好使用一个分号，但要求并不像C、C++那么严格。例如：

```
document.write("Hello");  //此语句的功能是在浏览器中输出“Hello”
```

在编写JavaScript程序时，一定要有一个良好的习惯，最好是一行写一条语句。如果使用复合语句块时，注意把复合语句块的前后用大括号括起来，并且根据每一句作用范围的不同，应有一定的缩进。一个好的程序编写风格，对于程序的调试和阅读都是大有益处的。另外，一个好的程序编写风格需要适当加一些注释。例5-3中使用JavaScript注释语句，对一些语句进

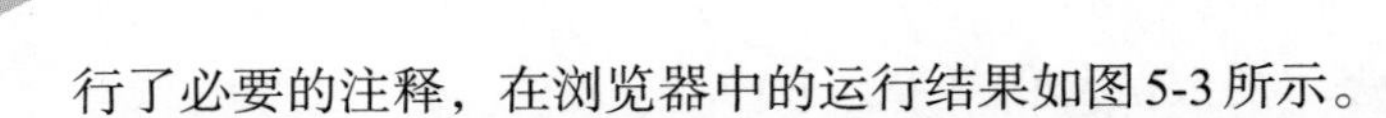

行了必要的注释，在浏览器中的运行结果如图5-3所示。

【例5-3】example5-3.html

扫一扫，看视频

```
<!doctype html>
<html>
  <head>
    <meta charset="utf-8">
    <title>JavaScript注释</title>
    <script>
      document.write("注释使用！ ");
      sum=0;                                              //初始化累加和,SUM清0
      for (i=1; i<10; i++){                               //循环10次
        sum+=i;                                           //求累加和
      }
      document.write("<br/>1到10的累加结果：",sum);      //输出累加和
    </script>
  </head>
  <body>
  </body>
</html>
```

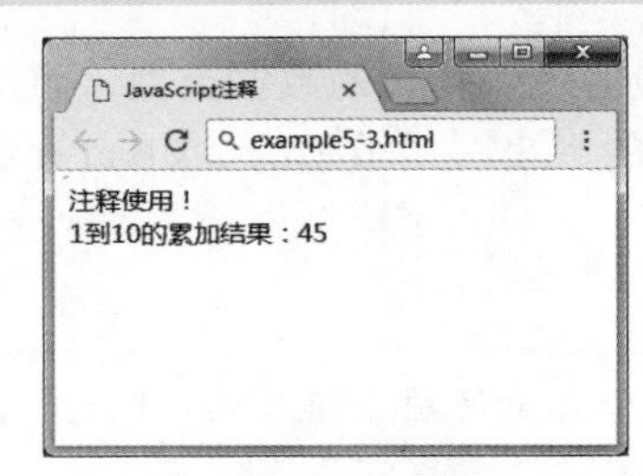

图5-3　JavaScript注释

需要说明的是，document.write的输出语句中可以直接输出HTML标记。

5.2.2　运算符

运算符可以指定变量和值的运算操作，是构成表达式的重要因素。JavaScript支持算术运算符、位运算符、复合赋值运算符、比较运算符、连接运算符等。本节对这些运算符的使用方法进行简要说明。

1. 算术运算符

用于连接运算表达式的各种算术运算符见表5-1。

表5-1　算术运算符

运算符	运算符定义	举　例	说　明
+	加法符号	x=a+b	
-	减法符号	x=a-b	
*	乘法符号	x=a*b	
/	除法符号	x=a/b	
%	取模符号	x=a%b	x等于a除以b所得的余数
++	加1	a++	a的内容加1
--	减1	a--	a的内容减1

2. 位运算符

位运算符是对两个表达式相同位置上的位进行位对位运算。JavaScript支持的位运算符见表5-2。

表 5-2　位运算符

运算符	运算符定义	举　例	说　明
~	按位求反	x=~a	
<<	左移	x=b<<a	a 为移动次数，左边移入 0
>>	右移	x=b>>a	a 为移动次数，右边移入 0
>>>	无符号右移	x=b>>>a	a 为移动次数，右边移入符号位
&	位“与”	x=b & a	
^	位“异或”	x=b ^ a	
|	位“或”	x=b | a	

3. 复合赋值运算符

复合赋值运算符执行的是一个表达式的运算。在JavaScript中，合法的复合赋值运算符见表5-3。

表 5-3　复合赋值运算符

运算符	运算符定义	举　例	说　明
+=	加	x+=a	x=x+a
-=	减	x-=a	x=x-a
*=	乘	x*=a	x=x*a
/=	除	x/=a	x=x/a
%=	模运算	x%=a	x=x%a
<<=	左移	x<<=a	x=x<<a
>>=	右移	x>>=a	x=x>>a
>>>=	无符号右移	x>>>=a	x=x>>>a
&=	位“与”	x&=a	x=x&a
^=	位“异或”	x^= a	x=x^a
|=	位“或”	x|=a	x=x|a

4. 比较运算符

比较运算符用于比较两个对象之间的相互关系，返回值为true和false。各种比较运算符见表5-4。

表 5-4　比较运算符

运算符	运算符定义	举　例	说　明
= =	等于	a= =b	a 等于 b 时为真
>	大于	a>b	a 大于 b 时为真
<	小于	a<b	a 小于 b 时为真
!=	不等于	a!=b	a 不等于 b 时为真
>=	大于等于	a>=b	a 大于等于 b 时为真
<=	小于等于	a<=b	a 小于等于 b 时为真
? :	条件选择	E ? a:b	E 为真时选 a，否则选 b

5. 逻辑运算符

逻辑运算符返回true和false，其主要作用是连接条件表达式，表示各条件间的逻辑关系。各种逻辑运算符见表5-5。

表 5-5 逻辑运算符

运算符	运算符定义	举 例	说 明
&&	逻辑“与”	a && b	a 与 b 同时为 True 时，结果为 True
!	逻辑“非”	!a	如 a 原值为 True，结果为 False
||	逻辑“或”	a || b	a 与 b 有一个取值为 True 时，结果为 True

6. 运算符的优先级

运算符的优先级见表5-6。

表 5-6 运算符的优先级（由高到低）

运算符	说 明
. [] ()	字段访问、数组下标以及函数调用
++ -- ~ ! typeof new void delete	一元运算符、返回数据类型、对象创建、未定义值
* / %	乘法、除法、取模
+ - +	加法、减法、字符串连接
<< >> >>>	移位
< <= > >=	小于、小于等于、大于、大于等于
== !== === !==	等于、不等于、恒等、不恒等
&	按位与
^	按位异或
|	按位或
&&	逻辑与
||	逻辑或
?:	条件选择
=	赋值

7. 表达式

JavaScript表达式可以用来计算数值，也可以用来连接字符串和进行逻辑比较。JavaScript表达式可以分为三类。

（1）算术表达式。算术表达式用来计算一个数值，例如:2*4.5/3。

（2）字符串表达式。字符串表达式可以连接两个字符串。进行连接字符串的运算符是加号，例如：

```
"Hello"+"World!" //该表达式的计算结果是"Hello World!"
```

（3）逻辑表达式。逻辑表达式的运算结果为一个布尔型常量（true或false）。例如：

```
12>24    //其返回值为：false
```

5.2.3 流程控制语句

JavaScript脚本语言提供流程控制语句，这些语句分别是条件语句（if语句和switch语句）和循环语句（for、do和while语句）。

1. 条件语句

（1）if语句。if语句是条件判断语句，根据一定的条件执行相应的语句块，其定义的语法格式如下：

```
if (条件表达式){
  语句块1;
}
else {
  语句块2;
}
```

这里条件表达式的结果是true时，执行语句块1，否则执行语句块2。

（2）switch语句。switch语句是测试表达式结果，并根据这个结果执行相应的语句块，其语法格式如下：

```
switch (表达式) {
  case 值1: 语句块1;
    break;
  case 值2: 语句块2;
    break;
  ……
  case 值n: 语句块n;
    break;
  default: 语句块n+1
}
```

switch语句首先计算表达式的值，然后根据表达式计算出的值选择与之匹配的case后面的值，并执行该case后面的语句块，直到遇到break语句为止；如果计算出的值与任何一个case后面的值都不相符，则执行default后的语句块。

例5-4中使用switch语句进行了一个多条件分支的判断，在浏览器中的运行结果如图5-4所示。

【例5-4】example5-4.html

```
<!doctype html>
<html>
  <head>
    <meta charset="utf-8">
    <title>switch语句</title>
    <script>
      switch (14%3) {
        case 0: sth="您好";
          break;
        case 1: sth="大家好";
          break;
        default: sth="世界好";
           break;
      }
      document.write(sth);
    </script>
  </head>
  <body>
  </body>
</html>
```

扫一扫，看视频

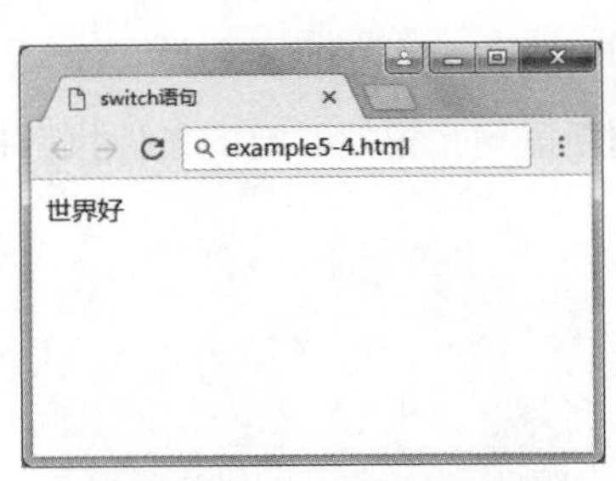

图 5-4　switch 语句

从图5-4可以看出，执行的是default后的语句，因为表达式（14%3）的运行结果是2；如果表达式改为15%3，则浏览器中的显示结果为“您好”。需要说明的是，在每一个case语句的值后都要加冒号。

2. 循环语句

当需要把一个语句块重复执行多次，且每次执行仅改变部分参数的值时，可以使用循环语句，直到某一个条件不成立为止。

（1）for语句。for语句用来循环执行某一段语句块，其定义的语法格式如下：

```
for ( 表达式1; 表达式2; 表达式3){
  循环语句块;
}
```

其中，表达式1只执行一次，用来初始化循环变量；表达式2是条件表达式，该表达式每次循环后都要被重新计算一次，如果其值为“假”，则循环语句块立即中止并继续执行for语句之后的语句，否则重新执行循环语句块；表达式3是用来修改循环控制变量的表达式，每次循环都会重新计算。另外，可以使用break语句中止循环语句并退出循环。for语句一般用在已知循环次数的场合，并且表达式1、表达式2、表达式3之间要用分号隔开。

例5-3是使用for循环语句的例子，该例用于计算从数字1到10的累加和，并显示在网页中。

（2）while语句。while语句是当未知循环次数，并且需要先判断条件后再执行循环语句块时使用的循环语句。定义while语句的语法格式如下：

```
while (条件表达式){
  循环体语句块;
}
```

while语句中当条件表达式为true时，循环体语句块被执行，执行完该循环体语句块后，会再次执行条件表达式；如果运算结果是false，将退出该循环体；如果条件表达式开始时便为false，则循环语句块将一次也不会执行。使用break语句可以从这个循环中退出。

例5-5说明了while语句的用法。该实例程序实现从数字1到n之间的累加和，即每加一个数都输出到当前数为止的累加和运算结果，在浏览器中的运行结果如图5-5所示。

【例5-5】example5-5.html

```
<!doctype html>
<html>
  <head>
    <meta charset="utf-8">
    <title>while语句</title>
    <script>
```

```
      var i,sum;
      i=1;
      sum=0;
      while(i<=10){
        sum+=i;
        document.write(i,"   ",sum,"<br/>") ;
        i++;
      }
    </script>
  </head>
  <body>
  </body>
</html>
```

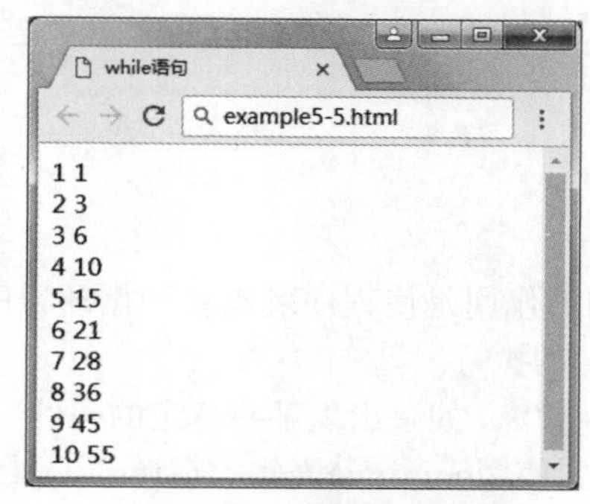

图 5-5 while 语句

（3）do…while 语句。do…while语句与while语句执行的功能完全一样，唯一的不同之处是，do…while语句先执行循环体，再进行条件判断，其循环体至少被执行一次。同样可以使用break语句从循环中退出。do…while语句的语法格式如下：

```
do{
  循环体语句;
}while(条件表达式);
```

这里，无论表达式的值是否为“真”，循环体语句都会被至少执行一次。例5-6用来说明do…while条件表达式不成立，但其循环体却被执行一次的情况。例5-6在浏览器中的显示结果如图5-6所示。

【例5-6】example5-6.html

```
<!doctype html>
<html>
  <head>
    <meta charset="utf-8">
    <title>do while语句</title>
    <script>
      var i,sum;
      i=1;
      sum=0;
      do{
        sum += i;
        document.write (i,"   ",sum*100,"<br>") ;
        document.write ("i小于10条件不成立,但本循环体却执行一次!");
        i++;
      } while (i>10)
```

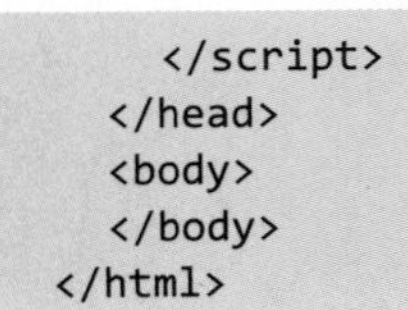

```
    </script>
  </head>
  <body>
  </body>
</html>
```

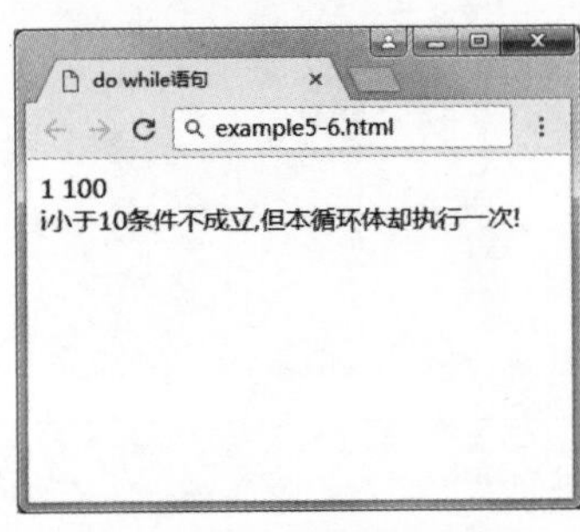

图 5-6　do…while 语句

3. 转移语句

（1）break语句。break语句的作用是使程序跳出各种循环程序，用于在异常情况下终止循环，或终止switch语句后续语句的执行。

（2）continue语句。在循环体中，如果出现某些特定的条件，希望不再执行后面的循环体，但是又不想退出循环，这时就要使用continue语句。在for循环中，执行到continue语句后，程序立即跳转到迭代部分，然后到达循环条件表达式，而对while循环，程序立即跳转到循环条件表达式。

例5-7用来说明continue语句的作用。该例实现把1到100中除了2的倍数和3的倍数之外的数显示在浏览器中，在浏览器中的显示结果如图5-7所示。

【例5-7】example5-7.html

```
<!doctype html>
<html>
  <head>
    <meta charset="utf-8">
    <title>continue语句</title>
    <script>
      i=0;                            //循环控制初值
      count=0;                        //控制每输出8个数据换行的计数器
      while (i<100){                  //循环语句，循环条件变量i<100
        if(i%3==0 || i%2==0) {        //是2或3的倍数
          i++;
          continue;                   //退出本次循环，进行下一次循环
        }
        count++;
        if(count>8) {                 //每8次进行控制换行
          document.write("<br>");     //输出换行
          count=0;                    //换行计数器清零
        }
        document.write(" ",i);  //输出空格和相应的数据
        i++;
      }
    </script>
  </head>
```

扫一扫，看视频

```
    <body>
    </body>
</html>
```

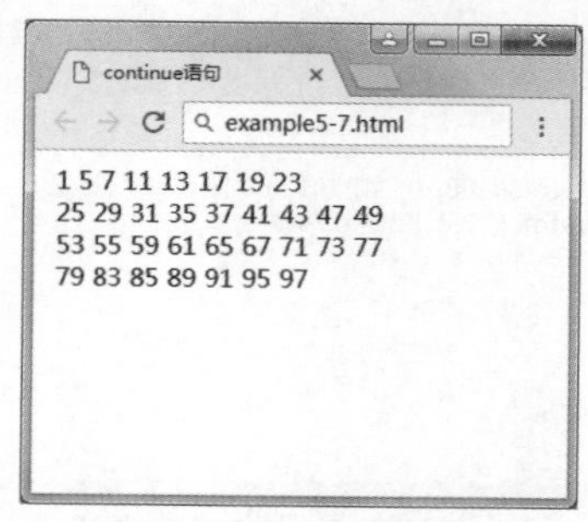

图 5-7　continue 语句

5.2.4　JavaScript 中的函数

1. JavaScript函数概述

函数是一个固定的程序段，或称其为一个子程序，在可以实现固定程序功能的同时还带有一个入口和一个出口。所谓入口，就是函数所带的各个参数，可以通过这个入口把函数的参数值代入子程序，供计算机处理；所谓出口，就是函数在计算机求得函数值之后，由此出口带回给调用它的程序。即当调用函数时，会执行函数内的代码。

函数可以在某事件发生时直接调用(例如当用户单击按钮时)，也可以在程序代码的任何位置使用函数调用语句进行调用。如果需要向函数中传递信息，可以采用入口参数的方法进行，有些函数不需要任何参数，有些函数可以带多个参数。定义函数的关键字是function，函数定义的语法格式如下：

```
function 函数名([参数][，参数]){
  函数语句块
}
```

例 5-8 是JavaScript函数的定义和调用方法，在浏览器中的显示结果如图 5-8 所示。

【例 5-8】example5-8.html

```
<!doctype html>
<html>
  <head>
    <meta charset="utf-8">
    <title>函数的定义和调用</title>
    <script>
      function total (i,j) {          //声明函数total，参数为i,j
        var sum;                      //定义变量sum
        sum=i+j;                      //i+j的值赋给sum
        return(sum);                  //返回sum 的值
      }
      document.write("函数total(100,20)结果为:", total(100,20) );
      document.write("<br/>")
      document.write("函数total(32,43)结果为:", total(32,43) )
    </script>
  </head>
```

扫一扫，看视频

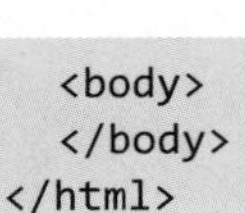


```
    <body>
    </body>
</html>
```

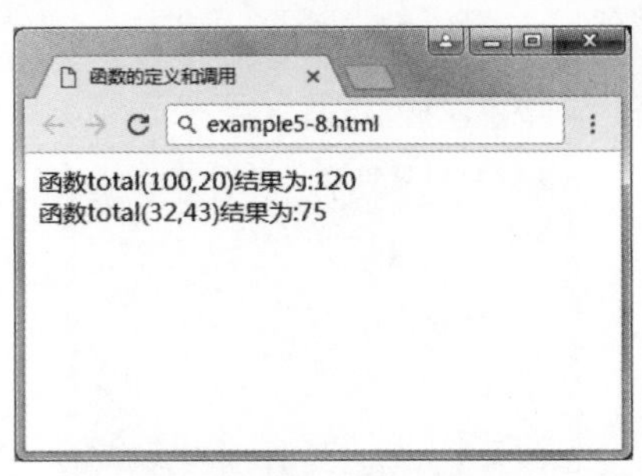

图 5-8　函数的定义与调用

例5-8中定义了函数total(i,j)，其有两个入口参数（也叫形参）i和j，当调用这个函数时，可以给函数中的形参i和j一个具体的值，例如total(100,20)，变量i的值为100，变量j的值为20。从该例可以看出，函数通过名称调用。函数可以有返回值，但不是必需的，如果需要函数返回值时，在函数体内要使用语句return（表达式）来返回。

2. 匿名函数

匿名函数就是没有实际名字的函数，匿名函数一般用于事件处理程序，这类函数一般在整个程序中只使用一次。定义方法是把普通函数定义中的名字去掉，其定义的语法格式如下：

```
function([参数][，参数]){
  函数语句块
}
```

例如，当网页加载完毕后执行某个功能时可以使用匿名函数。其程序代码语法格式如下：

```
window.onload=function( ){
  alert("网页加载完毕后，弹出！");
}
```

3. 内部函数

在面向对象编程语言中，函数一般是作为对象的方法定义的。而有些函数由于其应用的广泛性，可以作为独立的函数定义，还有一些函数根本无法归属于任何一个对象，这些函数是JavaScript脚本语言固有的，并且没有任何对象的相关性，这些函数称为内部函数。

例如内部函数isNaN，用来测试某个变量是否是数值类型，如果变量的值不是数值类型，则返回true，否则返回false。例5-9是在浏览器的输入对话框中输入一个值，如图5-9所示，如果输入的值不是数值类型，则给用户一个提示，当用户输入的值是数值类型时，也同样给出一个提示，在浏览器中的显示结果如图5-10和图5-11所示。

【例5-9】example5-9.html

```
<!doctype html>
<html>
  <head>
    <meta charset="utf-8">
    <title>内部函数</title>
    <script>
      window.onload=function(){
```

```
            str = prompt("请您输入一个数值,例如3.14","");
            if(isNaN(str)){
              document.write("您输入的数据类型不对!");
            } else {
              document.write("您输入的值类型正确!");
            }
          }
        </script>
      </head>
      <body>
      </body>
    </html>
```

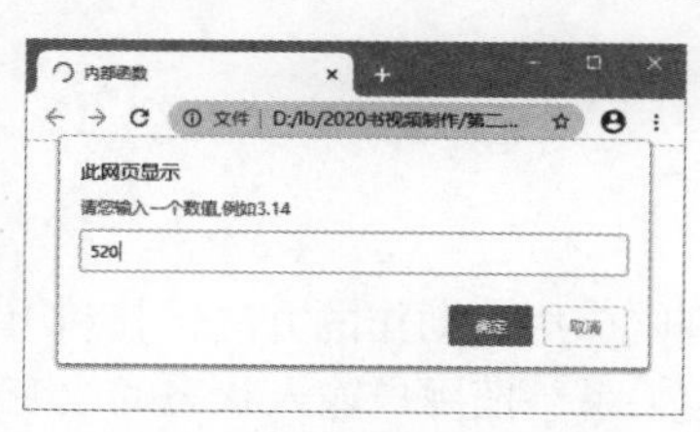

图 5-9　用户输入数据

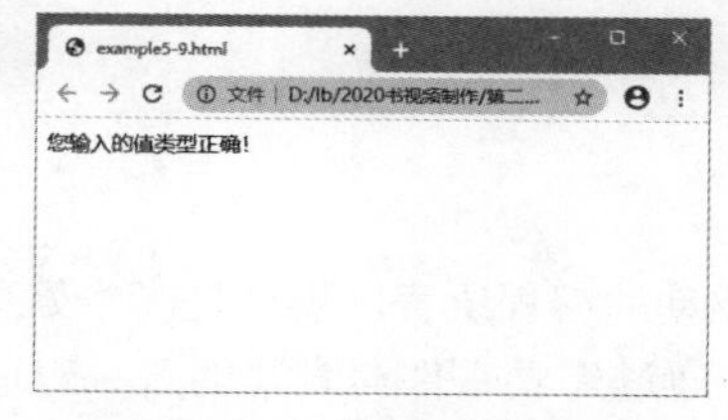

图 5-10　内部函数（1）

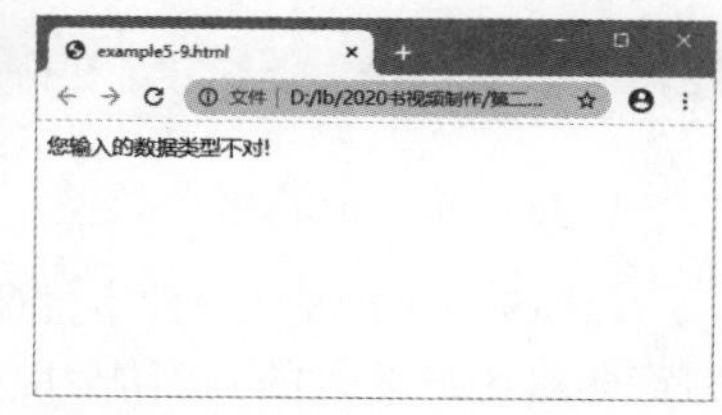

图 5-11　内部函数（2）

在上例的执行过程中，首先要求用户输入一个数值，如图 5-9 所示。然后对用户的输入值进行判断，如果输入的值是数值类型，则在浏览器中显示的结果如图 5-10 所示，如果输入的值是其他类型数据，则在浏览器中的显示结果如图 5-11 所示。

4.Function( )构造函数

在以上实例中，函数通过关键字function定义，函数同样也可以通过内置的JavaScript函数构造器（Function( )）定义。Function类可以表示开发者定义的任何函数。用Function类直接创建函数的语法格式如下：

```
var 函数名= new Function(arg1, arg2, ..., argN, function_body)
```

在上面的形式中，每个arg都是一个形式参数，最后一个参数是函数主体（要执行的代码），这些参数必须是字符串。函数的调用方法如下：

```
函数名(arg1, arg2, ..., argN)
```

例 5-10 定义了Function()构造函数，重点是让读者理解Function()构造函数的定义，形参与实参，返回值等函数的一些使用方法。例 5-10 在浏览器中的显示结果如图 5-12 所示。

【例 5-10】example5-10.html

```
<!doctype html>
<html>
  <head>
    <meta charset="utf-8">
    <title>Function()构造函数</title>
    <script>
      var myFunction = new Function("a", "b", "return a * b");
      document.write("Function() 构造函数4*3的值: "+myFunction(4, 3));
    </script>
  </head>
  <body>
  </body>
</html>
```

扫一扫，看视频

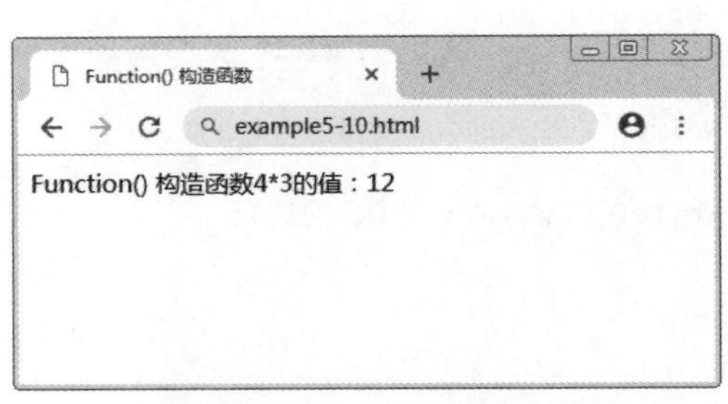

图 5-12　Function( ) 构造函数

从图5-12的执行结果可以看出，一个函数定义时并不发生作用，只有在引用时才被激活。

5.2.5　JavaScript 的事件

1. JavaScript的事件类型

JavaScript语言是一种事件驱动的编程语言。事件是脚本处理响应用户动作的方法，其利用浏览器对用户输入的判断能力，通过建立事件与脚本的一一对应关系，把用户输入状态的改变准确地传递给脚本，并予以处理，然后把结果反馈给用户，这样就实现了一个周期的交互过程。

JavaScript对事件的处理分为定义事件和编写事件脚本两个阶段，几乎每个HTML元素都可以进行事件定义，例如浏览器窗口、窗体文档、图形、链接等。表5-7列出了事件类型及其相关说明。

表 5-7　JavaScript 的事件列表

事件名称	说　明
onabort	图像加载被中断
onblur	元素失去焦点
onchange	用户改变域的内容
onclick	鼠标单击某个对象
ondblclick	鼠标双击某个对象
onerror	当加载文档或图像时发生某个错误
onfocus	元素获得焦点
onkeydown	某个键盘的键被按下
onkeypress	某个键盘的键被按下或按住
onkeyup	某个键盘的键被松开
onload	某个页面或图像完成加载
onmousedown	某个鼠标按键被按下
onmousemove	鼠标被移动
onmouseout	鼠标从某元素移开
onmouseover	鼠标被移到某元素上
onmouseup	某个鼠标按键被松开
onreset	重置按钮被单击
onresize	窗口或框架被调整尺寸
onselect	文本被选定
onsubmit	提交按钮被单击
onunload	用户退出页面

要使JavaScript的事件生效，必须在对应的元素标记中指明将要发生在这个元素上的事件。例如，<input type=text onclick="myClick( )">，在<input>标记中定义了鼠标单击事件（onclick），当用户在文本框中单击鼠标左键后，就触发myClick( )脚本函数。

2. 为事件编写脚本

要为事件编写处理函数，这些函数就是脚本函数。这些脚本函数包含在<script>和</script>标记之间。例5-11定义单击事件的脚本函数，读者应该仔细体会其定义方法。该例的功能是当用户单击按钮后弹出一个对话框，对话框中显示“XX，久仰大名，请多多关照”。

【例5-11（1）】example5-11.html

```
<!doctype html>
<html>
  <head>
    <meta charset="utf-8">
    <title>事件函数</title>
    <script>
      function myClick(){
        do{                                    //使用循环语句，直到用户输入不为空
          username=prompt("请问您是何方神圣,报上名来","");
        }while (username=="")
        alert(username+",久仰大名,请多多关照."); //弹出警告框
      }
      //-->
    </script>
  </head>
  <body>
    <input type="button" value="测试按钮" onclick="myClick()">
  </body>
</html>
```

扫一扫，看视频

这个HTML页的起始界面如图5-13所示，上面仅有一个元素，即一个按钮。如果不设置任何事件，单击该按钮后不会产生任何响应。现在定义单击按钮的onClick事件，并把事件的处理权交给脚本程序myClick()。

接着，用户单击按钮后，浏览器中将出现如图5-14所示的JavaScript对话框，框中提示用户输入姓名。这时，只要输入名称并单击“确定”按钮，就可以看到浏览器的显示结果，如图5-15所示。

图 5-13　事件函数定义

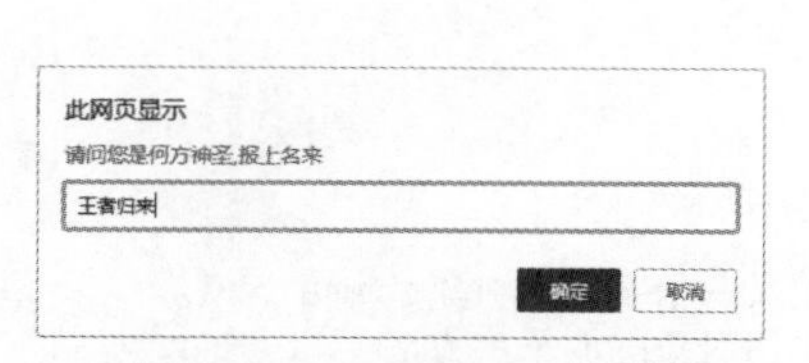

图 5-14　JavaScript 对话框

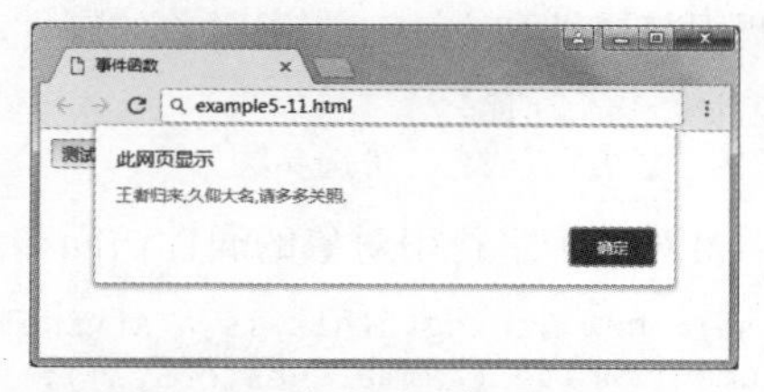

图 5-15　确认对话框后的输出

例5-11中JavaScript对于事件函数的定义方法，在实际网页制作中并不提倡，原因是HTML所写的网页内容和JavaScript所进行的行为控制代码没有分离开，造成的问题是JavaScript的共享性较差。example5-11-change.html对源代码进行了改进，使HTML和JavaScript代码完全分开。

【例5-11（2）】example5-11-change.html

```
<!doctype html>
<html>
    <head>
      <meta charset="utf-8">
      <title>事件函数</title>
      <script>
        window.onload=function(){                        //网页加载完毕执行该匿名函数
          var myBt=document.getElementById("btn");       //获取按钮对象
          myBt.onclick=function(){                       //给按钮对象增加单击事件函数
            do{
              username=prompt("请问您是何方神圣,报上名来","");
            }while (username=="")
            alert(username+",久仰大名,请多多关照.");
          }
        }
      </script>
    </head>
    <body>
      <input type="button" value="测试按钮" id="btn">
    </body>
</html>
```

扫一扫，看视频

example5-11-change.html源代码中使用了匿名函数，并且所有的JavaScript源代码都被封闭在<script></script>中，执行结果如图5-13至图5-15所示。

5.3 JavaScript中的对象

5.3.1 对象的基本概念

对象是现实世界中客观存在的事物，例如人、电话、汽车等，即任何实物都可以被称为对象。JavaScript对象是由属性和方法两个基本要素构成的，其中，属性主要用于描述一个对象的特征，例如人的姓名、年龄等属性；方法是表示对象的行为，例如，人有吃饭、睡觉等行为。

通过访问或者设置对象的属性，并且调用对象的方法，就可以完成各种任务。使用对象其实就是调用其属性和方法，调用对象的属性和方法的语法格式如下：

```
对象的变量名.属性名
对象的变量名.方法名（可选参数）
```

下面是对一个字符串对象的属性访问和方法的调用。

```
gamma = new String("This is a string");   //定义一个字符串对象gamma
document.write (gamma.substr(5,2));       //调用对象的取子串方法
document.write (gamma.length);            //获取子字符串对象的长度的属性
```

事实上，在JavaScript中，所有的对象都可以分为预定义对象和自定义对象。

1. 预定义对象

预定义对象是JavaScript语言本身或浏览器提供的已经定义好的对象，用户可以直接使用

而不需要进行定义。预定义对象包括JavaScript的内置对象和浏览器对象。

(1) 内置对象。JavaScript将一些非常常用的功能预先定义成对象，用户可以直接使用，这种对象就是内置对象。这些内置对象可以帮助用户在设计脚本时实现一些最常用、最基本的功能。例如，用户可以使用math对象的PI属性得到圆周率，即math.PI；使用math对象的sin()方法求一个数的正弦值，即math.sin()；利用date()对象来获取系统的当前日期和时间等。

(2) 浏览器对象。浏览器对象是浏览器提供的对象。现在大部分浏览器可以根据系统当前的配置和所装载的页面为JavaScript提供一些可供使用的对象，例如，document对象就是一个十分常用的浏览器对象。在JavaScript程序中可以通过访问这些浏览器对象来获得一些相应的服务。

2. 用户自定义对象

虽然可以在JavaScript中通过使用预定义对象完成某些功能，但对一些特殊需求的用户可能需要按照某些特定的需求创建自定义对象，JavaScript提供对这种自定义对象的支持。

在JavaScript中，对象类型是一个用于创建对象的模板，这个模板中定义了对象的属性和方法。在JavaScript中一个新对象的定义方法如下：

```
对象的变量名 = new 对象类型（可选择的参数）
```

例如：

```
gamma = new String("This is a string");
```

5.3.2 内置对象

1. String对象

String对象是JavaScript的内置对象，是一个封装字符串的对象，该对象的唯一属性是length属性，提供许多字符串的操作方法。String对象常用方法的名称及功能见表5-8。

表 5-8 String 对象的常用方法及其功能

名 称	功 能
charAt(n)	返回字符串的第 N 个字符
indexOf(srchStr[,index])	返回第一次出现子字符串 srchStr 的位置，index 从某一指定处开始，而不是从头开始。如果没有该子串，返回 -1
lastIndexOf(srchStr[,index])	返回最后一次出现子字符串 srchStr 的位置，index 从某一指定处开始，而不是从头开始
link(href)	显示 href 参数指定的 URL 的超链接
match()	找到一个或多个正则表达式的匹配
replace()	替换与正则表达式匹配的子串
search()	检索与正则表达式相匹配的值
slice()	提取字符串的片段，并在新的字符串中返回被提取的部分
split(分隔符)	把字符串分割为字符串数组
subString(n1,n2)	返回第 n1 和第 n2 字符之间的子字符串
toLowerCase()	将字符转换成小写格式显示
toUpperCase()	将字符转换成大写格式显示

例5-12说明了String对象的属性及常用方法，在浏览器中的显示结果如图5-16所示。

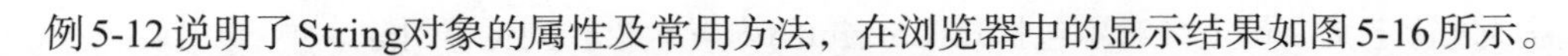

【例5-12】example5-12.html

```
<!doctype html>
<html>
  <head>
    <meta charset="utf-8">
    <title>String 对象</title>
    <script>
      window.onload=function(){
        sth=new String("这是一个字符串对象");        //定义字符串对象
        document.write ("sth='这是一个字符串对象'","<br>");
        document.writeln ("sth字符串的长度为:",sth.length, "<br>");
        document.writeln ("sth字符串的第4个字符为:'",sth.charAt (4),"'<br>");
        document.writeln ("从第2到第5个字符为:'",sth.substring (2,5),"'<br>");
        document.writeln (sth.link("http://www.whpu.edu.cn"),"<br>");
      }
    </script>
  </head>
  <body>
  </body>
</html>
```

扫一扫，看视频

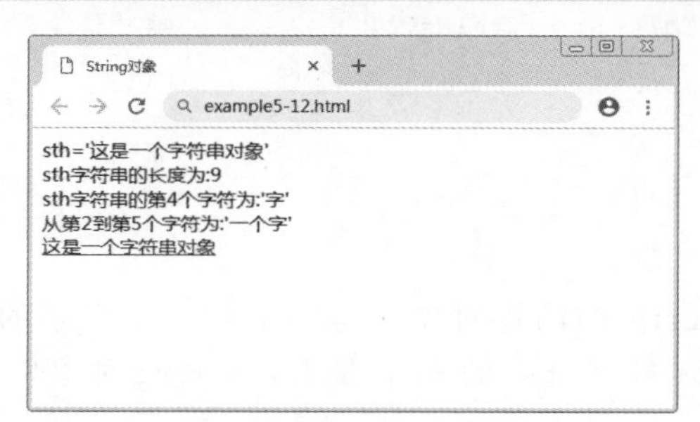

图 5-16　String 对象的使用

2. Array对象

数组是一个有序数据项的数据集合。JavaScript中的Array对象允许用户创建和操作一个数组，并支持多种构造函数。数组下标从0开始，所建的元素拥有从0到size-1的索引。在数组创建之后，数组的各个元素都可以使用“[ ]”标识符进行访问。Array对象的常用方法及说明见表5-9。

表 5-9　Array 对象的常用方法及说明

方　法	说　明
concat(array2)	返回包含当前引用数组和 array2 数组级联的 Array 对象
reverse( )	把一个 Array 对象中的元素在适当位置进行倒序
pop()	从一个数组中删除最后一个元素并返回这个元素
push()	添加一个或多个元素到某个数组的后面并返回添加的最后一个元素
shift()	从一个数组中删除第一个元素并返回这个元素
slice(start,end)	返回数组的一部分。从 index 到最后一个元素来创建一个新数组
sort()	排序数组元素，将没有定义的元素排在最后
unshift()	添加一个或多个元素到某个数组的前面并返回数组的新长度

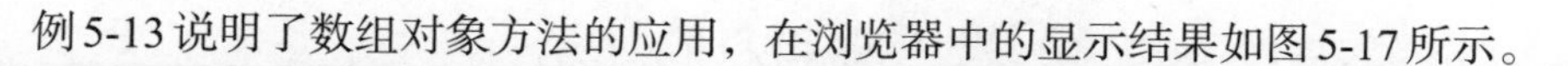

例5-13说明了数组对象方法的应用，在浏览器中的显示结果如图5-17所示。

【例5-13】example5-13.htm

```
<!doctype html>
<html>
  <head>
    <meta charset="utf-8">
    <title>数组对象</title>
    <script>
      window.onload=function(){
        var mycars = new Array()          //定义数组对象
        mycars[0] = "Audi"                //给数组对象的第一个元素赋值
        mycars[1] = "Volvo"
        mycars[2] = "BMW"
        for (x in mycars.sort()){          //按字母大小对数组进行排序
          document.write(mycars[x] + "<br />")
        }
      }
    </script>
  </head>
  <body>
  </body>
</html>
```

扫一扫，看视频

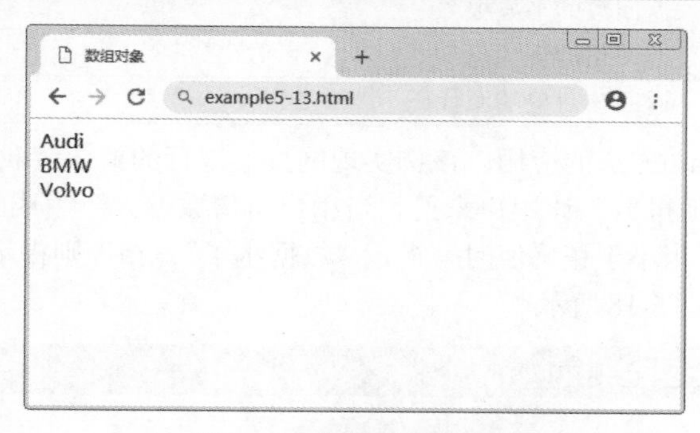

图5-17　数组对象的应用

3. Math对象

Math对象用于执行数学任务，其提供的常用属性和方法见表5-10和表5-11。

表5-10　Math对象的属性

属　性	描　述
E	返回算术常量e，即自然对数的底数（约等于2.718）
LN2	返回2的自然对数（约等于0.693）
LN10	返回10的自然对数（约等于2.302）
LOG2E	返回以2为底的e的对数（约等于1.414）
LOG10E	返回以10为底的e的对数（约等于0.434）
PI	返回圆周率（约等于3.14159）
SQRT1_2	返回2的平方根的倒数（约等于0.707）
SQRT2	返回2的平方根（约等于1.414）

表 5-11 Math 对象的方法

方 法	描 述
abs(x)	返回数的绝对值
acos(x)	返回数的反余弦值
asin(x)	返回数的反正弦值
atan(x)	以介于 -PI/2 与 PI/2 弧度之间的数值来返回 x 的反正切值
atan2(y,x)	返回从 x 轴到点 (x,y) 的角度（介于 -PI/2 与 PI/2 弧度之间）
ceil(x)	对数进行上舍入
cos(x)	返回数的余弦值
exp(x)	返回 e 的指数
floor(x)	对数进行下舍入
log(x)	返回数的自然对数（底为 e）
max(x,y)	返回 x 和 y 中的最高值
min(x,y)	返回 x 和 y 中的最低值
pow(x,y)	返回 x 的 y 次幂
random()	返回 0 ~ 1 之间的随机数
round(x)	把数四舍五入为最接近的整数
sin(x)	返回数的正弦值
sqrt(x)	返回数的平方根
tan(x)	返回角的正切值
toSource()	返回该对象的源代码

例 5-14 用来说明Math方法的应用。该例实现网页上进行的猜数游戏，先使用Math.round()生成一个0~100之间的随机数，让用户来猜，当用户所猜数据大于生成的随机数时，提示用户所输入的“数据大了”，当小于正确值时，提示“数据小了”，相等则提示用户“输入正确”，在浏览器中的显示结果如图 5-18 所示。

【例 5-14】example5-14.html

扫一扫，看视频

```
<!doctype html>
<html>
  <head>
  <meta charset="utf-8">
  <title>Math对象</title>
  <script>
    window.onload=function(){
      var myrandom=Math.floor(Math.random()*100);         //生成0～100的随机数
      var myBtn=document.getElementById("btn");           //通过ID获取按钮对象
      var myInput=document.getElementById("myIn");        //通过ID获取输入框对象
      var myDisplay=document.getElementById("display");  //获取显示对象
      myBtn.onclick=function(){                           //按钮增加单击事件函数
        myValue=myInput.value;                            //获取用户输入的数据
        //判断用户输入的不是数字数据，提示用户
        if(isNaN(myValue)) myDisplay.innerHTML="请0-100输入数字";
        else{
          //输入数据大了，给用户提示
          if(myValue>myrandom) myDisplay.innerHTML="数据大了！";
          //输入数据小了，给用户提示
          else if(myValue<myrandom) myDisplay.innerHTML="数据小了！";
```

```
            else myDisplay.innerHTML="恭喜您，猜对了！";
          }
        }
      }
    </script>
    <style>
      #display{background-color:red;
        color:white;
        font-size:16px;
        font-weight:bold;}
    </style>
    </head>
    <body>
      <input type="text" id="myIn">
      <input type="button" value="猜数" id="btn" />
      <label id="display"></label>
    </body>
</html>
```

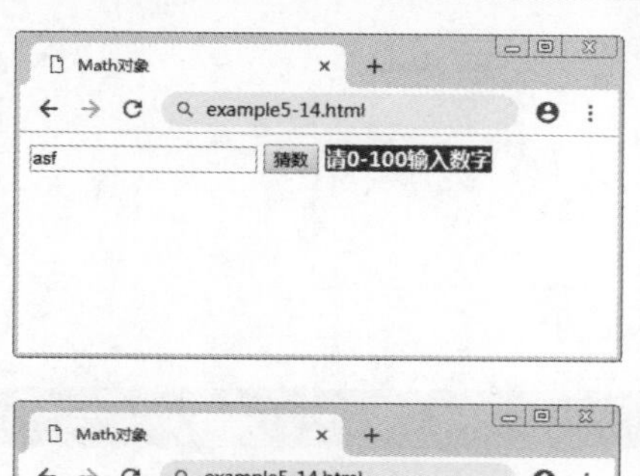

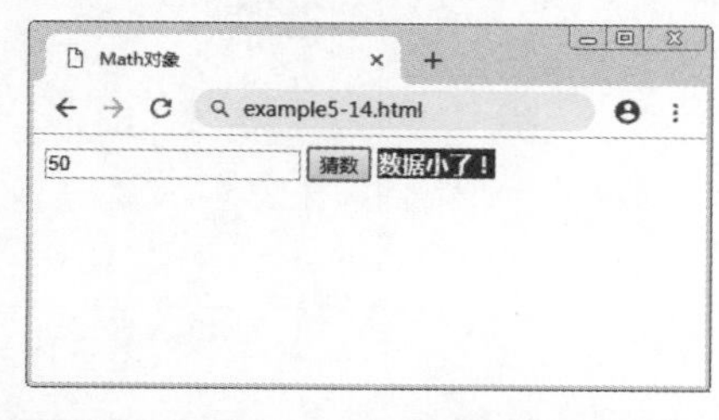

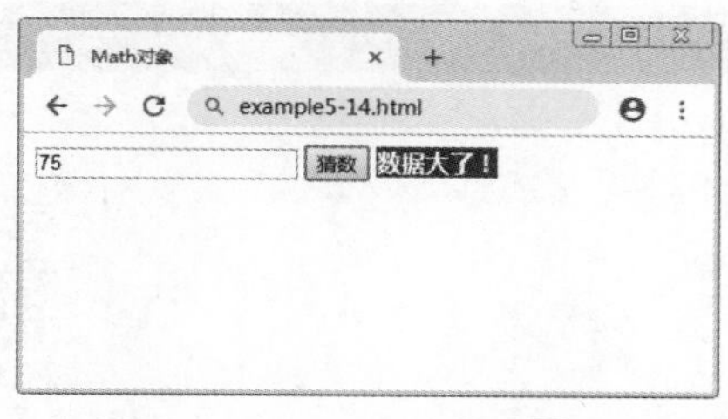

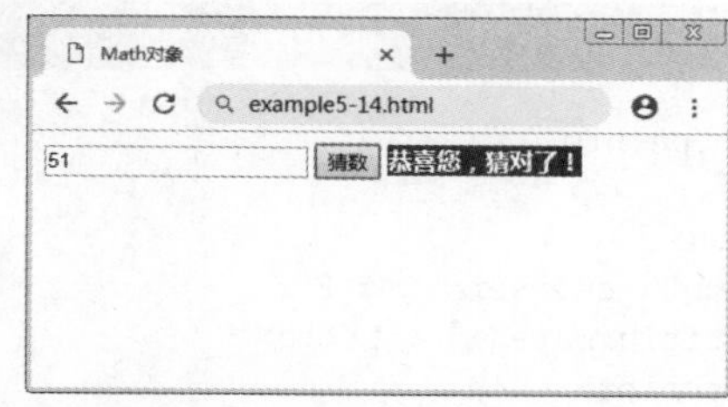

图 5-18　Math 对象的应用

4. Date对象

在JavaScript中，使用Date对象进行设置或获取当前系统的日期和时间。定义Date对象的方法如下：

```
var  变量名= new Date();
```

Date对象提供了很多方法，利用这些方法可以在网页中制作出很多漂亮的效果，例如：倒计时钟，在网页上显示今天的年月日，计算用户在本网页上的逗留时间，网页上显示一个电子表，网络考试的计时器等。表5-12中列出了Date对象的常用方法。

表 5-12　Date 对象的常用方法

方　法	说　明
getDate()	返回在一个月中的哪一天（1~31）
getDay()	返回在一个星期中的哪一天（0~6），其中星期天为 0
getHours()	返回在一天中的哪一个小时（0~23）
getMinutes()	返回在一小时中的哪一分钟（0~59）

续表

方　法	说　明
getSeconds()	返回在一分钟中的哪一秒（0~ 59）
getYear()	返回年号
setDate(day)	设置日期
setHours(hours)	设置小时
setMinutes(mins)	设置分钟
setSeconds(secs)	设置秒
setYear(year)	设置年

例5-15是用来在浏览器中显示当前日期和时间的实例，在浏览器中的显示结果如图5-19所示。

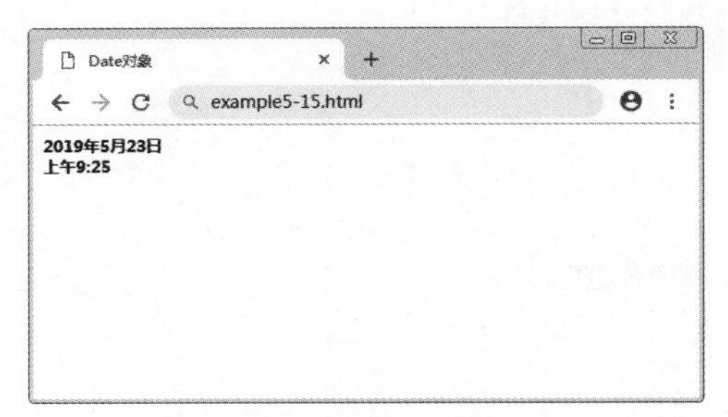

图 5-19　Date 对象

【例5-15】example5-15.html

```
<!doctype html>
<html>
  <head>
    <meta charset="utf-8">
    <title>Date对象</title>
    <script>
      window.onload=function(){
        Stamp = new Date();
        document.write('<font size="2"><B>' + Stamp.getFullYear()+"年"
          +(Stamp.getMonth() + 1) +"月"
          + Stamp.getDate()+ "日"
          +'</B></font><BR>');
        Hours = Stamp.getHours();
        if (Hours >= 12){
          Time = " 下午"; }
        else{
          Time = " 上午"; }
        if (Hours > 12) {
          Hours -= 12;}
        if (Hours == 0) {
          Hours = 12;}
        Mins = Stamp.getMinutes();
        if (Mins < 10) {
          Mins = "0" + Mins; }
        document.write('<font size="2"><B>' + Time + Hours
          + ":"+ Mins + '</B></font>');
      }
```

扫一扫，看视频

```
    </script>
  </head>
  <body>
  </body>
</html>
```

5.3.3 创建自定义对象

1. 基本概念

JavaScript中存在一些标准的类，例如Date、Array、RegExp、String、Math、Number等。另外，用户可以根据实际需要定义自己的类，例如定义User类、Hashtable类等。

2. JSON方法

对象表示法（JavaScript Object Notation，JSON）是一种轻量级的数据交换格式，采用完全独立于语言的文本格式，是理想的数据交换格式，特别适用于JavaScript与服务器的数据交互。利用JSON格式创建对象的方法如下：

```
var jsonobject={
  propertyName:value,                    //对象内的属性
  functionName:function(){statements;}   //对象内的方法
};
```

其中，propertyName是对象的属性；value是对象的值，值可以是字符串、数字或对象；functionName是对象的方法；function(){statements;}用来定义匿名函数。例如：

```
var user={name:"user1",age:18};
var user={name:"user1",job:{salary:3000,title:"programmer"}}
```

以这种方式也可以初始化对象的方法，例如：

```
var user={
  name:"user1",              //定义属性
  age:18,
  getName:function(){        //定义方法
    return this.name;
  }
}
```

例5-16定义了一个JSON对象，通过该例让读者体会JSON对象的使用方法，在浏览器中的显示结果如图5-20所示。

【例5-16】example5-16.html

```
<!doctype html>
<html>
  <head>
    <meta charset="utf-8">
    <title>JSON对象</title>
    <script>
      window.onload=function(){
        var student={      //定义JSON对象
          studentId:"20190501001",
          username:"刘艺丹",
          tel:{home:81234567,mobile:13712345678},
          address:
```

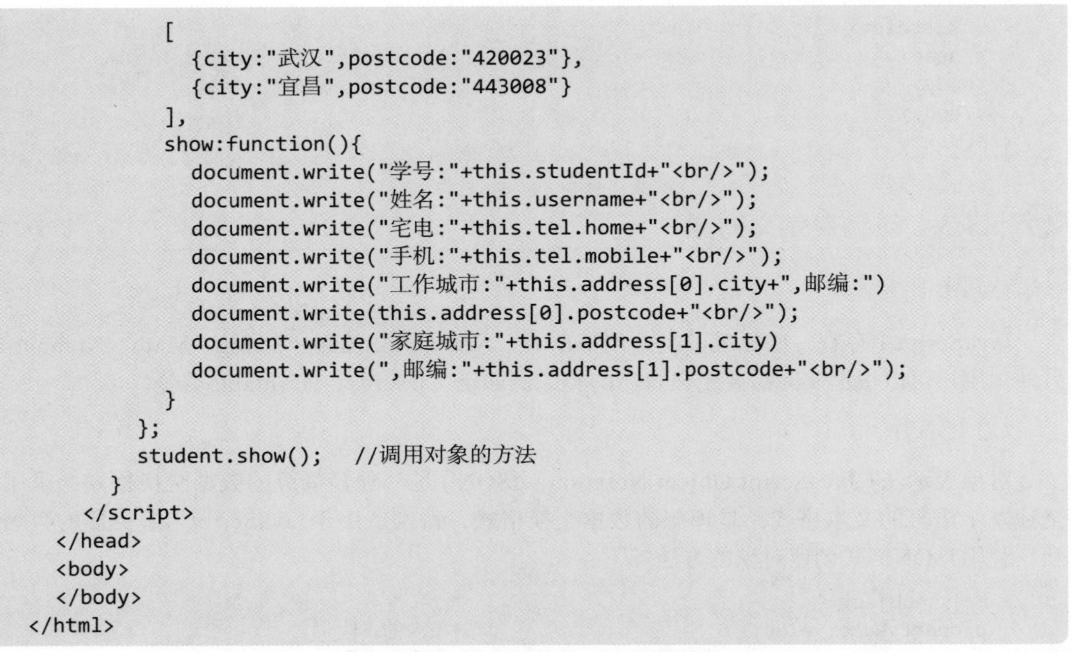

```
            [
              {city:"武汉",postcode:"420023"},
              {city:"宜昌",postcode:"443008"}
            ],
            show:function(){
              document.write("学号:"+this.studentId+"<br/>");
              document.write("姓名:"+this.username+"<br/>");
              document.write("宅电:"+this.tel.home+"<br/>");
              document.write("手机:"+this.tel.mobile+"<br/>");
              document.write("工作城市:"+this.address[0].city+",邮编:")
              document.write(this.address[0].postcode+"<br/>");
              document.write("家庭城市:"+this.address[1].city)
              document.write(",邮编:"+this.address[1].postcode+"<br/>");
            }
          };
          student.show();   //调用对象的方法
        }
      </script>
    </head>
    <body>
    </body>
</html>
```

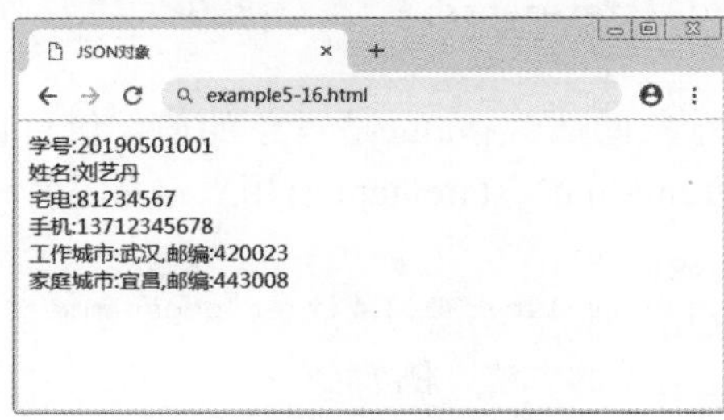

图 5-20　JSON 对象

3. 构造函数方式

可以设计一个构造函数，然后通过调用构造函数来创建对象。构造函数可以带有参数，也可以不带参数。其语法格式如下所示：

```
function funcName([param]){
  this.property1=value1|param1;
  ……
  this.methodName=function(){};
  ……
};
```

上面编写的构造函数可以通过new方式来创建对象，构造函数本身可以带有构造参数。例5-17通过构造函数方式定义对象，并通过调用对象的方法来获取相关数据，在浏览器中的运行结果如图5-21所示。

【例5-17】example5-17.html

```
<!doctype html>
<html>
  <head>
    <meta charset="utf-8">
    <title>构造方法定义对象</title>
```

扫一扫，看视频

```
    <script>
      window.onload=function(){
        function Student(name, age) {              //定义构造方法
          this.name = name;                        //定义类属性
          this.age = age;
          this.alertName = alertName;              //指定方法函数
        }
        function alertName() {                     //定义类方法
          document.write("姓名："+this.name)
          document.write(",年龄："+this.age+"<br/>");
        }
        var stu1 = new Student("刘艺丹", 20);      //创建对象
        stu1.alertName();                          //调用对象方法
        var stu2 = new Student("张文普", 18);
        stu2.alertName();
      }
    </script>
  </head>
  <body>
  </body>
</html>
```

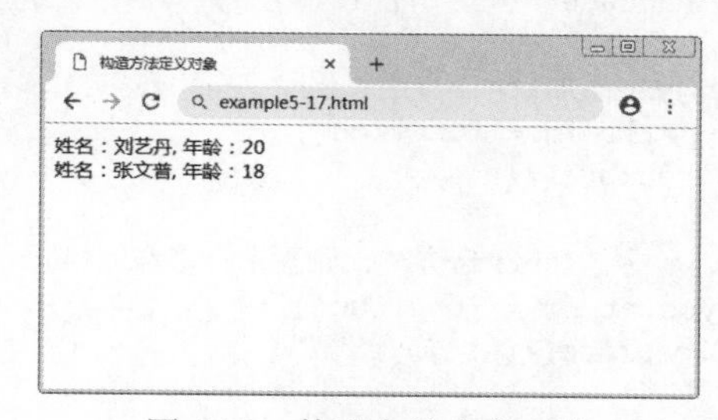

图 5-21　构造方法定义对象

JavaScript中可以为对象定义三种类型的属性：私有属性、实例属性、类属性。与Java类似，私有属性只能在对象内部使用，实例属性必须通过对象的实例进行引用，而类属性可以直接通过类名进行引用。

（1）私有属性只能在构造函数内部定义与使用，定义私有属性的语法格式如下：

```
var propertyName=value;
```

例如：

```
function User(age){
  this.age=age;
  var isChild=age<12;
  this.isLittleChild=isChild;
}
var user=new User(15);
alert(user.isLittleChild);          //正确的方式
alert(user.isChild);            //报错：对象不支持此属性或方法
```

（2）实例属性的定义有两种方法。

1）prototype方式，语法格式如下：

```
functionName.prototype.propertyName=value
```

2）this方式，语法格式如下：

```
this.propertyName=value
```

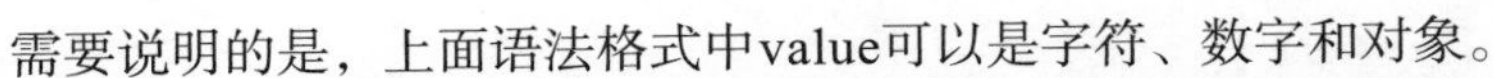

需要说明的是，上面语法格式中value可以是字符、数字和对象。

(3)原型方法。使用原型方法也可以创建对象，即通过原型向对象添加必要的属性和方法。这种方法添加的属性和方法属于对象，每个对象实例的属性值和方法都是相同的，可以再通过赋值的方式修改需要修改的属性或方法。

在JavaScript中，可通过prototype属性为对象添加新的属性和方法。例5-18对String对象添加了一个新的方法trimstr()、ltrim()、rtrim()，在浏览器上的显示结果如图5-22所示。

【例5-18】example5-18.html

扫一扫，看视频

```
<!doctype html>
<html>
  <head>
    <meta charset="utf-8">
    <title>原型法定义对象</title>
    <script>
      window.onload=function(){
        var str1=new String("  hello  ")
        //定义在字符串对象中添加trimStr方法，功能是删除字符串两端的空格
        String.prototype.trimStr= function() {
          return this.replace(/(^\s*)|(\s*$)/g, "");    //这里使用正则表达式
        };
        //定义在字符串对象中添加ltrim方法，删除字符串左空格
        String.prototype.ltrim = function() {
          return this.replace(/(^\s*)/g, "");
        };
        //定义在字符串对象中添加rtrim方法，删除字符串右空格
        String.prototype.rtrim = function() {
          return this.replace(/(\s*$)/g, "");
        };
        var eg1 = str1.trimStr();
        document.write("源串长度："+str1.length);
        document.write("<br/>目的串长度："+eg1.length);
      }
    </script>
  </head>
  <body>
  </body>
</html>
```

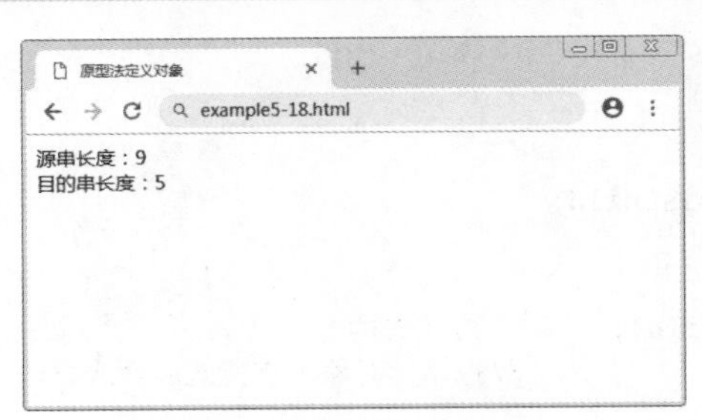

图5-22 原型法定义对象

(4)混合方法。使用构造函数可以让对象的实例指定不同的属性值，每创建一个对象时，都会调用一次内部方法。对于原型方式，因为构造函数没有参数，所有被创建对象的属性值都相同，要想创建属性值不同的对象，只能通过赋值的方式覆盖原有的值。

在实际应用中，一般采用构造方法和原型方法相混合的方式。对于对象共有的属性和方法

可以使用原型方法，对于对象的实例的所有属性可以使用构造方法。例5-19说明了使用混合方法构建对象，显示结果如图5-23所示。

【例5-19】example5-19.html

```
<!doctype html>
<html>
  <head>
    <meta charset="utf-8">
    <title>混合法定义对象</title>
    <script>
      window.onload=function(){
        //使用构造方法声明属性
        function User(name, age, address, mobile, email) {
          this.name = name;
          this.age = age;
          this.address = address;
          this.mobile = mobile;
          this.email = email;
        };
        //使用原型方法声明方法
        User.prototype.show = function() {
          document.write("name:" + this.name + "<br/>");
          document.write("age:" + this.age + "<br/>");
          document.write("address:" + this.address + "<br/>");
          document.write("mobile:" + this.mobile + "<br/>");
          document.write("email:" + this.email + "<br/>");
        }
        var u1 = new User("刘红",20,"辽宁", "13612345678", "lh1688@163.com");
        var u2 = new User("张普",18, "河南", "13812345678", "lina@163.com");
        u1.show();
        u2.show();
      }
    </script>
  </head>
  <body>
  </body>
</html>
```

扫一扫，看视频

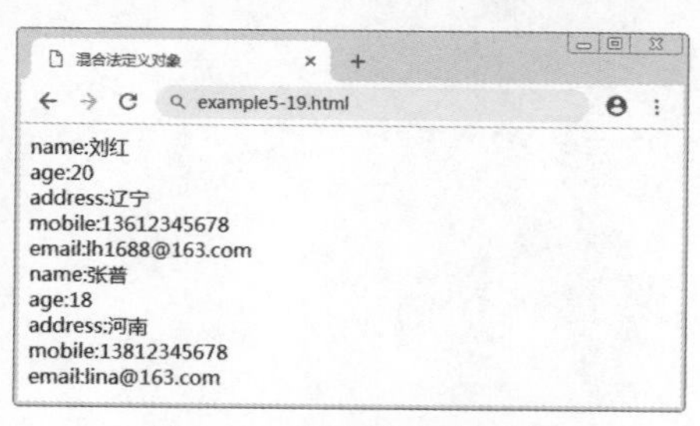

图5-23　混合法定义对象

5.4 本章小结

本章主要讲解JavaScript基础知识，重点理解JavaScript变量的使用、JavaScript中常见的数据类型、JavaScript的条件语句和循环语句、函数的定义与调用。在学习过程中主要注意

以下几个方面：

（1）JavaScript对大小写敏感。

（2）使用关键字var声明变量，JavaScript是弱类型语言，声明变量时不需要指定变量。

（3）JavaScript常用的数据类型主要包括string（字符串类型）、number（数值类型）、boolean（布尔类型）、undefined（未定义类型）、null（空类型）和object（对象类型）。

（4）条件语句有if语句和switch语句。

（5）循环语句有for语句、while语句、do…while语句，跳出循环语句有break语句和continue语句，break是跳出整个循环，continue是跳出单次循环。

（6）函数分为系统函数和自定义函数，自定义函数需要先创建再调用。自定义函数分为有参函数和无参函数。

（7）JavaScript语言的事件触发机制，并能掌握几种常见的事件定义方法。

通过本章的学习，应该熟练掌握JavaScript语言的基础知识，为后续章节的学习打下良好基础。

5.5 习题五

扫描二维码，查看习题。

扫二维码
查看习题

5.6 实验五　猜数游戏

扫描二维码，查看实验内容。

扫二维码
查看实验内容

DOM编程

学习目标：

本章主要讲解BOM对象模型和DOM对象模型，重点讲解几种主要对象的重要属性和方法，主要包括Window对象、Document对象、Form对象、Location对象和History对象。通过本章的学习，读者应该掌握以下内容：

- BOM编程和DOM模型的基本概念；
- Window对象的重要属性和方法；
- Document对象的重要属性和方法；
- 使用getElement系列方法，实现DOM元素的查找和定位；
- 使用DOM标准操作，实现节点的增、删、改、查；
- 使用HTML DOM特有操作，实现HTML元素内容的修改。

思维导图（略图）

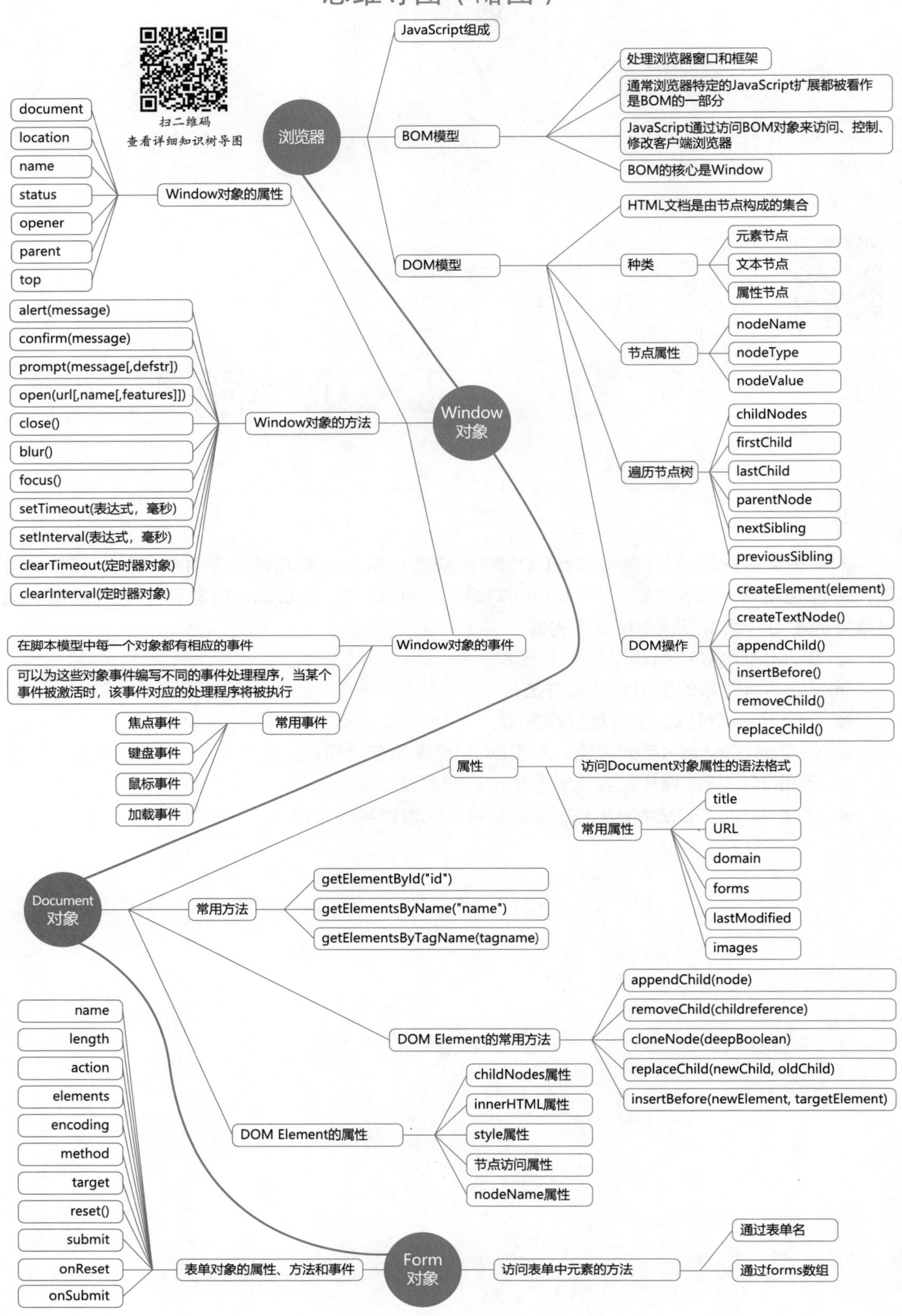

扫二维码
查看详细知识树导图
浏览器
JavaScript组成
BOM模型
处理浏览器窗口和框架
通常浏览器特定的JavaScript扩展都被看作是BOM的一部分
JavaScript通过访问BOM对象来访问、控制、修改客户端浏览器
BOM的核心是Window
DOM模型
HTML文档是由节点构成的集合
种类
元素节点
文本节点
属性节点
节点属性
nodeName
nodeType
nodeValue
遍历节点树
childNodes
firstChild
lastChild
parentNode
nextSibling
previousSibling
DOM操作
createElement(element)
createTextNode()
appendChild()
insertBefore()
removeChild()
replaceChild()
Window对象的属性
document
location
name
status
opener
parent
top
Window对象
Window对象的方法
alert(message)
confirm(message)
prompt(message[,defstr])
open(url[,name[,features]])
close()
blur()
focus()
setTimeout(表达式，毫秒)
setInterval(表达式，毫秒)
clearTimeout(定时器对象)
clearInterval(定时器对象)
Window对象的事件
在脚本模型中每一个对象都有相应的事件
可以为这些对象事件编写不同的事件处理程序，当某个事件被激活时，该事件对应的处理程序将被执行
常用事件
焦点事件
键盘事件
鼠标事件
加载事件
Document对象
属性
访问Document对象属性的语法格式
常用属性
title
URL
domain
forms
lastModified
images
常用方法
getElementById("id")
getElementsByName("name")
getElementsByTagName(tagname)
DOM Element的常用方法
appendChild(node)
removeChild(childreference)
cloneNode(deepBoolean)
replaceChild(newChild, oldChild)
insertBefore(newElement, targetElement)
DOM Element的属性
childNodes属性
innerHTML属性
style属性
节点访问属性
nodeName属性
Form对象
表单对象的属性、方法和事件
name
length
action
elements
encoding
method
target
reset()
submit
onReset
onSubmit
访问表单中元素的方法
通过表单名
通过forms数组

6.1 浏览器

JavaScript由以下三部分构成。

（1）核心（ECMAScript）：描述了JavaScript的语法和基本对象。

（2）文档对象模型（Document Object Model，DOM）：是W3C的标准，是所有浏览器共同遵守的标准，是处理网页内容的方法和接口，是HTML和XML的应用程序接口（API）。

（3）浏览器对象模型（Browser Object Model，BOM）：是各个浏览器厂商根据DOM在各自浏览器上的实现，由于在不同浏览器中定义有差别，所以实现方式也略有不同，是与浏览器交互的方法和接口。

这三部分根据浏览器的不同，具体的表现形式也不尽相同，其中IE浏览器和其他的浏览器风格差异较大。DOM是为了操作文档出现的API，Document是其中的一个对象；而BOM是为了操作浏览器出现的API，Window是其中的一个对象。

1. BOM模型

BOM主要处理浏览器窗口和框架，但通常浏览器特定的JavaScript扩展都被看作是BOM的一部分。这些扩展包括：

- 弹出新的浏览器窗口。
- 移动、关闭浏览器窗口以及调整窗口大小。
- 提供Web浏览器详细信息的定位对象。
- 提供用户屏幕分辨率详细信息的屏幕对象。

JavaScript通过访问BOM对象来访问、控制、修改客户端浏览器的，由于BOM的Window对象包含Document对象，Window对象的属性和方法可以直接使用而且被感知，因此可以直接使用Window对象的Document属性，通过Document属性可以访问、检索、修改XHTML文档的内容与结构。可以说，BOM包含DOM对象，浏览器提供出来给予访问的是BOM对象，从BOM对象再访问到DOM对象，从而JavaScript可以操作浏览器以及浏览器读取到的文档。BOM对象模型如图6-1所示。

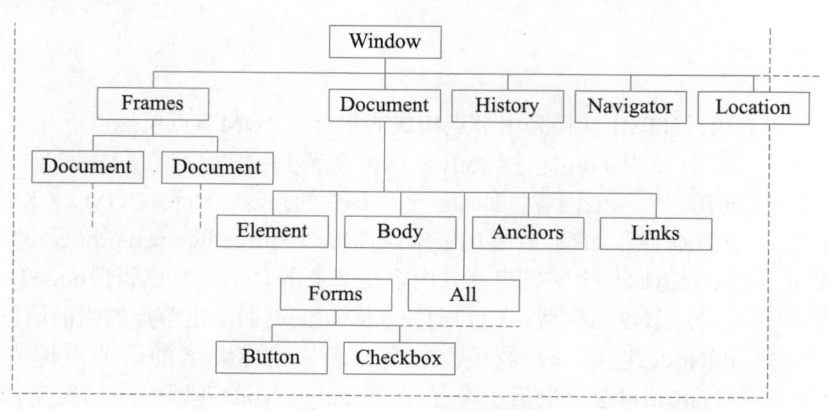

图 6-1　BOM 对象模型

从图6-1可以看出，Window对象是所有对象的顶级对象，也就是说前面章节用到的document.write()实际是window.document.write()。创建的所有全局变量和全局函数都是存储到Window对象下的，BOM的核心是Window对象，而Window对象又具有双重角色，既是通过JavaScript访问浏览器窗口的一个接口，又是一个Global（全局）对象。这意味着在网页中定义的任何对象、变量和函数，都以Window作为其全局对象。Window对象包括对Document、History、Location、Navigator、Screen和Event这6个对象的引用。

第二层对象中有框架结构（Frames），在框架结构的每一个Frame对象中都包含一个文档对象；文档对象（Document）表示当前显示的文档；History对象表示文档的历史记录（曾经访问过该文档的URL地址记录清单）；Location对象表示当前文档所在的位置（URL地址、文件名以及与当前文档位置有关的其他属性）；Navigator对象表示返回浏览器被使用的信息。

2. DOM模型

在理解DOM之前，先来看看以下代码：

```
<!doctype html>
<html>
  <head>
    <meta charset="utf-8">
    <title>DOM</title>
  </head>
  <body>
    <h2><a href="http://www.baidu.com">javascript DOM</a></h2>
    <p>对HTML元素进行操作，可添加、改变或移除CSS样式等</p>
    <ul>
      <li>JavaScript</li>
      <li>DOM</li>
      <li>CSS</li>
    </ul>
  </body>
</html>
```

将HTML代码分解为DOM节点层次图，如图6-2所示。

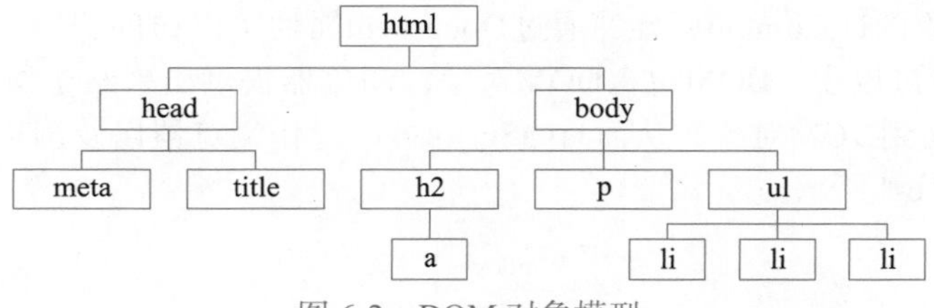

图 6-2　DOM 对象模型

由图6-2可以看出，HTML文档是由节点构成的集合，DOM节点包括以下几类。

（1）元素节点：如图6-2中<html>、<body>、<p>等都是元素节点，即标记或标签。

（2）文本节点：向用户展示的内容，如<li>…</li>中的JavaScript、DOM、CSS等文本。

（3）属性节点：元素属性，如<a>标签的链接属性href="http://www.baidu.com"。

节点属性nodeName返回一个字符串，其内容是节点的名字；节点属性nodeType返回一个整数，这个数值代表给定节点的类型；节点属性nodeValue返回给定节点的当前值。

遍历节点树childNodes返回一个数组，这个数组由给定元素的子节点构成，firstChild返回第一个子节点；lastChild返回最后一个子节点；parentNode返回一个给定节点的父节点；nextSibling返回给定节点的下一个子节点；previousSibling返回给定节点的上一个子节点。

DOM操作createElement(element)创建一个新的元素节点；createTextNode()创建一个包含给定文本的新文本节点；appendChild()指定节点的最后一个节点列表后添加一个新的子节点；insertBefore()将一个给定节点插入一个给定元素节点的给定子节点的前面；removeChild()从一

个给定元素中删除子节点;replaceChild()把一个给定父元素里的子节点替换为另外一个节点。

DOM通过创建树来表示文档，描述了处理网页内容的方法和接口，从而使开发者对文档的内容和结构具有很强的控制力，用DOM API可以轻松地删除、添加和替换节点。

6.2 Window对象

Window对象封装了当前浏览器的环境信息。一个Window对象中可以包含几个Frame（框架）对象。每个Frame对象在所在的框架区域内作为一个根基，相当于整个窗口的Window对象。下面详细介绍Window对象的属性、方法和事件。

6.2.1 Window 对象的属性

广义的Window对象包括浏览器的每一个窗口、每一个框架（Frame）或者活动框架（iFrame）。Window对象的属性及说明见表6-1。

表 6-1 Window 对象的属性及说明

属　性	说　明
frames	表示当前窗口中所有 frame 对象的数组
status	表示浏览器的状态行信息，该属性可以返回或设置在浏览器状态中显示的内容
defaultstatus	表示浏览器默认的状态行信息，该属性可以返回或者设置状态栏显示的默认内容
history	表示当前窗口的历史记录，这可以引用在网页导航中
closed	表示当前窗口是否关闭的逻辑值
document	表示当前窗口中显示的当前文档对象
location	表示当前窗口中显示的当前 URL 的信息
name	表示当前窗口对象的名字
opener	表示打开当前窗口的父窗口
parent	表示包含当前窗口的父窗口
top	表示一系列嵌套的浏览器中的最顶层的窗口，即代表最顶层窗口的一个对象
self	属性返回当前窗口的一个对象，可以通过这个对象访问当前窗口的属性和方法
length	表示当前窗口中帧的个数

6.2.2 Window 对象的方法

Window对象的方法及说明见表6-2。

表 6-2 Window 对象的方法及说明

方　法	说　明
alert(message)	弹出一个具有 OK 按钮的系统消息框，显示指定的文本
confirm(message)	弹出一个具有 OK 和 Cancel 按钮的询问对话框，返回一个布尔值。如果单击确定按钮，返回 true，否则返回 false
prompt(message[,defstr])	提示用户输入信息，接受两个参数，即要显示给用户的文本 message 和文本框中的默认值 defstr，将文本框中的值作为函数值返回

续表

方　法	说　明
open(url[,name[,features]])	打开新窗口
close()	关闭窗口
blur()	失去焦点
focus()	获得焦点
print()	打印
moveBy(x,y)	相对移动
moveTo(x,y)	绝对移动
resizeBy(x,y)	相对改变窗口尺寸
resizeTo(x,y)	绝对改变窗口尺寸
scrollBy(x,y)	相对滚动
scrollTo(x,y)	绝对滚动
setTimeout(表达式 , 毫秒)	设置定时器。设置在指定的毫秒数后执行指定的代码，该方法有两个参数：要执行的代码和等待的毫秒数，并且该指定代码仅执行一次
setInterval(表达式 , 毫秒)	设置定时器。无限次地每隔指定的时间段重复一次指定的代码，参数同 setTimeout() 一样
clearTimeout(定时器对象)	清除 setTimeout 设定的定时器。还未执行的代码暂停，将暂停定时对象 ID 传递给该方法
clearInterval(定时器对象)	清除 setInterval 设定的定时器。还未执行的代码暂停，将暂停定时对象 ID 传递给该方法

例6-1是在浏览器中使用setTimeout方法设计一个电子钟。setTimeout方法用来设置一个计时器，该计时器以毫秒为单位，当设置的时间到时会自动地调用一个函数。该方法第一个参数用来指定设定时间到后所调用函数的名称；第二个参数用来设定计时器的时间间隔。例6-1在浏览器中的显示结果如图6-3所示。

【例6-1】example6-1.html

```
<!doctype html>
<html>
  <head>
    <meta charset="utf-8">
    <title>setTimeout方法</title>
    <script>
      window.onload=function(){
        dispTime=document.getElementById("dispTime")
        dispTime.value="hello";
        interval=1000;                                     //设定时间1秒
        function change() {
          var today = new Date();                         //获取当前时间
          dispTime.innerHTML = two(today.getHours()) + ":"   //小时
          dispTime.innerHTML+= two(today.getMinutes()) + ":"//分钟
          dispTime.innerHTML+= two(today.getSeconds());      //秒
          timerID=window.setTimeout(change,interval);
```

扫一扫，看视频

```
          //设置定时一秒执行一次change函数
        }
        function two(x){
          return(x>=10?x:"0"+x); //如果是一位数字前面加0，变成两位
        }
        change()
      }
    </script>
  </head>
  <body>
    <label id="dispTime"></label>
  </body>
</html>
```

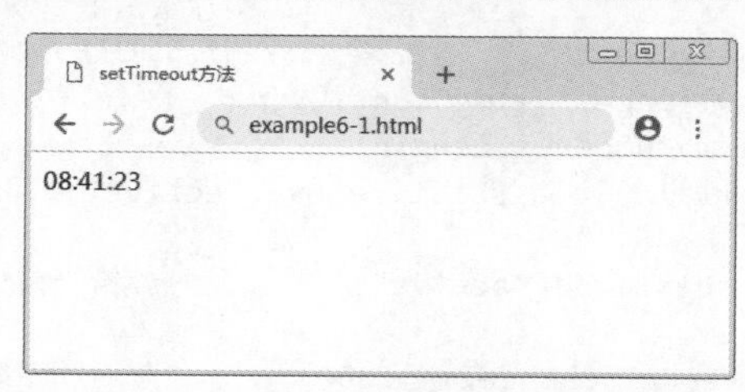

图 6-3　用 setTimeout 方法设置脚本计时器

timerID=window.setTimeout(change,interval)用于创建一个计时器，每一秒调用change()子函数一次，该语句存放在change()函数内部，这种调用方法叫递归调用。在设置计时器的同时，创建了一个计时器对象，其句柄是timerID，以后可以对这个对象进行操作，例如可以通过clearTimeout方法清除这个计时器，语句如下：

```
window.clearTimeout(timerID)
```

例6-2是对HTML、CSS、JavaScript运用的综合实例。该例中使用五个图片，使用setInterval方法进行定时，定时到，则通过JavaScript程序改变<img>标记中的src属性，并同时改变数字的显示样式，也可以通过单击图片的导航数字来改变当前显示的图片，该例也叫做轮播图。例6-2在浏览器中的显示结果如图6-4所示。

【例6-2】example6-2.html

扫一扫，看视频

```
<!doctype html>
<html>
  <head>
    <meta charset="utf-8">
    <title>setInterval方法</title>
    <script>
      window.onload=function(){
        imgCount=0;                                    //当前图片计数器
        myImg=document.getElementById("myImg");        //获取图片标记对象
        myBox=document.getElementById("box");          //获取div块对象
        myNumberBox=document.getElementById("number");  //获取列表对象
        //获取列表元素标记对象
        myNumberLi=myNumberBox.getElementsByTagName("li");
        for(i=0;i<myNumberLi.length;i++){              //访问每一个列表元素
          myNumberLi[i].index=i;                       //记录当前标记索
          myNumberLi[i].onclick=function(){            //给当前元素添加单击事件
            for(i=0;i<myNumberLi.length;i++){          //清除列表元素的类样式
              myNumberLi[i].classList.remove("active");
```

```
          }
          this.classList.add("active");  //给当前列表元素添加active类样式
          imgCount=this.innerHTML-1;     //调整显示图片索引值
          //改变img标记中显示的图片
          myImg.src="images/"+imgCount+".jpg";
        }
        myBox.onmouseover=function(){    //当鼠标移入div块
          clearInterval(timeOUT);        //清除定时，让图片不动
        }
        myBox.onmouseout=function(){     //当鼠标移出div块
          timeOUT=setInterval(changeImg,1000);        //启动定时器
        }
        function changeImg(){
          imgCount++;                    //图片索引值自动加1
          imgCount=imgCount%5;           //超过5，从0开始，目的是循环播放
          myImg.src="images/"+imgCount+".jpg";        //拼接图片显示文件名
          for(i=0;i<myNumberLi.length;i++){           //清除列表元素类样式
            myNumberLi[i].classList.remove("active");
          }
          this.classList.add("active");         //给当前列表元素添加active类样式
        }
      timeOUT=setInterval(changeImg,1000);      //启动定时器
    }
  </script>
  <style>
    *{                                  //选中所有元素
      margin:0px;                       //外边距清0
      padding:0px;                      //内边距清0
    }
    #box{                               //选中ID为box的DIV块
      width:520px;                      //宽度为520像素
      height:280px;                     //高度为520像素
      border:1px solid red;             //边框线为1像素，实心线，红色
      margin:100px auto;                //外边距：上下为100像素，左右居中
      position:relative;                //定位：相对定位，设定为移动参考点
    }
    #box ul{
      list-style:none;                  //清除列表风格，目的是削除列表前的符号
    }
    #number{
      position:absolute;                //设为绝对定位，按照参考点进行移动
      right:10px;                       //移动后，离右边10像素
      bottom:10px;                      //移动后，离底端10像素
    }
    #number li{
      width:20px;                       //宽度为20像素
      height:20px;                      //高度为20像素
      border-radius:50%;                //边框倒角50%
      text-align:center;                //文本对齐方式为居中
      line-height:20px;                 //行高为20像素
      float:left;                         //左浮动，列表元素横向排列
      margin:5px;                       //外边距为5像素，列表元素间隔拉开
      background:white                  //背景颜色设为白色
    }
    #number li:hover{                   //鼠标移入样式
      color:white;                      //字体为白色
      background:red;                   //背景为红色
```

```
            }
            #box ul li.active{
                background:#F30;                                   //背景色为#F30
            }
        </style>
    </head>
    <body>
        <div id="box">
            <ul>
                <li><img src="images/0.jpg" id="myImg"></li>
            </ul>
            <ul id="number">
                <li class="active">1</li>
                <li>2</li>
                <li>3</li>
                <li>4</li>
                <li>5</li>
            </ul>
        </div>
    </body>
</html>
```

图 6-4　用 setInterval 方法设置轮播图

setTimeout方法与setInterval方法都是用来设置定时时钟，当定时到时都会调用一个函数来完成某个特定的任务。但两者有本质的区别，setTimeout方法是当定时时间到后仅调用一次指定的函数；而setInterval方法是如果不使用clearInterval方法，则定时时间到时就调用指定的函数，不限次数。

6.2.3　Window 对象的事件

在脚本模型中每一个对象都有相应的事件。常用的事件主要包括onblur、ondblclick、onfocus、onkeydown、onkeyup、onmousemove、onmouseover、onselectstart、onclick、ondragstart、onhelp、onkeypress、onmousedown、onmouseout、onmouseup等，可以为这些对象事件编写不同的事件处理程序，当某个事件被激活时，该事件对应的处理程序将被执行。

Window对象包含上面讲到的大多数对象的事件，这里不再一一详细介绍，仅介绍两个Window对象特有的事件：onload（加载）事件和onunload（关闭）事件。

onload事件是当浏览器把网页的所有内容全部加载完毕后执行的事件，一般可以通过这个事件在网页加载完毕后打开一些广告窗口，或在线人数在此事件中加1等。现在网页设计把所有的JavaScript脚本内容都放在这个事件中去进行相应的定义或使用。例6-3 利用onload事件在网页被加载后弹出一个广告页。

【例6-3】example6-3.html

```
<!doctype html>
<html>
  <head>
    <meta charset="utf-8">
    <title>onLoad事件</title>
    <script>
      window.onload=function(){
        /*open()方法第1个参数是打开网页的地址，                    */
        /*             第2个参数是打开位置，                      */
        /*             第3个参数是浏览器窗口样式的设定              */
        /*本例中，打开网页地址是http://www.whpu.edu.cn          */
        /*          且打开的浏览器窗口中无工具条，无菜单条          */
        window.open("http://www.whpu.edu.cn", " ",
               "toolbar=no,menubar=no")
      }
    </script>
  </head>
  <body>
    Hello World!
  </body>
</html>
```

扫一扫，看视频

onunload事件是在浏览器窗口被关闭时，也就是当用户离开当前浏览窗口时被触发，一般在该事件中是对一些用户输入的数据进行保存、关闭某些与服务器的连接、在线人数减1等应用。例6-4利用onunload事件在网页被关闭时弹出一个警告框。

【例6-4】example6-4.html

```
<!doctype html>
<html>
  <head>
    <meta charset="utf-8">
    <title>onUnload事件</title>
    <script>
      window.onunload=function(){
        alert("欢迎下次光临，再见！");
      }
    </script>
  </head>
  <body>
    Hello World!
  </body>
</html>
```

扫一扫，看视频

6.3 Document对象

6.3.1 Document 对象的属性

Document对象包含页面的实际内容，其属性和方法通常会影响文档在窗口中的外观与内容。所有符合W3C标准的浏览器都允许脚本在文档加载后访问页面的文本内容，还允许脚本在页面加载后动态创建内容。Document对象的许多属性都是文档中其他对象的数组。访问Document对象属性的语法格式如下：

```
document. propertyName
```

其中，propertyName表示属性。Document对象的常用属性及说明见表6-3。

表 6-3　Document 对象的常用属性

属　性	说　明
title	表示文档的标题
URL	表示文档对应的 URL
domain	表示当前文档的域名
lastModified	表示最后修改文档的时间
cookie	表示与文档相关的 cookie
all	表示文档中所有 HTML 标记符的数组。当前窗口中文档对象的第一个 HTML 标记是 Document.all(0)。可以使用 all 属性对象的属性和方法，例如，Document.all.length 将返回文档中 HTML 标记的个数
applets	表示文档中所有 applets 的信息，每一个 applet 都是这个数组中的一个元素
anchors	表示文档中所有带 NAME 属性的超链接（锚）的数组
forms	表示文档中所有的表单信息，每一个表单都是这个数组的一个元素
images	表示文档中所有的图像信息，每一个图像都是这个数组的一个元素
links	表示文档中所有的超链接信息，每一个超链接都是这个数组的一个元素
referrer	表示链接到当前文档的 URL
embeds	表示文档中所有的嵌入对象的信息，每一个嵌入对象都是这个数组的一个元素

例6-5中对Document对象的部分属性的使用方法进行演示，在浏览器中的运行结果如图6-5所示。

【例6-5】example6-5.html

```
<!doctype html>
<html>
  <head>
    <meta charset="utf-8">
    <title>document对象属性</title>
    <style>
      body{
        background-color:#CF9;
      }
    </style>
    <script>
      window.onload=function(){
        myDisp=document.getElementById("disp");
        myDisp.innerHTML="当前文档的标题："+document.title+"<br>";
        myDisp.innerHTML+="当前文档的最后修改日期："
          +document.lastModified+"<br>";
        myDisp.innerHTML+="当前文档中包含"+document.links.length
          +"个超级链接"+"<br>";
        myDisp.innerHTML+="当前文档中包含"+document.images.length
          +"个图像"+"<br>";
        myDisp.innerHTML+="当前文档中包含"+document.forms.length
          +"个表单"+"<br>";
```

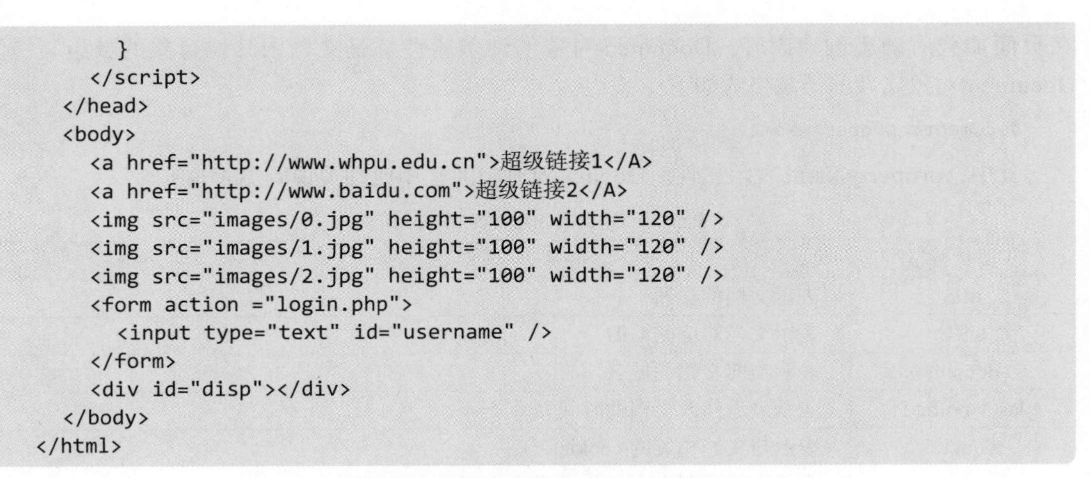

```
        }
      </script>
    </head>
    <body>
      <a href="http://www.whpu.edu.cn">超级链接1</A>
      <a href="http://www.baidu.com">超级链接2</A>
      <img src="images/0.jpg" height="100" width="120" />
      <img src="images/1.jpg" height="100" width="120" />
      <img src="images/2.jpg" height="100" width="120" />
      <form action ="login.php">
        <input type="text" id="username" />
      </form>
      <div id="disp"></div>
    </body>
</html>
```

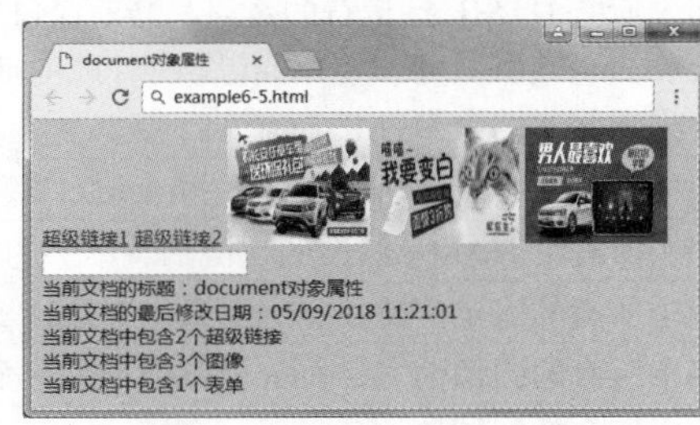

图 6-5　Document 对象的属性

6.3.2　Document 对象的常用方法

1. getElementById("id")方法

通过HTML元素的id属性访问元素，这是DOM一个基础的访问页面元素的方法，例如在HTML中定义一个标记元素，如下：

```
<div id="box"></box>
```

getElementById方法返回一个值，通常将该值保存在一个变量中，供后面的脚本语句使用。如果需要获取上面定义的id="box"的div元素，并把其内容改为"Hello"，则使用如下语句：

```
var myBox=document.getElementById("box");
myBox.innerHTML="Hello";
```

通过getElementById方法可以快速访问某个HTML元素，而不必通过DOM层层遍历。另外，使用getElementById方法时如果元素的ID不是唯一的，会获得第一个符合条件的元素。例6-6中定义了两个相同的ID元素，用来说明通过getElementById方法获取的是哪一个HTML元素，其在浏览器中的显示结果如图6-6所示。

【例6-6】example6-6.html

```
<!doctype html>
<html>
  <head>
    <meta charset="utf-8">
    <title>getElementById方法</title>
    <script>
```

扫一扫，看视频

```
        window.onload=function(){
          var myId=document.getElementById("myId");     //获取元素对象
          alert("获得的元素标记是"+myId.nodeName);        //弹出获取元素的标记名
        }
      </script>
    </head>
    <body>
      <input id="myId" name="myId" type="text"/>
      <div id="myId">
        getElementById方法测试
      </div>
    </body>
</html>
```

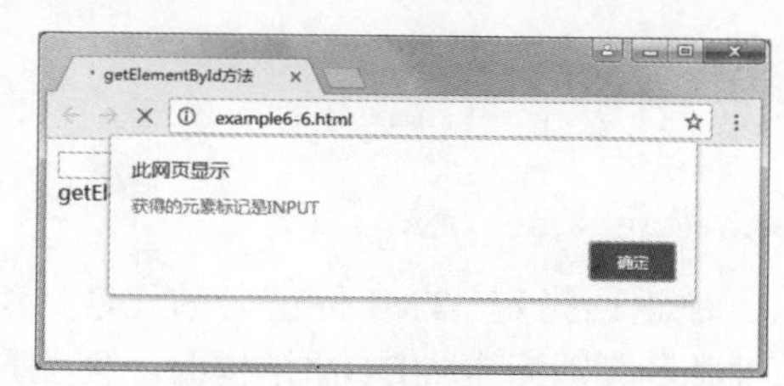

图 6-6　getElementById 方法

2. getElementsByName("name")方法

getElementsByName方法用于返回HTML元素中指定name属性的元素数组，而且getElementsByName()仅用于Input、Radio、Checkbox等元素对象。例6-7中定义了多个input元素，通过getElementsByName("abc")方法选中name="abc"的input元素，返回的是一个对象数组，可以通过下标访问这个数组，其在浏览器中的显示结果如图6-7所示。

【例6-7】example6-7.html

```
<!doctype html>
<html>
  <head>
    <meta charset="utf-8">
    <title>getElementsByName方法</title>
    <script>
      window.onload=function(){
        var myName=document.getElementsByName("abc");
        var myDisp=document.getElementById("disp");
        myDisp.innerHTML="选中的复选个数是："+myName.length+"<br>";
        myDisp.innerHTML+="第2个复选框的提交的值是:"
            +myName[1].value+"<br>";
        myDisp.innerHTML+="第3个复选框的选中状态是:"
            +myName[2].checked+"<br>";
      }
    </script>
  </head>
  <body>
    <form action="reg.php" method="post">
      用户名：<input type="text" name="username"><br>
      爱好：
        <input type="checkbox" name="abc" value="music">音乐
        <input type="checkbox" name="abc" value="football">足球
```

扫一扫，看视频

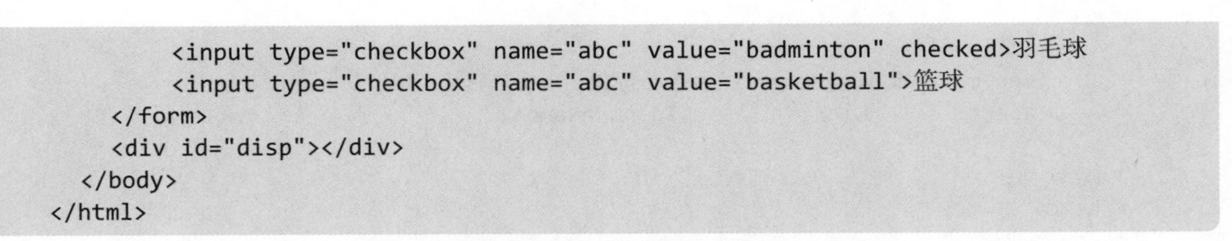

```
        <input type="checkbox" name="abc" value="badminton" checked>羽毛球
        <input type="checkbox" name="abc" value="basketball">篮球
    </form>
    <div id="disp"></div>
  </body>
</html>
```

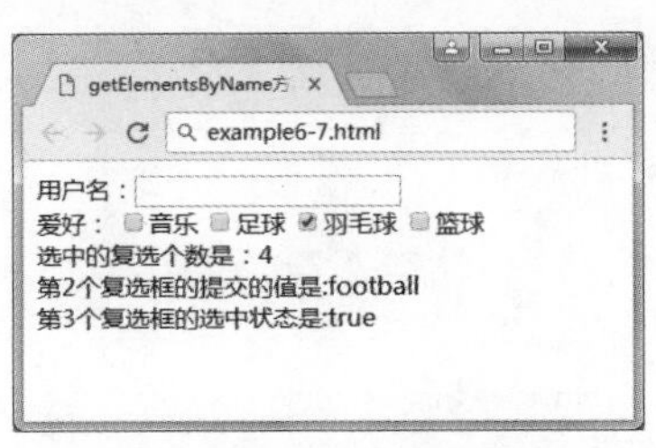

图 6-7 getElementsByName 方法

3. getElementsByTagName(tagname)方法

getElementsByTagName方法返回指定HTML标记名的元素数组，通过遍历这个数组获得每一个单独的子元素。当处理很多级别元素的DOM结构时，使用这种方法可以减少程序代码的工作量。

例6-8中定义了多个p标记元素，通过getElementsByTagName("p")方法选中HTML标记是<p>的元素，返回的是一个对象数组，可以通过下标访问这个数组，在浏览器中的显示结果如图6-8所示。

【例6-8】example6-8.html

```
<!doctype html>
<html>
  <head>
    <meta charset="utf-8">
    <title>getElementsByTagName方法</title>
    <script>
      window.onload=function(){
        // 获得所有tagName是body的元素（当然每个页面只有一个）
        var myDocumentElements=document.getElementsByTagName("body");
        var myBody=myDocumentElements.item(0);
        // 获得body子元素中的所有p元素
        var myBodyElements=myBody.getElementsByTagName("p");
        // 获得第二个p元素 ，第一个元素的下标是0，第二个元素的下标是1
        var myP=myBodyElements.item(1);
        var myDisp=document.getElementById("disp");
        //显示这个元素的文本
        myDisp.innerHTML="显示第二个P元素的内容是："
            +myP.firstChild.nodeValue;
      }
    </script>
  </head>
  <body>
    <p>hello</p>
    <p>world</p>
    <div id="disp"></div>
  </body>
</html>
```

扫一扫，看视频

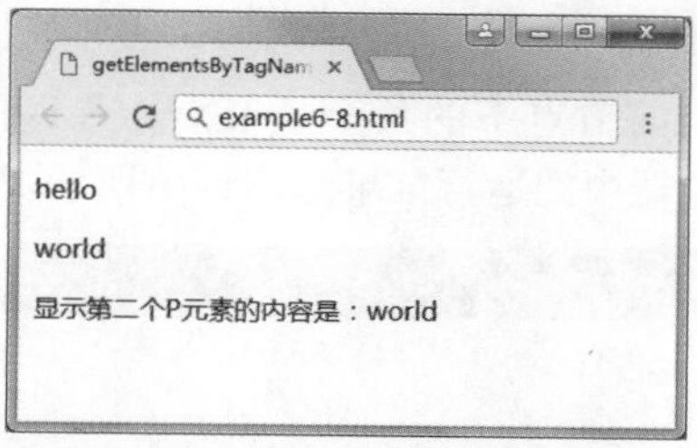

图 6-8　getElementsByTagName 方法

6.3.3　DOM Element 的常用方法

1. appendChild(node)方法

appendChild方法是向当前节点对象追加节点，经常用于给页面动态地添加内容。例6-9给<ul>添加一个<li>节点，在浏览器中的运行结果如图6-9所示。

【例6-9】example6-9.html

```
<!doctype html>
<html>
  <head>
    <meta charset="utf-8">
    <title>appendChild方法</title>
    <script>
      window.onload=function(){
        var newNode=document.createElement("li")           //创建<li>节点
        var newText=document.createTextNode("羽毛球")      //创建节点文字
        newNode.appendChild(newText)                        //<li>节点内容添加文字
        //<ul>添加<li>子节点
        document.getElementById("myNode").appendChild(newNode);
      }
    </script>
  </head>
  <body>
    <ul id="myNode">
      <li>音乐</li>
      <li>足球</li>
      <li>篮球</li>
    </ul>
  </body>
</html>
```

扫一扫，看视频

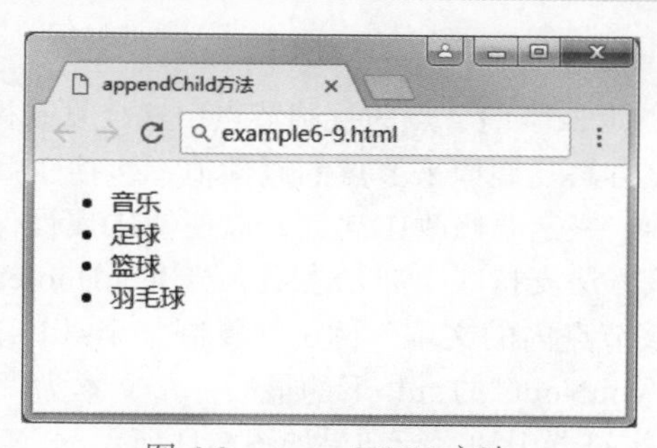

图 6-9　appendChild 方法

2. removeChild(childreference)方法

removeChild方法是删除当前节点下的某个子节点，并返回被删除的节点。例6-10删除<ul>下的一个<li>节点，在浏览器中的运行结果如图6-10所示。

【例6-10】example6-10.html

```
<!doctype html>
<html>
  <head>
    <meta charset="utf-8">
    <title>removeChild方法</title>
    <script>
      window.onload=function(){
        var myUlNode=document.getElementById("myNode");   //获取<ul>对象
        //获取<ul>对象下的所有<li>对象
        var myLiNode=myUlNode.getElementsByTagName("li");
        //文字"足球"的<li>对象
        var childNode=myLiNode[1];
        //删除<ul>下指定的<li>对象
        var removedNode=myUlNode.removeChild(childNode)}
    </script>
  </head>
  <body>
    <ul id="myNode">
      <li>音乐</li>
      <li>足球</li>
      <li>篮球</li>
    </ul>
  </body>
</html>
```

扫一扫，看视频

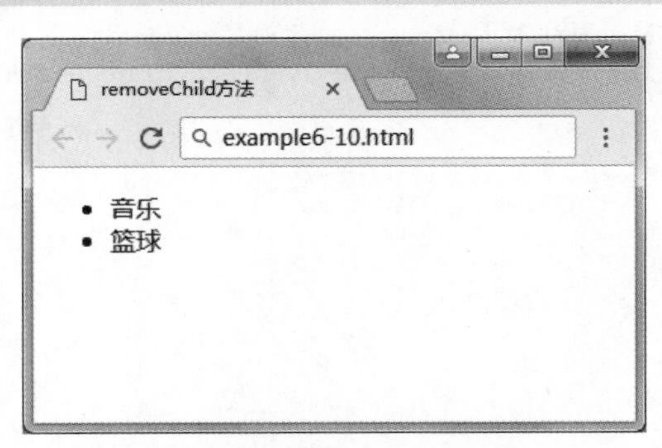

图 6-10　removeChild 方法

3. cloneNode(deepBoolean)方法

cloneNode方法是复制并返回当前节点的复制节点，这个复制得到的节点是一个孤立的节点，不在document树中。该方法复制原来节点的属性值，包括ID属性，所以在把这个节点当作新节点加到document之前，一定要修改ID属性，以便使ID属性保持唯一。如果ID的唯一性不重要，可以不做处理。该方法支持一个布尔参数，当deepBoolean设置为true时，复制当前节点的所有子节点，包括该节点内的文本。例6-11复制某个<ul>下的最后一个<li>节点到指定的<ul>下，本例是把id="youNode"的<ul>下的最后一个文本为“羽毛球”的<li>节点复制到id="myNode"的<ul>下，在浏览器中的运行结果如图6-11所示。

【例6-11】example6-11.html

```
<!doctype html>
<html>
  <head>
    <meta charset="utf-8">
    <title>coloneNode方法</title>
    <script>
      window.onload=function(){
        //获取<ul>对象
        var youUlNode=document.getElementById("youNode");
        //获取<ul>对象
        var myUlNode=document.getElementById("myNode");
        //获取<ul>对象下的所有<li>对象
        var youLiNode=youUlNode.getElementsByTagName("li");
        //复制某一个<li>对象
        var newNode=youLiNode[2].cloneNode(true);
        //添加<li>对象到指定的<ul>对象中
        myUlNode.appendChild(newNode);
      }
    </script>
  </head>
  <body>
    <ul id="youNode">你的爱好：
      <li>音乐</li>
      <li>足球</li>
      <li>羽毛球</li>
    </ul>
    <ul id="myNode">我的爱好：
      <li>篮球</li>
      <li>游泳</li>
    </ul>
  </body>
</html>
```

扫一扫，看视频

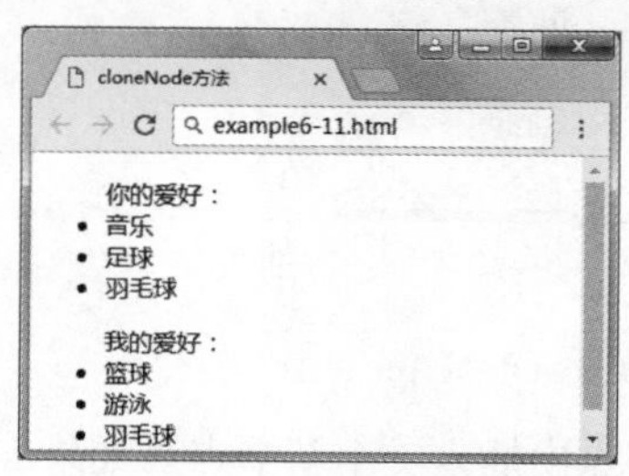

图 6-11　cloneNode 方法

4. replaceChild(newChild, oldChild)方法

replaceChild方法是把当前节点的一个子节点替换成另一个节点。例6-12是创建一个新的<li>节点，并把该节点替换成原有<ul>中的最后一个<li>节点，在浏览器中的运行结果如图6-12所示。

【例6-12】example6-12.html

```
<!doctype html>
<html>
  <head>
    <meta charset="utf-8">
```

扫一扫，看视频

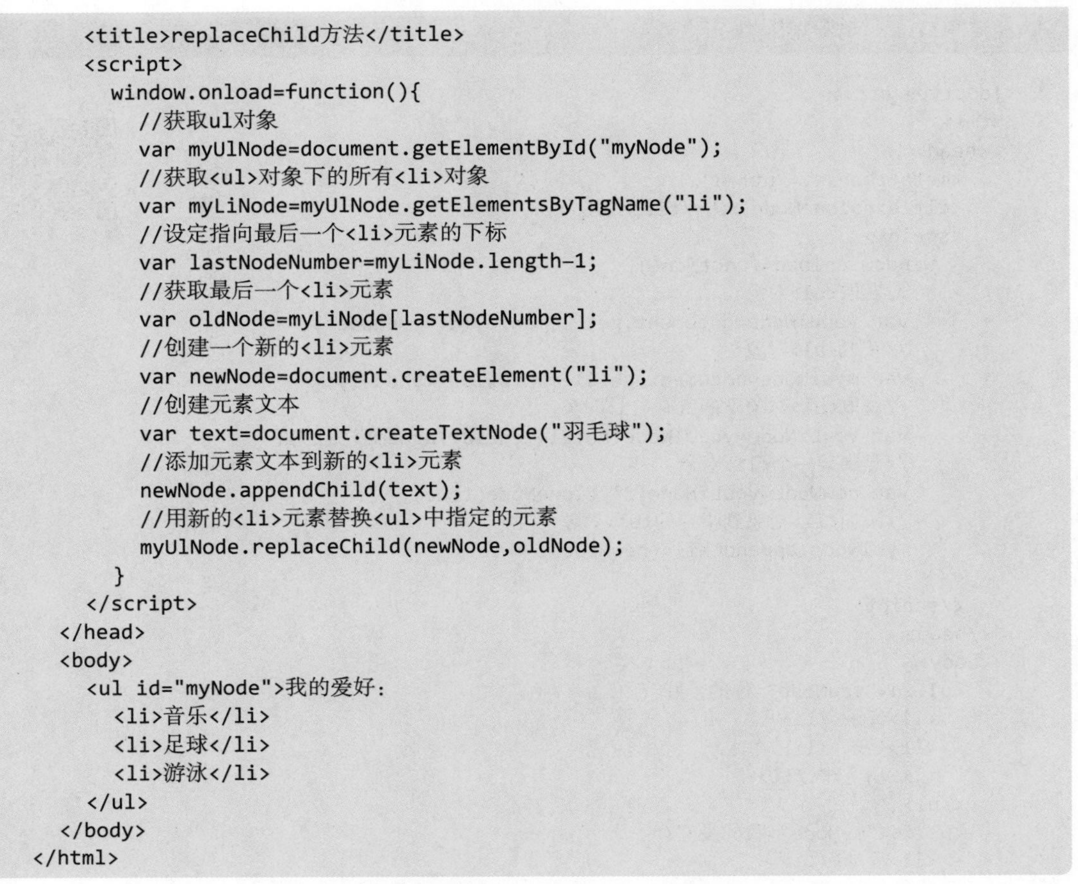

```
    <title>replaceChild方法</title>
    <script>
      window.onload=function(){
        //获取ul对象
        var myUlNode=document.getElementById("myNode");
        //获取<ul>对象下的所有<li>对象
        var myLiNode=myUlNode.getElementsByTagName("li");
        //设定指向最后一个<li>元素的下标
        var lastNodeNumber=myLiNode.length-1;
        //获取最后一个<li>元素
        var oldNode=myLiNode[lastNodeNumber];
        //创建一个新的<li>元素
        var newNode=document.createElement("li");
        //创建元素文本
        var text=document.createTextNode("羽毛球");
        //添加元素文本到新的<li>元素
        newNode.appendChild(text);
        //用新的<li>元素替换<ul>中指定的元素
        myUlNode.replaceChild(newNode,oldNode);
      }
    </script>
  </head>
  <body>
    <ul id="myNode">我的爱好：
      <li>音乐</li>
      <li>足球</li>
      <li>游泳</li>
    </ul>
  </body>
</html>
```

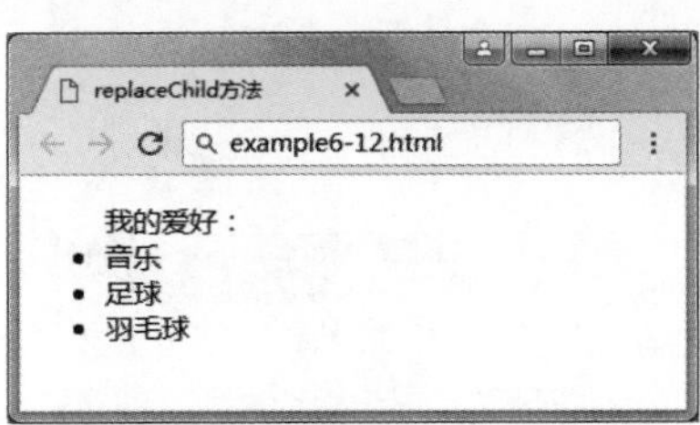

图 6-12　replaceChild 方法

5. insertBefore(newElement, targetElement)方法

insertBefore方法是在当前节点中插入一个新节点。如果targetElement被设置为null，那么新节点被当作最后一个子节点插入，否则新节点应该被插入targetElement之前的最近位置。例6-13创建了一个新的<li>节点，并把该节点插入到<ul>的指定位置，本例是插入到<ul>中最后一个<li>节点之前，在浏览器中的运行结果如图6-13所示。

【例6-13】example6-13.html

```
<!doctype html>
<html>
  <head>
    <meta charset="utf-8">
    <title>insertBefore方法</title>
    <script>
```

扫一扫，看视频

```
        window.onload=function(){
          //获取<ul>对象
          var myUlNode=document.getElementById("myNode");
          //获取<ul>对象下的所有<li>对象
          var myLiNode=myUlNode.getElementsByTagName("li");
          //设定指向最后一个<li>元素的下标值
          var lastNodeNumber=myLiNode.length-1;
          //获取最后一个<li>元素
          var oldNode=myLiNode[lastNodeNumber];
          //创建一个新的<li>元素
          var newNode=document.createElement("li");
          //创建元素文本
          var text=document.createTextNode("羽毛球");
          //添加元素文本到新的<li>元素
          newNode.appendChild(text);
          //新的<li>元素插入<ul>中的指定位置
          myUlNode.insertBefore(newNode,oldNode);
        }
      </script>
    </head>
    <body>
      <ul id="myNode">我的爱好：
        <li>音乐</li>
        <li>足球</li>
        <li>游泳</li>
      </ul>
    </body>
  </html>
```

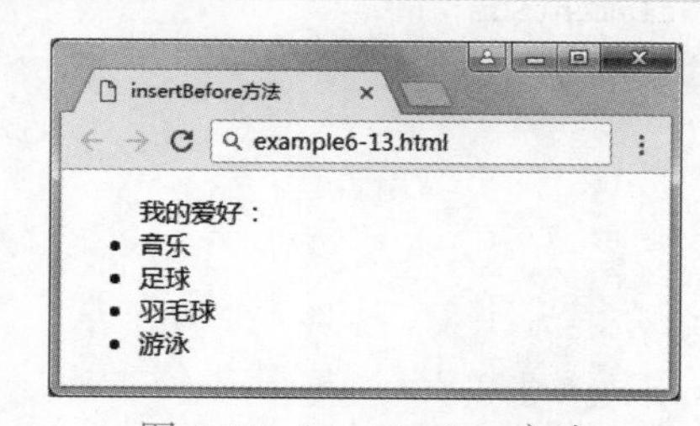

图 6-13　insertBefore 方法

6.3.4　DOM Element 的属性

1. childNodes 属性

childNodes属性是返回所有子节点对象，子节点的对象类型主要包括元素（值为1）、属性（值为2）、文本（值为3）、注释（值为8）、文档（值为9）。例如，<ul>标记的默认定义如下：

```
<ul>
  文本节点
  <li>元素节点</li>
  文本节点
  <li>元素节点</li>
  文本节点
</ul>
```

ul元素的返回值会把空的文本节点也当成节点。在例6-14中childNodes.length的值是5，该例是通过childNodes属性获取ul标记元素的子元素对象，并对子元素的类型及个数进行统计，在浏览器中的运行结果如图6-14所示。

【例6-14】example6-14.html

扫一扫，看视频

```
<!doctype html>
<html>
  <head>
    <meta charset="utf-8">
    <title>childNodes属性</title>
    <script type="text/javascript">
      window.onload=function(){
        elementSum=0;                          //元素节点计数器
        textSum=0;                             //文本节点计数器
        var oUl=document.getElementById("ul");
        var span1=document.getElementById("span1");
        var span2=document.getElementById("span2");
        var span3=document.getElementById("span3");
        //把子元素个数作为循环的执行次数
        for(var i=0;i<oUl.childNodes.length;i++){
        //返回子元素节点类型
          span2.innerHTML+=oUl.childNodes[i].nodeType+" - ";
          switch(oUl.childNodes[i].nodeType){
            case 1:elementSum++;               //子元素类型是元素
              break;
            case 3: textSum++;                 //子元素类型是文本
          }
        }
        span1.innerHTML=oUl.childNodes.length; //子元素个数
        span2.innerHTML=elementSum;
        span3.innerHTML=textSum;
      }
    </script>
  </head>
  <body>
    <ul id="ul">
      <li>音乐</li>
      <li>足球</li>
      羽毛球
    </ul>
    childNodes显示的节点数：<span id="span1"></span><br>
    其中：<br>
      元素类型的节点数是：<span id="span2"></span><br>
      文本类型的节点数是：<span id="span3"></span>
    <br/>
  </body>
</html>
```

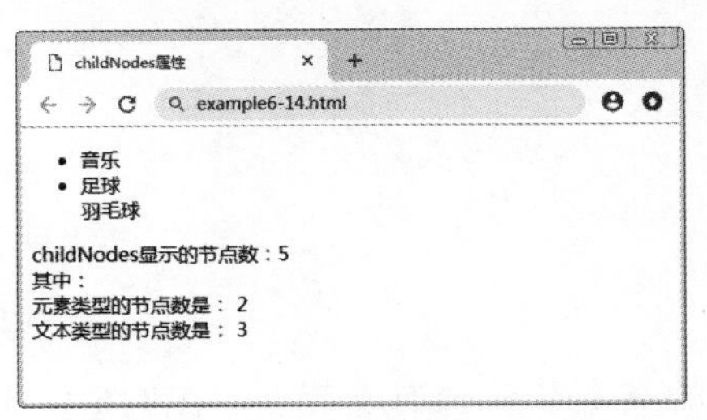

图6-14　childNodes 属性

2. innerHTML属性

innerHTML属性是符合W3C标准的属性，几乎所有支持DOM的浏览器都支持这个属性。通过这个属性可以修改一个元素的HTML内容。例如example6-14.html中对span标记的内容进行修改的语句，其写法如下：

```
span1.innerHTML=oUl.childNodes.length;
```

3. style属性

style属性返回一个元素的CSS样式风格引用，通过该属性可以获得并修改每个单独的样式。例如，修改一个id="test"元素的背景色，其语句格式如下：

```
document.getElementById("test").style.backgroundColor="yellow"
```

4. 节点访问属性

对节点的访问还有以下主要属性:firstChild（返回第一个子节点）、lastChild（返回最后一个子节点）、parentNode（返回父节点的对象）、nextSibling（返回下一个兄弟节点的对象）、previousSibling（返回前一个兄弟节点的对象）。例6-15是对上面几个节点属性访问的实例，在浏览器中的显示结果如图6-15所示。

【例6-15】example6-15.html

扫一扫，看视频

```
<!doctype html>
<html>
  <head>
    <meta charset="utf-8">
    <title>节点访问属性</title>
    <script type="text/javascript">
      window.onload=function(){
        var oUl=document.getElementById("action");
        var display=document.getElementById("display");
        display.innerHTML="UL的第一个子元素节点内容:"
          +oUl.firstChild.innerHTML;
        display.innerHTML+="<br>UL的最后一个子元素节点内容:"
          +oUl.lastChild.innerHTML;
        display.innerHTML+="<br>UL的第一个子元素的兄弟元素节点内容:"
          +oUl.firstChild.nextSibling.innerHTML;
        display.innerHTML+="<br>UL的最后一个子元素的前一个兄弟元素节点内容:
          "+oUl.lastChild.previousSibling.innerHTML;
        display.innerHTML+="<br>UL的父元素标记是:"
          +oUl.parentNode.nodeName;
      }
    </script>
  </head>
  <body>
    <div id="main">
      <ul id="action">
        <li>音乐</li>
        <li>足球</li>
        <li>羽毛球</li>
        <li>游泳</li>
      </ul>
      <div id="display"></div>
    </div>
```

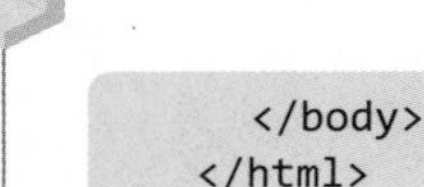


```
  </body>
</html>
```

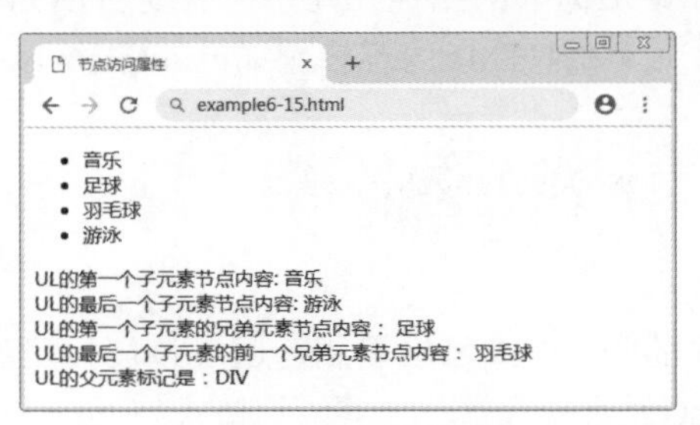

图 6-15　节点访问属性

5. nodeName属性

nodeName属性用于返回节点的HTML标记名称，返回值使用英文的大写字母表示，例如P，DIV。例6-16是读取一个元素的标记名，并显示在浏览器中，如图6-16所示。

【例6-16】example6-16.html

```
<!doctype html>
<html>
  <head>
    <meta charset="utf-8">
    <title>nodeName属性</title>
    <script type="text/javascript">
      window.onload=function(){
        var myDiv=document.getElementById("main");
        var display=document.getElementById("display");
        display.innerHTML="ID属性值是Box的标记名为: "+myDiv.nodeName;
      }
    </script>
  </head>
  <body>
    <div id="main"></div>
    <span id="display"></span>
  </body>
</html>
```

扫一扫，看视频

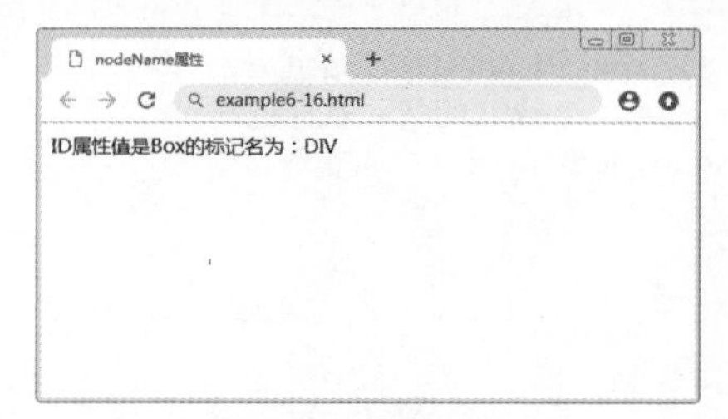

图 6-16　nodeName 属性

例6-17是使用JavaScript动态地创建一个HTML表格。该例中首先创建一个table元素，然后创建一个TBODY元素，该元素应该是TABLE元素的子元素，在没有进行关联操作之前，这两个元素之间没有任何关系，再使用一个循环语句创建TR元素。这些TR元素是TBODY元素的子元素，再使用一个循环语句创建TD元素，使这些TD元素是TR元素的子元素。对于每一个TD，再创建一个文本节点元素。最后把创建好的TABLE、TBODY、TR、TD及文本元素进行层级关系级联，在浏览器中显示的结果如图 6-17 所示。

【例 6-17】example6-17.html

扫一扫，看视频

```
<!doctype html>
<html>
  <head>
    <meta charset="utf-8">
    <title>元素创建</title>
    <script type="text/javascript">
      window.onload=function(){
        //获得body的引用
        var mybody=document.getElementsByTagName("body").item(0);
        //创建一个<table></table>元素
        mytable = document.createElement("TABLE");
        //创建一个<TBODY></TBODY>元素
        mytablebody = document.createElement("TBODY");
        //创建行列
        for(j=0;j<3;j++) {
          //创建一个<TR></TR>元素
          mycurrent_row=document.createElement("TR");
          for(i=0;i<3;i++) {
            //创建一个<TD></TD>元素
            mycurrent_cell=document.createElement("TD");
            //创建一个文本元素
            currenttext=document.createTextNode("本单元格行是: "+j+", 列是"+i);
            //把新的文本元素添加到单元TD上
            mycurrent_cell.appendChild(currenttext);
            //把单元TD添加到行TR上
            mycurrent_row.appendChild(mycurrent_cell);
          }
          //把行TR添加到TBODY上
          mytablebody.appendChild(mycurrent_row);
        }
        //把 TBODY 添加到 TABLE
        mytable.appendChild(mytablebody);
        //把 TABLE 添加到 BODY
        mybody.appendChild(mytable);
        //把mytable的border 属性设置为2
        mytable.setAttribute("border","2");
      }
    </script>
  </head>
  <body>
    <div id="main"></div>
    <span id="display"></span>
  </body>
</html>
```

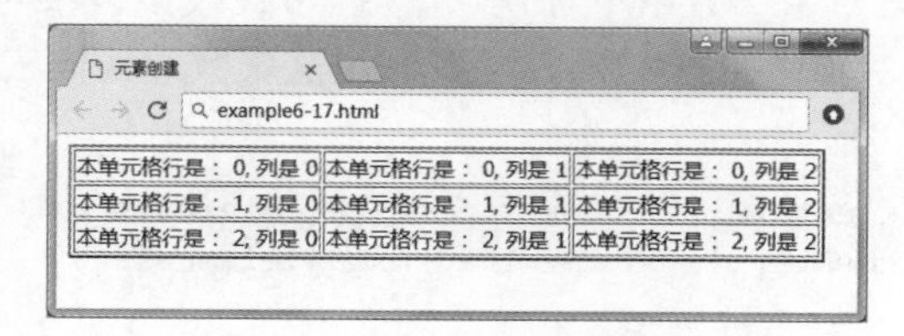

图 6-17　元素创建

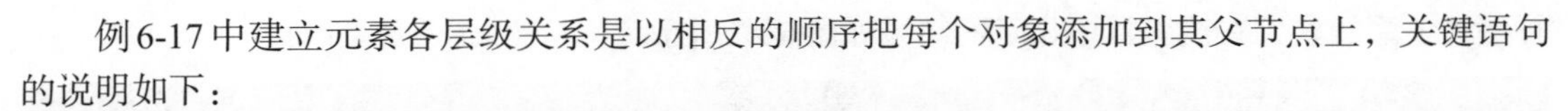

例6-17中建立元素各层级关系是以相反的顺序把每个对象添加到其父节点上，关键语句的说明如下：

```
//把文本元素对象添加到单元格对象
mycurrent_cell.appendChild(currenttext);
//把单元格对象添加到行对象
mycurrent_row.appendChild(mycurrent_cell);
//把行对象添加到表格的体元素对象
mytablebody.appendChild(mycurrent_row);
//把表格的体元素对象添加到表格对象
mytable.appendChild(mytablebody);
```

6.4 Form对象

如果要在HTML文档中放入表单元素，可以把表单元素插入<form>标记中，当在HTML中加入表单后，浏览器在运行这个HTML文件时会产生对应这个表单的表单对象，在<form>和</form>之间是表单中含有的各个表单子对象。

表单对象产生后，用户就可以通过表单对象访问各个元素的信息。访问表单中的元素主要有两种方法。

（1）通过表单名。表单隶属于页面文档，表单对象隶属于当前的Document对象，所以可以用“document.表单名”的形式访问表单对象。例如，有表单名为myform1，就可以使用document.myform1来访问该表单。

（2）通过forms数组。除了通过表单名访问表单之外，浏览器还提供了一个数组（forms数组）来存储产生的表单对象，可以利用这个数组来访问表单对象。方法是：

```
document.forms[下标]
```

其中，下标既可以使用0、1等数字指定（0代表在HTML文档中加入的第1个表单元素，1代表第2个表单元素，以此类推），也可以使用要访问的表单名指定。例如，使用这种方法访问上面例子中的myform1，语句格式为document.forms[' myform1']。

用户是通过表单对象中的各个表单元素提供信息的，对这些表单元素的访问有以下两种方法。

（1）通过表单元素的名称。可以通过表单元素的名称直接进行访问，其格式是：

```
document.表单名.表单元素名
```

例如，表单名myform1，其中有两个表单元素，名字分别为t1、r1，访问方法如下：

```
document.myform1.t1  或者  document.forms[0].t1
document.myform1.r1  或者  document.forms[0].r1
```

（2）通过elements数组。浏览器还为每一个表单对象分配了一个名为elements的数组来保存该表单中嵌入的元素对象。数组下标从0开始，0代表该表单对象中嵌入的第1个元素对象，1代表第2个元素对象，以此类推，可以使用这个数组访问表单对象中的元素。形式如下：

```
document.myform1.elements[0]，document.forms[0].elements[0]
document.myform1.elements[1]，document.forms[0].elements[1]
```

表单对象的属性、方法和事件见表6-4。

表 6-4　表单对象的属性、方法和事件

属性、方法和事件	说　明
name 属性	表示表单的名称
length 属性	表示表单中元素的数目
action 属性	表示表单提交时执行的动作，通常是一个服务器端脚本程序的 URL
elements 属性	表示表单中所有控件元素的数组，数组的下标就是控件元素在 HTML 源文件中的序号
encoding 属性	表示表单数据的编码类型
method 属性	表示发送表单的 HTTP 方法，取值为 get 或 post
target 属性	表示用来显示表单结果的目标窗口或框架，取值可以是 _self、_parent、_top 或 _blank
reset() 方法	将所有表单控件元素的值重新设置为其默认值，相当于单击表单中的“重置”按钮
submit() 方法	提交表单，相当于单击表单中的“提交”按钮
onReset 事件	单击“重置”按钮时触发
onSubmit 事件	单击“提交”按钮时触发

例6-18说明Form表单对象的属性、方法和事件及其使用方法，其在浏览器中的运行结果如图6-18和图6-19所示。

【例6-18】example6-18.html

扫一扫，看视频

```
<!doctype html>
<html>
  <head>
    <meta charset="utf-8">
    <title>form对象属性、事件、方法</title>
    <script type="text/javascript">
      window.onload=function(){
        var myBtn=document.getElementById("btn");
        myBtn.onclick=function(){
          newWin=window.open("","","height=300,width=350")
          //通过表单的length属性，输出表单form1内嵌的表单元素的个数
          newWin.document.write("文档中共包含"+document.form1.length
            +"个元素,分别是：<P>");
          newWin.document.write("<UL>")
          //通过length属性控制循环输出各个元素的名称
          for(i=0;i<document.form1.length;i++){
            newWin.document.write("<LI>"+document.form1.elements[i].name +"</LI>");
          }
          newWin.document.write("<UL>")
        }
      }
    </script>
  </head>
  <body>
    <form name="form1" action ="login.aspx">
      文本框1:<input name ="lbCurrent"/><P>
      文本框2:<input name ="lbNext"/><P>
      <H3>单击按钮显示表单中的元素信息:</H3>
      请单击按钮<input type="button"id="btn" name="lyd"
      value="显示表单中的元素名称"/>
    </form>
  </body>
</html>
```

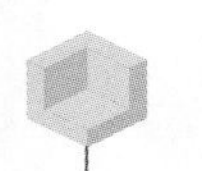

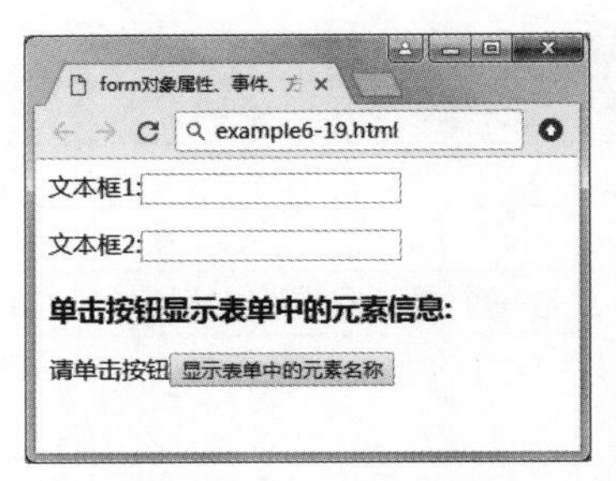

图 6-18 Form 对象（1）

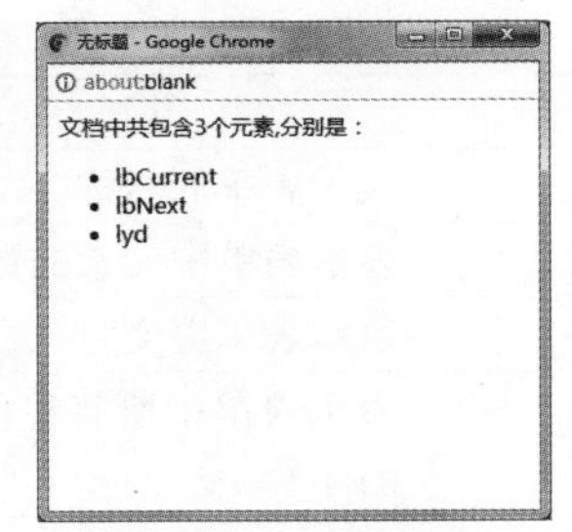

图 6-19 Form 对象（2）

6.5 本章小结

本章主要讲解了DOM编程中主要对象的属性和方法。首先讲解了浏览器中的两种基本模型（BOM模型和DOM模型），然后对Window对象和Document对象的属性、方法和事件进行详细阐述，并通过一系列实例说明Window对象和Document对象在编程过程中应当注意的地方，最后简要地对Form对象进行说明。通过本章的学习，重点掌握在DOM中网页元素是组织成树形的节点结构，能通过所学习对象的相应方法动态地操作页面中的节点，熟练掌握各种对象相关的事件处理方法。

6.6 习题六

扫描二维码，查看习题。

扫二维码
查看习题

6.7 实验六 BOM与DOM编程

扫描二维码，查看实验内容。

扫二维码
查看实验内容

数据验证

学习目标：

本章主要讲解网页中数据的验证方式，其重点是对正则表达式的理解。通过本章的学习，读者应该掌握以下内容：

- 正则表达式的组成及定义的基本语法；
- JavaScript语言中应用正则表达式的方法；
- 正则表达式在网页设计中的具体应用。

思维导图（略图）

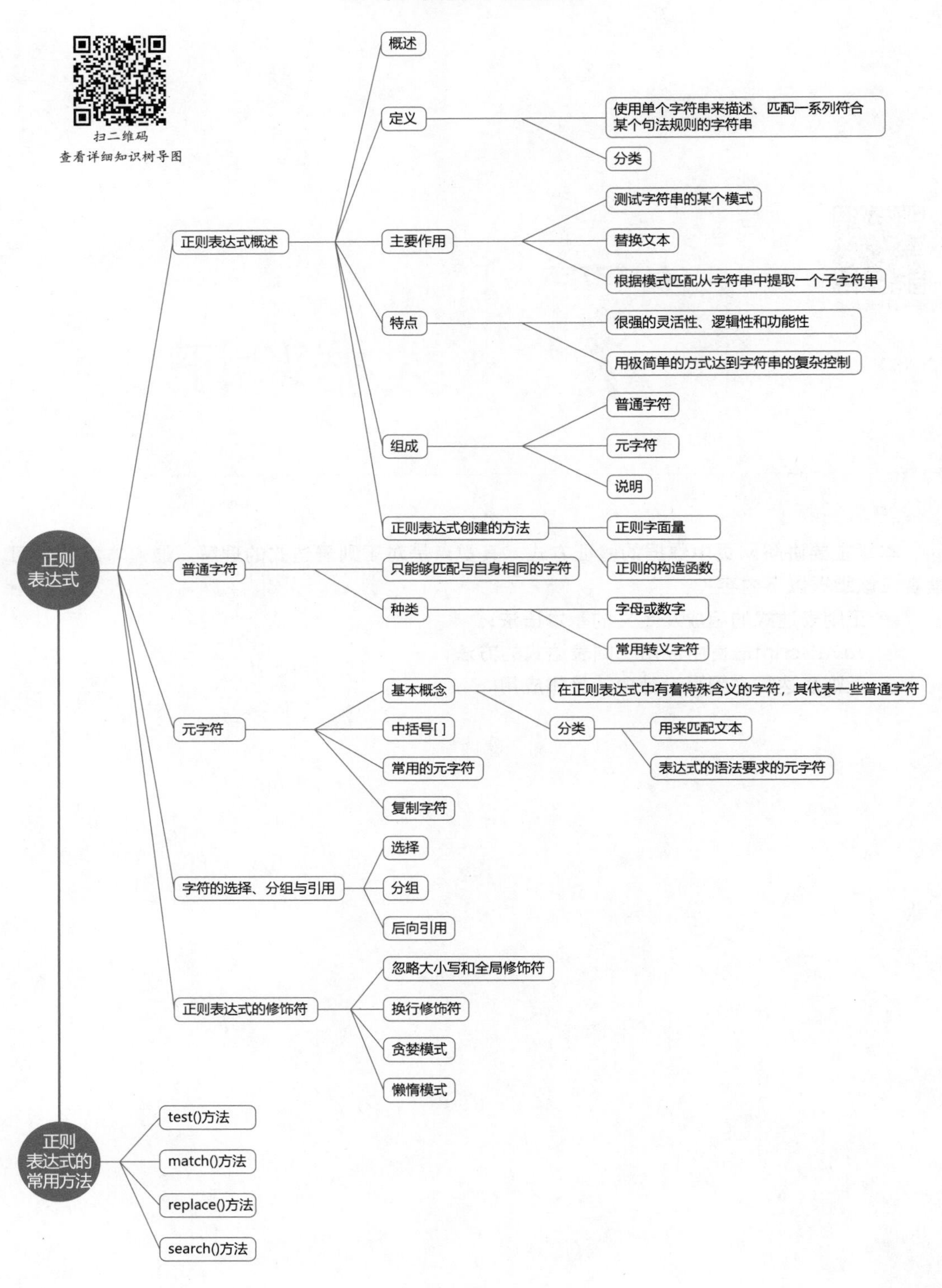

扫二维码
查看详细知识树导图
正则表达式
正则表达式概述
概述
定义
使用单个字符串来描述、匹配一系列符合某个句法规则的字符串
分类
主要作用
测试字符串的某个模式
替换文本
根据模式匹配从字符串中提取一个子字符串
特点
很强的灵活性、逻辑性和功能性
用极简单的方式达到字符串的复杂控制
组成
普通字符
元字符
说明
正则表达式创建的方法
正则字面量
正则的构造函数
普通字符
只能够匹配与自身相同的字符
种类
字母或数字
常用转义字符
元字符
基本概念
在正则表达式中有着特殊含义的字符，其代表一些普通字符
分类
用来匹配文本
表达式的语法要求的元字符
中括号[ ]
常用的元字符
复制字符
字符的选择、分组与引用
选择
分组
后向引用
正则表达式的修饰符
忽略大小写和全局修饰符
换行修饰符
贪婪模式
懒惰模式
正则表达式的常用方法
test()方法
match()方法
replace()方法
search()方法

7.1 正则表达式

7.1.1 正则表达式概述

1. 概述

当需要将用户填写的信息提交到服务器时，有两种方法验证用户填写的信息是否符合要求。一种方式是客户端直接把信息提交给服务器，由服务器验证信息的正确性，如果验证出错，则需要把一些出错信息发送给客户端，让客户重新输入并再次把输入的信息提交给服务器重新进行验证，如果验证输入的数据错误较多，这种方法会增加服务器和网络的开销。为了减轻服务器的负担，一般采用第二种方法，即在用户输入数据提交到服务器之前利用JavaScript脚本语言在客户端完成表单验证。如果验证出现问题，直接给用户相应的提示；如果验证通过，表单数据提交给服务器处理。客户端的表单验证可以确保提交到服务器的内容都是符合要求的。常见的表单验证主要分为以下几种类型。

（1）必填项验证。表单中的必填项在提交到服务器之前是不允许为空的，例如注册表单的用户名和密码等选项。通过验证表单控件的value值是否为空可以验证必填项。

（2）长度验证。表单中某些控件可输入内容的长度有时必须在一个范围内，例如电话号码、手机号码等。通过验证表单控件value值的length属性可以验证长度。

（3）特殊内容格式验证。表单中某些控件的数据输入格式是有要求的，例如有的控件只能输入数字，有的只能输入字符，有的只能输入数字和字符的混合，而且必须要符合一定的格式（例如日期时间类的输入）。一般可以通过正则表达式来验证特殊内容的格式。

（4）验证两个表单控件的值是否相等。表单中某些控件输入数据的值必须是相同的，例如密码和确认密码。为了使用户对密码确认无误，一般要求两次输入的密码相同，可以通过验证表单控件的value值是否相等来实现。

（5）电子邮箱的格式验证。电子邮箱的格式属于特殊内容的验证，但电子邮箱的格式比较常用。例如大多数注册的用户信息中都包括电子邮箱地址，如果用户忘记密码，可以通过电子邮件取回密码。一般可以通过正则表达式验证电子邮箱的格式。

表单验证是对一个字符串是否符合一种特定格式进行判断，这种特殊规则表达式也称为正则表达式（Regular Expression，在代码中常简写为regex），也就是说正则表达式通常用来检索、替换那些符合某个模式（规则）的文本。

2. 正则表达式的定义

正则表达式是使用单个字符串来描述、匹配一系列符合某个句法规则的字符串，可以分为普通正则表达式、扩展正则表达式、高级正则表达式。正则表达式的主要作用如下。

（1）测试字符串的某个模式。例如，可以对一个输入字符串进行测试，看该字符串是否是一个电话号码或一个信用卡号码，进行数据有效性验证。

（2）替换文本。可以在文档中使用一个正则表达式来标识特定文字，然后可以将其全部删除，或者替换为其他文字。

（3）根据模式匹配从字符串中提取一个子字符串。可以使用正则表达式在文本或输入字段中查找特定文字。

正则表达式的特点是具有很强的灵活性、逻辑性和功能性，同时可以用极简单的方式达到

字符串的复杂控制。

3. 正则表达式的组成

正则表达式由两种基本字符类型组成：普通字符和元字符。大多数字符仅能够描述其本身，这些字符称作普通字符，例如所有的字母和数字，也就是说普通字符只能够匹配字符串中与它们相同的字符。元字符指那些在正则表达式中具有特殊意义的专用字符，可以用来规定其前导字符（即位于元字符前面的字符）在目标对象中的出现模式。例如字符^ $. * + ? = ! : | \ / ( ) [ ] { }，在正则表达式中都具有特殊含义。如果要匹配这些具有特殊含义的字符直接量，需要在这些字符前面加反斜杠（\）进行转义。例如匹配“ab开头，后面紧跟数字字符串”的正则表达式是“ab\d+”，其中ab就是普通字符，\d代表可以是0~9之间的数字，+代表前面字符可以出现1次或1次以上。

4. 正则表达式实例

例7-1中定义了一串包含数字和字符的字符串，利用正则表达式把其中的数字挑选出来，在浏览器中的显示结果如图7-1所示。

【例7-1】example7-1.html

```
<!doctype html>
<html>
  <head>
    <meta charset="utf-8">
    <title>正则表达式</title>
    <script>
      window.onload=function(){
        var pattern=/\d+/g;                  //定义正则表达式
        var str="hello122i45ehe9876";        //定义包含字符和数字的字符串
        var strArr=str.match(pattern);       //进行正则匹配，返回数组将保存到strArr变量
        for(i=0;i<strArr.length;i++){        //对返回数组strArr进行遍历
          document.write("匹配的第"+i+"个数字是："+strArr[i]+"<br>");
        }
      }
    </script>
  </head>
  <body>
  </body>
<html>
```

扫一扫，看视频

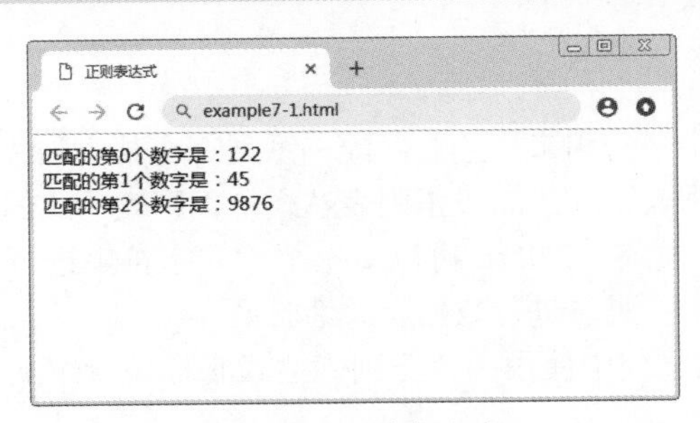

图7-1　正则表达式

例7-1中正则表达式“/ \d+/g”的含义：\d表示数字；+表示一个或多个字符；前后的斜杠表示正则表达式的开始和结束；斜杠后的字母g表示进行多次查找。

7.1.2 普通字符

普通字符只能够匹配与自身相同的字符，正则表达式中的普通字符见表 7-1。

表 7-1 正则表达式中的普通字符

字　符	匹　配	字　符	匹　配
字母或数字	自身对应的字母或数字	\?	一个 ? 直接量
\f	换页符	|	一个 | 直接量
\n	换行符	\(	一个 (直接量
\r	回车	\)	一个) 直接量
\t	制表符	\[	一个 [直接量
\v	垂直制表符	\]	一个] 直接量
\/	一个 / 直接量	\{	一个 { 直接量
\\	一个 \ 直接量	\}	一个 } 直接量
\.	一个 . 直接量	\XXX	由十进制数 XXX 指定的 ASCII 码字符
*	一个 * 直接量	\Xnn	由十六进制数 nn 指定的 ASCII 码字符
\+	一个 + 直接量	\cX	控制字符 ^X

例 7-2 中定义了一串包含数字和字符的字符串，利用正则表达式把其中带有“is”的单词挑选出来，在浏览器中的显示结果如图 7-2 所示。

【例 7-2】example7-2.html

```
<!doctype html>
<html>
  <head>
    <meta charset="utf-8">
    <title>正则表达式</title>
    <script>
      window.onload=function(){
        var pattern=/[A-Za-z]*is+/g;          //定义正则表达式
        var str="This is test regex.";        //定义包含字符和数字的字符串
        var strArr=str.match(pattern);        //进行正则匹配，返回数组将保存到strArr变量
        for(i=0;i<strArr.length;i++){              //对返回数组strArr进行遍历
          document.write("匹配的第"+i+"个数字是: "+strArr[i]+"<br>");
        }
      }
    </script>
  </head>
  <body>
  </body>
<html>
```

扫一扫，看视频

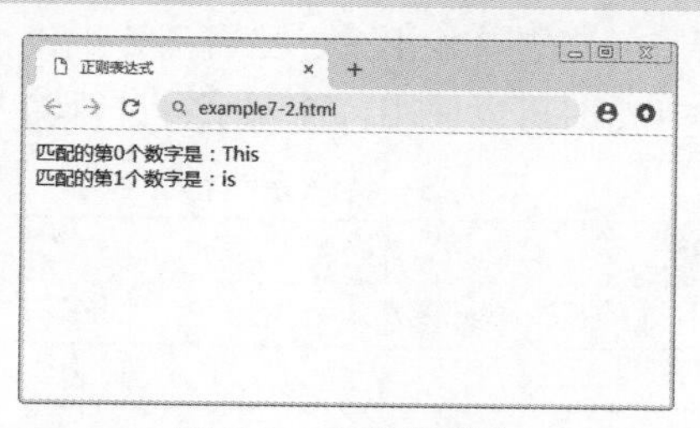

图 7-2 查找字符串

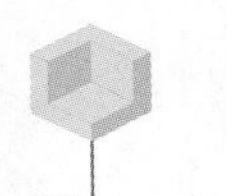

7.1.3 元字符

元字符指在正则表达式中有着特殊含义的字符，其代表一些普通字符。元字符大致可以分为两种：一种用来匹配文本，另一种是正则表达式的语法要求的元字符。

1. 中括号[]

正则表达式中的元字符“[ ]”用来匹配所包含字符集合中的任意一个字符，例如正则表达式“r[aou]t”中的“[aou]”表示由三个字母组成的集合，该集合中的任意一个字符和普通字符组成一个匹配查询，本例中将匹配rat、rot和rut。

正则表达式还可以在括号中使用连字符“-”来指定字符的区间，例如正则表达式[0-9]可以匹配任何数字字符，正则表达式[a-z]可以匹配任何小写字母。

还可以在中括号中指定多个区间，例如正则表达式[0-9A-Za-z]可以匹配任意大小写字母以及数字字符。

要想匹配除了指定区间之外的字符，也就是所谓的补集，在左边的括号和第一个字符之间使用“^”字符，例如正则表达式[^A-Z]将匹配除了所有大写字母之外的任何字符。

2. 常用的元字符

表7-2中列出了正则表达式中常用的元字符，每一个元字符都有特殊含义。

表7-2 常用的元字符及说明

代码	说明
.	匹配除换行符以外的任意一个字符
\w	匹配任意一个字母或数字或下划线，等价于 [0-9a-zA-Z_]
\W	匹配除了字母或数字或下划线或汉字以外的任意一个字符，等价于 [^0-9a-zA-Z_]
\s	匹配任意一个空白符，等价于 [\f\n\r\t\v]
\S	匹配任意一个非空白符，等价于 [^\f\n\r\t\v]
\d	匹配一个数字字符，等价于 [0-9] 或 [0123456789]
\D	匹配一个非数字字符，等价于 [^0-9] 或 [^0123456789]
\b	匹配单词的开始或结束
^	匹配字符串的开始
$	匹配字符串的结束

3. 特殊元字符

因为元字符在正则表达式中有特殊含义，所以这些字符无法用来代表其本身。在元字符前面加上一个反斜杠可以对其进行转义，这样得到的转义序列将匹配字符本身，而不是其所代表的特殊元字符的含义。

另外，在进行正则表达式搜索的时候，经常会遇到需要对原始文本中的非打印空白字符进行匹配的情况。例如需要把所有的制表符找出来，或者需要把换行符找出来，这类字符很难被直接输入到一个正则表达式中，这时可以使用特殊元字符进行输入，见表7-3。

表7-3 特殊元字符

字符	说明	字符	说明
\b	回退（并删除）一个字符（Backspace键）	\r	回车符
\f	换页符	\t	制表符（Tab键）
\n	换行符	\v	垂直制表符

4. 复制字符

除了可以使用直接字符或元字符来描述正则表达式之外，还可以使用复制字符来表达字符的重复模式。正则表达式的复制字符及说明见表7-4。

表 7-4　正则表达式的复制字符及说明

字　符	说　明	字　符	说　明
*	重复 0 次或更多次	{n}	重复 n 次
+	重复一次或更多次	{n,}	重复 n 次或更多次
?	重复 0 次或一次	{n,m}	重复 n 到 m 次

在定义正则表达式时，首先要从分析匹配字符串的特点开始，然后逐步补充其他元字符、普通字符，匹配顺序从左到右。例7-3中具有匹配一个电信手机号码的正则表达式。首先电信的手机号码都是11位数字，另外电信号码段前三个数字是133、153、180、181、189，后面都是0~9之间的数字，具体如下：

（1）分析字符串特点，手机号码是11位数字，并且以1开头，后面两位是33、53、80、81、89。

（2）电信手机号可以写成1[35]3或者18[019]开头的三位数字。

（3）手机号的数字长度是11位，可以继续补充8位数字，正则表达式为1[35]3\d{8}或者18[019]\d{8}，其中\d表示数字，{8}表示它左边字符（一个数字）可以重复出现8次。

（4）所有字符必须是11位，因此头尾必须满足条件，因此可以是^1[35]3\d{8}|18[019]\d{8}$，其中“|”表示或者的意思。

例7-3在浏览器中的运行结果如图7-3所示。

【例7-3】example7-3.html

```
<!doctype html>
<html>
  <head>
    <meta charset="utf-8">
    <title>正则表达式</title>
    <script>
      window.onload=function(){
        var mobileArr=new Array("13312345678","13712345678","18012345678",
                        "189123456789","1531234567","181123456789");
        var pattern=/^1[35]3\d{8}|18[019]\d{8}$/;
        document.write("手机号列表如下：<br>");
        for(i=0;i<mobileArr.length;i++){
          document.write(mobileArr[i]+"<br>");
        }
        document.write("<br>符合电信手机号规则的列表如下：<br>");
        for(i=0;i<mobileArr.length;i++){
          if(pattern.test(mobileArr[i]))
            document.write(mobileArr[i]+"<br>");
        }
      }
    </script>
  </head>
  <body>
  </body>
<html>
```

扫一扫，看视频

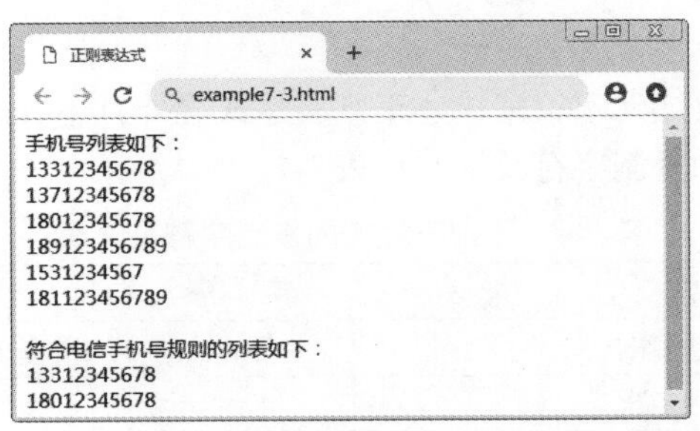

图 7-3 复制字符的应用

7.1.4 字符的选择、分组与引用

1. 选择

在正则表达式中，可以使用分隔符指定待选择的字符，例如正则表达式“/ xy | ab | mn /”可以匹配字符串“xy”，或者字符串“ab”，或者字符串“mn”。又如正则表达式“/ \d{4} | [a-z]{3} /”可以匹配4位数字或者3位小写字母。例7-3就是利用分隔符进行两类手机号的指定。

2. 分组

前面说明了单个字符后加上重复复制的限定符可以在正则表达式中规定多个字符的范围，但如果需要重复的是一个字符串时，可以用小括号来指定子表达式（也叫作分组），然后指定这个子表达式的重复次数。

例7-4是IPv4地址的正则表达式，目的是让读者理解正则表达式中分组的概念。IPv4地址是32位的，采用点分十进制方法表示，即32位地址以8位为一个单元，每个单元用十进制表示，单元与单元之间用小数点隔开。(\d{1,3}\.){3}\d{1,3}是一个简单的IP地址匹配表达式，要理解这个表达式，请按下列顺序进行分析:\d{1,3}表示匹配1~3位数字，(\d{1,3}\.){3}匹配三位数字加上一个英文句号（这个整体也就是这个分组）并重复3次，最后加上一个1~3位的数字(\d{1,3})。这个正则表达式的严谨性不够，例如有一些不符合规则的IP地址也认为是合法的IP地址，例如256.300.888.999（错误原因是IP地址中每个数字都不能大于255）。如果能使用算术比较，可以较容易地解决这个问题，但是正则表达式中并不提供关于数学的任何功能，所以只能使用分组或选择字符类来描述一个正确的IP地址。具体分析如下：

（1）IPv4地址中一个单元十进制数的范围是0~255，可以分解成一位数时是0~9，两位数时是10~99，三位数时是100~199、200~249或者250~255。

（2）由此得到一个单元的正则表达式为：

```
[0-9]|[1-9][0-9]|1[0-9]{2}|2[0-4][0-9]|25[0-5]
```

其中“|”表示或者，计算优先级最低，左右两边可以是多个元字符、普通字符、组合字符串为一个整体。

（3）这样的一个单元字符需要重复3次，每个单元中间需要用点隔开，所以正则表达式是：

```
(([0-9]|[1-9][0-9]|1[0-9]{2}|2[0-4][0-9]|25[0-5])\.){3}
```

其中，点字符是元字符，需要转义。

（4）最后还有一段0~255匹配，所以最终的IP地址正则表达式为：

```
^(([0-9]|[1-9][0-9]|1[0-9]{2}|2[0-4][0-9]|25[0-5])\.){3}([0-9]|[1-9][0-9]|1[0-9]
```

```
{2}|2[0-4][0-9]|25[0-5])$
```

例7-4在浏览器的运行结果如图7-4所示。

【例7-4】example7-4.html

```
<!doctype html>
<html>
  <head>
    <meta charset="utf-8">
    <title>分组正则表达式</title>
    <script>
      window.onload=function(){
        var ipArr=new Array("98.a.3.3","192.168.1.1","172.268.3.4","10-1-2-1");
        var pattern=/^(([0-9]|[1-9][0-9]|1[0-9]{2}|2[0-4][0-9]|25[0-5])\.){3}
                  ([0-9]|[1-9][0-9]|1[0-9]{2}|2[0-4][0-9]|25[0-5])$/;
        document.write("地址列表如下：<br>");
        for(i=0;i<ipArr.length;i++){
          document.write(ipArr[i]+"<br>");
        }
        document.write("<br>其中的IP地址列表如下：<br>");
        for(i=0;i<ipArr.length;i++){
          if(pattern.test(ipArr[i]))
            document.write(ipArr[i]+"<br>");
        }
      }
    </script>
  </head>
  <body>
  </body>
<html>
```

扫一扫，看视频

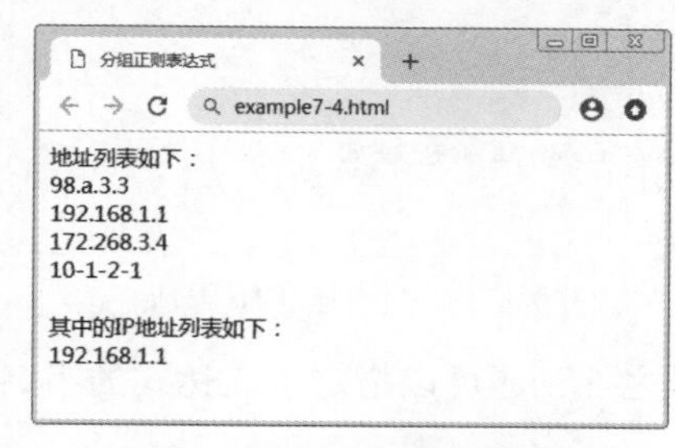

图7-4　分组正则表达式

3. 后向引用

使用小括号指定一个子表达式后，匹配这个子表达式的文本可以在表达式或其他程序中做进一步处理。默认情况下，每个分组会自动拥有一个组号，规则是：从左向右，以分组的左括号为标志，第一个出现的分组的组号为1，第二个为2，以此类推。

后向引用用于重复搜索前面某个分组匹配的文本。例如，\1代表分组1匹配的文本。正则表达式“/ \b(\w+)\b\s+\1\b /”可以用来匹配重复的单词，例如Hi Hi，Go Go。首先用正则表达式“\b(\w+)\b”匹配一个单词，也就是单词开始处和结束处之间的字母或数字，然后是一个或几个空白符（\s+），最后是前面匹配的那个单词（\1）。

例7-5中的正则表达式表示从一个字符串数组中找到abab或者abba的数字，在浏览器中的显示结果如图7-5所示。

【例7-5】example7-5.html

```
<!doctype html>
<html>
  <head>
    <meta charset="utf-8">
    <title>后向引用正则表达式</title>
    <script>
      window.onload=function(){
        var numberArr=new Array("1212","1234","1221","1231");
        var pattern=/(\d)(\d)\2\1|(\d)(\d)\3\4/;
        document.write("数字列表如下：<br>");
        for(i=0;i<numberArr.length;i++){
          document.write(numberArr[i]+"<br>");
        }
        document.write("<br>其中符合abba或abab的列表如下：<br>");
        for(i=0;i<numberArr.length;i++){
          if(pattern.test(numberArr[i]))
            document.write(numberArr[i]+"<br>");
        }
      }
    </script>
  </head>
  <body>
  </body>
<html>
```

扫一扫，看视频

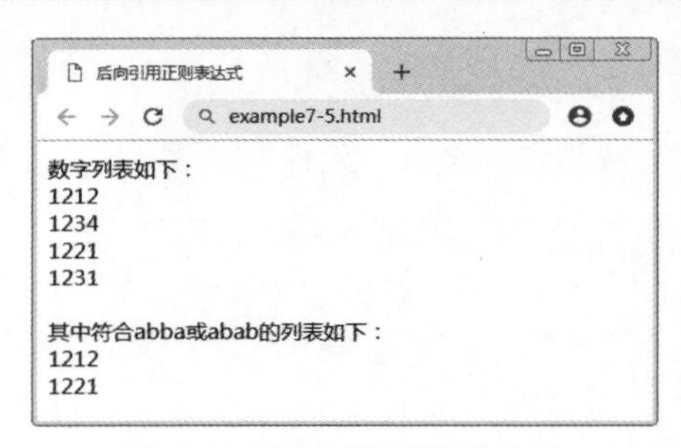

图 7-5　后向引用正则表达式

除了这种默认的分组编号之外，还可以指定子表达式的组名。要指定一个子表达式的组名，语法格式如下：

```
(?<Word>\w+)    或者    (?'Word'\w+)
```

这样就把\w+的组名指定为Word。要反向引用这个分组捕获的内容，可以使用\k<Word>，所以例7-5的正则表达式也可以写成：

```
/(?<n1>\d)(?<n2>\d)\k<n2>\k<n1>|(?<m1>\d)(?<m2>\d)\k<m1>\k<m2>/
```

7.1.5　正则表达式的修饰符

修饰符是影响整个正则规则的特殊符号，会对匹配结果和部分内置函数行为产生不同的效果。

1. 忽略大小写和全局修饰符

修饰符i（intensity）表示匹配结果忽略大小写，修饰符g（global）表示全局查找，对于一些特定的函数，将查找整个字符串，获得所有的匹配结果，而不仅仅在得到第一个匹配后停止。

例7-6中定义了一个字符串，把这串字符中的所有“linux”子串查找出来，并且忽略子串匹配的大小写，在浏览器中的显示结果如图7-6所示。

【例7-6】example7-6.html

```
<!doctype html>
<html>
  <head>
    <meta charset="utf-8">
    <title>忽略大小写修饰符</title>
    <script>
      window.onload=function(){
        var str="LiNuxand php,aaaLINUXaa and linux and lamp";
        var pattern=/linux/ig;
        document.write("源串如下：<br>"+str);
        strArr=str.match(pattern);
        document.write("<br>找到的linux子串如下：<br>");
        for(i=0;i<strArr.length;i++){
          document.write(strArr[i]+"<br>");
        }
      }
    </script>
  </head>
  <body>
  </body>
<html>
```

扫一扫，看视频

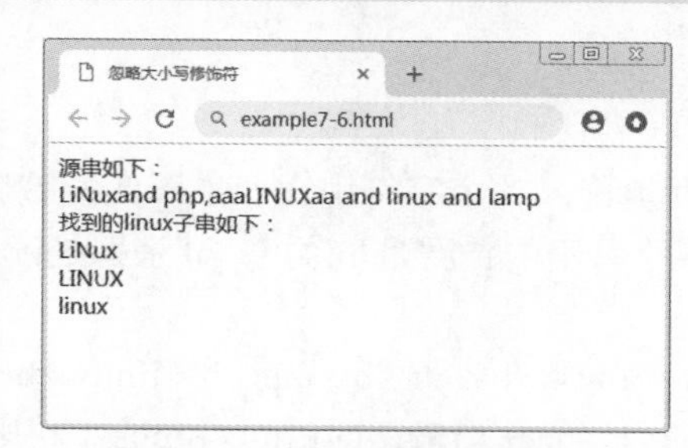

图7-6　正则表达式的修饰符

例7-6的正则表达式“/linux/ig”中，如果没有“i”，那么匹配的结果只有“linux”；如果没有“g”，那么匹配的结果只有第一个符合规则的字符串“LiNux”。

2. 换行修饰符

修饰符m（multiple）是检测字符串中的换行符，主要是影响字符串开始标识符^和结束标识符$的使用。

例7-7中定义了一个字符串，这个字符串包含换行符“\n”，把这个字符串中所有以“linux”开头的子串查找出来，并且忽略子串匹配的大小写，在浏览器中的显示结果如图7-7所示。

【例7-7】example7-7.html

```
<!doctype html>
<html>
  <head>
    <meta charset="utf-8">
```

扫一扫，看视频

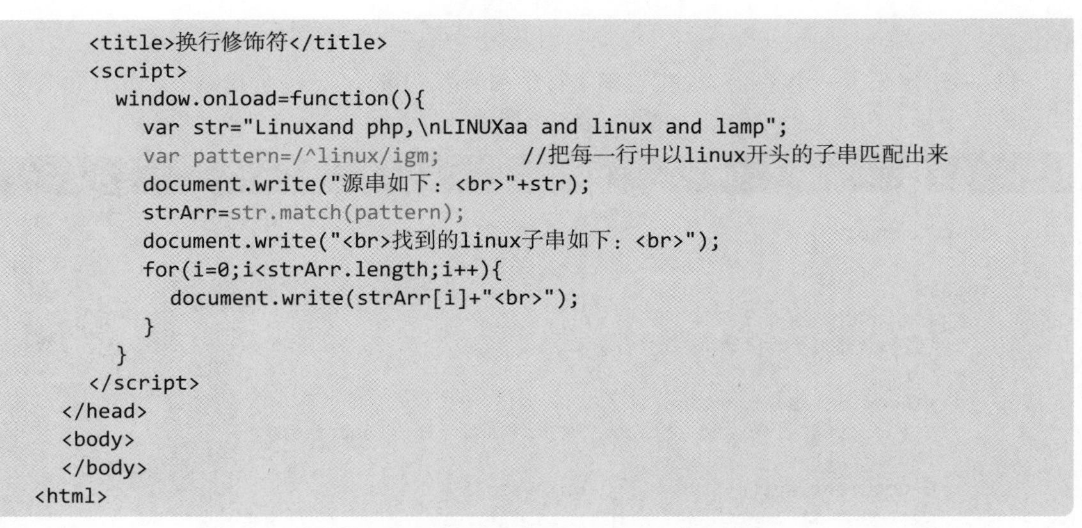

```
    <title>换行修饰符</title>
    <script>
      window.onload=function(){
        var str="Linuxand php,\nLINUXaa and linux and lamp";
        var pattern=/^linux/igm;        //把每一行中以linux开头的子串匹配出来
        document.write("源串如下：<br>"+str);
        strArr=str.match(pattern);
        document.write("<br>找到的linux子串如下：<br>");
        for(i=0;i<strArr.length;i++){
          document.write(strArr[i]+"<br>");
        }
      }
    </script>
  </head>
  <body>
  </body>
<html>
```

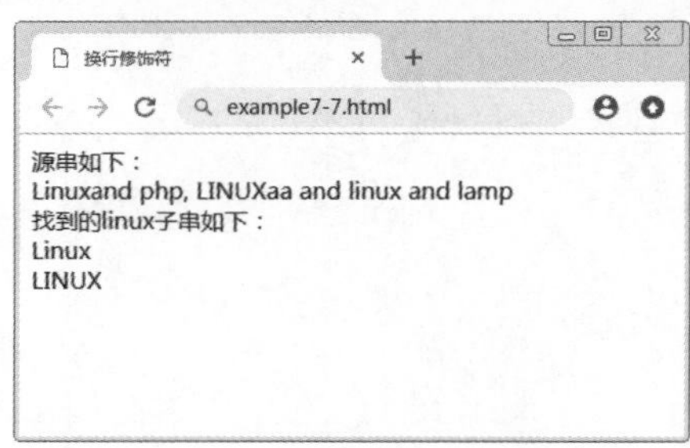

图 7-7　换行修饰符

3. 贪婪模式

贪婪模式的特性是一次性地读入整个字符串，如果不匹配就删除最右边的一个字符再匹配，直到找到匹配的字符串或字符串的长度是0为止，其宗旨是读尽可能多的字符，所以读到第一个匹配字符串时立刻返回。

例7-8中定义字符串“<b>Linux</b> an <b>php</b> linux abc”，现在需要完成的任务是要把标记对“<b></b>”之间的内容捕获出来，即Linux和php。正则表达式的构建过程如下：

（1）以标记b开头与结尾，需要把“<b>待添加</b>”转换成正则，其中<b></b>当作普通字符。

（2）标记<b></b>之间可以出现任意字符，个数可以是0个或者多个，正则表达式可以表示为“<b>.*</b>”，其中“.”代表任意字符，默认模式不匹配换行，“*”表示重复前面字符0个或者多个。

例7-8在浏览器中的显示结果如图7-8所示。

【例7-8】example7-8.html

```
<!doctype html>
<html>
  <head>
    <meta charset="utf-8">
    <title>贪婪模式</title>
    <script>
      window.onload=function(){
```

扫一扫，看视频

```
        var str="<b>Linux</b> an <b>php</b> linux abc";
        var pattern=/<b>.*<\/b>/g;
        document.write("源串如下：<br>"+str);
        strArr=str.match(pattern);
        document.write("<br>找到的匹配的子串如下：<br>");
        for(i=0;i<strArr.length;i++){
          document.write(strArr[i]+"<br>");
        }
      }
    </script>
  </head>
  <body>
  </body>
<html>
```

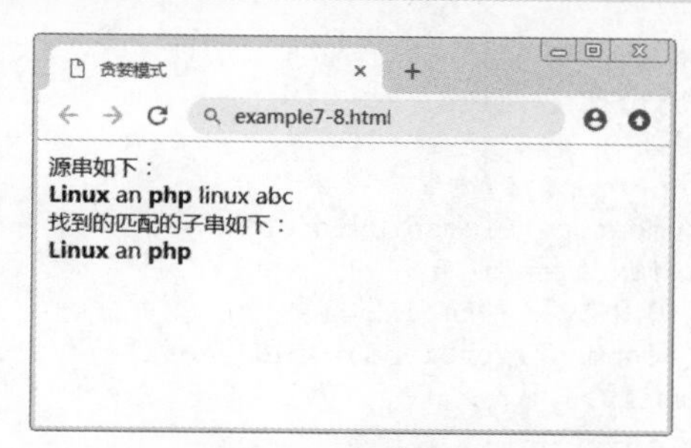

图 7-8　贪婪模式

由例7-8的执行结果来看，JavaScript脚本是按照贪婪模式进行字符串匹配，也就是该返回结果是一个“<b>Linux</b> an <b>php</b>”，而不是需求中要求的两个子串“<b>Linux</b>”和“<b>php</b>”。

4. 懒惰模式

懒惰模式的特性是从字符串的左边开始，试图不读入字符串中的字符进行匹配，失败则多读一个字符，再匹配，如此循环，当找到一个匹配字符串时会返回该匹配的字符串，再次进行匹配，直到字符串结束。

在正则表达式中把贪婪模式转换成懒惰模式的方法是在表示重复字符的元字符后面多加一个“?”字符。例7-8的源程序中正则表达式“var pattern=/<b>.*<\/b>/g;”修改成“var pattern=/<b>.*？ <\ /b>/g;”即可，返回的结果将是“Linux”和“php”。

7.2 正则表达式的常用方法

7.2.1 test() 方法

test()方法的返回值是布尔值，通过该方法可以测试字符串中是否存在与正则表达式匹配的结果，如果有匹配的结果，返回true，否则返回false。该方法常用于判断用户输入数据的合法性，例如检验email邮箱的合法性。该方法的语法格式如下：

```
rgExp.test(objStr)
```

其中，rgExp表示正则表达式，objStr表示需要通过正则表达式进行验证的字符串。

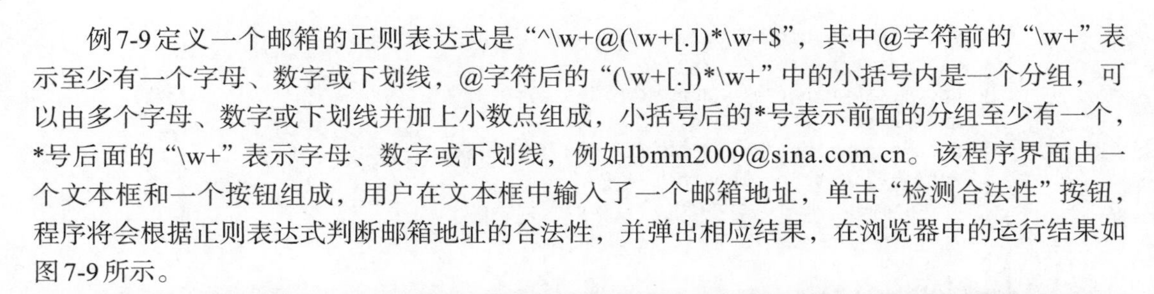

例7-9定义一个邮箱的正则表达式是“^\w+@(\w+[.])*\w+$”，其中@字符前的“\w+”表示至少有一个字母、数字或下划线，@字符后的“(\w+[.])*\w+”中的小括号内是一个分组，可以由多个字母、数字或下划线并加上小数点组成，小括号后的*号表示前面的分组至少有一个，*号后面的“\w+”表示字母、数字或下划线，例如lbmm2009@sina.com.cn。该程序界面由一个文本框和一个按钮组成，用户在文本框中输入了一个邮箱地址，单击“检测合法性”按钮，程序将会根据正则表达式判断邮箱地址的合法性，并弹出相应结果，在浏览器中的运行结果如图7-9所示。

【例7-9】example7-9.html

扫一扫，看视频

```
<!doctype html>
<html>
  <head>
    <meta charset="utf-8">
    <title>正则表达式test方法</title>
    <script>
      window.onload=function(){
        var myBtn=document.getElementById("btn");
        myBtn.onclick=function(){
          //获取文本框中用户输入的Email的信息
          var objStr=document.getElementById("email").value;
          //设置匹配Email的正则表达式
          var rgExp=/^\w+@(\w+[.])*\w+$/;
            //判断字符串中是否存在匹配内容，如果存在则提示正确信息，否则返回错误
            if(rgExp.test(objStr)){
              alert("该Email地址是合法的!");
            }else{
              alert("该Email地址是非法的!");
            }
        }
      }
    </script>
  </head>
  <body>
    <br><br><br><br><br><br><br>
    请输入Email地址:
    <input type="text" id="email">
    <input type="button" value="检测合法性" id="btn">
  </body>
<html>
```

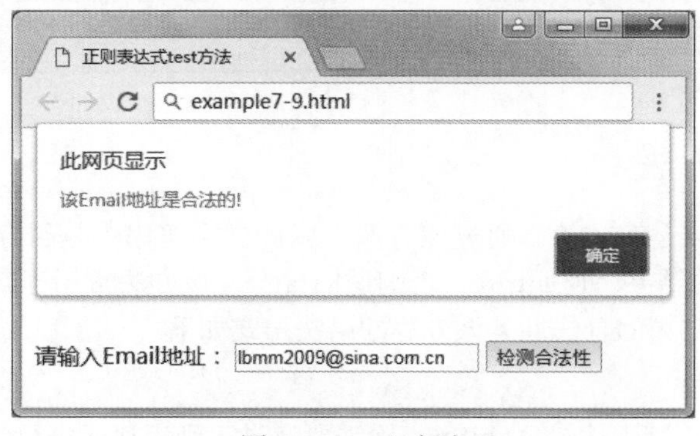

图7-9　test()方法

7.2.2 match() 方法

match()方法用于检索字符串，以找到一个或多个与正则表达式匹配的文本。match()方法的语法格式如下：

```
stringObj.match(rgExp)
```

其中，stringObj为需要进行匹配的字符串，rgExp为正则表达式。这个方法的行为在很大程度上依赖于正则表达式是否具有标志g，即全局匹配模式。

如果正则表达式中没有全局匹配模式标志g，match()方法就只能在stringObject中执行一次匹配。如果没有找到任何匹配的文本，match()将返回null。如果有全局匹配模式标志g，则将匹配结果返回到一个数组，该数组存放与找到的匹配文本相关的信息。该数组的第0个元素存放的是匹配文本，而其余元素存放的是与正则表达式的子表达式匹配的文本。除了这些常规的数组元素之外，返回的数组还含有两个对象属性。index属性声明的是匹配文本的起始字符在stringObject中的位置，input属性声明的是对stringObject的引用。

如果regExp具有标志g，则match()方法将执行全局检索，找到stringObject中所有的匹配子字符串。若没有找到任何匹配的子串，则返回null。如果找到了一个或多个匹配子串，则返回一个数组。不过全局匹配返回的数组内容与前者大不相同，其数组元素中存放的是stringObject中所有的匹配子串，而且没有index属性或input属性。

例7-10定义了一个不进行全局匹配的正则表达式"/([^?&=]+)=([^?&=])*/"，其中前后的斜杠是正则表达式的分隔符，小括号表示子表达式分组，"^"表示集合内字符类取反，定义的"[^?&=]"表示匹配不是"^?="的单个字符，字符类后面的+和*表示量词，这个正则表达式其实就是要找到一个字符串中等号两边分别只有一个字符，且这个字符不能是"? & ="这三个字符之一。该例中应重点关注匹配后的返回值，在浏览器中的运行结果如图7-10所示。

图 7-10 match() 方法

【例7-10】example7-10.html

```
<!doctype html>
<html>
  <head>
    <meta charset="utf-8">
    <title>正则表达式match方法</title>
    <script>
      window.onload=function(){
        var url = 'http://www.baidu.com?a=1&b=2&c=3';
        var reg = /([^?&=]+)=([^?&=])*/;
        var result = url.match(reg);
        document.write(result+"<br>");          //输出 a=1, a, 1
```

扫一扫，看视频

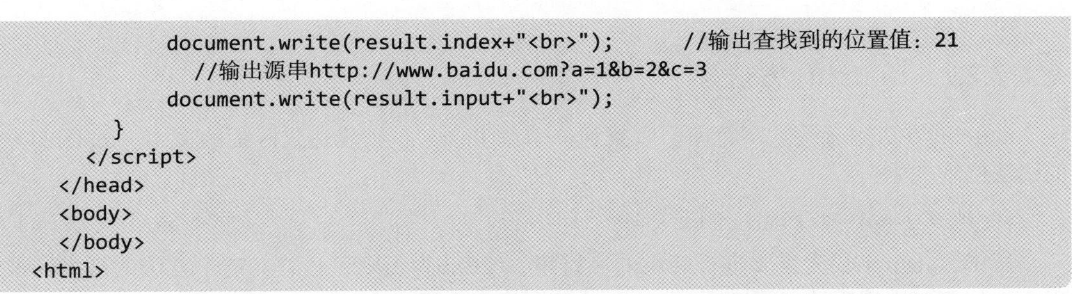

```
            document.write(result.index+"<br>");      //输出查找到的位置值：21
              //输出源串http://www.baidu.com?a=1&b=2&c=3
            document.write(result.input+"<br>");
        }
      </script>
    </head>
    <body>
    </body>
  <html>
```

从图7-10的输出结果来看，正则匹配后的返回值：第一个是匹配结果，后面两个是正则表达式中小括号内子表达式的匹配结果。

7.2.3 replace() 方法

字符串的replace()方法执行的是查找并替换的操作，其语法格式如下：

```
stringObject.replace(rgExp,replacement)
```

其中，stringObject是定义的源串，即该串中有些子串需要被替换;rgExp是正则表达式；replacement定义的是替换子串。该方法的作用是用replacement子串替换rgExp的第一次匹配或所有匹配的字符串，返回值是替换后的结果字符串，源串并没有发生改变。

如果rgExp具有全局模式标志g，replace()方法将替换所有匹配的子串，否则只替换第一个匹配子串。

例7-11是敏感词过滤的实例。在该实例中定义了一个正则表达式“/is|es|ag/g”，目的是把源串中含有is、es或ag的这些子串使用**代替。例7-11在浏览器中的运行结果如图7-11所示。

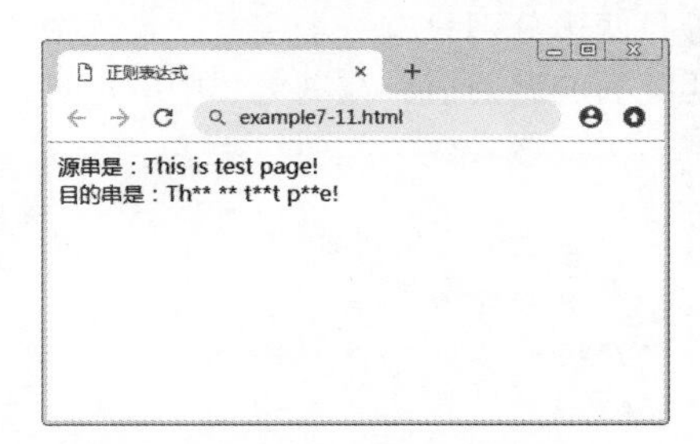

图7-11　replace() 方法

【例7-11】example7-11.html

```
<!doctype html>
<html>
  <head>
    <meta charset="utf-8">
    <title>正则表达式</title>
    <script>
      window.onload=function(){
        var strObj="This is test page!"
        var reg=/is|es|ag/g;
        strResult=strObj.replace(reg,"**");
        document.write("源串是："+strObj+"<br>");
        document.write("目的串是："+strResult);
      }
    </script>
```

```
  </head>
  <body>
  </body>
</html>
```

7.2.4 search() 方法

search()方法指明是否存在相应的匹配，一般用该方法判断是否源串中有值匹配，如果有，则用match()方法获取匹配子串。如果找到一个匹配，search()方法将返回一个整数值，指明这个匹配距离字符串开始的偏移位置。如果没有找到匹配，则返回-1。该方法的语法如下：

```
stringObj.search(rgExp)
```

其中，stringObj是源串，rgExp是正则表达式。例7-12是search()方法的应用实例，实现找到类似abcba的数字，其正则表达式为“/(\d)(\d)\d\2\1/”，在浏览器中的运行结果如图7-12所示。

【例7-12】example7-12.html

扫一扫，看视频

```
<!doctype html>
<html>
  <head>
    <meta charset="utf-8">
    <title>正则表达式</title>
    <script>
      window.onload=function(){
        var re=/(\d)(\d)\d\2\1/;            //设置正则表达式
        var ostr="253212328";               //要匹配的字符串，字符串第一个位置从0开始
        var pos=ostr.search(re);            //进行字符串匹配
        f(pos==-1){
          document.write("没有找到任何匹配");
        }
        else{
          arr=ostr.match(re);           //进行match找出匹配的内容
          document.write("在位置"+pos+"，找到第一个匹配，匹配内容为：");
          document.write(arr[0]);       //输出匹配的内容
        }
      }
    </script>
  </head>
  <body>
  </body>
</html>
```

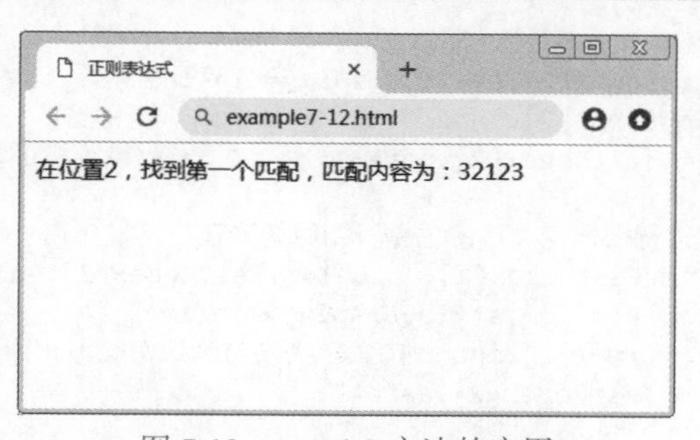

图 7-12　search() 方法的应用

7.3 网页特效

7.3.1 表单验证

前面讲解了正则表达式的规则和使用正则表达式的方法，但都是单独的某一项的应用。下面通过例7-13来实现一个注册表单，该表单会进行多项验证，包括用户名、密码、确认密码、手机号、邮箱。每一项验证首先会进行是否为空的验证，然后根据正则表达式进行验证，在浏览器中的运行结果如图7-13所示。

【例7-13】example7-13.html

扫一扫，看视频

```
<!doctype html>
<html>
  <head>
    <meta charset="utf-8">
    <title>表单验证</title>
    <style>
      span{color:red; font-weight:bold; display:none;}
    </style>
    <script>
      window.onload=function(){
        var myTestBtn=document.getElementById("sub");      //获取按钮对象
        //通过regex类名，获取需要进行验证的输入框对象数组
        var myTestRegex=document.getElementsByClassName("regex");
        //通过error类名，获取验证出错需要对用户进行提示的对象数组
        var myError=document.getElementsByClassName("error");
        for(i=0;i<myTestRegex.length;i++){          //对每个验证对象进行循环
          myTestRegex[i].index=i;                   //给每个验证对象加索引值
          myTestRegex[i].onblur=function(){         //给每个验证对象加失去焦点事件
            switch(this.index){                     //根据不同索引值，加入不同的验证方法
              case 0:var reg=/^\w{6,15}$/;          //定义用户名的正则表达式
                spaceError="用户名不能为空！";      //用户名为空时的提示
                regError="用户名在6~15位之间";      //用户验证错误时，给出提示字符串
                testResult(this,reg,this.index,spaceError,regError)
                break;
              case 1:var reg=/^\w{6,15}$/;          //定义密码验证对象的正则表达式
                spaceError="密码不能为空！";
                regError="密码6~15字母、数字、下划线";
                testResult(this,reg,this.index,spaceError,regError)
                break;
              case 2:
                if(myTestRegex[2].value==""){     //确认密码不能为空
                  myError[2].style.display="inline";       //为空则显示提示字符串
                  myError[2].innerHTML="确认密码不能为空！";//定义提示字符串的内容
                  myTestRegex[2].data=1;            //设置验证数据为1，表示验证没通过
                }
                //进行密码与确认密码是否相同的验证
                if(myTestRegex[1].value!=myTestRegex[2].value){
                  myError[2].style.display="inline";
                  myError[2].innerHTML="密码与确认密码不相同！";
                  myTestRegex[2].data=1;
                }
```

```
            break;
          case 3:var reg=/^1[3578]\d{9}$/;      //手机号验证的正则表达式
            spaceError="手机号必须输入不能为空！";
            regError="手机号必须是以13，15，17，18开头的11位数字";
            testResult(this,reg,this.index,spaceError,regError)
            break;
          case 4:var reg=/^\w+@(\w+[.])*\w+$/; //邮箱验证的正则表达式
            spaceError="邮箱不能为空！";
            regError="邮箱不符合规则";
            testResult(this,reg,this.index,spaceError,regError)
            break;
        }
      }
    }
    //验证函数，实参为：1.当前验证对象，2.正则表达式，3.索引值，
    //                4.输入值为空，提示字符串，5.验证错误，提示字符串
    function testResult(object,reg,index,spaceError,regError){
      var value=object.value;                 //获取用户输入的值
      var result=reg.test(value);             //进行正则表达式验证
      if(value==""){                          //用户输入是否为空
        myError[index].style.display="inline"; //为空则显示提示
        myError[index].innerHTML=spaceError;   //定义提示内容
        object.data=1;                       //设置验证数据为1，表示验证没通过
      } else if(result){                     //不为空，进行正则验证
        myError[index].style.display="none";   //验证通过，隐藏错误提示
        object.data=0;                          //设置验证数据为0，表示验证通过
      }else{                                    //正则验证没通过
        myError[index].style.display="inline"; //显示错误提示
        myError[index].innerHTML=regError;     //设置错误提示内容
        object.data=1;                       //设置验证数据为1，表示验证没通过
      }
    }
    myTestBtn.onclick=function(){         //单击注册按钮，进行所有输入数据验证
      total=0;                            //验证错误计数器
      for(i=0;i<myTestRegex.length;i++){
        myTestRegex[i].onblur();          //激活表单中每一个失去焦点事件
        total+=myTestRegex[i].data;       //累加验证错误计数器，都为0表示验证通过
      }
      if(total>0) return false;           //计数器大于0，表示有数据没通过验证，不提交
      else return true;                   //否则验证通过，提交用户输入的数据
    }
  }
  </script>
</head>
<body>
  <form action="reg.php" method="get">
    用  户  名:
    <input type="text" id="username" name="username" class="regex">
    <span class="error">用户名在6~15位之间</span>
    <br>
    密       码:
    <input type="password" id="pwd" name="pwd"  class="regex">
    <span class="error"></span>
    <br>
    确认密码:
    <input type="password" id="c_pwd" name="c_pwd" class="regex">
    <span class="error"></span>
```

```
        <br>
        手  机  号:
        <input type="text" id="mobile" name="mobile" class="regex">
        <span class="error"></span>
        <br>
        邮       箱:
        <input type="text" id="email" name="email" class="regex">
        <span class="error"></span>
        <br>
        <input type="submit" id="sub" value="注册">
      </form>
    </body>
</html>
```

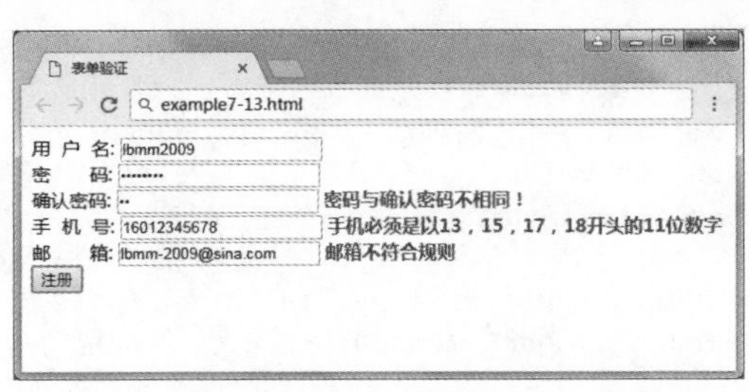

图 7-13　表单验证

7.3.2　级联下拉列表

当需要用户进行一些下拉列表数据的选择时，有些需要根据用户从下拉列表中选择的结果来更新某些表单元素的内容。例7-14就是实现此例功能的网页，在浏览器中的显示结果如图7-14所示。

【例7-14】example7-14.html

扫一扫，看视频

```
<html>
  <head>
    <meta charset="UTF-8">
    <title>省市二级联动</title>
    <script>
      window.onload=function(){
        var selectPro=""
        var proArr=new Array("河南","湖北","湖南");
        var arr = new Array();
        arr[0]="郑州,开封,洛阳,安阳,鹤壁,新乡,焦作,濮阳,许昌,漯河"
        arr[1]="武汉,宜昌,荆州,襄樊,黄石,荆门,黄冈,十堰,恩施,潜江"
        arr[2]="长沙,常德,株洲,湘潭,衡阳,岳阳,邵阳,益阳,娄底,怀化"
        var city = document.getElementById("city");
        var province=document.getElementById("province");
        var result=document.getElementById("result");
        var cityArr = arr[0].split(",");
        initCity(0);
        function initCity(index){
          var cityArr = arr[index].split(",");
          for(var i=0;i<cityArr.length;i++)
          {
            city[i]=new Option(cityArr[i],cityArr[i]);
```

```
            }
            selectPro=proArr[province.value];
            result.innerHTML=selectPro+"省"+cityArr[0]+"市";
          }
          province.onchange=function(){
            var index = province.selectedIndex;
            //将城市数组中的值填充到城市下拉列表框中
            initCity(index);
          }
          city.onchange=function(){
            result.innerHTML=selectPro+"省"+city.value+"市";
          }
        }
      </script>
    </head>
    <body>
      请您选择省份:
      <select id="province" size="1">
        <option value="0">河南</option>
        <option value="1">湖北</option>
        <option value="2">湖南</option>
      </select><br>
      请您选择城市:
      <select id="city" style="width:60px">
      </select> <br>
      您选择的结果是: <span id="result" style="color:red"></span>
    </body>
</html>
```

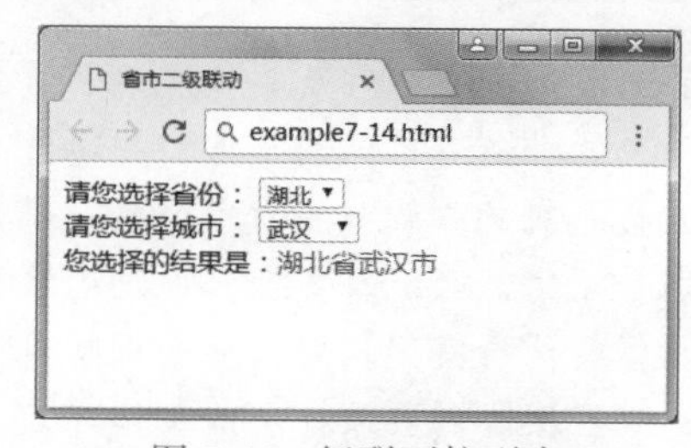

图 7-14　级联下拉列表

7.3.3　评分

网页设计中，有很多地方需要对某项事件评分，例如电影评分、教师授课情况评分、某个网店工作人员的服务质量评分等。例7-15就是通过5个星星对某项事件打分，鼠标指针放到某个星星上，该星星之前的所有星星都会以另一种样式显示，选择某个分值对应的星星之后，单击该星星，程序将会显示评分的分值以及相应的评语，在浏览器中的显示结果如图7-15所示。

【例7-15】example7-15.html

```
<!doctype html>
<html>
  <head>
    <meta charset="utf-8">
    <title>评分</title>
```

```
    <style>
      *{
        margin:0px;
        padding:0px;
      }
.
.
.
  </body>
</html>
```

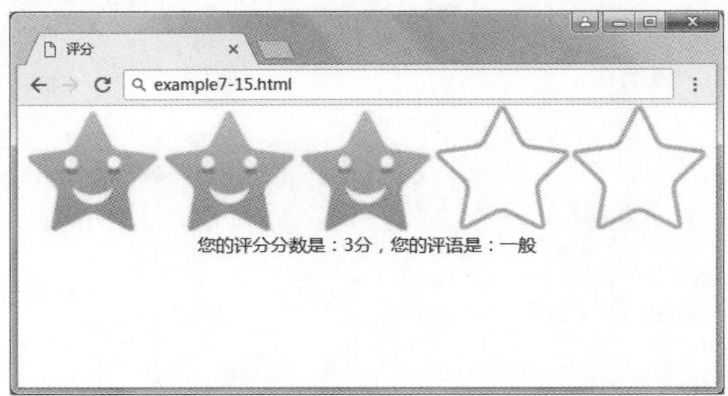

图 7-15　评分

7.4 本章小结

本章主要讲解正则表达式的组成、定义方法及具体应用。首先说明正则表达式中普通字符与元字符的区别，再对元字符代表的含义进行详细阐述，并通过一些与实际紧密相关的实例进行描述，帮助读者对正则表达式最基础的知识有一定的掌握；然后讲解在JavaScript中应用正则表达式的三种不同方法，分别是测试、匹配、替换，通过这三种方法能够完成正则表达式相关的所有操作；最后通过三个具体的网页实例，对前述的正则表达式的相关知识进行总结，并让读者仔细体会复杂的正则表达式在实际网页设计中的工作方式，为今后制作功能完备的网页打下良好基础。

7.5 习题七

扫描二维码，查看习题。

扫二维码
查看习题

7.6 实验七　数据验证

扫描二维码，查看实验内容。

扫二维码
查看实验内容

第4部分

巧用框架技术实现快捷开发

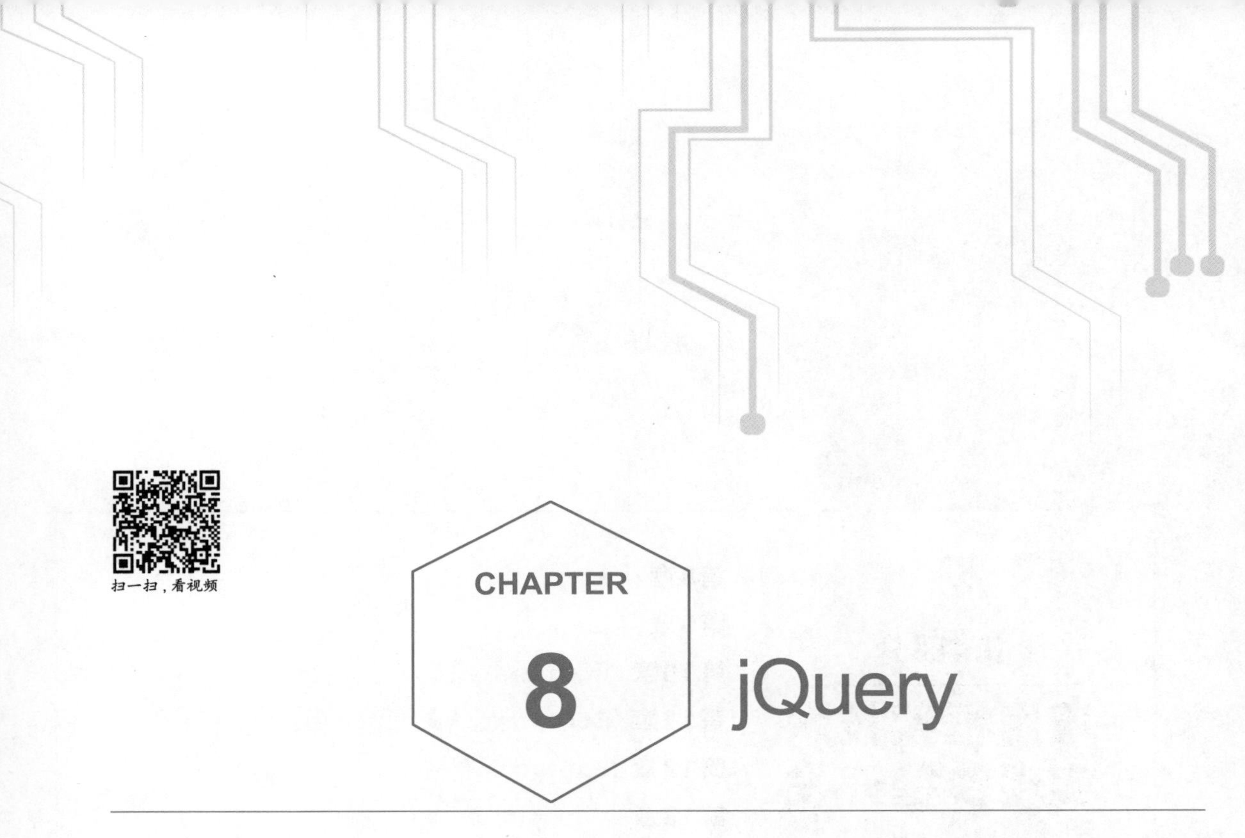

CHAPTER 8 jQuery

学习目标：

本章主要讲解jQuery框架结构的基本使用方法。通过对jQuery框架的学习，降低JavaScript脚本程序设计在网页中的应用难度。通过本章的学习，读者应该掌握以下内容：

- jQuery的引用方式；
- jQuery各种不同的选择器；
- jQuery的DOM操作；
- jQuery事件处理。

思维导图（略图）

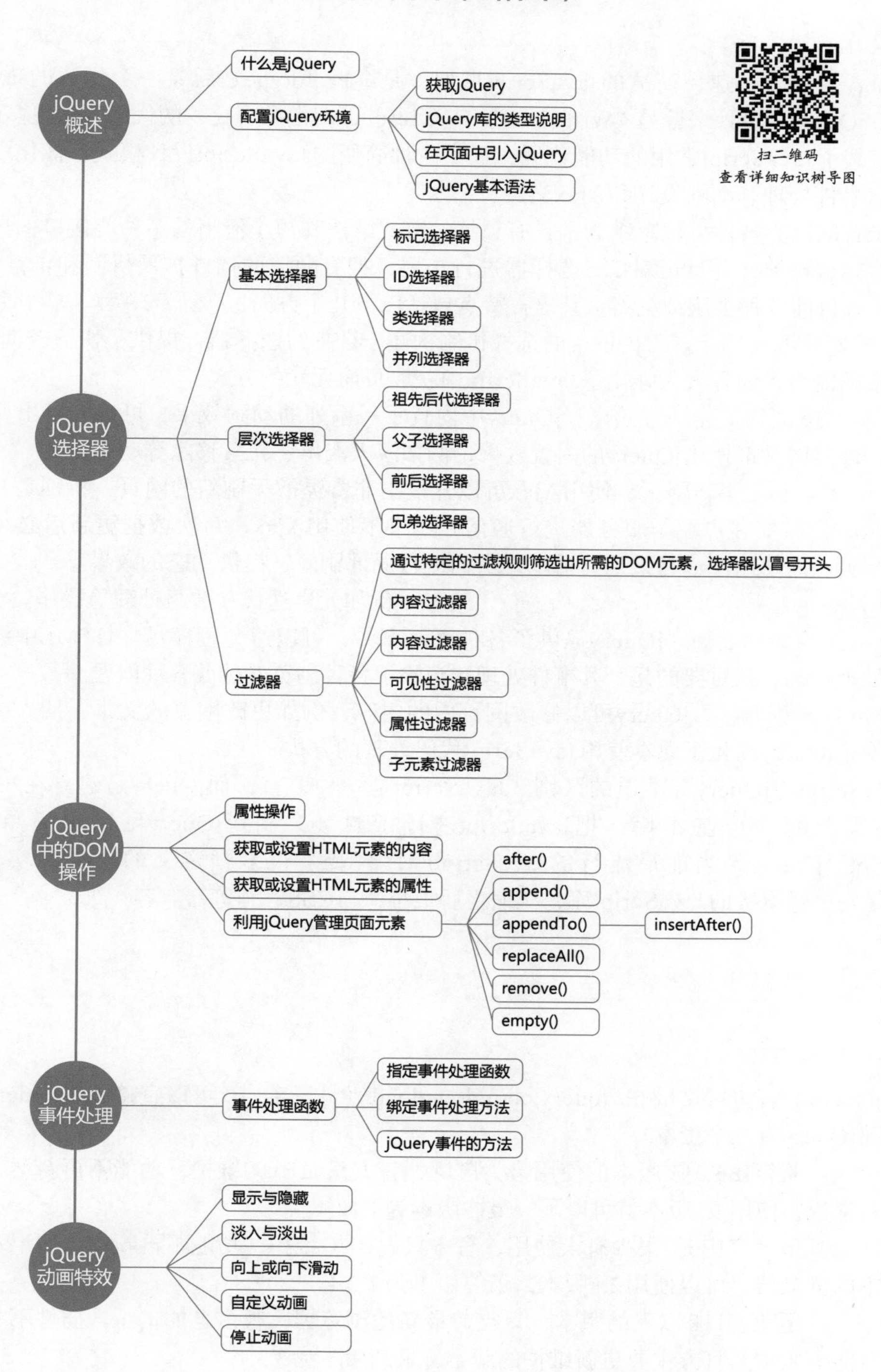

扫二维码
查看详细知识树导图

8.1 jQuery概述

 8.1.1 什么是 jQuery

jQuery是一个快速、简洁的JavaScript框架，是继Prototype之后又一个优秀的JavaScript代码库。jQuery的设计宗旨是“Write Less，Do More”，即倡导写更少的代码，做更多的事情。jQuery封装了JavaScript常用的功能代码，提供一种简便的JavaScript设计模式，优化HTML文档操作、事件处理、动画设计和Ajax交互。

jQuery的核心特性可以总结为：具有独特的链式语法和短小清晰的多功能接口；具有高效灵活的CSS选择器，并且可对CSS选择器进行扩展；拥有便捷的插件扩展机制和丰富的插件。jQuery兼容目前各种主流浏览器，其语言特点包括以下几个方面：

（1）快速获取文档元素。jQuery的选择机制构建于CSS的选择器，提供了快速查询DOM文档中元素的能力，而且大大强化了JavaScript中获取页面元素的方式。

（2）提供漂亮的页面动态效果。jQuery中内置了一系列的动画效果，可以开发出非常漂亮的网页，许多网站都使用jQuery的内置效果，例如淡入淡出、元素移除等动态特效。

（3）创建Ajax无刷新网页。使用Ajax可以开发出非常灵敏无刷新的网页，特别是开发服务器端网页时，需要客户端与服务器进行通信。如果不使用Ajax，每次数据更新后必须重新刷新整个网页，而使用Ajax特效后，可以对页面进行局部刷新，提供动态的效果。

（4）jQuery对基本JavaScript结构进行了增强，例如元素迭代和数组处理等操作。

（5）增强的事件处理。jQuery提供了各种页面事件，可以避免程序员在HTML中添加太多的事件处理代码，最重要的是，其事件处理器消除了各种浏览器的兼容性问题。

（6）更改网页内容。jQuery可以修改网页中的内容，例如更改网页的文本、插入或者翻转网页图像，jQuery简化了原本使用JavaScript代码处理的方式。

JavaScript与jQuery有本质的区别。JavaScript是一种语言，而jQuery是建立在JavaScript脚本语言上的一个基本库，把JavaScript进行了封装，利用jQuery可以更简单地使用JavaScript。jQuery是当前最流行的JavaScript库，封装了很多预定义的对象和实用函数，jQuery是一个轻量级的JavaScript库，压缩之后很小，与CSS、浏览器兼容。

8.1.2 配置 jQuery 环境

1. 获取jQuery

在jQuery的官方网站http://jquery.com/download/（见图8-1），可以直接下载jQuery的最新库。目前jQuery有三个版本。

（1）1.x：兼容IE6，该版本的使用最为广泛，官方只做BUG维护，功能不再新增。因此对一般项目来说，使用1.x版本就可以了，最终版本为1.12.4。

（2）2.x：不兼容IE6，很少有人使用，官方只做BUG维护，功能不再新增。如果不考虑兼容低版本的浏览器，可以使用2.x版本，最终版本为2.2.4。

（3）3.x：不兼容IE8以下的版本，只支持最新的浏览器，很多老的jQuery插件不支持这个版本。目前该版本是官方主要更新维护的版本，最新版本为3.3.1。

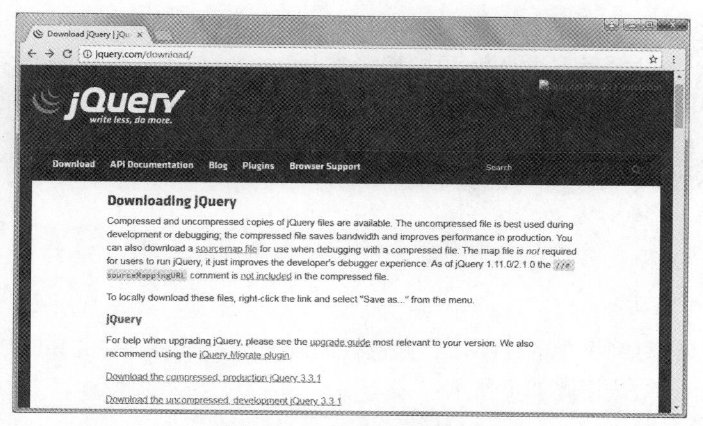

图 8-1　jQuery 官方网站

2. jQuery库的类型说明

jQuery库分为两种，一种后缀是“.min.js”，是经过工具压缩后的版本，一般文件尺寸比较小，主要应用于产品和项目开发；另一种后缀是“.js”，是没有经过压缩的版本，主要用于测试、学习和开发。为实现本书的实例，建议选择下载jQuery-1.11.2.js。

另外，jQuery不需要安装，把下载的jQuery-1.11.2.js放到网站上的一个公共位置，想在某个页面上使用jQuery时，只需要在相关的HTML文档中引入该文件库即可。

3. 在页面中引入jQuery

本书将jQuery-1.11.2.js放在目录js下。为了方便调试，在所提供的jQuery例子中使用相对路径。在实际项目中，应该根据实际需要调整jQuery库的路径。

要想使用jQuery库，使用如下语句先引入jQuery库：

```
<script src="js/jquery-1.11.2.js"> </script>
```

例8-1是本书的第一个jQuery程序，重点请读者理解网页如何引入jQuery库。该例是在网页中弹出“Hello jQuery World!”。

【例8-1】example8-1.html

```
<!doctype html>
<html>
  <head>
    <meta charset="utf-8">
    <title>jQuery</title>
    <script src="js/jquery-1.11.2.js"></script> <!--引入jQuery库-->
    <script>
      $(document).ready(function(e) {       //网页加载完毕后执行
        alert("hello jQuery World!");       //弹出一个警告框
      })
    </script>
  </head>
  <body>
  </body>
</html>
```

扫一扫，看视频

例8-1的代码说明如下：

（1）$( )是jQuery的缩写，可以在DOM中搜索与指定的选择器匹配的元素，并创建一个引

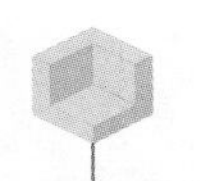

用该元素的jQuery对象。

（2）通过jQuery对象$选择document元素，将document元素封装成jQuery对象，然后调用jQuery对象的ready()方法，将自定义匿名函数添加到document元素上，该函数将在DOM结构加载完毕之后执行。实现的功能与如下JavaScript的网页加载事件类似：

```
window.onload=function(){
  alert("hello jQuery World!");
}
```

4. jQuery基本语法

jQuery语法是针对网页中的HTML元素选择编制的，可以对选中的HTML元素执行某些操作，最基本的jQuery语法格式如下所示：

```
$(selector).action()
```

其中，$( )是jQuery的缩写；selector是选择器，表示选中网页文档中的哪些HTML元素；action()表示对选中的元素进行什么操作。

例8-2让读者体验jQuery基本语法，该例是网页中<p>标记包含的一段文字，单击这段文字时，文字自动消失。

【例8-2】example8-2.html

```
<!doctype html>
<html>
  <head>
    <meta charset="utf-8">
    <title>jQuery</title>
    <script src="js/jquery-1.11.2.js"></script>
    <script>
      $(document).ready(function(e) {
        $("p").click(function(){
          $(this).hide();
        });
      });
    </script>
  </head>
  <body>
    <p>单击我，我会自动消失</p>
  </body>
</html>
```

扫一扫，看视频

在例8-2中，$("p")是jQuery的一个选择器，用于选择网页中所有的p元素；$("p").click()方法指定选中的<p>元素的click单击事件处理函数，click事件在用户单击元素对象时被触发。

$(this)是一个jQuery对象，表示当前引用的HTML元素对象（此处指p元素）。$(this).hide()表示选中当前的HTML元素，并将其隐藏。

8.2 jQuery选择器

在CSS中，选择器（或选择符）的作用是选择页面中的某些HTML元素或者某一个HTML元素。jQuery中的选择器使用“$”，其方式更全面，而且不存在浏览器的兼容问题。

jQuery选择器允许通过标签名、属性名或内容对HTML元素进行选择或者修改HTML元素的样式属性。jQuery的选择器很多，可以分为基本选择器、层次选择器、过滤选择器和属性过滤器。

8.2.1 基本选择器

基本选择器主要包括元素选择器、ID选择器、类选择器以及并列选择器等，选择方法与CSS选择器的方法相同。

1. 元素选择器

元素选择器可以选中HTML文档中所有的某个元素。如例8-2中的$("p")表示选中本网页中所有的p元素，又如$("input")表示选中本网页中所有的input元素。

2. ID选择器

ID选择器可以根据指定ID值返回一个唯一的元素。例8-3中定义一个ID为“myId”的<p id="myId">Hello</p>，单击该ID标记内的文字时，把其中的文字内容由“Hello”改为“World”，使用ID选择器选中该<p>元素的方法是$("#my")。

【例8-3】example8-3.html

```
<!doctype html>
<html>
  <head>
    <meta charset="utf-8">
    <title>jQuery</title>
    <script src="js/jquery-1.11.2.js"></script>
    <script>
      $(document).ready(function(e) {
        $("#myId").click(function(){
          $("#myId").html("World");
        });
      });
    </script>
  </head>
  <body>
    <p id="myId">Hello</p>
  </body>
</html>
```

扫一扫，看视频

3. 类选择器

类选择器可以根据元素的CSS类选择一组元素。例如，$(".left")指选择页面中所有class属性为left的元素；$("p.left")指选择页面中所有class属性为left的p元素。

例8-4是在HTML中定义myClass类的<li>元素，在jQuery中使用类选择器选中这些元素，然后遍历<li>元素，并修改其HTML的显示内容，在浏览器中的显示结果如图8-2所示，单击相应按钮后在浏览器中的显示结果如图8-3所示。

【例8-4】example8-4.html

```
<!doctype html>
<html>
  <head>
    <meta charset="utf-8">
```

扫一扫，看视频

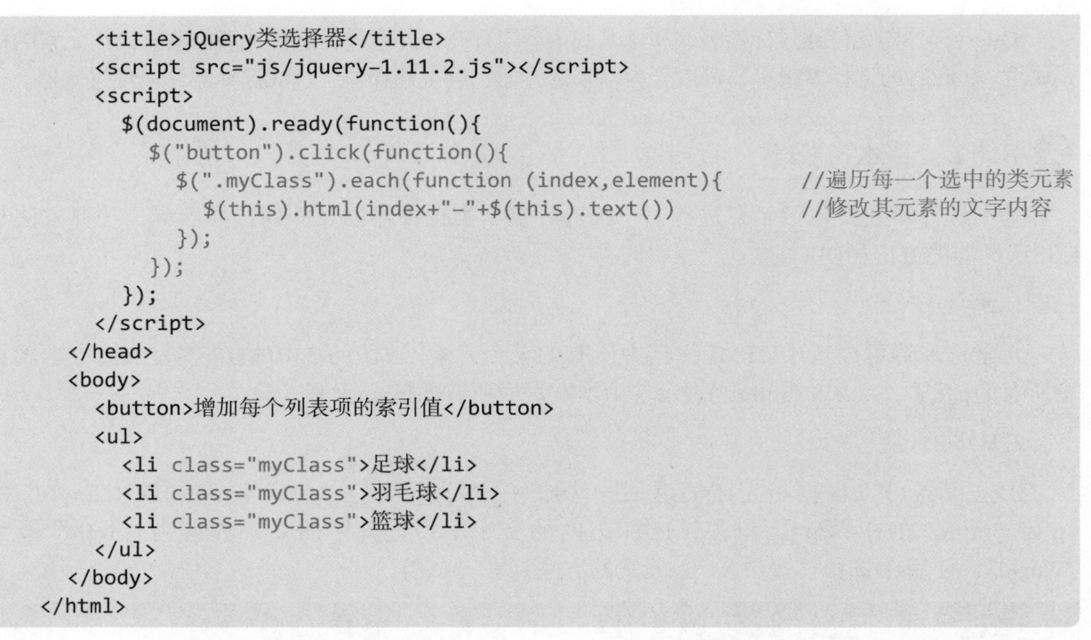

```
    <title>jQuery类选择器</title>
    <script src="js/jquery-1.11.2.js"></script>
    <script>
      $(document).ready(function(){
        $("button").click(function(){
          $(".myClass").each(function (index,element){        //遍历每一个选中的类元素
            $(this).html(index+"-"+$(this).text())            //修改其元素的文字内容
          });
        });
      });
    </script>
  </head>
  <body>
    <button>增加每个列表项的索引值</button>
    <ul>
      <li class="myClass">足球</li>
      <li class="myClass">羽毛球</li>
      <li class="myClass">篮球</li>
    </ul>
  </body>
</html>
```

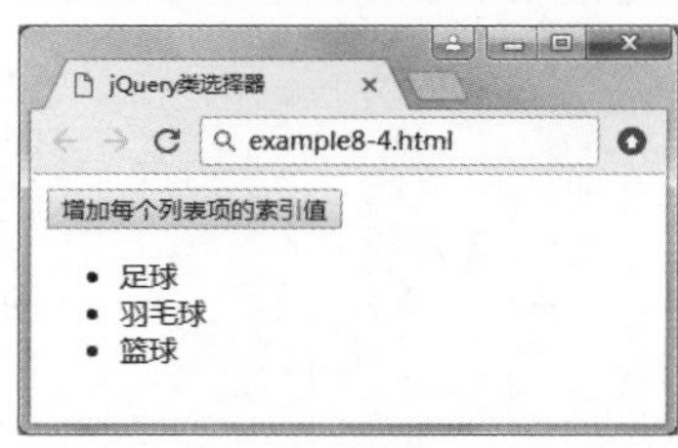

图 8-2　jQuery 类选择器

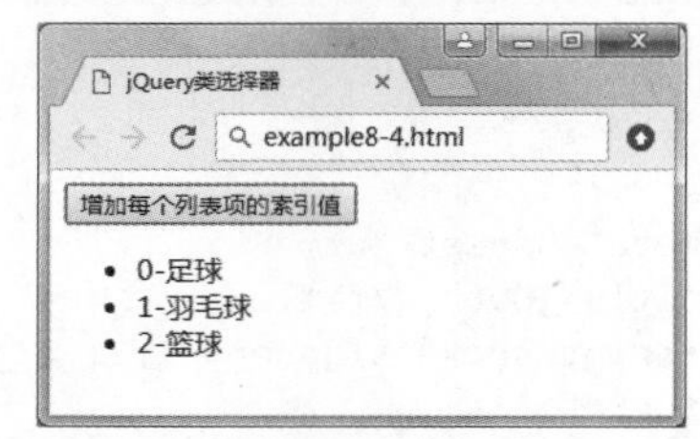

图 8-3　jQuery 类选择器元素遍历

4. 并列选择器

并列选择器指使用逗号隔开的选择符，彼此之间是并列关系。例如，$("p, div")指选择页面中所有的p元素和div元素；$("#my, p, .left")指选择页面中id为my的第一个元素、所有的p元素以及所有的class属性为left的元素。

8.2.2　层次选择器

层次选择器可以根据页面中HTML元素之间的嵌套关系选择元素，主要包括祖先后代选择器、父子选择器、前后选择器、兄弟选择器。

1. 祖先后代选择器

祖先后代选择器中祖先选择符和后代选择符之间使用空格隔开，不限制嵌套的层次数。例如：

```
$(".left p")    或    $("form input")
```

前面一个选择符表示选择所有class属性为left的元素中的所有p元素；后面一个选择符表示选择所有form元素中的input元素。

例8-5是在HTML中定义祖先元素<div>，其id属性为box，后代元素<li>，在jQuery中使用祖先后代选择器选中这些<li>元素，选择方法是$("#box li")，然后通过增加CSS类的方法改变其显示风格，在浏览器中的显示结果如图8-4所示，单击相应按钮后，在浏览器中的显示结果如图8-5所示。

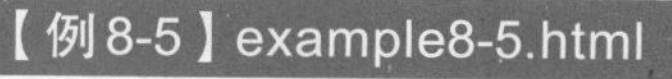
【例8-5】example8-5.html

```
<!doctype html>
<html>
  <head>
    <meta charset="utf-8">
    <title>jQuery祖先后代选择器</title>
    <script src="js/jquery-1.11.2.js"></script>
    <script>
      $(document).ready(function(){
        $("button").click(function(){
          $("#box li").addClass("myClass")
        });
      });
    </script>
    <style>
      .myClass{ist-style:none; background:#C9C; width:200px; text-align:center;margin:5px;}
    </style>
  </head>
  <body>
    <button>改变列表显示样式</button>
    <div id="box">
      <ul>
        <li>足球</li>
        <li>羽毛球</li>
        <li>篮球</li>
      </ul>
    </div>
  </body>
</html>
```

扫一扫，看视频

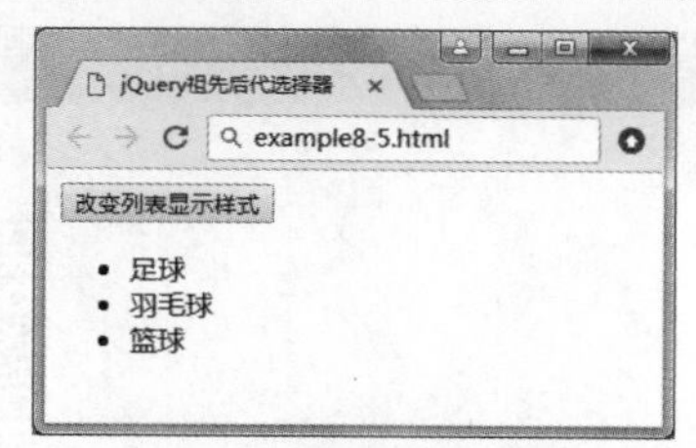

图 8-4　祖先后代选择器

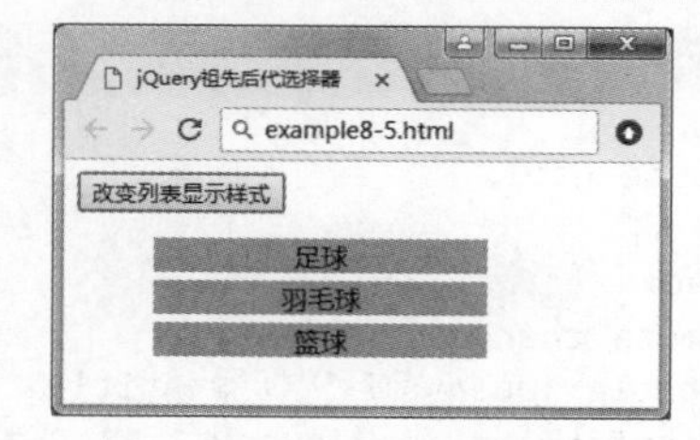

图 8-5　改变列表显示样式

2. 父子选择器

在HTML中，元素之间存在包含关系。在例8-5中<div>元素的子元素是<ul>元素，<ul>元素的子元素是<li>元素，而<div>元素的父元素是<body>元素。父子选择器的父元素和子元素之间使用符号“>”隔开，前后元素的嵌套关系只能是一层。例如，$("div > ul")指选择div元素内直接嵌套的ul元素。

例8-6中利用父子选择器以及jQuery中的CSS( )方法，完成与例8-5相同的程序代码的功能。

【例8-6】example8-6.html

```
<!doctype html>
<html>
  <head>
    <meta charset="utf-8">
    <title>jQuery父子选择器</title>
```

扫一扫，看视频

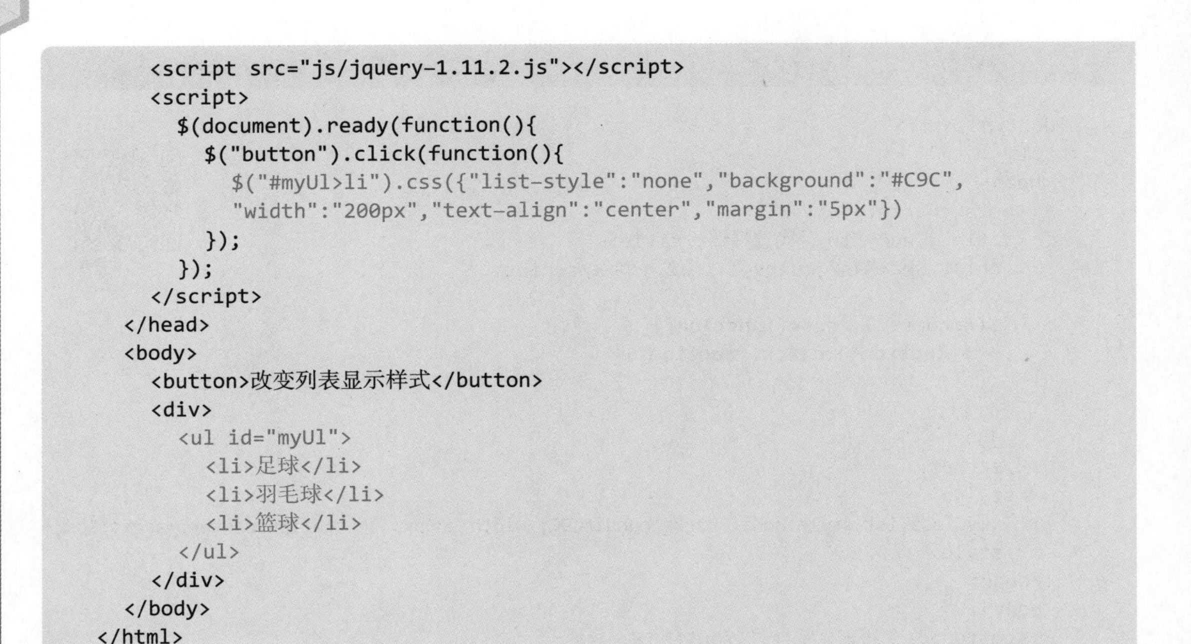

```
    <script src="js/jquery-1.11.2.js"></script>
    <script>
      $(document).ready(function(){
        $("button").click(function(){
          $("#myUl>li").css({"list-style":"none","background":"#C9C",
          "width":"200px","text-align":"center","margin":"5px"})
        });
      });
    </script>
  </head>
  <body>
    <button>改变列表显示样式</button>
    <div>
      <ul id="myUl">
        <li>足球</li>
        <li>羽毛球</li>
        <li>篮球</li>
      </ul>
    </div>
  </body>
</html>
```

3. 前后选择器

前后选择器可以选择某元素的下一个同级兄弟元素，前后选择器对两个同级别的元素起作用，前后元素中间使用“+”分隔，选择在某元素后面的next元素，相当于next()方法。例如，$("#my+img")是选择id为my的元素后的第一个同级别img元素，相当于$("#my").next("img")。

例8-7是一个验证用户输入数据是否为空的页面，如果为空，则给出相应的错误提示，在浏览器中的运行结果如图8-6所示。

【例8-7】example8-7.html

扫一扫，看视频

```
<!doctype html>
<html>
  <head>
    <meta charset="utf-8">
    <title>jQuery前后选择器</title>
    <script src="js/jquery-1.11.2.js"></script>
    <script>
      $(document).ready(function(){
        $("button").click(function(){
          if($("#username").val()==""){
            $("#username+span").html("用户名不能为空！")
            $("#username+span").css("display","inline")
          }
          else{
            $("#username+span").css("display","none")
          }
        });
      });
    </script>
    <style>
      div span{display:none; background:red; color:white;}
    </style>
  </head>
```

```
  <body>
    <div>
      <label>用户名</label>
      <input type="text" id="username">
      <span></span>
    </div>
    <button>测试</button>
  </body>
</html>
```

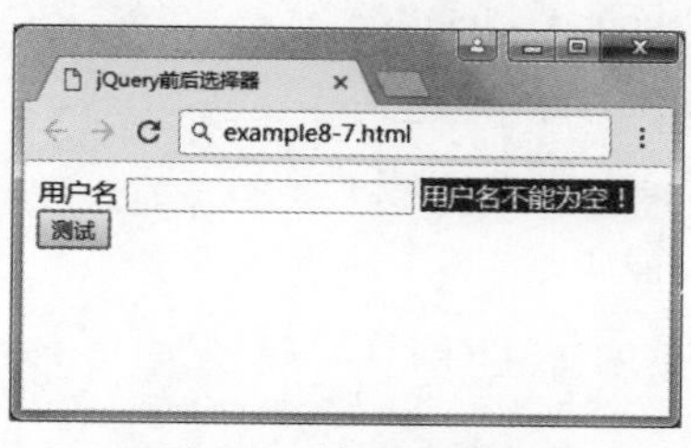

图 8-6　前后选择器

4. 兄弟选择器

兄弟选择器用于选择某元素的所有兄弟元素，相当于nextAll()方法，可以选择出现在某元素之后和其为同一级别的所有元素。例如，$("#my~img")是选择id为my的元素后的所有同级别img元素，相当于$("#my").nextAll("img")。

8.2.3　过滤器

过滤器主要是通过特定的过滤规则筛选出所需的DOM元素，该选择器以冒号开头。按照不同的过滤规则，过滤器又可分为基本过滤器、内容过滤器、可见性过滤器、属性过滤器、子元素过滤器和表单对象属性过滤器。

1. 基本过滤器

基本过滤器可以根据元素的特点和索引选择元素。基本过滤器及其说明见表8-1。

表 8-1　基本过滤器及其说明

选择器	说　明
:first	匹配找到的第一个元素
:last	匹配找到的最后一个元素
:not(selector)	去除所有与给定选择器匹配的元素
:even	匹配所有索引值为偶数的元素，例如 $("tr:even")
:odd	匹配所有索引值为奇数的元素，例如 $("tr:odd")
:eq(index)	匹配一个给定索引值的元素
:gt(index)	匹配所有大于给定索引值的元素
:lt(index)	匹配所有小于给定索引值的元素
:header	匹配所有标题
:animated	匹配所有正在执行动画效果的元素

例如：

（1）改变class不为one的所有div的背景颜色。

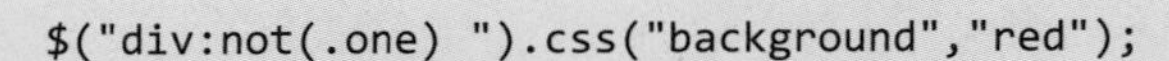

```
$("div:not(.one) ").css("background","red");
```

（2）改变索引为奇数的div的背景颜色。

```
$("div:odd").css("background","red");
```

（3）改变索引为偶数的div的背景颜色。

```
$("div:even").css("background","red");
```

（4）改变索引为大于某数的div的背景颜色。

```
$("div:gt(3)").css("background","red");
```

（5）改变索引为等于某数的div的背景颜色。

```
$("div:eq(3)").css("background","red");
```

（6）改变索引为小于某数的div。

```
$("div:lt(3)").css("background","red");
```

2. 内容过滤器

内容过滤器可以根据元素包含的文字内容选择元素。内容过滤器及其说明见表8-2。

表 8-2　内容过滤器及其说明

选择器	说　明
:contains(text)	匹配包含给定文本的元素
:empty()	匹配所有不包含子元素或者文本的空元素
:has(selector)	匹配含有选择器所匹配的元素的元素
:parent()	匹配含有子元素或者文本的元素，与 :empty() 相反

在例8-8中放置四个div块，分别根据每个div块的不同特点改变其背景颜色，在浏览器中的显示结果如图8-7所示，单击“显示效果”按钮后，在浏览器中的显示结果如图8-8所示。

【例8-8】example8-8.html

```
<!doctype html>
<html>
  <head>
    <meta charset="utf-8">
    <title>jQuery内容过滤器</title>
    <script src="js/jquery-1.11.2.js"></script>
    <script>
      $(function() {
        $('button').click(function() {
          //包含内容为"ha"的div块
          $('div:contains(ha)').css('backgroundColor', 'green');
          //不包含任何内容的div块
          $('div:empty').css('backgroundColor', 'yellow');
          //包含有a标签的div块
          $('div:has(a)').css('backgroundColor', 'pink');
        })
      })
    </script>
    <style>
      div{
        width:300px;
        height:50px;
```

扫一扫，看视频

```
            border:1px solid red;
            margin:5px;
          }
        </style>
      </head>
      <body>
        <button>显示效果</button>
        <div> hahha </div>
        <div> heihei </div>
        <div></div>
        <div> <a href="http://www.baidu.com">content</a> </div>
      </body>
    </html>
```

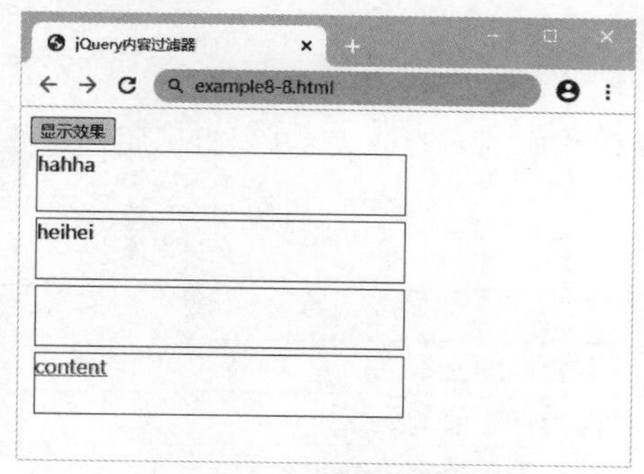

图 8-7　内容过滤器

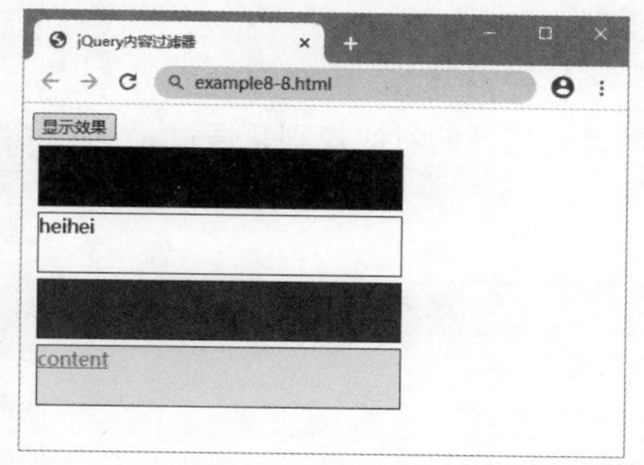

图 8-8　内容过滤器改变属性

3. 可见性过滤器

可见性过滤器可以根据元素的可见性进行选择，可见性过滤器包括“: hidden”和“: visible”。其中可见性过滤器“:hidden”不仅包含样式属性display为none的元素，也包含文本隐藏域(<input type="hidden">)和visible:hidden之类的元素；可见性过滤器“:visible”可以匹配所有可见的元素。

例8-9制作的页面上有两个按钮，一个按钮是改变可见性元素的背景颜色的属性，另一个按钮是利用jQuery的show()方法让不可见元素显示出来。

【例8-9】example8-9.html

扫一扫，看视频

```
<!doctype html>
<html>
  <head>
    <meta charset="utf-8">
    <title>jQuery可见性过滤器</title>
    <script src="js/jquery-1.11.2.js"></script>
    <script type="text/javascript">
      $(document).ready(function(){
        $("#b1").click(function(){
          $("div:visible").css("background","red");
        });
        $("#b2").click(function(){
          $("div:hidden").show(1000);
        });
      });
    </script>
```

```
    </head>
    <body>
      <h3>可见性过滤器.</h3>
      <input type="button" value="改变可见div元素属性" id="b1"/>
      <input type="button" value="显示不见元素属性" id="b2"/>
      <br/><br/>
      <div id="one">
        Hello World!
      </div>
      <div style="display:none;">
        style的display为"none"的div
      </div>
    </body>
  </html>
```

4. 属性过滤器

属性过滤器的过滤规则是通过元素的属性来获取相应的元素。表8-3列出了属性过滤器及其说明。

表 8-3　属性过滤器及其说明

选择器	说　明
[attribute]	匹配包含给定属性的元素
[attribute=value]	匹配给定属性为特定值的元素
[attribute!=value]	匹配给定属性不等于特定值的元素
[attribute^=value]	匹配给定属性是以特定值开头的元素
[attribute$=value]	匹配给定属性是以特定值结尾的元素
[attribute*=value]	匹配给定属性包含特定值的元素
[attributeFilter1][attributeFilter2][…]	复合属性选择器，匹配属性同时满足多个条件的元素

例8-10在制作的页面上选择超链接中带有title属性的元素，修改这些元素的背景色、字体大小、下划线等属性。

【例8-10】example8-10.html

扫一扫，看视频

```
<!doctype html>
<html>
  <head>
    <meta charset="utf-8">
    <title>jQuery属性过滤器</title>
    <script src="js/jquery-1.11.2.js"></script>
    <script>
      $(document).ready(function(){
        $("a[title]").css({ "color":"#FF9600",
          "font-size":"12px",
        "text-decoration":"none"});
      });
    </script>
  </head>
  <body>
    <a href="#" title="first">第一个包含title属性的a元素</a><br/>
    <a href="#">第一个不包含title属性的a元素</a><br/>
    <a href="#" title="second">第二个包含title属性的a元素</a><br/>
    <a href="#">第二个不包含title属性的a元素</a><br/>
```

```
    <a href="#" title="third">第三个包含title属性的a元素</a>
  </body>
</html>
```

5. 子元素过滤器

使用子元素过滤器可以根据某个元素的子元素对该元素进行过滤。表8-4列出子元素过滤器及其说明。

表 8-4　子元素过滤器及其说明

选择器	说　明
:first-child	获取第一个子元素
:last-child	获取最后一个子元素
:nth-child(index|even|eq|odd)	通过相关指数获取子元素
:only-child	获取子元素唯一的元素

其中，nth-child()选择器的说明如下：

（1）:nth-child(even/odd)：选取每个父元素下的索引值为偶（奇）数的元素。

（2）:nth-child(2)：选取每个父元素下的索引值为2的元素。

（3）:nth-child(3n)：选取每个父元素下的索引值是3的倍数的元素。

（4）:nth-child(3n + 1)：选取每个父元素下的索引值是3n+1的元素。

在例8-11制作的页面上选择偶数列表元素，让其背景色发生改变，在浏览器的显示结果如图8-9所示。

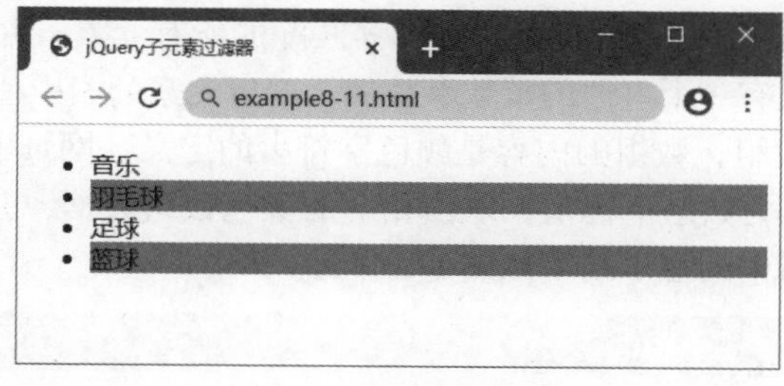

图 8-9　子元素过滤器

【例8-11】example8-11.html

```
<!doctype html>
<html>
  <head>
    <meta charset="utf-8">
    <title>jQuery子元素过滤器</title>
    <script src="js/jquery-1.11.2.js"></script>
    <script>
      $(document).ready(function(){
        $("ul li:nth-child(even)").css("background-color","#FF9600");
      });
    </script>
  </head>
  <body>
    <ul>
      <li>音乐</li>
      <li>羽毛球</li>
```

扫一扫，看视频

```
            <li>足球</li>
            <li>篮球</li>
        </ul>
    </body>
</html>
```

8.3 jQuery中的DOM操作

DOM是一种与浏览器平台、语言无关的接口，使用该接口可以轻松地访问页面中所有的标准组件。

8.3.1 属性操作

每个HTML元素都可以转换为一个DOM对象，而每个DOM对象都有一组属性，通过这些属性可以设置HTML元素的外观和特性。在标准JavaScript中，可以使用document.getElementsById("对象ID")方法获取对应的DOM对象。在jQuery中，可以通过选择器选中多个HTML元素，再使用get()方法获取其中某个HTML元素对应的对象，其语法格式如下所示：

```
var 对象名 = $("选择器").get(索引值);
```

索引值是从0开始的整数，如果要得到第一个HTML元素，则索引值使用0；如果要得到第二个HTML元素，则索引值使用1；依次类推。

另外，可以使用each()方法遍历jQuery选择器匹配的所有元素，并对每个元素执行指定的回调函数，这个回调函数有一个可选的整数参数表示遍历元素的索引值。

例8-12定义了一个数组，数组的内容是颜色字符串的定义。网页中在显示列表<li>时，会根据列表<li>的位置值作为数组下标值，取出相应的颜色数组数据，并把<li>内的文字显示成相对应的颜色，在浏览器中的显示结果如图8-10所示。

【例8-12】example8-12.html

扫一扫，看视频

```
<!doctype html>
<html>
  <head>
    <meta charset="utf-8">
    <title>jQuery遍历元素</title>
    <script src="js/jquery-1.11.2.js"></script>
    <script>
      $(document).ready(function(){
        var colorArr=new Array("blue","red","pink","green");
        $("li").each(function(index){            //遍历本网页中的所有li元素
          this.style.color=colorArr[index];      //改变当前li元素的前景色
        });
      });
    </script>
  </head>
  <body>
    <ul>
      <li>音乐</li>
      <li>羽毛球</li>
      <li>足球</li>
```

```
        <li>篮球</li>
      </ul>
    </body>
  </html>
```

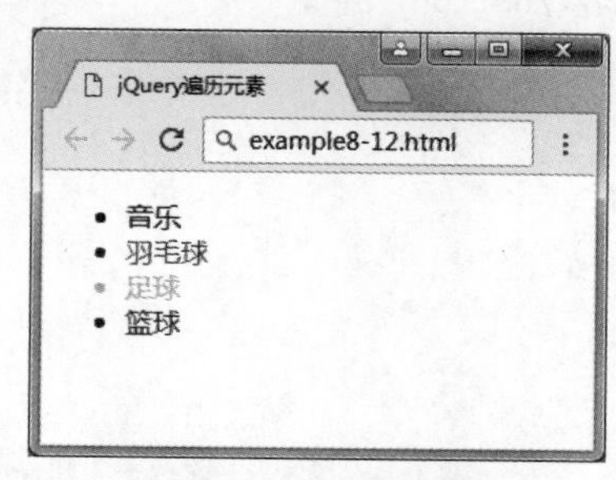

图 8-10 遍历元素

8.3.2 获取或设置 HTML 元素的内容

在jQuery中可以使用表8-5所示的方法返回或设置元素的内容，通过这些方法可以动态修改网页显示的内容。

表 8-5 获取或设置 HTML 元素的内容

方 法	说 明
$(selector).text()	用于返回或设置元素的文本内容
$(selector).html()	用于返回或设置元素的内容（包括 HTML 标记在内）
$(selector).val()	用于返回或设置表单字段的值

以html()方法为例，如果要获取HTML元素的内容，其语法格式如下：

```
var htmlStr= $(selector).html();
```

如果要设置HTML元素的内容，其语法格式如下：

```
$(selector).html("修改字符串");
```

例8-13中用用户在文本框中输入的数据修改<li>列表的第一个元素和最后一个元素的内容。在浏览器的文本框中输入“乒乓球”，并单击“修改HTML元素内容”按钮，在浏览器中的显示结果如图8-11所示。

【例8-13】example8-13.html

扫一扫，看视频

```
<!doctype html>
<html>
  <head>
    <meta charset="utf-8">
    <title>jQuery修改元素内容</title>
    <script src="js/jquery-1.11.2.js"></script>
    <script>
      $(document).ready(function(){
        $("button").click(function(){
          var newContent=$("#userInput").val();     //val()获取表单元素的内容
          $("ul li:first").html(newContent);        //html()设置选中元素的内容
          $("ul li:last").text(newContent);         //text()设置选中元素的内容
        });
      });
```

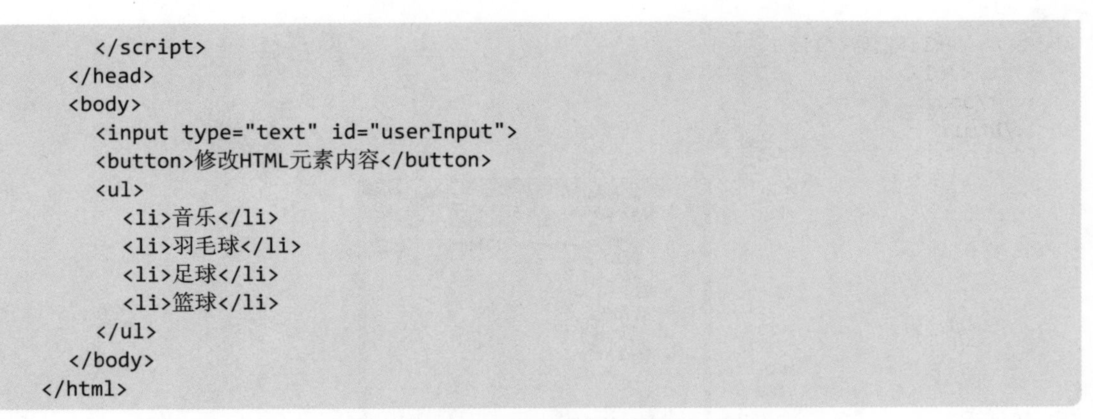

```
    </script>
  </head>
  <body>
    <input type="text" id="userInput">
    <button>修改HTML元素内容</button>
    <ul>
      <li>音乐</li>
      <li>羽毛球</li>
      <li>足球</li>
      <li>篮球</li>
    </ul>
  </body>
</html>
```

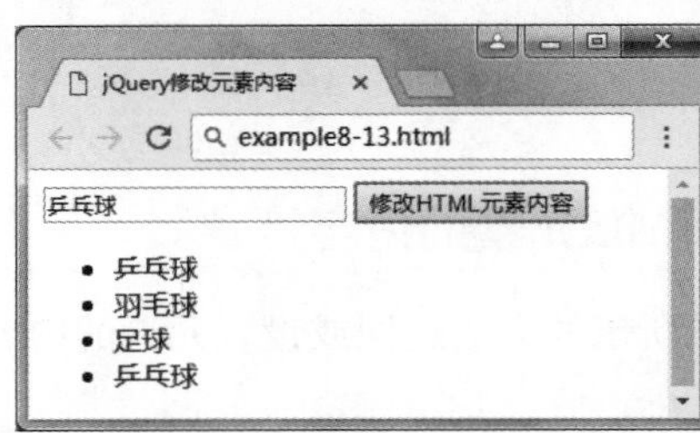

图 8-11　获取并设置元素内容

8.3.3　获取或设置 HTML 元素的属性

在jQuery中获取或设置HTML元素的属性使用attr()方法，删除元素的某个指定属性使用removeAttr()方法。当为attr()方法传递一个参数时，即为获取某元素的指定属性；当为该方法传递两个参数时，即为设置某元素指定属性的值。

例8-14在div块中显示一个图片，当鼠标指针移入这个div块时，改变图片元素的src属性，把其属性值进行字符串拼接，在0.jpg~3.jpg中选取一个，从而达到改变显示不同图片的目的。该例还使用setInterval()函数完成定时改变图片。

【例8-14】example8-14.html

扫一扫，看视频

```
<!doctype html>
<html>
  <head>
    <meta charset="utf-8">
    <title>jQuery获取元素属性</title>
    <script src="js/jquery-1.11.2.js"></script>
    <script>
      $(document).ready(function(){
        var index=0;
        setInterval(imgChange,1000);        //定时1秒调用imgChange()函数，改变一次图片
        function imgChange(){
          index=(index+1)%4;                //让索引值在0~3之间变化
          $("#box img").attr("src","images/"+index+".jpg"); //修改img元素的src属性
        }
      });
    </script>
  </head>
  <body>
```

```
      <div id="box">
        <img src="images/0.jpg">
      </div>
    </body>
  </html>
```

8.3.4 利用 jQuery 管理页面元素

利用jQuery可以方便地在页面中添加新元素或者删除页面中已有的元素。表8-6是jQuery管理页面元素的常用方法及其说明。

表 8-6 jQuery 管理页面元素的常用方法及其说明

方　法	说　明
after()	在选择的元素之后插入内容
append()	在选择的元素集合中的元素结尾插入内容
appendTo()	向目标结尾插入选择的元素集合中的元素
before()	在选择的元素之前插入内容
insertAfter()	把选择的元素插入到另一个指定元素集合的后面
insertBefore()	把选择的元素插入到另一个指定元素集合的前面
prepend()	向选择的元素集合中的元素的开头插入内容
prependTo()	向目标开头插入选择的元素集合
replaceAll()	用匹配的元素替换所有匹配到的元素
replaceWith()	用新内容替换匹配的内容
wrap()	把选择的元素用指定的内容包裹起来
wrapAll()	把所有的匹配元素用指定的内容包裹起来
wrapInner()	把每一个匹配元素的子元素使用指定的内容包裹起来
remove()	删除匹配元素及其子元素
empty()	删除匹配元素的子元素

例8-15是管理页面元素的几个方法的示例。首先在页面上有两个<p>段落元素，单击“DOM操作测试”按钮后，在第一个<p>标记后，使用after()方法增加一个段落元素；然后在原始的第二个段落，使用before()增加一个段落元素；使用replaceWith()方法对原始的第二个段落的内容进行修改；最后使用empty()方法删除原始的第三个段落元素。例8-15在浏览器初始页面中的显示结果如图8-12所示，单击按钮后在浏览器中的显示结果如图8-13所示。

【例8-15】example8-15.html

```
<!doctype html>
<html>
  <head>
    <meta charset="utf-8">
    <title>DOM操作</title>
    <script src="js/jquery-1.11.2.min.js"></script>
    <script>
      $(document).ready(function(){
        $("button").click(function(){
          $("p").eq(0).after("<p>原始第一段落后插入元素</p>");
          $("p").eq(2).before("<p>原始第二段落前插入元素</p>");
          $("p").eq(3).replaceWith("<p>原始第二段内容修改</p>");
```

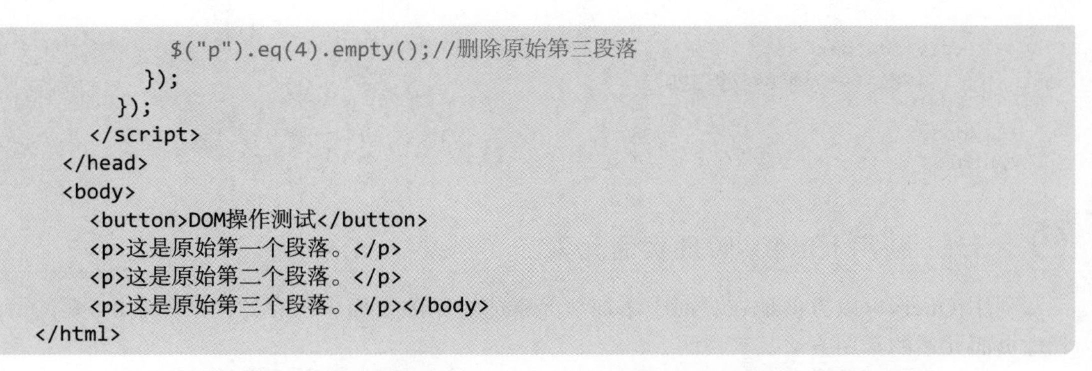

```
            $("p").eq(4).empty();//删除原始第三段落
          });
        });
      </script>
    </head>
    <body>
      <button>DOM操作测试</button>
      <p>这是原始第一个段落。</p>
      <p>这是原始第二个段落。</p>
      <p>这是原始第三个段落。</p></body>
</html>
```

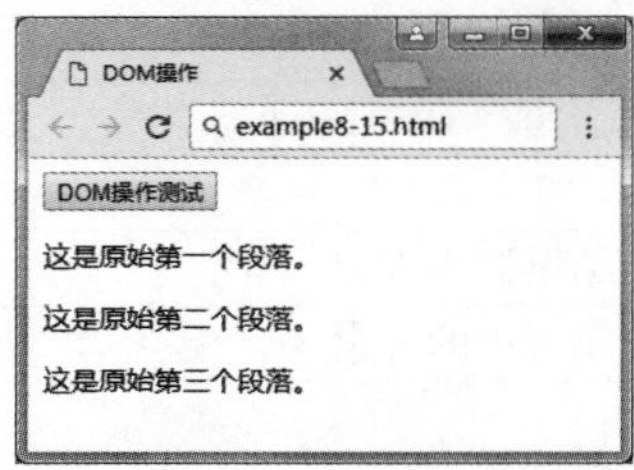

图 8-12　DOM 操作初始页面

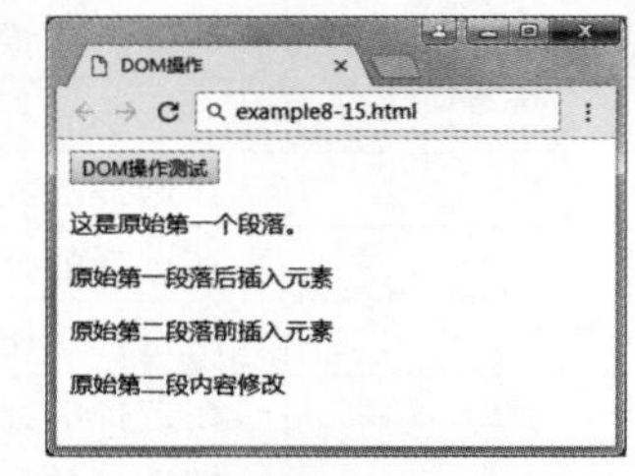

图 8-13　DOM 操作单击按钮之后的页面

例8-15中的eq()方法是在选中元素集合内选择第几个元素。下面通过一个综合实例让读者理解remove()方法。在例8-16中显示一个邮件列表，在该列表的每一封邮件前面都有一个复选框，并在列表的最后有四个按钮，分别用于全选、取消、反选、删除邮件。用户选择了某些需要删除的邮件之后，单击“删除”按钮，通过remove()方法能把表格中的选中行进行删除。单击“删除”按钮前后在浏览器中的不同显示结果如图8-14和图8-15所示。

【例8-16】example8-16.html

扫一扫，看视频

```
<!doctype html>
<html>
  <head>
    <meta charset="utf-8">
    <title>邮件列表管理</title>
    <style>
      *{margin:0px; padding:0px;}
      #box{width:400px;margin:0px auto;}
    </style>
    <script src="js/jquery-3.2.0.min.js"></script>
    <script>
      $(function(){
        $("#selectBtn").click(function(){          //全选
          $("input[name=select]").prop("checked",true)
        });
        $("#selectCancle").click(function(){       //取消选择
          $("input[name=select]").prop("checked",false)
        });
        $("#notSelect").click(function(){          //反选
          $("input[name=select]").each(function(index, element) {
            $(this).prop("checked",!$(this).prop("checked"))
          })
        });
        $("#delBtn").click(function(){             //删除选中邮件项
          $("input[name=select]").each(function(index, element) {
            //判断当前元素是否被选中，如果当前元素被选中，
```

```
                //则删除当前元素的父元素的父元素的所有子元素，即<tr>的所有子元素
                  if($(this).prop("checked"))
                $(this).parent().parent().remove();
              });
            })
          })
        </script>
      </head>
      <body>
        <div id="box">
          <p>收件箱</p>
          <table width="400" border="1" >
            <tr>
              <td>状态</td>
              <td>发件人</td>
              <td>主题</td>
            </tr>
            <tr>
              <td><input name="select" type="checkbox" value="select"></td>
              <td>王者归来</td>
              <td>羽毛球服装</td>
            </tr>
            <tr>
              <td><input name="select" type="checkbox" value="select"></td>
              <td>天下</td>
              <td>明天会下雨吗？</td>
            </tr>
            <tr>
              <td><input name="select" type="checkbox" value="select"></td>
              <td>沧海</td>
              <td>轮椅什么时候还您？</td>
            </tr>
            <tr>
              <td><input name="select" type="checkbox" value="select"></td>
              <td>王者归来</td>
              <td>明天约了场比赛</td>
            </tr>
          </table>
          <button id="selectBtn">全选</button>
          <button id="selectCancle">取消</button>
          <button id="notSelect">反选</button>
          <button id="delBtn">删除</button>
        </div>
      </body>
    </html>
```

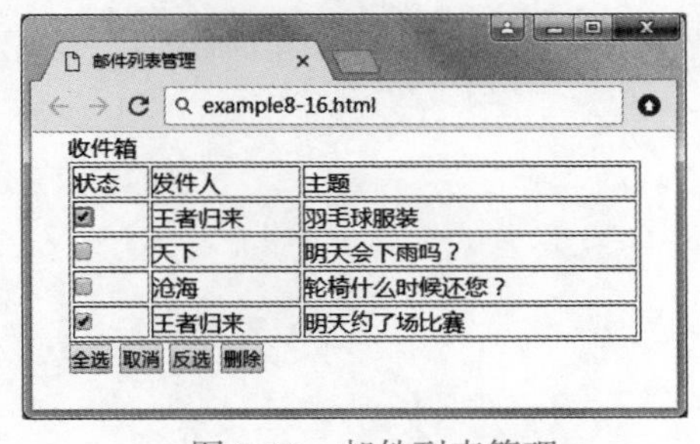

图 8-14　邮件列表管理

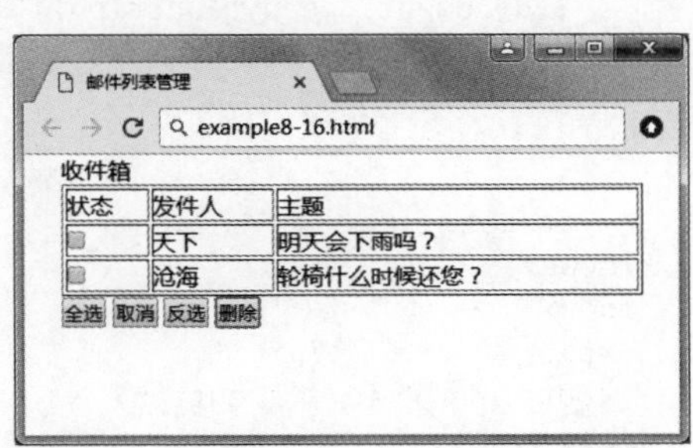

图 8-15　删除部分邮件后的列表

8.4 jQuery事件处理

jQuery可以很方便地使用事件对象对触发事件进行处理。jQuery支持的事件包括键盘事件、鼠标事件、表单事件、文档加载事件和浏览器事件等。

1. 指定事件处理函数

事件处理函数指事件触发时调用的函数。可以通过下面的方法指定事件处理函数：

```
$("选择器").事件名(function(形参){
  //函数体
})
```

例如，前面多次使用

```
$(document).ready(function(e) {
});
```

指定文档对象的ready事件处理函数，ready事件表示当文档对象就绪的时候被触发。

2. 绑定事件处理方法

（1）bind()方法。使用bind()方法可以为每一个匹配元素的特定事件（如单击事件）绑定一个事件处理函数，事件处理函数会接收到一个事件对象。bind()方法的语法格式如下所示：

```
bind(type, [data,] function)
```

其中，type表示事件类型;data是可选参数，作为event.data属性值传递给事件对象的额外数据对象;function表示绑定到指定事件的事件处理函数。如果function函数返回false，则会取消事件的默认行为并阻止冒泡。

例8-17是通过bind()方法为一个按钮绑定一个单击事件，单击按钮后，网页中的一段文字将自动消失，如果再次单击这个按钮，消失的文字又会显示出来。本例重点理解事件的绑定过程。

【例8-17】example8-17.html

```
<!doctype html>
<html>
  <head>
    <meta charset="utf-8">
    <title>bind方法</title>
    <script src="js/jquery-1.11.2.min.js"></script>
    <script type="text/javascript">
      $(document).ready(function(){
        $("button").bind("click",function(){
          $("p").slideToggle();
        });
      });
    </script>
  </head>
  <body>
    <p>这是一段文字</p>
    <button>请点击这里</button>
  </body>
</html>
```

例8-18中通过bind()方法指定contextmenu（鼠标右击）事件的处理函数，在该函数中返回false，从而取消事件的默认行为。

【例8-18】example8-18.html

```
<!doctype html>
<html>
  <head>
    <meta charset="utf-8">
    <title>bind方法</title>
    <script src="js/jquery-1.11.2.min.js"></script>
    <script type="text/javascript">
      $(document).ready(function(){
        $(document).bind("contextmenu",function(){
          return(false);
        });
      });
    </script>
  </head>
  <body>
    <p>您右击网页，将不会弹出右键快捷菜单！</p>
  </body>
</html>
```

扫一扫，看视频

（2）delegate()方法。delegate()方法是对指定元素的特定子元素增加一个或多个事件处理程序，并规定当这些事件发生时运行的函数。使用delegate()方法的事件处理程序适用于当前或以后由脚本创建的新元素。其绑定事件的语法格式如下：

```
$(选择器).delegate(childSelector,eventType,function)
```

其中，childSelector表示指定事件的子元素选择器；eventType指事件的类型；function指事件处理函数。

例8-19将文档中<ul>元素下的<li>子元素的click事件绑定到指定的事件处理函数，单击<li>元素时，将在所有<li>元素的最后插入一个<li>元素，并且新添加<li>元素的内容是一个定义好的数组内容。

【例8-19】example8-19.html

```
<!doctype html>
<html>
  <head>
    <meta charset="utf-8">
    <title>delegate方法</title>
    <script src="js/jquery-1.11.2.min.js"></script>
    <script type="text/javascript">
      $(document).ready(function(){
        listArr=new Array("音乐","排球","羽毛球","篮球","游泳");
        index=0;
        $("ul").delegate("li","click",function(){
          $(this).append("<li>"+listArr[index]+"</li>")
          index++;
          index%=5;
        })
      });
    </script>
```

扫一扫，看视频

```
    </head>
    <body>
      <ul>
        <li>足球</li>
      </ul>
    </body>
  </html>
```

3. jQuery事件的方法

jQuery提供了一组事件相关的方法，用于处理各种HTML事件。jQuery常用事件的方法及说明见表8-7。

表 8-7　jQuery 常用事件的方法及说明

事件的方法	说　明
$(" 选择器 ").click()	鼠标单击触发事件，参数可选（data，function）
$(" 选择器 ").dblclick()	双击触发事件，参数可选（data，function）
$(" 选择器 ").mousedown()/mouseup()	鼠标按下 / 弹起触发事件
$(" 选择器 ").mousemove()	鼠标移动触发事件
$(" 选择器 ").mouseover()/mouseout()	鼠标移入 / 移出触发事件
$(" 选择器 ").mouseenter()/mouseleave()	鼠标进入 / 离开触发事件
$(" 选择器 ").hover(func1,func2)	鼠标移入调用 func1 函数，移出调用 func2 函数
$(" 选择器 ").focusin()	鼠标聚焦到该元素时触发事件
$(" 选择器 ").focusout()	鼠标失去焦点时触发事件
$(" 选择器 "). focus()/blur()	鼠标聚焦 / 失去焦点触发事件（不支持冒泡）
$(" 选择器 ").change()	表单元素发生改变时触发事件
$(" 选择器 ").select()	文本元素被选中时触发事件
$(" 选择器 ").submit()	表单提交动作触发事件
$(" 选择器 ").keydown()/keyup()	键盘按键按下 / 弹起触发事件
$(" 选择器 ").keypress()	键盘按下过程中触发事件

例8-20是单击按钮后，在一个DIV块上按住左键不放进行拖动，这个DIV块会跟随鼠标移动，松开左键之后，DIV块会停止跟随。

【例8-20】example8-20.html

扫一扫，看视频

```
<!doctype html>
<html>
  <head>
    <meta charset="utf-8">
    <title>事件举例</title>
    <style>
      #mydiv{background:#00BFFF;position:absolute;width:100px;height:100px;}
    </style>
    <script src="js/jquery-1.11.2.min.js"></script>
    <script type="text/javascript">
      $(function(){
        $("#btn").click(function(){                              //按钮的单击事件
          $("#mydiv").mousedown(function(event) {               //DIV块的鼠标按下事件
            var offset = $("#mydiv").offset();                   //获取DIV块的位置
            x1 = event.clientX - offset.left;
```

```
                y1 = event.clientY - offset.top;
                $("#mydiv").mousemove(function(event) {   //鼠标移动事件
                    //设置DIV块移动后的新位置
                    $("#mydiv").css("left", (event.clientX - x1) + "px");
                    $("#mydiv").css("top", (event.clientY - y1) + "px");
                });
                $("#mydiv").mouseup(function(event) {      //鼠标左键抬起事件
                    $("#mydiv").unbind("mousemove");        //删除鼠标移动事件
                });
            });
        })
    })
    </script>
  </head>
  <body>
    <button id="btn">鼠标拖动</button>
    <div id="mydiv"></div>
  </body>
</html>
```

8.5 jQuery动画特效

8.5.1 显示与隐藏

在JavaScript中，如果需要显示或隐藏网页上的一个元素，可以设置该元素的display属性值为“inline/none”。如果在jQuery中完成类似功能，可以使用jQuery提供的show()方法显示，使用hide()方法进行隐藏。其语法格式如下所示：

```
$("选择器").hide(speed,callback)
$("选择器").show(speed,callback)
```

其中，speed参数是可选项，用来表示完成显示或隐藏所用的时间(单位是毫秒)，该参数也可取slow或者fast;callback参数也是可选项，用来表示回调函数，当在规定的时间内完成显示或隐藏后所执行的函数。

例8-21在网页中显示一个段落，单击“隐藏”按钮后，这个段落会在2秒内消失，再次单击“显示”按钮，这个段落会在2秒内显示出来。该例在浏览器中的执行结果如图8-16所示，单击“隐藏”按钮后，显示结果如图8-17所示。

【例8-21】example8-21.html

```
<!doctype html>
<html>
  <head>
    <meta charset="utf-8">
    <title>jQuery显示与隐藏</title>
    <style>
      p{width:200px;
          height:200px;
          background-color:pink;
          text-align:center;
          line-height:200px;
```

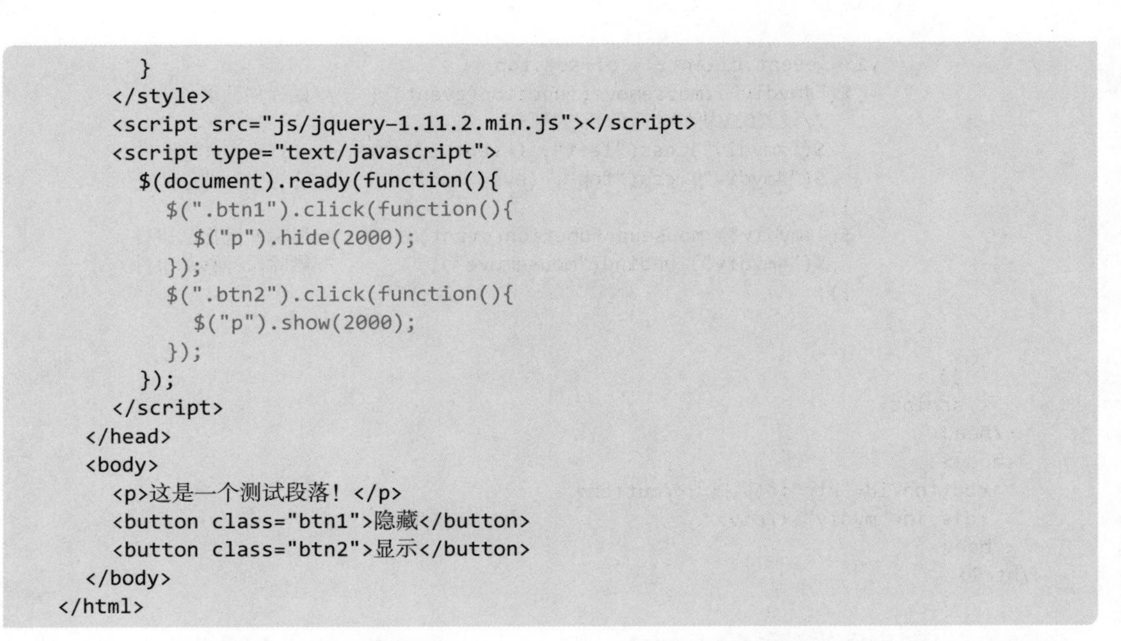

```
      }
    </style>
    <script src="js/jquery-1.11.2.min.js"></script>
    <script type="text/javascript">
      $(document).ready(function(){
        $(".btn1").click(function(){
          $("p").hide(2000);
        });
        $(".btn2").click(function(){
          $("p").show(2000);
        });
      });
    </script>
  </head>
  <body>
    <p>这是一个测试段落！</p>
    <button class="btn1">隐藏</button>
    <button class="btn2">显示</button>
  </body>
</html>
```

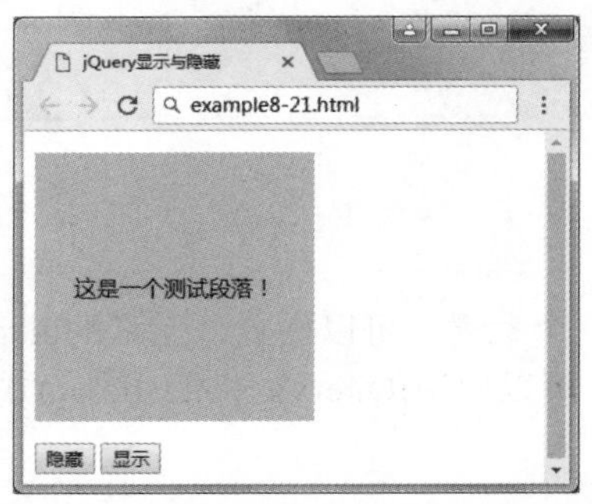

图 8-16　example8-21.html 显示的结果

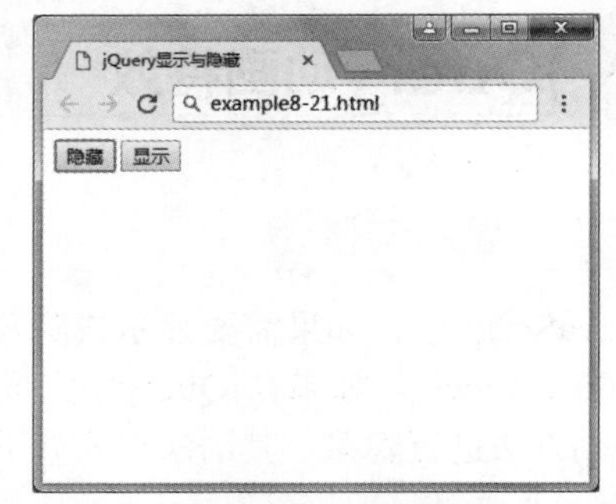

图 8-17　example8-21.html 隐藏的结果

例8-21是使用show()和hide()两个方法进行显示与隐藏的切换。在jQuery中还可以使用toggle()方法进行这种切换，即如果指定元素是显示，则将其隐藏，如果是隐藏，就将其显示。该方法所带参数与show()方法相同。实现例8-21的功能，可将源代码中的两个按钮单击事件换成一个按钮单击事件，如下所示：

```
$(".btn1").click(function(){
  $("p").toggle(2000);  //显示与隐藏切换的方法
});
```

8.5.2　淡入与淡出

jQuery拥有四种淡入或淡出的方法：fadeIn()用于淡入已隐藏的元素；fadeOut()用于淡出可见元素；fadeToggle()可以在fadeIn()与fadeOut()方法之间切换，如果元素已淡出，则fadeToggle()会向元素添加淡入效果，如果元素已淡入，则fadeToggle()会向元素添加淡出效果；fadeTo()允许渐变到指定的不透明度。淡入与淡出方法的语法格式如下所示：

```
$(selector).fadeIn(speed,callback);
$(selector).fadeOut(speed,callback);
$(selector).fadeToggle(speed,callback);
$(selector).fadeTo(speed,opacity,callback);
```

其中，speed和callback参数的含义与8.5.1小节中的show()方法相同；opacity参数指渐变的不透明度，这个不透明度的取值范围是0~1之间的小数，0是完全透明，1是不透明。

例8-22在网页中显示一个DIV块，并有四个按钮，分别是显示、隐藏、合成、半透明。单击某个按钮，这个DIV块将显示成指定的样式。

【例8-22】example8-22.html

```
<!doctype html>
<html>
  <head>
    <meta charset="utf-8">
    <title>jQuery淡入淡出</title>
    <style>
      #div1{
        width:200px;
        height:200px;
        background-color:pink;
        text-align:center;
        line-height:200px;
      }
    </style>
    <script src="js/jquery-1.11.2.min.js"></script>
    <script type="text/javascript">
      $(document).ready(function(){
        $('#btnFadeIn').click(function(){   //渐变显示按钮单击事件
          $('#div1').fadeIn(1000);          //1000毫秒，表示动画渐变过程的时间
        });
        $('#btnFadeOut').click(function(){ //渐变隐藏按钮
          $('#div1').fadeOut(1000);
        });
        $('#btnTotal').click(function(){    //合成按钮
          $('#div1').fadeToggle(1000);
        });
        $('#btnBan').click(function(){      //半透明显示按钮
          $('#div1').fadeTo(1000,0.5);      //透明度指定为0.5，改变CSS中的opacity属性
        });
      });
    </script>
  </head>
  <body>
    <input type="button" id="btnFadeIn" value="显示"/>
    <input type="button" id="btnFadeOut" value="隐藏"/>
    <input type="button" id="btnTotal" value="合成"/>
    <input type="button" id="btnBan" value="半透明"/>
    <div id="div1"></div>
  </body>
</html>
```

扫一扫，看视频

8.5.3 向上或向下滑动

可以使用slideUp()和slideDown()方法在页面中滑动元素，前者用于向上滑动元素，后者用于向下滑动元素，其调用方法的语法格式分别为：

```
$(selector).slideUp(speed,[callback])
$(selector).slideDown(speed,[callback])
```

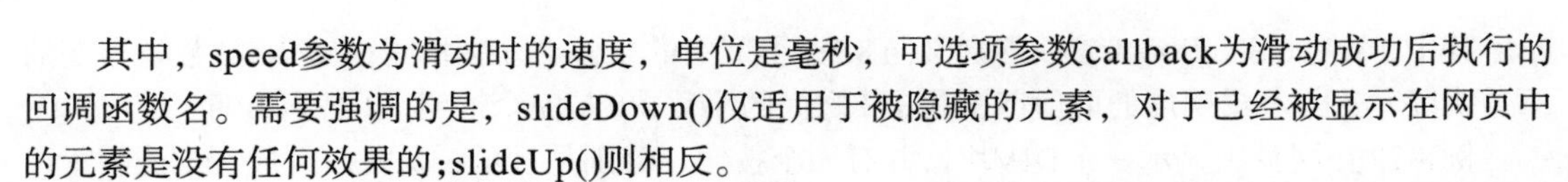

其中，speed参数为滑动时的速度，单位是毫秒，可选项参数callback为滑动成功后执行的回调函数名。需要强调的是，slideDown()仅适用于被隐藏的元素，对于已经被显示在网页中的元素是没有任何效果的;slideUp()则相反。

另外，slideToggle()可以在slideUp()与slideDown()方法之间进行切换。如果元素已经向上滑动并隐藏，则进行向下滑动操作；如果元素已经显示出来，则进行向上滑动操作，使元素隐藏起来。该方法的调用语法格式为：

```
$(selector).slideToggle(speed,[callback])
```

例8-23是一个仿QQ好友列表的代码。单击好友分类后，会把该分类的好友全部展现出来，再次单击该好友分类时，则把该好友分类折叠起来，在浏览器中折叠与展开好友的页面如图8-18和图8-19所示。

【例8-23】example8-23.html

扫一扫，看视频

```
<!doctype html>
<html>
  <head>
    <meta charset="utf-8">
    <title>jQuery仿QQ好友列表</title>
    <script src="js/jquery-1.11.2.min.js"></script>
    <script>
      $(function(){
        $(".subMenuItem").eq(0).show();
        $(".subMenuTitle").click(function(){
          $(".subMenuItem").slideUp();
          $(".MenuItem b").text("▶");
          if($(this).next().is(":hidden")){
            $(this).next().slideDown();
            $(this).find("b").text("▼");
          }
        });
      })
    </script>
    <style>
      *{margin:0px; padding:0px;}
      #box{width:100px; height:500px; background:#FCF;}
      #box ul{list-style:none;}
      #box ul li.MenuItem{width:100%;  background:#F9C;}
      #box ul li a{text-decoration:none;}
      #box ul li a{margin-left:5px;}
      #box ul li ul{display:none;}
      #box ul li ul li{width:100%; height:25px; background:#9CF; margin-bottom:2px;
          text-align:center; line-height:25px;}
    </style>
  </head>
  <body>
    <div id="box">
      <ul class="menu">
        <li class="MenuItem">
          <a href="#" class="subMenuTitle">
            <b>▼</b> 好友
          </a>
          <ul class="subMenuItem">
```

```
            <li><a href="#">好友1</a></li>
            <li><a href="#">好友2</a></li>
            <li><a href="#">好友3</a></li>
          </ul>
        </li>
        <li class="MenuItem">
          <a href="#" class="subMenuTitle">
            <b> ▶ </b> 朋友
          </a>
          <ul class="subMenuItem">
            <li><a href="#">朋友1</a></li>
            <li><a href="#">朋友2</a></li>
            <li><a href="#">朋友3</a></li>
            <li><a href="#">朋友4</a></li>
          </ul>
        </li>
        <li class="MenuItem">
          <a href="#" class="subMenuTitle">
            <b> ▶ </b> 同学
          </a>
          <ul class="subMenuItem">
            <li><a href="#">同学1</a></li>
            <li><a href="#">同学2</a></li>
          </ul>
        </li>
        <li class="MenuItem">
          <a href="#" class="subMenuTitle">
            <b> ▶ </b> 家人
          </a>
          <ul class="subMenuItem">
            <li><a href="#">家人1</a></li>
            <li><a href="#">家人2</a></li>
            <li><a href="#">家人3</a></li>
          </ul>
        </li>
      </ul>
    </div>
  </body>
</html>
```

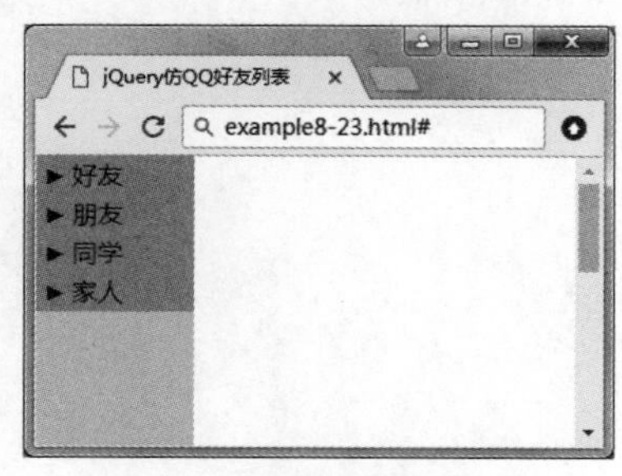

图 8-18　折叠好友

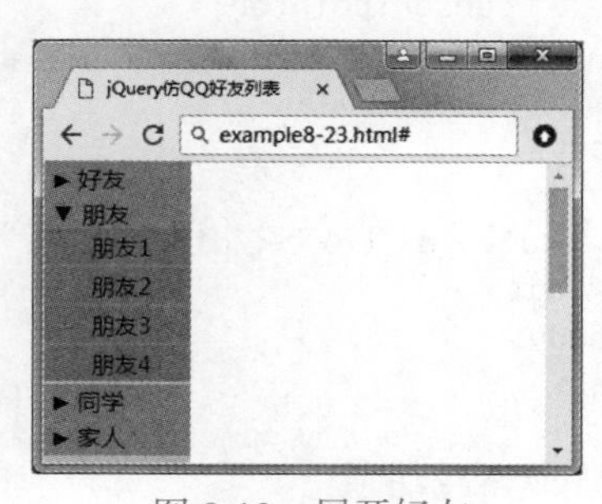

图 8-19　展开好友

8.5.4　自定义动画

有些复杂的动画通过之前学到的几个动画函数是不能够实现的，需要引进自定义动画的

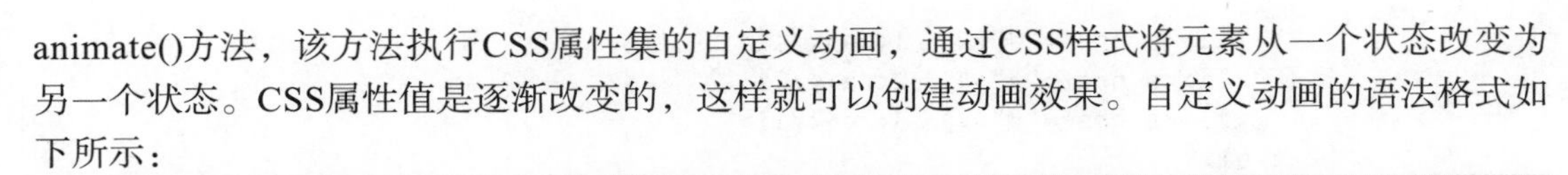
animate()方法，该方法执行CSS属性集的自定义动画，通过CSS样式将元素从一个状态改变为另一个状态。CSS属性值是逐渐改变的，这样就可以创建动画效果。自定义动画的语法格式如下所示：

```
animate(params,speed,callback)
```

其中，params是一个包含样式属性及值的映射，例如{键1 :值1 [,键2 :值2]}；speed和callback参数与前面几个动画函数定义中的参数含义相同，speed是速度定义参数，callback是回调函数。

1. 简单动画

例8-24在页面中显示一个红色div块，单击该div块后其在页面上横向移动。需要说明的是，为了使元素动起来，可以改变left属性使元素在水平方向移动；改变top属性可以使元素在垂直方向移动。为了能使元素的top、right、bottom、left属性值起作用，还必须声明元素的position属性。

【例8-24】example8-24.html

扫一扫，看视频

```
<!doctype html>
<html>
  <head>
    <meta charset="utf-8">
    <title>animate方法自定义动画</title>
    <script src="js/jquery-1.11.2.min.js"></script>
    <script>
      $(function(){
        //DIV块的单击事件处理函数
        $("#box").click(function(){
          //执行动画，向左移动100像素，使用时间为1秒
          $(this).animate({left:"100px"},1000);   //1秒内将left属性改变成100像素
        })
      })
    </script>
    <style>
      #box{
        position:relative;              /*设置为相对定位，如果这句没有，元素不能移动*/
        width:200px;                    /*DIV块的宽度为200像素*/
        height:200px;                   /*DIV块的高度为200像素*/
        background:red;                 /*DIV块的背景颜色为红色*/
        cursor:pointer;                 /*设定鼠标指针样式*/
      }
    </style></head>
  <body>
    <div>
      <div id="box"></div>
    </div>
  </body>
</html>
```

2. 累加或累减动画

例8-24中当DIV移动到距离左边100px的位置之后，再次单击DIV块，DIV块将不会移动。虽然再次单击DIV块仍然会触发执行DIV单击事件匿名函数，但因为DIV已经在距离左边100px的位置，所以位置不会再发生变化。如果再次单击DIV块时想让DIV块往右移动100px，即left值变为200px，第三次单击DIV块时，DIV再往右移动100px，即left属性值变为300px，

以此类推下去，即每次DIV的left属性值都在前次动画结束时left属性值的基础上增加100px，可通过如下jQuery代码实现：

```
$("#box").click(function(){
  $(this).animate({left:"+=100px"},1000)
})
```

同理，如果要实现累减动画，只需要把“+=”变成“-=”。

3. 多重动画

例8-24通过控制left属性值改变DIV块的位置，这是很单一的动画。如果需要同时执行多个动画，例如在DIV块向右滑动的同时放大其高度，改变其透明度，根据animate()方法的语法结构，可以通过如下jQuery代码实现：

```
$("#box").click(function(){
  $(this).animate({left:'+=100px',
    height:'400px',
    opacity:'0.5'
  },1000)
})
```

4. 动画队列

上例中的三个动画效果是同时发生的，如果想顺序执行这三个动画，例如先向左滑动100px，然后把高度放大到400px，最后把透明度改为0.5，实现以上内容可以采用链式写法，可以通过如下jQuery代码实现：

```
$("#box").click(function(){
  $(this).animate({left:"+=25px"},500)
       .animate({height:"+=20px"},500)
       .animate({opacity:"-=0.1"},500)
})
```

5. 动画回调函数

在上例中，如果想在最后一步切换CSS样式（background:blue），而不是淡出，按照前面的链式处理，其jQuery代码实现如下：

```
$("#box").click(function(){
  $(this).animate({left:"+=25px"},500)
       .animate({height:"+=20px"},500)
       .animate({opacity:"-=0.1"},500)
       .css('background','blue')
})
```

其中，css()方法并不会在动画队列中排队，也就是说不是等DIV块向右移动、高度变大、透明度改变完成之后才改变背景色。出现这个问题的原因是css()方法并不是动画方法，不会被加入动画队列中排队，而是插队立即执行。如果要实现预期的效果，必须使用回调函数让非动画方法实现排队。其jQuery实现代码如下：

```
$("#box").click(function(){
  $(this).animate({left:"+=25px"},500)
     .animate({height:"+=20px"},500)
     .animate({opacity:"-=0.1"},500,function(){
       $(this).css('background','blue')
})
```

8.5.5 停止动画

1. 停止元素的动画

网页中有时需要停止匹配元素正在进行的动画，这时要使用停止元素的动画方法stop()，其语法格式如下所示：

```
stop([clearQueue],[gotoEnd])
```

其中，clearQueue和gotoEnd都是可选参数，为布尔值，即true或false，默认值都是false，clearQueue代表是否要清空未执行完的动画队列，gotoEnd代表是否直接将正在执行的动画跳转到末状态，注意不是动画队列中最后一个动画的末状态。由于clearQueue和gotoEnd都为可选参数，stop()方法有以下几种应用方法。

（1）两个参数都为false的情况，即stop(false,false)，由于false是默认值，因此也可简写为stop()，表示不将正在执行的动画跳转到末状态，不清空动画队列。也就是说，停止当前动画，并从目前的动画状态开始动画队列中的下一个动画。

（2）第一个参数为true的情况，即stop(true,false)，由于false是默认值，因此也可简写为stop(true)，表示不将正在执行的动画跳转到末状态，但清空动画队列。也就是说，停止所有动画，保持当前状态，瞬间停止。

（3）第二个参数为true的情况，即stop(false,true)，表示不清空动画队列，将正在执行的动画跳转到末状态，也就是说，停止当前动画，跳转到当前动画的末状态，然后进入队列中的下一个动画。

（4）两个参数都为true的情况，即stop(true,true)，表示既清空动画队列，又将正在执行的动画跳转到末状态。也就是说，停止所有动画，跳转到当前动画的末状态。

例8-25是对stop()方法的四种情况的实例演示，应重点理解这四种情况的使用环境。

【例8-25】example8-25.html

扫一扫，看视频

```
<!doctype html>
<html>
  <head>
    <meta charset="utf-8">
    <title>animate方法自定义动画</title>
    <script src="js/jquery-1.11.2.min.js"></script>
    <script>
      $(function(){
        $("button:eq(0)").click(function(){
          $("#panel").animate({height:"150"}, 1000)
                  .animate({width:"300"},1000).hide(2000)
                  .animate({height:"show",width:"show",opacity:"show"},1000)
                  .animate({height:"500"},1000);
        });
        $("button:eq(1)").click(function(){
          $("#panel").stop();          //停止当前动画，继续下一个动画
        });
        $("button:eq(2)").click(function(){
          $("#panel").stop(true);          //清除元素的所有动画
        });
        $("button:eq(3)").click(function(){
          $("#panel").stop(false, true);   //让当前动画直接到达末状态，继续下一个动画
```

```
        });
        $("button:eq(4)").click(function(){
          $("#panel").stop(true, true);     //清除元素的所有动画，让当前动画到达末状态
        });
      })
    </script>
  </head>
  <body>
    <button>开始一连串动画</button>
    <button>stop()</button>
    <button>stop(true)</button>
    <button>stop(false,true)</button>
    <button>stop(true,true)</button>
    <div id="panel">
      <h5 class="head">什么是jQuery?</h5>
      <div class="content">
        jQuery。
      </div>
    </div>
  </body>
</html>
```

例8-25的说明如下：

（1）单击按钮（stop()），由于两个参数都是false，所以单击发生时，animate没有跳到当前动画（动画1）的最终效果，而直接进入动画2，然后动画3、4、5，直至完成整个动画。

（2）单击按钮（stop(true)），由于第一个参数是true，第二个参数是false，所以animate立刻全部停止了。

（3）单击按钮（stop(false,true)），由于第一个参数是false，第二个参数是true，所以单击发生时，animate身处的当前动画（动画1）停止，并且animate直接跳到当前动画（动画1）的最终末尾效果的位置，接着正常执行下面的动画（动画2、3、4、5），直至完成整个动画。

（4）单击按钮（stop(true,true)），由于两个参数都是true，所以单击发生时，animate跳到当前动画（动画1）的最终末尾效果的位置，然后全部动画停止。

jQuery中的stop()方法有许多非常有效的用法。例如一个下拉菜单，当鼠标移上去的时候显示菜单，当鼠标离开的时候隐藏菜单，如果快速不断地将鼠标移入移出菜单（即菜单下拉动画未完成时，鼠标又移出了菜单）就会产生"动画积累"，当鼠标停止移动后，积累的动画还会持续执行，直到动画序列执行完毕。遇到这种情况时，在写动画效果的代码前加入stop(true,true)，这样每次快速地移入移出菜单就正常了，当移入一个菜单的时候，停止所有加入队列的动画，完成当前的动画（跳至当前动画的最终效果位置）。

2. 判断元素是否处于动画状态

在使用animate()方法的时候，要避免动画积累而导致的动画与用户行为不一致，用户快速地在某个元素上执行animate动画时就会出现动画积累，即前一个动画还没结束，后一个动画已开始。解决办法是判断元素是否正处于动画状态，如果元素不处于动画状态，才为元素添加新的动画，否则不添加。其jQuery实现代码如下：

```
if(!$(element).is(":animated")){    //判断元素是否处于动画状态
  //如果当前没有进行动画，则添加新动画
}
```

3. 延迟动画

jQuery中delay()方法的功能是设置一个延时值来推迟动画效果的执行，调用格式为：

```
$(selector).delay(duration)
```

其中，duration参数为延时值，单位是毫秒，当超过延时值时，动画继续执行。delay与setTimeout函数是有区别的，delay更适合可以将队列中等待执行的下一个动画延迟指定的时间后才执行，常用在队列中的两个jQuery效果函数之间，从而在上一个动画效果执行后延迟下一个动画效果的执行时间。

例如，可以在< div id="box">的slideUp()和fadeIn()动画之间添加800毫秒的延时，jQuery实现的代码格式如下：

```
s('#box').slideUp(300).delay(800).fadeIn(400)
```

这条语句执行后，元素会有300毫秒的卷起动画，接着暂停800毫秒，再实现400毫秒的淡入动画。

8.6 本章小结

在Web应用程序中，大多数网页是由HTML语言设计的，在HTML语言中可以嵌入JavaScript语言，为HTML网页添加动态功能，例如响应用户的各种操作等。本章介绍的jQuery是JavaScript的一个轻量级脚本库，jQuery的语法很简单，核心理念是“write less, do more！”（事半功倍），相比而言，实现同样的功能时需要编写的代码更少。jQuery还可以实现很多动画特效，从而使页面动感十足。

本章首先介绍了jQuery的基本概念和常用选择器，帮助读者理解如何能够准确且快速地选中网页的指定元素或标记；然后详细讲解了jQuery的DOM操作，相比JavaScript操作要简单很多；再对jQuery的事件处理方法进行了细致的阐述，让用户能根据不同的事件定义不同的事件处理程序；最后对jQuery的动画处理方法进行了讲解。本章配有大量与实际网页制作紧密相关的实例以帮助读者理解所学内容，为今后的网页前端开发打下良好的基础。

8.7 习题八

扫描二维码，查看习题。

扫二维码
查看习题

8.8 实验八 jQuery

扫描二维码，查看实验内容。

扫二维码
查看实验内容

CHAPTER 9 Ajax

学习目标：

本章主要讲解Ajax的基本概念，并对Ajax的传统实现方式和Ajax的jQuery实现方式进行说明。通过本章的学习，读者应该掌握以下主要内容：

- Ajax的基本概念；
- Ajax的传统实现方式；
- Ajax的jQuery实现方式；
- JSON的数据格式。

思维导图（略图）

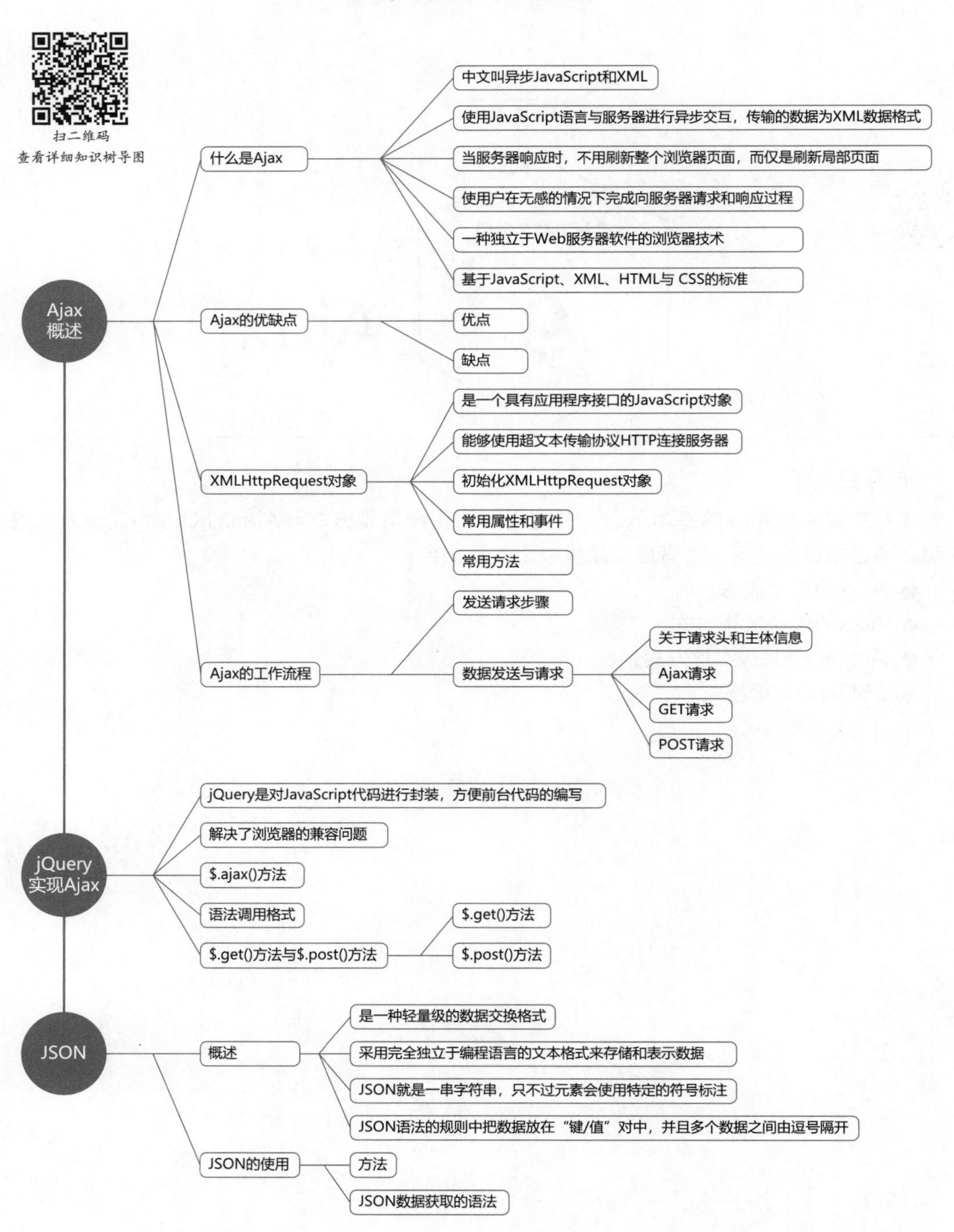
扫二维码
查看详细知识树导图
Ajax概述
什么是Ajax
中文叫异步JavaScript和XML
使用JavaScript语言与服务器进行异步交互，传输的数据为XML数据格式
当服务器响应时，不用刷新整个浏览器页面，而仅是刷新局部页面
使用户在无感的情况下完成向服务器请求和响应过程
一种独立于Web服务器软件的浏览器技术
基于JavaScript、XML、HTML与 CSS的标准
Ajax的优缺点
优点
缺点
XMLHttpRequest对象
是一个具有应用程序接口的JavaScript对象
能够使用超文本传输协议HTTP连接服务器
初始化XMLHttpRequest对象
常用属性和事件
常用方法
Ajax的工作流程
发送请求步骤
数据发送与请求
关于请求头和主体信息
Ajax请求
GET请求
POST请求
jQuery实现Ajax
jQuery是对JavaScript代码进行封装，方便前台代码的编写
解决了浏览器的兼容问题
$.ajax()方法
语法调用格式
$.get()方法与$.post()方法
$.get()方法
$.post()方法
JSON
概述
是一种轻量级的数据交换格式
采用完全独立于编程语言的文本格式来存储和表示数据
JSON就是一串字符串，只不过元素会使用特定的符号标注
JSON语法的规则中把数据放在“键/值”对中，并且多个数据之间由逗号隔开
JSON的使用
方法
JSON数据获取的语法

9.1 Ajax概述

9.1.1 Ajax 的基本概念

1. 什么是Ajax

Ajax（Asynchronous JavaScript And XML，异步JavaScript和XML）指使用JavaScript语言与服务器进行异步交互，传输的数据为XML数据格式。

Ajax的最大特点是当服务器响应时，不用刷新整个浏览器页面，而仅是刷新局部页面，这一特点使用户在无感的情况下完成向服务器请求和响应的过程。

Ajax这个术语源自描述从基于Web的应用到基于数据的应用。Ajax不是一种新的编程语言，而是一种用于创建更好、更快以及交互性更强的Web应用程序的技术。

Ajax在浏览器与Web服务器之间使用异步数据传输（HTTP 请求），这样就可以使网页向服务器请求少量的信息，而不是整个页面。Ajax可以使因特网应用程序更小、更快、更友好。

例如在百度搜索栏中输入关键字时，下方弹出的提示信息就是Ajax应用的体现。在这个过程中页面没有刷新，只是刷新页面中的局部位置信息而已，当请求发出后，浏览器还可以进行其他操作，无须等待服务器的响应。

Ajax是一种独立于Web服务器软件的浏览器技术，是基于JavaScript、XML、HTML与CSS 的标准。在Ajax中使用的Web标准已被良好定义，并被所有的主流浏览器支持。Ajax应用程序独立于浏览器和平台。

2. Ajax与传统的Web应用比较

传统的Web应用交互由用户触发一个HTTP请求到服务器，服务器对其进行处理后再返回一个新的HTML页面到客户端，每当服务器处理客户端提交的请求时，客户都只能空闲等待，并且哪怕只是一次很小的交互，例如只需从服务器端得到很简单的一个数据，都要返回一个完整的HTML页面，用户每次都要浪费时间和带宽去重新读取整个页面。这种做法浪费了许多带宽，由于每次应用的交互都需要向服务器发送请求，应用的响应时间就依赖于服务器的响应时间，这导致了用户界面的响应比本地应用慢得多。

与此不同，Ajax应用仅向服务器发送并取回必需的数据，其使用SOAP（用于访问网络服务的协议）或其他一些基于XML的Web Service接口，并在客户端采用JavaScript处理来自服务器的响应。因为在服务器和浏览器之间交换的数据大量减少，所以能看到响应更快的应用。同时很多的处理工作可以在发出请求的客户端机器上完成，所以Web服务器的处理时间也减少了。

3. Ajax的优点

Ajax的优点如下：

（1）无刷新更新数据。Ajax的最大优点就是能在不刷新整个页面的前提下与服务器通信来维护数据。这使得Web应用程序更为迅捷地响应用户交互，并避免了在网络上发送那些没有改变的信息，减少用户等待时间，带来非常好的用户体验。

（2）异步与服务器通信。Ajax使用异步方式与服务器通信，不需要中断用户的操作，具有更加迅速的响应能力，优化了浏览器和服务器之间的沟通，减少了不必要的数据传输、时间，降低了网络上的数据流量。

（3）前端和后端负载平衡。Ajax可以把以前一些服务器负担的工作转移到客户端，利用客户端闲置的能力来处理，减轻服务器和带宽的负担，节约空间和宽带租用成本。Ajax的原则是"按需取数据"，可以最大程度地减少冗余请求和响应对服务器造成的负担，提升站点性能。

（4）基于标准被广泛支持。Ajax基于标准化的并被广泛支持的技术，不需要下载浏览器插件或者小程序，但需要客户允许JavaScript在浏览器上执行。随着Ajax的成熟，一些简化Ajax使用方法的程序库也相继问世。同样，也出现了另一种辅助程序设计的技术，为那些不支持JavaScript的用户提供替代功能。

（5）界面与应用分离。Ajax使Web中的界面与应用分离（也可以说是数据与呈现分离），有利于分工合作，减少非技术人员对页面的修改造成的Web应用程序错误并提高效率。

4. Ajax的缺点

Ajax的缺点如下：

（1）Ajax对浏览器机制有一些破坏。在动态更新页面的情况下，用户无法回退到前一个页面状态，因为浏览器仅能记忆历史记录中的静态页面，用户通常会希望单击后退按钮能够取消前一次操作，但是在Ajax应用程序中将无法实现。

（2）Ajax的安全问题。Ajax技术给用户带来很好的用户体验的同时，也对IT企业带来了新的安全威胁。Ajax技术就如同对企业数据建立了一个直接通道，使得开发者在不经意间会暴露比以前更多的数据和服务器逻辑。

（3）对搜索引擎的支持较弱。如果使用不当，Ajax会增大网络数据的流量，从而降低整个系统的性能。

（4）违背URL和资源定位的初衷。如果采用了Ajax技术，也许在URL地址下面看到的和在这个URL地址下看到的内容是不同的。这个和资源定位的初衷是相背离的。

（5）肥客户端。客户端代码的编写复杂，容易出错，冗余代码比较多，破坏了Web的原有标准。

需要特别说明的是，在进行Ajax开发时，需要考虑网络延迟。不给予用户明确的回应，没有恰当的预读数据，或者对XMLHttpRequest的不恰当处理，都会使用户感到延迟，这是用户不希望看到的，也是用户无法理解的。通常的解决方案是，使用一个可视化的组件来告诉用户，系统正在进行后台操作并且正在读取数据和内容。

9.1.2 XMLHttpRequest 对象

Ajax的原理是通过XmlHttpRequest对象向服务器发出异步请求，从服务器获得所需要的数据，然后用JavaScript来操作DOM而更新页面。这其中最关键的一步就是从服务器获得请求数据。

XMLHttpRequest对象是一个具有应用程序接口的JavaScript对象，能够使用HTTP协议连接服务器，这是微软公司为了满足开发者的需要而设的。

通过XMLHttpRequest对象，Ajax可以像桌面应用程序一样只同服务器进行数据层面的交换，而不用每次都刷新页面，也不用每次都将数据处理的工作交给服务器来完成，这样既减轻了服务器负担，又加快了响应速度，缩短了用户的等待时间。

1. 初始化XMLHttpRequest对象

所有现代浏览器（例如IE、Firefox、Chrome、Safari 和 Opera）都有内置的 XMLHttpRequest 对象。创建 XMLHttpRequest 对象的语法如下所示：

```
xmlhttp=new XMLHttpRequest();
```

旧版本的Internet Explorer中，Ajax使用 ActiveX 对象进行创建，语法格式如下所示：

```
xmlhttp=new ActiveXObject("Microsoft.XMLHTTP");
```

为了提高程序的兼容性，可以创建一个跨浏览器的XMLHttpRequest对象。创建一个跨浏览器的XMLHttpRequest对象只需要判断一下不同浏览器，如果浏览器提供了XMLHttpRequest类，则直接创建一个实例，否则实例化一个ActiveX对象。具体代码如下：

```
if (window.XMLHttpRequest){
  // IE7+、Firefox、Chrome、Opera、Safari 浏览器执行代码
  xmlhttp=new XMLHttpRequest();
}
else
{
  // IE6、IE5 浏览器执行代码
  xmlhttp=new ActiveXObject("Microsoft.XMLHTTP");
}
```

2. XMLHttpRequest对象的常用属性和事件

（1）readyState属性。当一个XMLHttpRequest对象被创立后，readyState属性表示当前对象处于什么状态，可以通过对该属性的访问来判断此次请求的状态，然后做出相应的操作。具体的属性值表示的含义如下：

- 属性值为0：未初始化状态。此时已经创建了一个XMLHttpRequest对象，但是还没有初始化。
- 属性值为1：准备发送状态。此时已经调用了XMLHttpRequest对象的open()方法，并且XMLHttpRequest对象已经准备好将一个请求发送到服务器。
- 属性值为2：已发送状态。此时已经通过send方法把一个请求发送到服务器，等待响应。
- 属性值为3：正在接收状态。此时已经接收到HTTP响应的头部信息，但是消息体部分还没有完全接收到。
- 属性值为4：完成响应状态。此时已经完成了HttpResponse响应的接收。

（2）responseText属性。responseText属性包含客户端接收到的HTTP响应的文本内容。当readyState属性为0、1或2时，responseText属性包含一个空字符串；当readyState属性值为3时，响应中包含客户端还没完成的响应信息；当readyState属性值为4时，responseText属性包含完整的响应信息。

（3）responseXML属性。只有当readyState属性为4时，并且响应头部的Content-Type的MIME类型被指定为XML（text/xml或者application/xml）时，该属性才会有值并且被解析成一个XML文档，否则该属性为null；如果该回传的XML文档结构未完成响应回传，该属性也会为null。responseXML属性用来描述被XMLHttpRequest解析后的XML文档的属性。

（4）status属性。status属性描述了HTTP状态的代码。注意，仅当readyState属性值为3（正在接收中）或者4（已加载）时，才能对此属性进行访问。如果在readyState属性值小于3时试图去读取status属性值，将会引发一个异常。

（5）statusText属性。statusText属性描述了HTTP状态的代码文本，并且仅当readyState属性为3或者4才可用。当readyState属性为其他值时试图存取statusText属性，将会引发一个异常。

（6）onreadystatechange事件。当readyState属性发生改变时，XMLHttpRequest对象调用onreadystatechange事件。在处理该响应之前，事件处理器应该首先检查readyState的值和HTTP状态。当请求完成加载（readyState值为4）并且响应已经完成（HTTP状态为"OK"）时，就可以调用一个JavaScript函数来处理该响应内容。下面是进行onreadystatechange事件调用的处理语句。

```
xmlhttp.onreadystatechange = function() {
  //判断和服务器端的交互是否完成，判断服务器端是否正确返回了数据
  if (xmlhttp.readyState == 4) {                //readyState=4表示交互完成
    if (xmlhttp.status == 200) {                //status=200表示正确返回了数据
      var message = xmlhttp.responseText;       //responseText是从服务器返回的数据
      //此处是对从服务器端返回数据的处理语句
    }
  }
}
```

3. XMLHttpRequest对象的常用方法

（1）open( )方法。open( )方法用于设置异步请求目标的URL、请求方法以及其他参数信息，其语法如下所示：

```
open("method","URL"[,asyncFlag[,"userName"[, "password"]]])
```

open()方法的参数说明见表9-1所示。

表 9-1　open() 方法的参数

参　数	说　明
method	用于指定请求类型，一般为 GET 或 POST
URL	用于指定请求地址，可以使用绝对地址或者相对地址，并且可以传递查询字符串
asyncFlag	可选参数，用于指定请求方式，异步请求为 true（默认值），同步请求为 false
userName	可选参数，用于指定请求用户名，没有时可省略
password	可选参数，用于指定请求密码，没有时可省略

例如，设置请求的服务器端程序名为ajaxServer.jsp，请求方法为GET，请求方式为异步，语句代码如下所示：

```
xmlhttp.open("GET","ajaxServer.jsp",true);
```

（2）send( )方法。调用send( )方法后，就可以按照open( )方法设定的参数发送请求。当open( )方法中async属性设置为true时，send( )方法调用后立即返回，否则将会中断，直到请求返回。需要注意的是，send( )方法必须在readyState属性为1时才能调用；在调用send( )方法以后到接收响应信息之间的时间内，readyState属性值将被设成2；一旦接收到响应信息，readyState属性将被设为3；当响应接收完成时，readyState属性值才会被设定为4。如果send(data)方法中data参数的类型为DOMString，数据将被编码成UTF-8；如果是Document类型，将使用由data.xmlEncoding指定的编码来串行化该数据。

（3）abort( )方法。该方法可以暂停一个HttpRequest的发送或者HttpResponse的接收，并且将XMLHttpRequest对象设置为初始化状态。

（4）setRequestHeader( )方法。在调用send( )方法之前，应该先使用setRequestHeader()方法设置请求的Content-Type头部信息。当readyState属性为1时，在调用open( )方法后再调用这个方法，否则将得到一个异常。setRequestHeader(header,value)方法包含两个参数，第一个参数是header键名称，第二个参数是键值。

(5) getResponseHeader方法。该方法用于检索响应的头部值。仅当readyState属性是3或者4(既响应头部可用以后)时才可以调用该方法，否则返回一个空字符串。此外，还可以通过getAllResponseHeader()方法获取所有的HttpResponse的头部信息。

9.1.3 传统 Ajax 的工作流程

1. 发送请求

Ajax可以通过XMLHttpRequest对象实现用异步方式在后台发送请求。通常情况下，Ajax的发送请求有两种，一种是发送GET请求，另一种是发送POST请求。无论发送哪种请求，都需要经过以下4个步骤：

(1)初始化XMLHttpRequest对象。为了提高程序的兼容性，需要创建一个跨浏览器的XMLHttpRequest对象，并且判断XMLHttpRequest对象的实例是否成功，如果不成功，则给出提示。

(2)为XMLHttpRequest对象指定一个返回结果处理函数(即回调函数)，用于对返回结果进行处理。

(3)创建一个与服务器的连接。在创建时，需要指定发送请求的方式(即GET或POST)，以及设置是否采用异步方式发送请求。

(4)向服务器发送请求。XMLHttpRequest对象的send( )方法可以实现向服务器发送请求，该方法需要传递一个参数，如果发送的是GET请求，可以将该参数设置为null。

2. Ajax核心代码

例9-1是一个网页上有一个文本框，当该文本框失去焦点时，在网页上指定位置显示“Ajax请求从服务器响应内容”，其在浏览器上的运行结果如图9-1和图9-2所示。

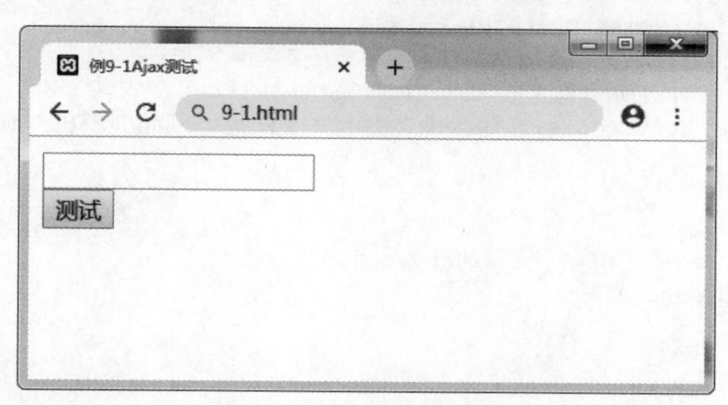

图 9-1　原始页面

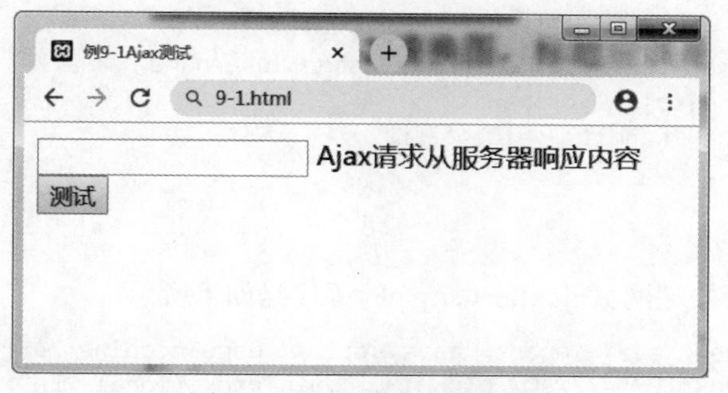

图 9-2　服务器端返回数据

【例9-1】example9-1.html

扫一扫，看视频

```
<!DOCTYPE html>
<html>
  <head>
    <title>例9-1 Ajax测试</title>
    <meta http-equiv="keywords" content="keyword1,keyword2,keyword3">
    <meta http-equiv="description" content="this is my page">
    <meta http-equiv="content-type" content="text/html; charset=UTF-8">
    <script type="text/javascript">
      window.onload=function(){
        //获取文本框对象变量myUser
        var myUser=document.getElementById("username");
        //onblur是myUser对象失去焦点时触发的事件
        myUser.onblur=function()
        {
          var xmlhttp;
          if (window.XMLHttpRequest)
          {
            //IE7+、Firefox、Chrome、Opera、Safari 浏览器执行代码
            xmlhttp=new XMLHttpRequest();
          }
          else
          {
            //IE6、IE5 浏览器执行代码
            xmlhttp=new ActiveXObject("Microsoft.XMLHTTP");
          }
          xmlhttp.onreadystatechange = function() {
            //readyState=4表示交互完成
            if (xmlhttp.readyState == 4) {
              //status=200表示正确返回了数据
              if (xmlhttp.status == 200) {
                //responseText属性值是从服务器端返回数据
                var message = xmlhttp.responseText;
                document.getElementById("display").innerHTML＝message
              }
            }
          }
        xmlhttp.open("GET","ajaxServer.jsp",true);
        xmlhttp.send();
        }
      }
    </script>
  </head>
  <body>
    <form action="" method="get">
      <input type="text" id="username" name="username">
      <span id="display"></span><br>
      <input type="submit" value="测试" >
    </form>
  </body>
</html>
```

例9-1调用的服务器端网页ajaxServer.jsp的源代码如下所示：

```
<%@ page language="java" import="java.util.*" pageEncoding="utf-8"%>
<!DOCTYPE HTML PUBLIC "-//W3C//DTD HTML 4.01 Transitional//EN">
```

```
<html>
  <head>
    <title>例9-1调用的服务器端网页</title>
  </head>
  <body>
    Ajax请求从服务器响应内容
  </body>
</html>
```

3. Ajax数据的发送与请求

（1）请求头和主体信息。HTTP协议中规定客户端向服务器端发送的信息分为两个部分：请求的头部信息和请求的主体信息。其中，主体信息通常是发给服务器端的处理程序处理的数据，这是请求的核心数据部分，请求的头部信息用来传递一些对服务器及处理程序有用的附加信息，例如请求的字符集、客户端的类型等，这有助于服务器及处理程序能更好地处理主体数据。

在Ajax应用中，使用 XMLHttpRequest对象可以发送请求的头部信息及请求的主体信息。头部信息使用setRequestHeader(name,value)方法发送。主体信息通过URL的附加参数或通过XMLHttpRequest对象的send()方法发送。

（2）Ajax请求。Ajax使用XMLHttpRequest对象发送的请求，与浏览器发送的请求相比，并没有本质上的区别，都是基于HTTP协议的请求。在HTTP协议中规定了多种请求类型，从应用的角度来讲比较常用的包括GET请求和POST请求。

（3）GET请求。GET请求的主要用途是从指定的服务器中获取资源。在GET请求中，通常只需指定资源的路径。如果请求的是一个动态的资源，比如JSP、PHP、CGI等，可以在请求的路径后面附加查询的参数信息，以便程序可以根据该参数查询更为具体的信息。附加参数的方法如下所示：

```
请求的路径?名称1=值1&名称2=值2&名称3=值3…
```

JSP在服务器端可以使用 request.getQueryString()方法返回“?”后面的整个字符串，也可以使用 request. getParameter("名称")返回某个值。

（4）POST请求。POST请求的主要用途是向服务器发送信息。在POST请求中，参数信息并不是通过URL来传递的，而是在请求的主体中，这部分信息用户无法看见，并且没有长度的限制。请求主体的参数格式如下所示：

```
名称1=值1&名称2=值2&名称3=值3…
```

需要注意的是，为了通知服务器端请求的主体内容为表单中的参数信息，需要调用XMLHttpRequest的setRequestHeader( )方法来设置请求头，否则将无法取到参数，该方法的使用如下所示：

```
setRequestHeader("Content-Type","application/x-www-form-urlencoded;charset=UTF-8");
```

JSP在服务器端可以使用 request.getReader()方法以流的形式得到这些信息，也可以使用request. getParameter("名称")返回某个值。

例9-2检测用户输入的用户名在服务器中是否已被其他用户使用，如果没有被使用，将用绿底白字显示“用户名可用”，否则将用红底白字显示“用户名被占用”，在浏览器的运行结果如图9-3和图9-4所示。

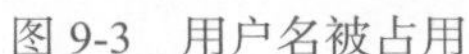
图 9-3 用户名被占用

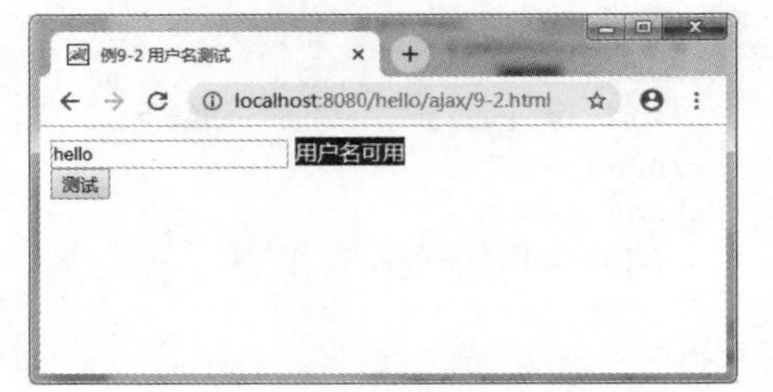

图 9-4 用户名可用

【例 9-2】example9-2.html

扫一扫，看视频

```
<!DOCTYPE html>
<html>
  <head>
    <title>例9-2 用户名测试</title>
    <meta http-equiv="keywords" content="keyword1,keyword2,keyword3">
    <meta http-equiv="description" content="this is my page">
    <meta http-equiv="content-type" content="text/html; charset=UTF-8">
    <script type="text/javascript">
      window.onload=function(){
        var myUser=document.getElementById("username");
        myUser.onblur=loadXMLDoc;
        function loadXMLDoc()
        {
          var xmlhttp;
          if (window.XMLHttpRequest)
          {
            // IE7+、Firefox、Chrome、Opera、Safari 浏览器执行代码
            xmlhttp=new XMLHttpRequest();
          }
          else
          {
            // IE6、IE5 浏览器执行代码
            xmlhttp=new ActiveXObject("Microsoft.XMLHTTP");
          }
          xmlhttp.onreadystatechange = function() {
            //判断和服务器端的交互是否完成，判断服务器端是否正确返回了数据
            if (xmlhttp.readyState == 4) {              //readyState=4表示交互完成
              if (xmlhttp.status == 200) {              //status=200表示正确返回了数据
                var message =xmlhttp.responseText;    //读取服务器返回的数据
                var flag = message.replace(/\s*/g,""); //使用正则表达式删除空格
                var disp=document.getElementById("display")
                if(flag=="true"){
                  disp.innerHTML="用户名被占用";
                  disp.style.color="white";
                  disp.style.background="red";
                }
                else
                {
                  disp.innerHTML="用户名可用";
                  disp.style.color="white";
                  disp.style.background="green";
                }
              }
            }
```

```
            }
            xmlhttp.setRequestHeader("Content-Type","application/x-www-form-urlencoded;charset=UTF-8");
            xmlhttp.open("POST","/hello/AjaxServlet",true); //设置post方法
            xmlhttp.send('name='+myUser.value);                //向服务器传送输入的用户名
          }
        }
      </script>
    </head>
    <body>
      <form action="" method="get">
        <input type="text" id="username" name="username">
        <span id="display"></span><br>
        <input type="submit" value="测试" >
      </form>
    </body>
  </html>
```

例9-2中，当触发“失去焦点”的事件时，将调用以POST方式提交到服务器的Servlet，由Servlet进行简单的验证，即当用户名是“abc”时，向客户端返回“true”，其他任何用户名都返回“false”。这里调用的服务器端servlet程序的源代码名称是AjaxServlet.java，如下所示：

```
package com.lb.servlet;
import java.io.IOException;
import java.io.PrintWriter;
import javax.servlet.ServletException;
import javax.servlet.http.HttpServlet;
import javax.servlet.http.HttpServletRequest;
import javax.servlet.http.HttpServletResponse;
public class AjaxServlet extends HttpServlet {
  private static final long serialVersionUID = 1L;
  public AjaxServlet() {
    super();
  }
  public void destroy() {
    super.destroy();
    // Put your code here
  }
  public void doGet(HttpServletRequest request, HttpServletResponse response)throws
ServletException, IOException {
    String username=(String)request.getParameter("name");
    response.setContentType("text/html");
    PrintWriter out = response.getWriter();
    if(username.equals("abc")){    //用户名等于abc，返回true,否则返回false
      out.println(true);
    }
    else
    {
      out.println(false);
    }
  }
  public void doPost(HttpServletRequest request, HttpServletResponse response)throws
ServletException, IOException {
    this.doGet(request, response);
  }
  public void init() throws ServletException {
    //初始化Servlet
  }
}
```

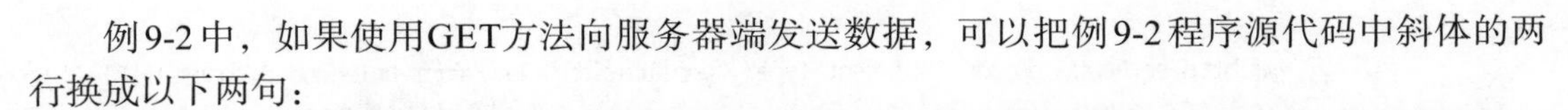

例9-2中，如果使用GET方法向服务器端发送数据，可以把例9-2程序源代码中斜体的两行换成以下两句：

```
xmlhttp.open("GET","9-2-server.jsp?username="+myUser.value,true);
xmlhttp.send();
```

9.2 jQuery实现Ajax

jQuery对JavaScript代码进行封装，以方便前台代码的编写，其最大优势是解决了浏览器的兼容问题，这也是使用jQuery非常重要的原因。

Ajax的核心是XMLHttpRequest对象，而jQuery对Ajax异步操作进行了封装。本节将讲解jQuery实现Ajax的几种常用方式，包括$.ajax，$.post，$.get。

9.2.1 $.ajax() 方法

$.ajax()方法通过 HTTP 请求加载远程数据，该方法是jQuery底层的Ajax实现。$.ajax()方法返回其创建的XMLHttpRequest对象，大多数情况下无须直接操作，除非需要操作不常用的选项，以获得更多的灵活性。$.ajax()方法的调用格式如下所示：

```
$.ajax({
  url:'请求地址',
  type:'POST/GET',
  data:{      //从客户端发送到服务器的值
    数据1:值1,
    数据2:值2,
    ......
  },
  dataType:'设置从服务器端返回数据的数据类型',
  async:'true|false',
  success:function(str){
    //Ajax请求成功回调函数的相关操作语句
  },
  error:function (err){
    //Ajax请求失败回调函数
  }
});
```

$.ajax( )方法的常用参数说明如下：

（1）url：用于请求数据的地址，默认值是当前网页地址。

（2）type：说明当前Ajax向服务器端发送数据采用get方法还是post方法。get方法会将前端上传的数据直接与地址连接起来，能传输的数据最大为1024 B，一般用于查询操作（不会威胁数据库数据）。get方法有缓存问题，会被浏览器缓存起来。post方法比较安全，一般用于新增、删除、修改等操作，传输数据的大小2 MB。

（3）data：发送到服务器的数据。该数据将会自动转换为请求字符串格式。GET 请求中数据将附加在URL后。如果为数组，jQuery将自动为不同值对应同一个名称。例如，{foo:["bar1", "bar2"]} 转换为 'foo=bar1&foo=bar2'。

（4）dataType：设置服务器返回数据的数据类型。如果不指定，jQuery 将自动根据 HTTP 包的MIME信息来智能判断，随后服务器端返回的数据会根据这个值解析后，传递给回调函数。该属性的可用值包括以下几种。

- "xml"：返回 XML 文档，可用 jQuery 处理。
- "html"：返回纯文本 HTML 信息，包含的 script 标签会在插入DOM时执行。
- "script"：返回纯文本 JavaScript 代码。
- "json"：返回 JSON 数据 。
- "jsonp"：返回JSONP 格式的数据。
- "text"：返回纯文本字符串。

（5）async：同步与异步标志，默认值是true（异步）。同步时会阻塞程序的运行，请求完成之后才能继续运行脚本代码，异步时请求的过程不会阻塞代码运行。

（6）success：请求成功后所调用的回调函数。该回调函数所带参数主要包括服务器返回数据和返回状态。

（7）error：请求失败后所调用的回调函数。该回调函数所带参数主要包括XMLHttpRequest 对象错误信息、(可能)捕获的错误对象。

例9-3 中jQuery使用$.ajax()方法调用服务器端的文本文件，其在浏览器中的运行结果如图9-5所示。

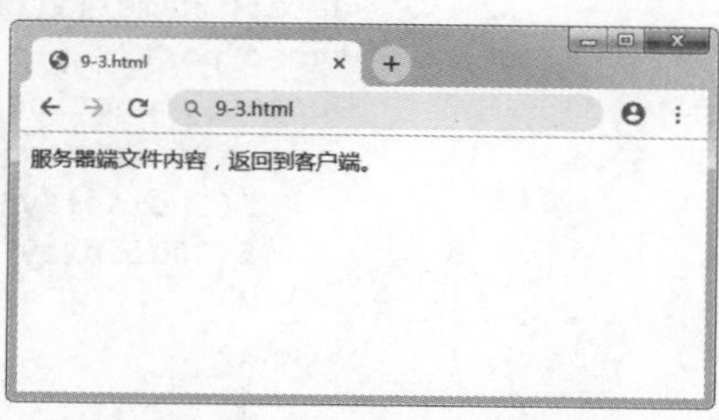

图 9-5　$.ajax( ) 方法调用文本文件

【例9-3】example9-3.html

```
<!DOCTYPE html>
<html>
  <head>
    <title>9-3.html</title>
    <script type="text/javascript" src="../js/jquery-1.11.2.min.js"></script>
    <script>
      $(function(){
        $.ajax({
          url:"9-3-server.txt",
          success:function(result){
            $("#resultDiv").html(result);
          }
        });
      });
    </script>
  </head>
  <body>
    <div id="resultDiv"></div>
  </body>
</html>
```

扫一扫，看视频

服务器端文本文件9-3-server.txt的源代码如下所示：

```
服务器端文件内容，返回到客户端。
```

例9-4 使用$.ajax()方法实现例9-2 中原生JavaScript的用户名验证的功能。读者应该重点理解$.ajax()方法的数据发送方式与服务器端返回数据的处理方法，并对$.ajax()方法的使用方法进行着重分析。服务器端程序仍使用例9-2 的服务器端servlet程序AjaxServlet.java。

【例9-4】example9-4.html

```
<!DOCTYPE html>
```

```
<html>
  <head>
    <title>$.ajax()用户名验证</title>
    <meta http-equiv="content-type" content="text/html; charset=UTF-8">
    <script type="text/javascript" src="../js/jquery-1.11.2.min.js"></script>
    <script type="text/javascript">
      $(function(){
        $("#username").blur(function(){
          $.ajax({
            url:"/hello/AjaxServlet",           //调用服务器端程序
            dataType:"text",                    //设置返回数据是test类型
            data:{"name":$("#username").val()}, //设置发送数据 "name:值"
            type:"post",                        //数据提交方式post
            success:function(result){           //数据返回成功，result返回数据
              if($.trim(result)=="true"){       //$.trim()是删除空格方法
                $("#display").html("用户名被占用");
                $("#display").css({color:"white",background:"red"});
              }
              else
                {
                $("#display").html("用户名可用");
                $("#display").css({color:"green",background:"white"});
              }
            }
          });
        });
      });
    </script>
  </head>
  <body>
    <form action="" method="get">
      用户名:
        <input type="text" id="username" name="username">
        <span id="display"></span><br>
        <input type="submit" value="test">
    </form>
  </body>
</html>
```

扫一扫，看视频

9.2.2 $.get() 方法与 $.post() 方法

浏览器的客户端有两种方法向服务器端进行请求，分别是GET 和 POST。其中，GET方法是从指定的资源请求数据，基本上用于从服务器获得(取回)数据;POST方法向指定的资源提交要处理的数据，也可用于从服务器获取数据。POST 方法不会缓存数据，并且常用于连同请求一起发送数据。

1. $.get() 方法

$.get()方法是使用HTTP GET请求从服务器加载数据，其语法格式如下所示：

```
$.get(url,callback);
```

其中，url是设置资源请求的路径;callback是资源请求成功后执行的函数名。

例如请求 test.php 网页，忽略返回值，调用语句如下所示：

```
$.get("test.php");
```

例如请求test.php网页，显示返回值，调用语句如下所示：

```
$.get(
  "test.php",
  function(data){
    alert("返回值是： " + data);
  }
);
```

2. $.post()方法

$.post()方法通过HTTP POST请求从服务器载入数据，其语法格式如下所示：

```
$.post(url,data,callback);
```

其中，url是设置资源请求的路径；data是在进行资源请求的同时向服务器端发送的数据；callback是资源请求成功后所执行的函数名。

例9-5在页面上仅显示一个按钮，单击该按钮之后，使用$.post()方法请求服务器网页，并把返回的数据显示到指定的<div>中，其在浏览器中的显示结果如图9-6和图9-7所示。

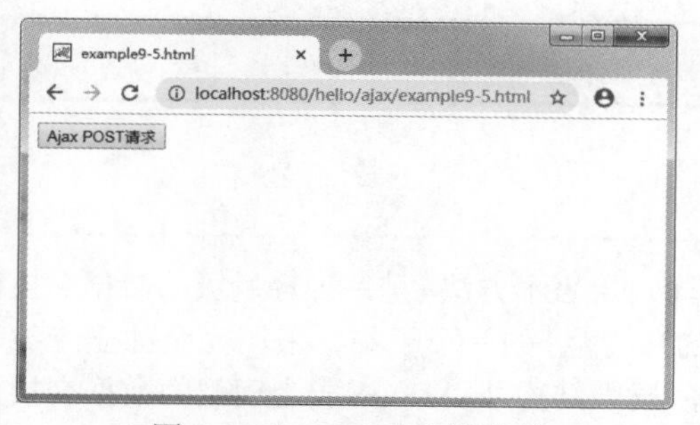

图 9-6　$.post() 方法请求前

图 9-7　$.post() 方法请求后

【例9-5】example9-5.html

```
<!DOCTYPE html>
<html>
  <head>
    <title>example9-5.html</title>
    <meta http-equiv="content-type" content="text/html; charset=UTF-8">
    <script type="text/javascript" src="../js/jquery-1.11.2.min.js"></script>
    <script type="text/javascript">
      $(function(){
        $("button").click(function(){
          $.post("example9-5-server.jsp",{
            name:"Web编程基础",
            url:"http://www.whpu.edu.cn"
          },
          function(data,status){
            $("#display").html("数据:<br>" + data + "<br>状态: <br>   " + status);
          });
        });
      });
    </script>
  </head>
  <body>
```

扫一扫，看视频

```
    <div id="display"></div>
    <button>AjaxPOST请求</button>
  </body>
</html>
```

例9-5中$.post() 的第一个参数是请求的URL地址，本例是example9-5-server.jsp；第二个参数设置向服务器端发送的数据（name 和 url），example9-5-server.jsp中的JSP脚本读取这些参数，并对其进行处理，最后返回结果；第三个参数是回调函数，回调参数的第一个参数存有被请求页面的内容，第二个参数存有请求的状态。

例9-5中服务器端源代码example9-5-server.jsp如下：

```
<%@ page language="java" import="java.util.*" pageEncoding="utf-8"%>
<%
    String webName=(String)request.getParameter("name");
    String url=(String)request.getParameter("url");
    out.print("   网站名："+webName);
    out.print("<br>   网址："+url);
%>
```

9.3 JSON

9.3.1 JSON 概述

JSON（JavaScript Object Notation, JavaScript 对象表示方法）是一种轻量级的数据交换格式，是基于 ECMAScript（欧洲计算机协会制定的JS规范）的一个子集，采用完全独立于编程语言的文本格式来存储和表示数据。简洁和清晰的层次结构使得JSON成为理想的数据交换语言，易于人们阅读和编写，同时易于机器解析和生成，可以有效地提升网络传输效率。

JSON就是一串字符串，只不过元素会使用特定的符号标注。主要符号表示的含义说明如下：

- 双括号{}：表示对象。
- 中括号[]：表示数组。
- 双引号""：其中的值是属性或值。
- 冒号:：表示后者是前者的值（这个值可以是字符串、数字，也可以是另一个数组或对象）。

JSON的语法规则中把数据放在“键/值”对中，并且多个数据之间用逗号隔开。其中，对象由花括号括起来并且用逗号分隔的成员构成，成员是字符串键和上文所述的值由冒号分隔的键值对组成。例如定义一个学生对象student：

```
{"name": "Wang Qong", "age": 18, "address": {"country" : "China", "zip-code":
"430022"}}
```

数组由中括号括起来的一组值构成，例如：

```
[3, 1, 4, 1, 5, 9, 2, 6]
```

JSON 是JavaScript对象的字符串表示法，使用文本表示一个 JavaScript对象的信息，例如：

```
var obj = {a: 'Hello', b: 'World'};        //这是一个对象，注意键名也可以使用引号包裹
```

```
var json = '{"a": "Hello", "b": "World"}';      //这是JSON字符串，本质是一个字符串
```

9.3.2 JSON 的使用

简单地说，JSON 可以将 JavaScript 对象中表示的一组数据转换为字符串，然后可以在网络或者程序之间轻松地传递这个字符串，并在需要的时候再将其还原为各编程语言所支持的数据格式。例如在Ajax中使用时，如果需要用到数组传值，就需要用JSON将数组转化为字符串。JSON数据获取的语法格式如下所示：

```
JSON对象.键名
JSON对象["键名"]
数组对象[索引]
```

JSON使用JavaScript语法，所以在JavaScript 中可以直接处理JSON数据。例如可以直接访问9.3.1节中定义的student对象：

```
student.name              //返回字符串"Wang Qong"
student.address.country    //返回字符串"China"
```

也可以直接修改数据：

```
student.name="Liu Bing"
```

另外，要实现从JSON字符串转换为JavaScript对象，可以使用 JSON.parse()方法，示例代码如下所示：

```
var obj = JSON.parse('{"a": "Hello", "b": "World"}');    //结果是 {a: 'Hello', b: 'World'}
```

要实现从JavaScript 对象转换为JSON字符串，使用 JSON.stringify() 方法：

```
var json = JSON.stringify({a: 'Hello', b: 'World'});        //结果是 '{"a": "Hello", "b": "World"}'
```

例9-6 对JSON对象和JSON数组进行遍历，其在浏览器中的显示结果如图9-8所示。

【例9-6】example9-6.html

```
<!DOCTYPE html>
<html>
  <head>
    <meta charset="utf-8">
    <title>JSON</title>
    <script>
      //定义JSON对象
      var myJson = { 'name' : '刘兵' , 'age' : 18 };
      //遍历JSON对象
      for( var key in myJson ){
        document.write( key+' : '+myJson[key]+"<br>" );
      }
      //定义JSON数组，其成员是JSON对象
      var wqJson = [ {'name':'张三','age':19},
        {'name':'李四','age':20},
        {'name':'王五','age':21},
      ]
      //遍历JSON数组
      for(var i =0;i<wqJson.length;i++){
        for(var j in wqJson[i]){
```

```
            document.write(j+":"+wqJson[i][j]+"<br>")
          }
        }
      </script>
    </head>
    <body>
    </body>
</html>
```

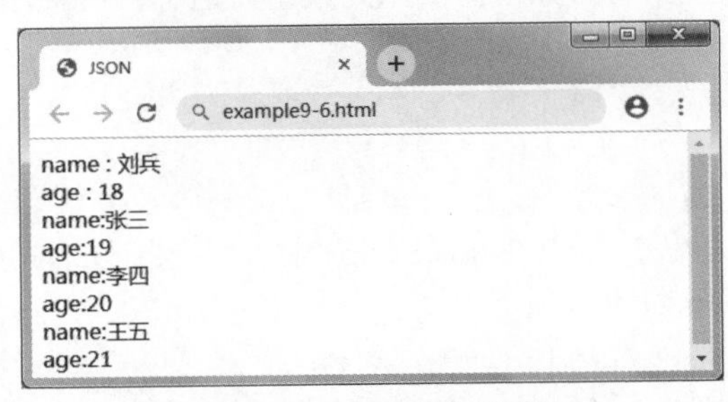

图 9-8　JSON 数据遍历

9.4 本章小结

传统的网页如果需要更新内容，必须重新加载整个页面，也就是当服务器响应处理客户端请求时，客户端只能空闲等待，哪怕从服务器端只需要得到一个数据都要返回一个完整的页面，这样浪费了大量的时间和带宽，交互体验差。如果使用Ajax的局部刷新和异步加载，可以有效地解决这些问题。本章主要讲述了Ajax的基本概念，对Ajax的适用场合以及优缺点进行了详细说明，并对Ajax传统的实现方式进行了阐述，说明这种工作方式的工作流程、编程步骤、核心代码、数据发送和请求机制；然后说明了通过jQuery库实现Ajax的方法，主要包括$.ajax()方法、$.get()方法和$.post()方法，让读者能够理解jQuery的Ajax实现方法更简便；最后说明在Ajax的实现过程中与服务器端进行数据传递的JSON数据格式，并通过一个实例来说明JSON数据的遍历方式。

9.5 习题九

扫描二维码，查看习题。

扫二维码
查看习题

9.6 实验九　Ajax的聊天室应用

扫描二维码，查看实验内容。

扫二维码
查看实验内容

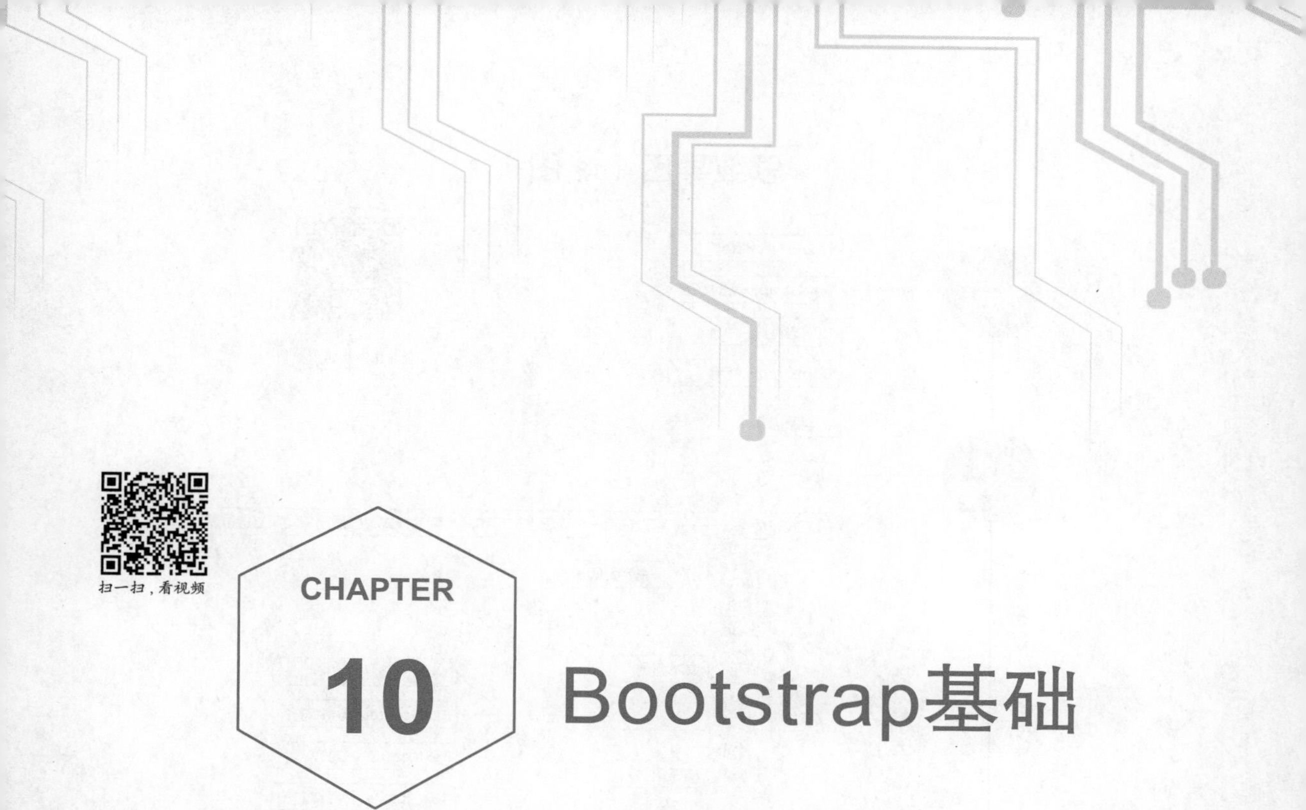

扫一扫，看视频

CHAPTER

10 Bootstrap基础

学习目标：

Bootstrap是用于快速开发Web应用程序和网站的前端框架，本章主要讲解Bootstrap的基本概念及应用。通过本章的学习，读者应该掌握以下主要内容：

- 栅格系统；
- 响应式布局；
- 常用排版。

思维导图（略图）

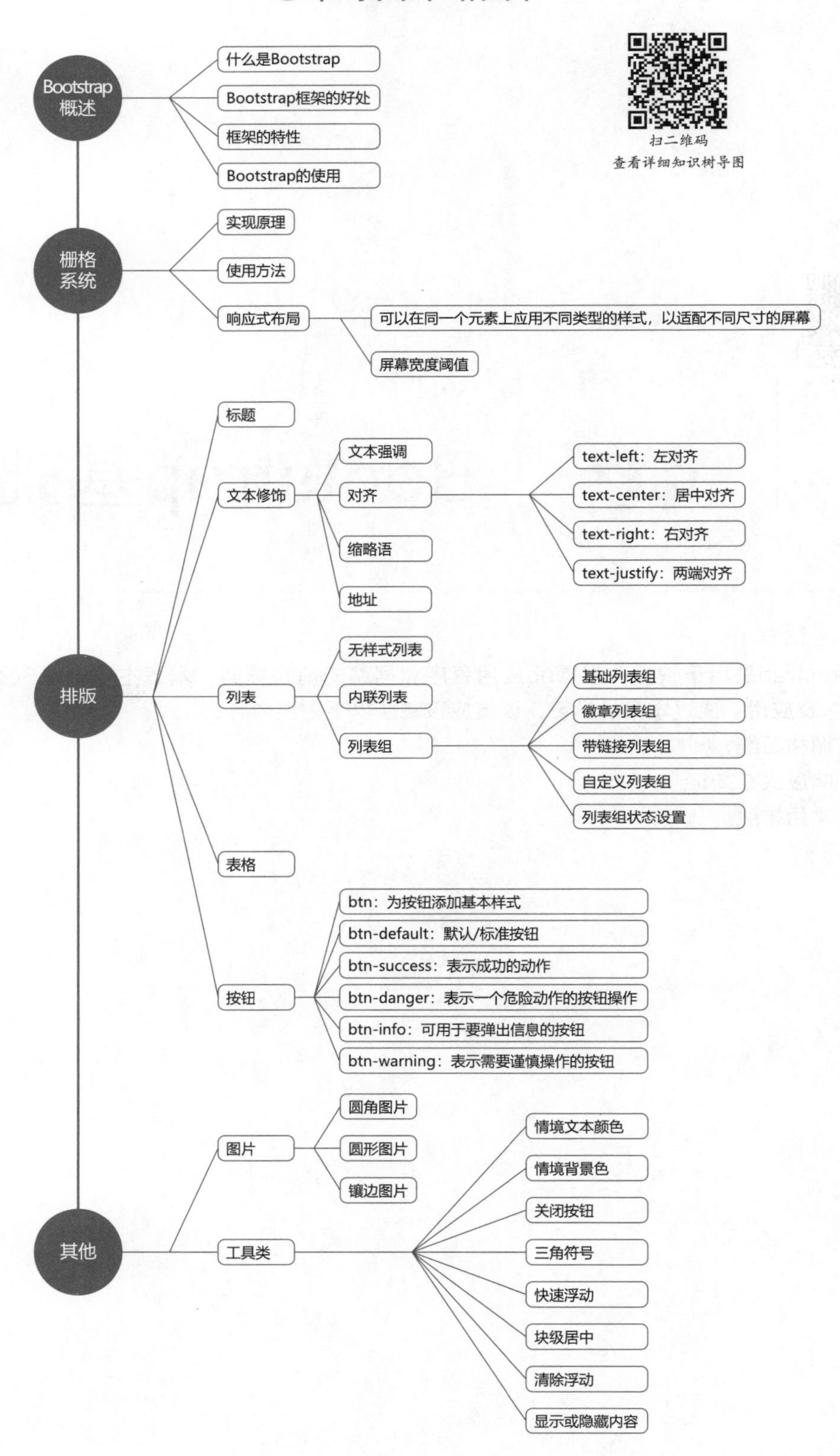

扫二维码
查看详细知识树导图
Bootstrap概述
什么是Bootstrap
Bootstrap框架的好处
框架的特性
Bootstrap的使用
栅格系统
实现原理
使用方法
响应式布局
可以在同一个元素上应用不同类型的样式，以适配不同尺寸的屏幕
屏幕宽度阈值
排版
标题
文本修饰
文本强调
对齐
text-left：左对齐
text-center：居中对齐
text-right：右对齐
text-justify：两端对齐
缩略语
地址
列表
无样式列表
内联列表
列表组
基础列表组
徽章列表组
带链接列表组
自定义列表组
列表组状态设置
表格
按钮
btn：为按钮添加基本样式
btn-default：默认/标准按钮
btn-success：表示成功的动作
btn-danger：表示一个危险动作的按钮操作
btn-info：可用于要弹出信息的按钮
btn-warning：表示需要谨慎操作的按钮
其他
图片
圆角图片
圆形图片
镶边图片
工具类
情境文本颜色
情境背景色
关闭按钮
三角符号
快速浮动
块级居中
清除浮动
显示或隐藏内容

10.1 Bootstrap概述

随着CSS3和HTML5的流行，Web页面不仅需要更人性化的设计理念，而且需要更酷的页面特效和用户体验。作为开发者，需要了解一些CSS UI开源框架资源，这些资源可以更快、更好地实现一些较为复杂的页面，包括一些移动设备的网页界面风格设计。

1. 什么是Bootstrap

Bootstrap是由Mark Otto和Jacob Thornton两位设计师合作开发的一款基于 HTML、CSS、JavaScript 的前端开源框架，使用简洁灵活，让Web开发更加快速、简单。同时，Bootstrap还提供了一套编码规范，使团队编写的CSS和JavaScript代码更加规范，进而使团队的开发效率得到极大的提升。

2011 年 8 月，Bootstrap在GitHub上以开源项目正式发布，一经推出就颇受开发者欢迎，一直是GitHub上的热门开源项目，包括NASA的MSNBC（微软全国广播公司）的Breaking News都使用了该项目。国内一些移动开发者较为熟悉的框架，例如WeX5前端开源框架等，也是基于Bootstrap源码进行性能优化而来的。

Bootstrap是一个灵活、可扩展的前端工具包，包括布局、栅格、表格、表单、导航、按钮、下拉菜单、按钮组、按钮下拉菜单、导航、导航条、分页、排版、缩略图、警告对话框、进度条、媒体对象等。基于这些组件可以快速地搭建一个漂亮、功能完备的网站。Firefox、Chrome、Safari等主流浏览器对W3C标准有着较好的支持，因此，Bootstrap在跨浏览器兼容方面也有相当不错的表现。

Bootstrap自带了 13 个jQuery插件，这些插件为Bootstrap中的组件赋予了“生命”，其中包括模式对话框、标签页、滚动条、弹出框等。更重要的一点是，Bootstrap是完全开源的，其代码托管、开发、维护都依赖GitHub平台。

在学习 Bootstrap前必须具备HTML、CSS和 JavaScript的基础知识。简单来说，Bootstrap是一个基于 jQuery快速搭建网站前端页面的开源框架，只需要了解相关的样式类、标签名等代表的含义，就可以在构建网页时将相应的效果展现出来。

2. 为什么使用Bootstrap

Bootstrap由规范的CSS和JavaScript插件构成，其最大优势是响应式布局、CSS媒体查询，开发者可以方便地让网页无论在台式机、手机上都获得最佳的用户体验。

使用Bootstrap框架的益处主要有：

（1）预处理脚本。Bootstrap的源码是基于最流行的CSS预处理脚本Less和Sass开发的。可以采用预编译的CSS文件快速开发，也可以从源码定制需要的样式。如果页面上有很多同样的效果，只需要写一个效果类，然后让用到此效果类的地方继承。

（2）一个框架，多种设备。网站和应用能在Bootstrap的帮助下通过同一个代码快速、有效地在手机、平板、PC设备上呈现。

（3）特效齐全。Bootstrap提供了全面、美观的文档，可以找到关于HTML元素、CSS组件、jQuery插件方面的所有详细文档。

Bootstrap框架的特性如下。

- 移动设备优先：自 Bootstrap3 起，框架包含了贯穿整个库的移动设备优先的样式。
- 多个浏览器支持：IE、Firefox、Google等所有的主流浏览器都支持 Bootstrap。

- 容易上手：只需要具备HTML和CSS的基础知识即可。
- 响应式设计：Bootstrap的响应式CSS能够自适应于台式机、平板电脑和手机。
- 为开发人员创建接口提供了一个简洁统一的解决方案。
- 包含功能强大的内置组件，易于定制。
- 提供了基于Web的定制。

3. Bootstrap的使用

首先从https://www.bootcss.com/或 http://getbootstrap.com/下载 Bootstrap 的最新版本。下载成功后可以得到一个压缩文件，解压后可以得到一个css、fonts和js的文件夹，文件夹中的文件名如下所示：

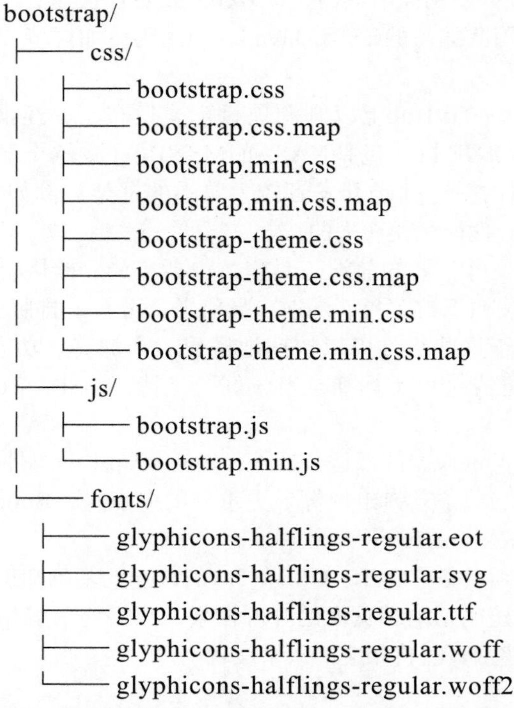

```
bootstrap/
├── css/
│   ├── bootstrap.css
│   ├── bootstrap.css.map
│   ├── bootstrap.min.css
│   ├── bootstrap.min.css.map
│   ├── bootstrap-theme.css
│   ├── bootstrap-theme.css.map
│   ├── bootstrap-theme.min.css
│   └── bootstrap-theme.min.css.map
├── js/
│   ├── bootstrap.js
│   └── bootstrap.min.js
└── fonts/
    ├── glyphicons-halflings-regular.eot
    ├── glyphicons-halflings-regular.svg
    ├── glyphicons-halflings-regular.ttf
    ├── glyphicons-halflings-regular.woff
    └── glyphicons-halflings-regular.woff2
```

上面展示的就是Bootstrap的基本文件结构，在其中提供了编译好的CSS和JS文件（bootstrap.*），还有经过压缩的CSS和JS文件（bootstrap.min.*），同时还包含来自Glyphicons的图标字体，在附带的Bootstrap主题中用到了这些图标。

使用Bootstrap时，需要在页面中引用CSS样式文件和JS文件。Bootstrap的所有JavaScript插件都依赖于jQuery，因此必须在Bootstrap之前引入jQuery.js。例10-1是使用Bootstrap 的基本HTML模板，其在浏览器中显示的结果如图10-1所示。

图 10-1　Bootstrap 的基本 HTML 模板

【例 10-1】example10-1.html

```
<!DOCTYPE html>
<html>
  <head>
    <meta charset="utf-8">
    <meta http-equiv="X-UA-Compatible" content="IE=edge">
    <meta name="viewport" content="width=device-width, initial-scale=1">
    <!-- 上述3个meta标签*必须*放在最前面，任何其他内容*必须*跟随其后！ -->
    <title>第一个Bootstrap网页</title>
    <!-- Bootstrap -->
    <link href="css/bootstrap.min.css" rel="stylesheet">
    <!--jQuery(Bootstrap的所有 JavaScript 插件都依赖 jQuery，所以必须放在前边) -->
    <script src="js/jquery-1.11.2.min.js"></script>
    <!-- 加载 Bootstrap 的所有 JavaScript 插件。也可以根据需要只加载单个插件。 -->
    <script src="js/bootstrap.min.js"></script>s
  </head>
  <body>
    <h1>你好，bootstrap世界！</h1>
  </body>
</html>
```

扫一扫，看视频

Bootstrap 是移动设备优先的。针对移动设备的样式融合到框架的每个角落，而不是增加一个额外的文件。为了确保适当的绘制和触屏缩放，需要在 <head> 中添加如下的viewport 元数据标签，以实现对不同屏幕分辨率的支持：

```
<meta name="viewport" content="width=device-width, initial-scale=1">
```

例 10-1 的语句中包含bootstrap.min.css文件，该语句让一个常规的HTML页面变为使用Bootstrap 框架的页面。

10.2 栅格系统

10.2.1 实现原理

Bootstrap 提供了一套响应式、移动设备优先的流式栅格系统，随着屏幕或视口(viewport)尺寸的增加，系统会自动分为最多12列。

栅格系统的实现原理非常简单，仅仅通过定义容器大小，平分12份，再调整内外边距，最后结合媒体查询，就可以制作出强大的响应式栅格系统。

栅格系统通过一系列的行(row)与列(column)的组合来创建页面布局，页面的内容可以放入这些创建好的布局中。下面说明Bootstrap栅格系统的工作原理。

(1)“行”必须包含在“container”样式类(固定宽度)或“container-fluid”样式类(100% 宽度)中。

(2)通过“行”在水平方向创建一组“列”，并且页面的内容应当放置于“列”内，只有“列”可以作为“行”的直接子元素。

(3)类似“row”和“col-xs-4”这种预定义的类，可以用来快速创建栅格布局。

(4)通过对“列”设置内边距(padding)属性，可以创建列与列之间的间隔。通过为含“row”样式类的元素设置负值margin，可以抵消为含有“container”样式类的元素设置的内边距，也就间接为“行”所包含的“列”抵消了内边距。

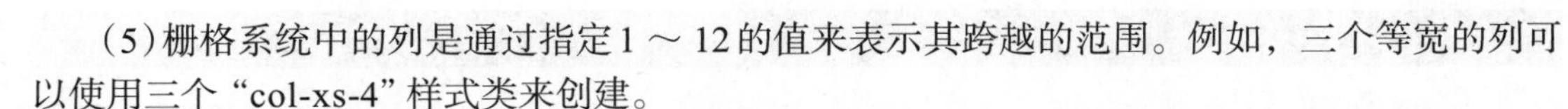

（5）栅格系统中的列是通过指定 1 ～ 12 的值来表示其跨越的范围。例如，三个等宽的列可以使用三个“col-xs-4”样式类来创建。

（6）如果一“行”中包含的“列”大于 12，多余的“列”所在的元素将被作为一个整体另起一行排列。

（7）栅格类适用于与屏幕宽度大于或等于分界点大小的设备，并且针对小屏幕设备覆盖栅格类。因此，在元素上应用任何“col-md-*”栅格类适用于与屏幕宽度大于或等于分界点大小的设备，并且针对小屏幕设备覆盖栅格类。

例 10-2 使用单一的一组“col-md-*”栅格类来创建一个基本的栅格系统，在手机和平板设备上是堆叠在一起的（超小屏幕到小屏幕这一范围），如图 10-2 所示，在桌面（中等）屏幕设备上变为水平排列，如图 10-3 所示。

【例 10-2】example10-2.html

扫一扫，看视频

```
<!DOCTYPE html>
<html>
  <head>
    <meta charset="utf-8">
    <meta http-equiv="X-UA-Compatible" content="IE=edge">
    <meta name="viewport" content="width=device-width, initial-scale=1">
    <title>栅格系统</title>
    <!-- Bootstrap -->
    <link href="css/bootstrap.min.css" rel="stylesheet">
    <style>
      .row{                              //选中行
        margin-bottom: 5px;              //与下面元素的边距15像素
      }
      [class*="col-"]{                   //选中所有的class属性值中带col-
        background-color: darkgray;      //设置背景色
        border: 1px solid red;           //设置边框线
      }
    </style>
  </head>
  <body>
    <div class="container">
      <div class="row">
        <div class="col-md-1">.col-md-1</div>
        <div class="col-md-1">.col-md-1</div>
        <div class="col-md-1">.col-md-1</div>
        <div class="col-md-1">.col-md-1</div>
        <div class="col-md-1">.col-md-1</div>
        <div class="col-md-1">.col-md-1</div>
        <div class="col-md-1">.col-md-1</div>
        <div class="col-md-1">.col-md-1</div>
        <div class="col-md-1">.col-md-1</div>
        <div class="col-md-1">.col-md-1</div>
        <div class="col-md-1">.col-md-1</div>
        <div class="col-md-1">.col-md-1</div>
      </div>
      <div class="row">
        <div class="col-md-8">.col-md-8</div>
        <div class="col-md-4">.col-md-4</div>
      </div>
      <div class="row">
```

```
            <div class="col-md-4">.col-md-4</div>
            <div class="col-md-4">.col-md-4</div>
            <div class="col-md-4">.col-md-4</div>
          </div>
          <div class="row">
            <div class="col-md-6">.col-md-6</div>
            <div class="col-md-6">.col-md-6</div>
          </div>
        </div>
      </body>
    </html>
```

图 10-2 小屏幕显示

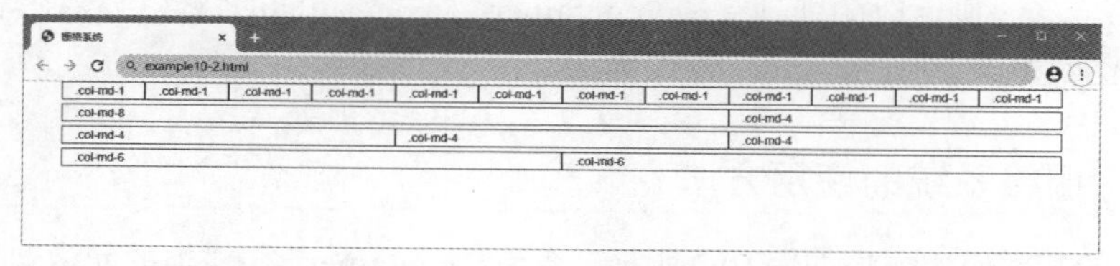

图 10-3 大屏幕显示

例 10-2 的说明如下：

（1）在网页中一共显示四行，“row”样式类位于“container”样式类内，可以看到页面内容没有紧靠浏览器边缘。如果需要网页内容占浏览器的整个页面，可以让“row”样式类位于“container-fluid”样式类内，其代码换成如下内容：

```
<div class="container-fluid">
  <div class="row">
    ...
  </div>
</div>
```

在栅格系统中，“container”样式类支持响应式设计，针对不同的设备，“container”样式类呈现的宽度不同，见表 10-1。

表 10-1 栅格参数

项目	超小屏幕手机（<768px）	小屏幕平板（≥768px）中等屏幕	桌面显示器（≥992px）	大屏幕大桌面显示器（≥1200px）
栅格系统行为	总是水平排列	开始是堆叠在一起的，大于这些阈值时将变为水平排列		
.container 最大宽度	none（自动）	750px	970px	1170px
类前缀	.col-xs-	.col-sm-	.col-md-	.col-lg-

续表

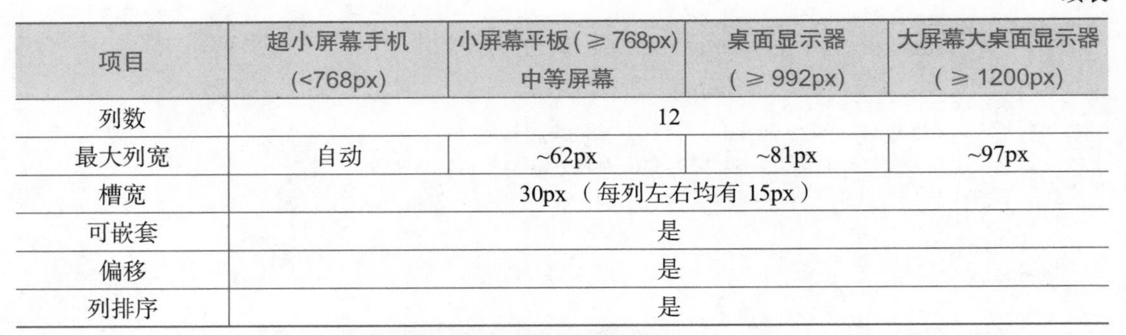

项目	超小屏幕手机(<768px)	小屏幕平板(≥768px)中等屏幕	桌面显示器(≥992px)	大屏幕大桌面显示器(≥1200px)
列数	12			
最大列宽	自动	~62px	~81px	~97px
槽宽	30px（每列左右均有 15px）			
可嵌套	是			
偏移	是			
列排序	是			

（2）含有“col-md-*”样式类的元素表示为列，其中星号表示该列所占的宽度，例如，“col-md-4”表示该列占了12列中4列的宽度。“col-md-”样式类为中等屏幕列的前缀，“col-xs-”为超小屏幕（手机）列的前缀，“col-sm-”为小屏幕（平板电脑）列的前缀，“col-lg-”为大屏幕（桌面显示器）列的前缀。

（3）栅格系统中各个样式类如下：

- “container”样式类：左右各有15px的内边距。
- “row”样式类：是列的容器，最多只能放12列。行左右各有-15px的外边距，可以抵消“container”样式类的15px的内边距。
- “column”样式类：左右各有15px的内容边距，可以保证内容不挨着浏览器的边缘。两个相邻列的内容之间有30px的间距。这样定义后，列中可以很方便地嵌套行。如果在列中嵌套行，则此时的列具有和“container”样式类相同的特性（左右各有15px的内边距），也就相当于“container”样式类。

10.2.2 栅格系统的使用方法

栅格系统的基本使用方法如例10-2所示。含有“container”样式类的元素包含含有“row”样式类的元素，含有“row”样式类的元素包含含有“col-*-*”样式类的元素。每行包含12个栅格，如果定义的列超过12列，放不下的列将会被放到下一行。

1. 列偏移

从例10-2可以看出，列是自左向右排列的。如果想改变列的排列形式，有以下两种办法：

（1）在classn属性中再加入“col-md-offset-n”样式类，这个类可以让列向右偏移，类似于为列添加了margin-left属性。例如在第二列中为这一列添加“col-md-offset-5”样式，意思是该类向右偏移5列，代码如下所示：

```
<div class="row">
  <div class="col-md-1">1</div>
  <div class="col-md-3 col-md-offset-5">2</div>
</div>
```

该代码的含义是第一列占1个栅格，中间空出5个栅格，第二列占7、8、9这三个栅格。

（2）为列添加“col-md-push-”或“col-md-pull-”样式类，可以实现类似左浮动或右浮动的效果，代码如下所示：

```
<div class="row">
  <div class="col-md-4 col-md-push-8">1</div>
```

```
    <div class="col-md-8 div col-md-pull-4">2</div>
</div>
```

上例中第一列被定义为占右边的4个栅格，相当于向右浮动8个栅格，第二列占左边的8个栅格，相当于向左浮动4个栅格。

例10-3是综合上述列偏移的综合实例，其在浏览器中的显示结果如图10-4所示。

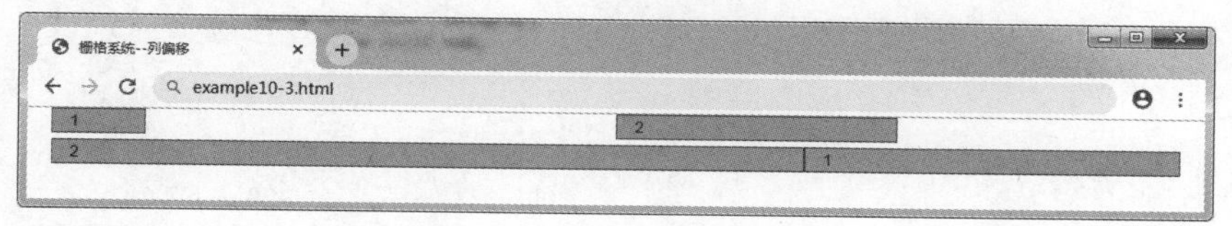

图10-4 列偏移

【例10-3】example10-3.html

```
<!DOCTYPE html>
<html>
  <head>
    <meta charset="utf-8">
    <meta http-equiv="X-UA-Compatible" content="IE=edge">
    <meta name="viewport" content="width=device-width, initial-scale=1">
    <title>栅格系统--列偏移</title>
    <link href="css/bootstrap.min.css" rel="stylesheet">
    <style>
      .row{
        margin-bottom: 5px;
      }
      [class*="col-"]{       //选中所有列
        background-color: darkgray;
        border: 1px solid red;
      }
    </style>
  </head>
  <body>
    <div class="container">
      <div class="row">
        <div class="col-md-1">1</div>
        <div class="col-md-3 col-md-offset-5">2</div>
      </div>
      <div class="row">
        <div class="col-md-4 col-md-push-8">1</div>
        <div class="col-md-8 div col-md-pull-4">2</div>
      </div>
    </div>
  </body>
</html>
```

扫一扫，看视频

2. 列嵌套

Bootstrap的栅格系统支持嵌套，即能够在定义的已有列中嵌套新的一行，而且嵌套进去一行所占的宽度是其父列的宽度。被嵌套的行可以再进行列的定义，所包含列的列数不能超过12，但也没有要求必须占满12列。例10-4先把一行分成两列，各占6个栅格，然后把第二列嵌套一行，把该行再分成两列，每列占6个栅格，在浏览器的显示结果如图10-5所示。

图 10-5　列嵌套

【例 10-4】example10-4.html

扫一扫，看视频

```
<!DOCTYPE html>
<html>
  <head>
    <meta charset="utf-8" />
    <title>栅格系统——列嵌套</title>
    <script src="js/vue.js" type="text/javascript" charset="utf-8">
    </script>
    <link rel="stylesheet" href="css/bootstrap.min.css">
    <style>
      .content{
        border: 2px solid bisque;
      }
    </style>
  </head>
  <body>
    <div class="container">
      <div class="jumbotron">
        <h1>Hello, Bootstrap World!</h1>
        <p>栅格系统用于通过一系列的行（row）与列（column）的组合来创建页面布局</p>
      </div>
      <div class="row">
        <div class="col-sm-6 content">
          <h3>left</h3>
          <p>Bootstrap 提供了一套响应式、移动设备优先的流式栅格系统，随着屏幕或视口
（viewport）尺寸的增加，系统会自动分为最多12列</p>
          <p>good</p>
        </div>
        <div class="col-sm-6">
        <div class="row">
          <div class="col-sm-6 content">
            <h3>right-left</h3>
            <p>Bootstrap 提供了一套响应式、移动设备优先的流式栅格系统，随着屏幕或视口
（viewport）尺寸的增加，系统会自动分为最多12列</p>
            <p>very good!</p>
          </div>
```

```
        <div class="col-sm-6 content">
          <h3>right-right</h3>
          <p>Bootstrap 提供了一套响应式、移动设备优先的流式栅格系统，随着屏幕或视口（viewport）尺寸的增加，系统会自动分为最多12列</p>
          <p>very good!</p>
        </div>
      </div>
      </div>
    </div>
  </body>
</html>
```

10.2.3 响应式布局

在前面的示例和源码中，都是使用单一屏幕样式进行定义。如果是在超小屏幕，则不会生效，而且都没有默认值。例如在例10-2中，将图10-3的浏览器窗口拖小到超小屏（图10-2）的尺寸，可以看到所有“col-md-*”样式类的<div>元素都变成从上到下依次排列。

为了解决这个问题，可以在同一个元素上应用不同类型的样式，以适配不同尺寸的屏幕。例10-5使用Bootstrap布局的响应页面（登录表单界面），针对的是手机超小屏幕（iPhone5S）和PC屏幕（≥1200px）。其中，使用“col-xs-12”样式类设置小屏幕占12列大小，使用“col-lg-5”样式类设置大屏幕占5列大小，并用“col-lg-offset-3”样式类设置大屏幕缩进3列大小。这是一个比较简单的实例，想要适应其他屏幕，例如平板，可添加“col-md-*”样式类；如果是大屏手机，可添加“col-sm-*”样式类。具体的屏幕使用哪个属性，可参考表10-1所示的不同屏幕为Bootstrap栅格参数。

【例10-5】example10-5.html

```
<!DOCTYPE html>
<html>
  <head>
    <meta charset="utf-8">
    <meta name="viewport" content="width=device-width,initial-scale=1,maximum-scale=1">
    <link rel="stylesheet" href="css/bootstrap.min.css">
    <title>栅格系统——响应式布局</title>
  </head>
  <body>
    <div class="container-fluid login">
      <div class="row">
        <div  class="col-xs-12 col-sm-12 col-md-8 col-lg-5 col-lg-offset-3">
          <form class="form-horizontal loginForm">
            <h3 class="form-signin-heading">用户登录</h3>
              <div class="form-group">
                <label for="email" class="col-sm-2 col-xs-3 control-label"    邮箱
                </label>
                <div class="col-sm-8 col-xs-8">
                  <input type="text" class="form-control" name="email"
                        placeholder="请输入邮箱">
                  <span class="glyphicon glyphicon-ok form-control-feedback"
                      aria-hidden="true"></span>
                </div>
              </div>
              <div class="form-group">
```

扫一扫，看视频

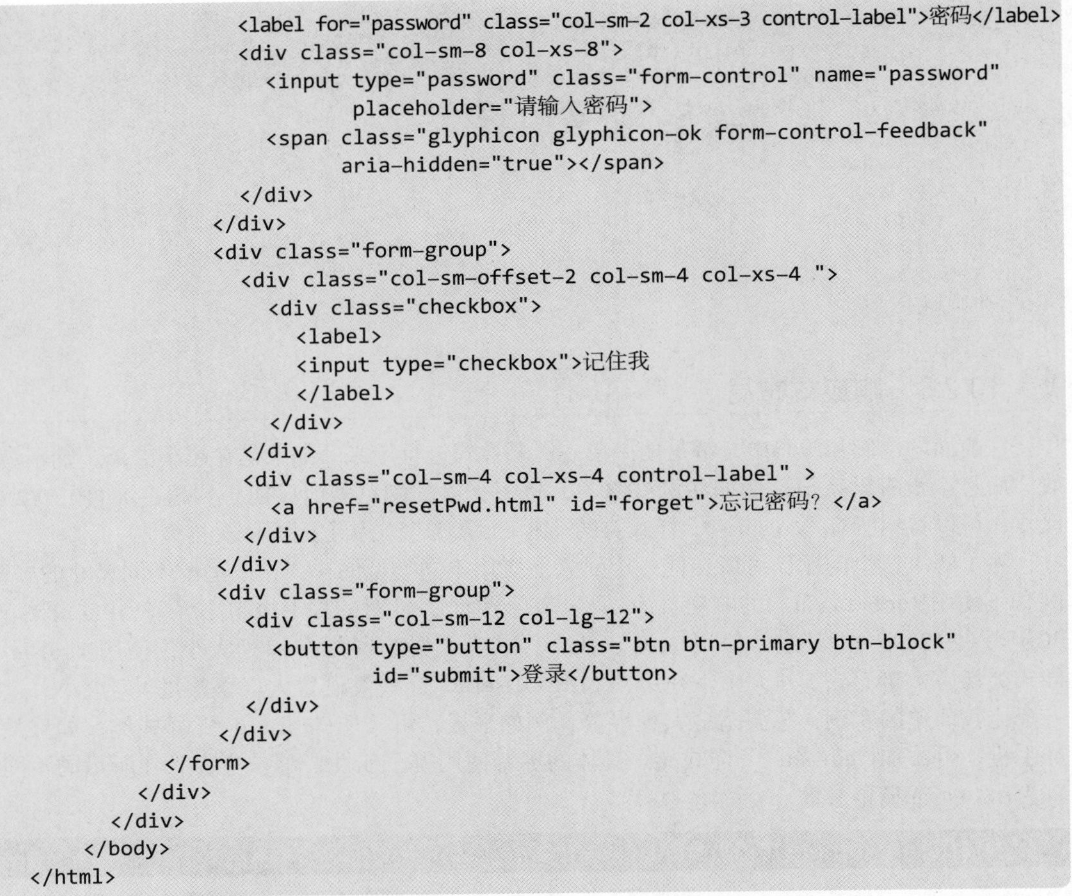

```
            <label for="password" class="col-sm-2 col-xs-3 control-label">密码</label>
            <div class="col-sm-8 col-xs-8">
              <input type="password" class="form-control" name="password"
                     placeholder="请输入密码">
              <span class="glyphicon glyphicon-ok form-control-feedback"
                    aria-hidden="true"></span>
            </div>
          </div>
          <div class="form-group">
            <div class="col-sm-offset-2 col-sm-4 col-xs-4 ">
              <div class="checkbox">
                <label>
                <input type="checkbox">记住我
                </label>
              </div>
            </div>
            <div class="col-sm-4 col-xs-4 control-label" >
              <a href="resetPwd.html" id="forget">忘记密码？ </a>
            </div>
          </div>
          <div class="form-group">
            <div class="col-sm-12 col-lg-12">
              <button type="button" class="btn btn-primary btn-block"
                      id="submit">登录</button>
            </div>
          </div>
        </form>
      </div>
    </div>
  </body>
</html>
```

例10-5的蓝色语句表示超小屏幕和小屏幕占12个栅格，中等屏幕占8个栅格，大屏幕占5个栅格并且偏移3个栅格。例10-5在超小屏幕浏览器的运行结果如图10-6所示，在中等屏幕浏览器的运行结果如图10-7所示。

图 10-6　超小屏幕

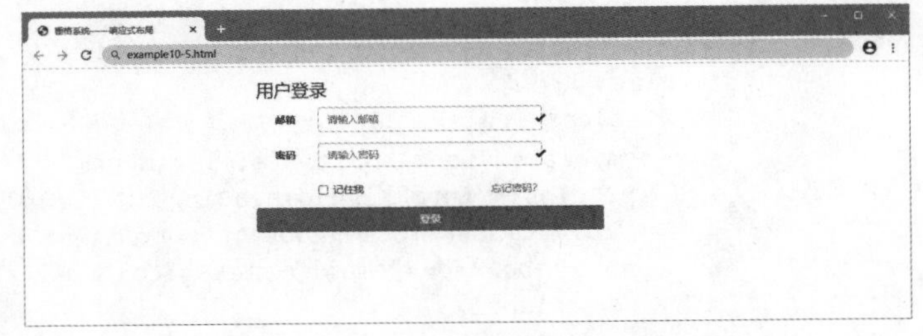

图 10-7　中等屏幕

10.2.4　栅格系统实例

例10-6利用栅格系统实现一个网站的主页，读者应该重点掌握如何用栅格系统进行网页布局，其在浏览器中的显示结果如图10-8所示。

【例 10-6】example10-6.html

扫一扫，看视频

```
<!DOCTYPE html>
<html>
  <head>
    <meta charset="utf-8">
    <meta name="viewport" content="width=device-width,initial-scale=1,maximum-scale=1">
    <link rel="stylesheet" href="css/bootstrap.min.css">
    <title>栅格系统——综合实例</title>
    <style>
      aside{
        border: 1px solid #CCCCCC;
      }
      aside ul li{
        padding: 5px 5px;
      }
      .content{
        border: 1px solid #CCCCCC;
      }
      h5{
        font-weight: bold;
        font-size: 15px;
      }
      footer{
        background-color: darkgrey;
        border-bottom-color: #E7E7E7;
        height: 50px;
        border: 1px solid #E7E7E7;
        border-radius: 4px;
        margin-top: 20px;
        padding: 15px 0px;
      }
    </style>
  </head>
  <body>
    <div class="container">
      <div class="row">
        <div class=" col-sm-7">
          <img src="img/logo.png" class="img-responsive" />
        </div>
        <div class="col-sm-5">
          <div class="row">
            <div class="col-sm-12" style="padding-top:20px;">
              <input type="text" />
              <button class="btn">搜索</button>
            </div>
          </div>
        </div>
      </div>
      <nav class="navbar navbar-default">
        <div class="navbar-header">
          <a class="navbar-brand" href="#"></a>
        </div>
        <ul class="nav navbar-nav">
          <li class="active"><a href="#">主页</a></li>
          <li ><a href="#">学校概况</a></li>
```

```
          <li ><a href="#">机构设置</a></li>
          <li ><a href="#">院系设置</a></li>
          <li ><a href="#">职能部门</a></li>
          <li ><a href="#">人才培养</a></li>
          <li ><a href="#">招生就业</a></li>
          <li ><a href="#">校园文化</a></li>
        </ul>
    </nav>
    <div class="row">
      <div class="col-sm-2" >
        <aside>
          <h5>在线服务</h5>
          <ul>
            <li><a href="#">人才招聘</a></li>
            <li><a href="#">心理咨询</a></li>
            <li><a href="#">招标采购</a></li>
            <li><a href="#">校历信息</a></li>
            <li><a href="#">公开校园</a></li>
            <li><a href="#">地图形象</a></li>
            <li><a href="#">宣传片</a></li>
            <li><a href="#">图书馆</a></li>
            <li><a href="#">云盘</a></li>
          </ul>
        </aside>
      </div>
      <div class="col-sm-8 content" >
        <h4>校内新闻</h4>
        <section>
          <h5>【不忘初心 牢记使命】报道之三十四</h5>
          <p>    自学校开展“不忘初心、牢记使命”主题教育以来，校党
委高度重视、迅速行动，详细制定教育方案，精心策划活动内容，统筹安排工作进度。在校党委的统一
部署下，生工学院围绕实验室管理、产学研协同育人、人才培养等师生关心关注问题，以啃“硬骨头”
的勇气、拔“铁钉子”的韧劲，以抓实调查研究为载体，以深入检视问题为契机，以狠抓整改落实为驱
动，坚持密切联系实际，坚持问题导向，切实把学习教育、调查研究、检视问题、整改落实贯穿主题教
育全过程，取得了实实在在的成效。</p>
        </section>
        <br/><br/><br/><br/><br/><br/><br/>
      </div>
      <div class="col-sm-2" >
        <aside>
          <h5>联系我们</h5>
          <ul>
            <li><a href="#">书记信箱</a></li>
            <li><a href="#">校长信箱</a></li>
            <li><a href="#">官方微信</a></li>
            <li><a href="#">官方微博</a></li>
          </ul>
        </aside>
      </div>
    </div>
      <div class="row">
        <div class="col-sm-12">
          <footer class="text-center">
            <p>@2020 艺丹工作室 版权所有 </p>
          </footer>
        </div>
      </div>
```

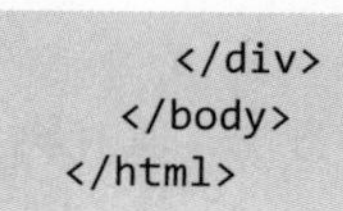

```
        </div>
    </body>
</html>
```

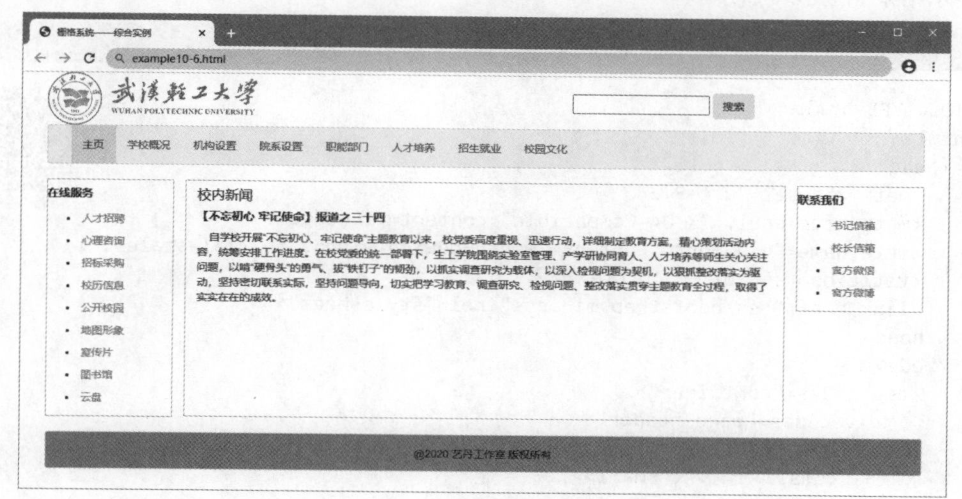

图 10-8　栅格系统综合实例

10.3 排　版

10.3.1　标题

Bootstrap和HTML一样，定义标题也是使用标记<h1>到<h6>，只不过Bootstrap包含默认的样式，并且在所有浏览器下显示的效果都一样，具体定义的规则见表10-2。另外，Bootstrap还提供“h1”到“h6”样式类给内联属性文本赋予的标题样式。

表 10-2　标题样式定义

元　素	字体大小	计算依据	其　他
<h1>	36px	14px*2.6	margin-top:20px,　margin-bootom:10px
<h2>	30px	14px*2.15	
<h3>	24px	14px*1.7	
<h4>	18px	14px*1.25	margin-top:10px,　margin-bootom:10px
<h5>	14px	14px*1	
<h6>	12px	14px*0.85	

在Web制作中，常常会碰到在一个标题后面紧跟着一行小的副标题。在Bootstrap中使用<small>标记来制作副标题，这个副标题具有一些独特样式，说明如下：

（1）行高都是1，而且font-weight设置为normal，变成常规效果（不加粗），同时颜色被设置为灰色（#999）。

（2）当<small>内文本字体在h1~h3内时，其大小设置为当前字号的65%；而在h4~h6内时，字号设置为当前字号的75%。

另外，页面标题是在网页标题四周添加适当的间距。当一个网页中有多个标题且每个标题之间需要添加一定的间距时，可使用页面标题来完成。页面标题的使用方法是把标题的class

属性值设置为“page-header”。

例10-7是几种标题实例的综合应用，读者应重点体会每一种标题的使用方法，其在浏览器的显示结果如图10-9所示。

【例10-7】example10-7.html

扫一扫，看视频

```
<!DOCTYPE html>
<html>
  <head>
    <meta charset="utf-8">
    <meta http-equiv="X-UA-Compatible" content="IE=edge">
    <meta name="viewport" content="width=device-width, initial-scale=1">
    <title>bootstrap标题</title>
    <link href="css/bootstrap.min.css" rel="stylesheet">
  </head>
  <body>
    <div class="container">
      <div class="page-header">
        <h1>页面标题实例
          <small>子标题</small>
        </h1>
        <span class="h1">样式类标题<small>子标题</small></span>
      </div>
      <p>这是一个示例文本。这是一个示例文本。</p>
    <div>
  </body>
</html>
```

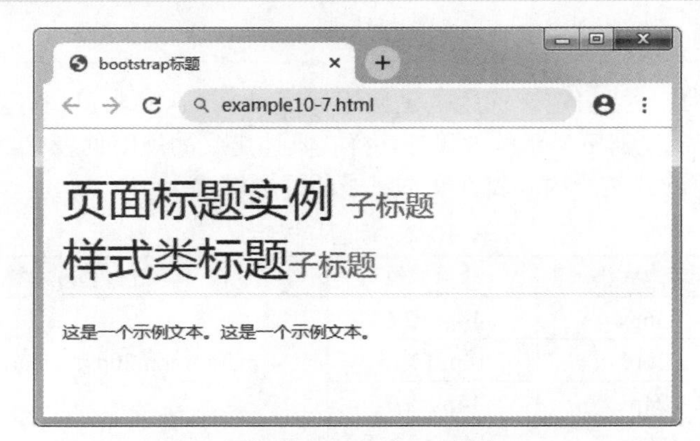

图10-9　Bootstrap标题

10.3.2　文本修饰

1. 文本强调

Bootstrap将全局font-size设置为14 px，line-height设置为20 px，这些属性直接赋予<body>元素和所有段落元素。另外，<p>元素被设置为1/2行高（即10 px）的底部外边距。

对段落文本进行强调，可以在<p>元素中添加class="lead"，使被强调的文本更加醒目，示例代码如下所示：

```
<p class="lead">被强调的文本</p>
```

在HTML中可以定义多个表示强调的标签，分别是：

（1）<em> 标签：用来标识从语义上强调的文本，一般会被渲染为斜体，即给相应文本应用“font-style: italic;”。

（2）<strong> 标签：用来标识从语义上强调的文本，一般会被加粗显示，即给相应文本应用“font-weight:bold;”。

（3）<b> 标签：主要用于突出显示某些词或短语。

（4）<i> 标签：主要用于表示不同的语言、技术术语、内部对话等。

除了上述这些强调方式外，Bootstrap 还提供了一些表示强调的工具样式类，这些工具样式类通过给文本设置特殊的颜色来表示强调，具体说明如下：

- text-muted：提示，浅灰色。
- text-warning：警告，黄色。
- text-error：错误，红色。
- text-info：通知信息，浅蓝色。
- text-success：成功，浅绿色。
- text-danger：危险，褐色。

这些工具样式类可以应用于<p>或<span>元素。对于不需要强调的行内文本或块级文本，建议使用<small>元素。为文本添加<small>元素后，文本会缩小到原来大小的 85%。

例 10-8 是几种强调的综合应用实例，读者应重点体会每一种强调文本的使用方法，其在浏览器的显示结果如图 10-10 所示。

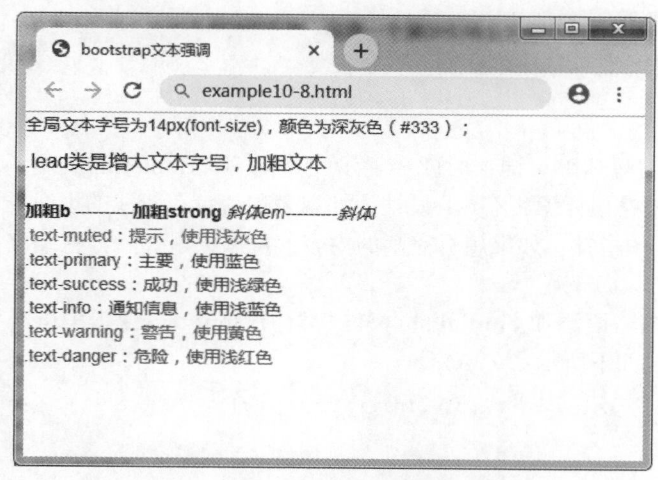

图 10-10　Bootstrap 文本强调

【例 10-8】example10-8.html

```
<!DOCTYPE html>
<html>
  <head>
    <meta charset="utf-8">
    <meta http-equiv="X-UA-Compatible" content="IE=edge">
    <meta name="viewport" content="width=device-width, initial-scale=1">
    <title>bootstrap文本强调</title>
    <link href="css/bootstrap.min.css" rel="stylesheet">
  </head>
```

扫一扫，看视频

```
    <body>
      <p>全局文本字号为14px(font-size)，颜色为深灰色（#333）；</p>
      <p class="lead">
        .lead类是增大文本字号，加粗文本
      </p>
      <b>加粗b</b> -----------<strong>加粗strong</strong>
      <em>斜体em</em>----------<i>斜体i</i>
      <div class="text-muted">.text-muted：提示，使用浅灰色</div>
      <div class="text-primary">.text-primary：主要，使用蓝色</div>
      <div class="text-success">.text-success：成功，使用浅绿色</div>
      <div class="text-info">.text-info：通知信息，使用浅蓝色</div>
      <div class="text-warning">.text-warning：警告，使用黄色</div>
      <div class="text-danger">.text-danger：危险，使用浅红色</div>
    </body>
</html>
```

2. 对齐

Bootstrap通过使用文本对齐类，可以简单方便地将文字重新对齐。这些文本对齐类的定义如下所示：

- text-left：左对齐。
- text-center：居中对齐。
- text-right：右对齐。
- text-justify：两端对齐。

使用方法如下所示：

```
<p class="text-left">左对齐，取值left</p>
```

3. 缩略语

当鼠标悬停在缩写和缩写词上时就会显示完整内容，Bootstrap实现了对HTML的<abbr>元素的增强样式。缩略语元素带有title属性，外观表现为带有较浅的虚线框，鼠标移至上面时会变成带有“问号”的指针。如果想看完整的内容，可以把鼠标悬停在缩略语上，但需要包含title属性。

另外，可以为缩略语添加“initialism”样式类，让font-size变得稍微小些，同时英语字母全部大写，使用方法如下所示：

```
<abbr title="武汉轻工大学" class="initialism">轻工大</abbr>
```

4. 地址

使用<address>标签可以让联系信息以最接近日常使用的格式呈现。在每行结尾添加
标签可以保留需要的样式。

例10-9是地址与缩略语的综合应用实例，读者应重点体会地址与缩略语标签的使用方法，其在浏览器的显示结果如图10-11所示。

【例10-9】example10-9.html

```
<!DOCTYPE html>
<html>
  <head>
    <meta charset="utf-8">
    <meta http-equiv="X-UA-Compatible" content="IE=edge">
```

扫一扫，看视频

```
        <meta name="viewport" content="width=device-width, initial-scale=1">
        <title>地址与缩略语</title>
        <link href="css/bootstrap.min.css" rel="stylesheet">
    </head>
    <body>
        <address>
            <strong>武汉轻工大学</strong><br>
            湖北省武汉市常青花园学府南路68号<br>
            <abbr title="phone">P:</abbr> (027) 87654321
        </address><br /><br />
        <address>
            <strong>刘兵</strong><br>
            <a href="mailto:#">lb@whpu.edu.cn</a>
        </address>
    </body>
</html>
```

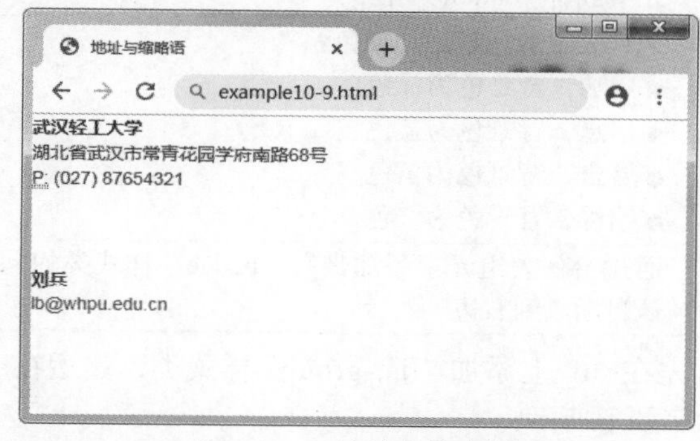

图 10-11　地址与缩略语

10.3.3　列表

Bootstrap支持HTML的三种列表：无序列表、有序列表和描述列表。其中，无序列表是指没有特定顺序的一列元素，是以传统风格的着重符号开头的列表；有序列表是指以数字或其他有序字符开头的列表；描述列表（或称自定义列表）是指带有描述的短语列表。

1. 无样式列表

在Bootstrap中，默认情况下无序列表和有序列表都是带有项目符号的，但在实际工作中很多列表是不需要这个编号的。Bootstrap通过给无序列表添加“list-unstyled”样式类，就可以删除默认的列表样式风格。示意代码如下所示：

```
<ul class="list-unstyled">
    <li>...</li>
</ul>
```

2. 内联列表

通过对列表<ul>或<ol>元素应用“list-inline”样式类，可以将列表的所有元素放置于同一行，这种列表叫内联列表。这个效果通过设置“display: inline-block;”并添加少量的内边距来实现。示意代码如下所示：

```
<ul class="list-inline">
    <li>...</li>
```

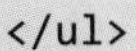


```
</ul>
```

3. 列表组

列表组可以通过“list-group”样式类来使用其样式。实现列表组有三种不同方式，第一种是<ul>与<li>的方式，即使用含有“list-group”样式类的<ul>元素和含有<list-group-item>样式类的<li>元素来实现，另外两种分别是使用含有“list-group”的<div>元素和含有“list-group-item”的<a>元素或者<button>元素来实现。具体可用的相关类见表10-3。

表 10-3　列表组的常用类

list-group	将一个 <ul> 元素变成列表组
list-group-item	列表组的每一个元素
list-group-item-heading	为 <a> 元素或者 <button> 元素添加一个 title
list-group-item-text	为列表组添加内容，和“list-group-item-heading”样式类一同放到一个 <a> 元素或者 <button> 元素中
list-group-item-success list-group-item-info list-group-item-warning list-group-item-danger	为列表组的元素添加颜色： ● 成功，背景色为绿色 ● 信息，背景色为蓝色 ● 警告，背景色为黄色 ● 错误，背景色为红色
badge	通过给列表组元素添加带有“badge”样式类的 <span> 标记指定徽章，默认自动放到右边

（1）基础列表组。首先在<ul>上添加“list-group”样式类，然后在<li>上添加“list-group-item”样式类，其代码示例如下所示：

```
<ul class="list-group">
  <li class="list-group-item">列表1</li>
  <li class="list-group-item">列表2</li>
  <li class="list-group-item">列表3</li>
</ul>
```

（2）徽章列表组。在基础列表组的<li>元素中添加带“badge”样式类的<span>标记实现徽章列表组，其代码示例如下所示：

```
<ul class="list-group">
  <li class="list-group-item">
    <span class="badge">13</span>列表1
  </li>
</ul>
```

（3）带链接列表组。在基础列表组的<li>元素中添加超链接，其代码示例如下所示：

```
<ul class="list-group">
  <li class="list-group-item">
    <span class="badge">13</span>
    <a href="##">选项1</a>
  </li>
</ul>
```

或者将<ul>与<li>替换成<div>与<a>：

```
<div class="list-group">
  <a href="##" class="list-group-item">
    <span class="badge">13</span>选项1
```

```
    </a>
  </div>
```

（4）自定义列表组。通过“list-group-item-heading”样式类定义列表项的头部样式，通过“list-group-item-text”样式类来定义列表项的文本内容，其代码示例如下所示：

```
<div class="list-group">
  <a href="##" class="list-group-item">
    <h4 class="list-group-item-heading">标题</h4>
    <p class="list-group-item-text">文本内容...</p>
  </a>
</div>
```

（5）列表组状态的设置。通过添加“active”类表示当前处于激活状态（直接将此类名添加至选项中），通过添加“disabled”类表示禁用状态。

另外，可以通过list-group-item-success、list-group-item-info、list-group-item-warning、list-group-item-danger样式类设置列表组元素的颜色。

例 10-10 是列表组的综合应用实例，读者应重点体会每一种列表组的使用方法，该例在浏览器的显示结果如图 10-12 所示。

【例 10-10】example10-10.html

扫一扫，看视频

```
<!DOCTYPE html><!DOCTYPE html>
<html>
  <head>
    <meta charset="utf-8">
    <meta http-equiv="X-UA-Compatible" content="IE=edge">
    <meta name="viewport" content="width=device-width, initial-scale=1">
    <title>列表综合</title>
    <link href="css/bootstrap.min.css" rel="stylesheet">
  </head>
  <body>
    <h3>基础列表组</h3>
    <ul class="list-group">
      <li class="list-group-item">HTML</li>
      <li class="list-group-item">CSS</li>
      <li class="list-group-item">JavaScript</li>
    </ul>
    <h3>自定义列表组</h3>
    <div class="list-group">
      <a href="##" class="list-group-item">
        <h4 class="list-group-item-heading">Bootstrap</h4>
        <p class="list-group-item-text">
          深入了解 Bootstrap 底层结构的关键部分，包括我们让 web 开发变得更好、更快、更强壮的
最佳实践。</p>
      </a>
      <a href="##" class="list-group-item">
        <h4 class="list-group-item-heading">jQuery</h4>
        <p class="list-group-item-text">jQuery设计的宗旨是“write Less, Do More”，即倡导写更少的
代码，做更多的事情。</p>
      </a>
    </div>
    <h3>多彩组合列表组</h3>
    <div class="list-group">
      <a href="##" class="list-group-item active">
        <span class="badge">5902</span>HTML
```

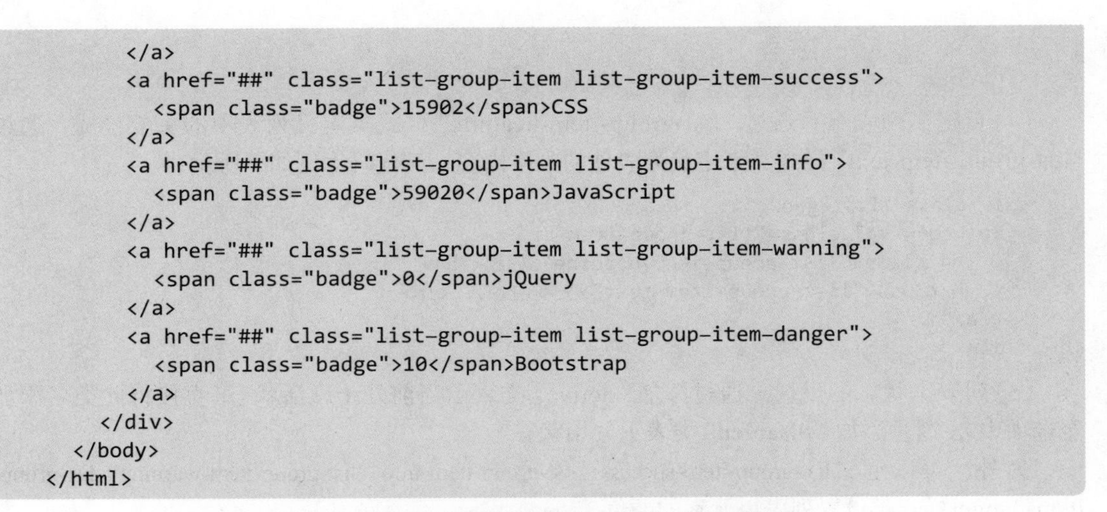

```
      </a>
      <a href="##" class="list-group-item list-group-item-success">
        <span class="badge">15902</span>CSS
      </a>
      <a href="##" class="list-group-item list-group-item-info">
        <span class="badge">59020</span>JavaScript
      </a>
      <a href="##" class="list-group-item list-group-item-warning">
        <span class="badge">0</span>jQuery
      </a>
      <a href="##" class="list-group-item list-group-item-danger">
        <span class="badge">10</span>Bootstrap
      </a>
    </div>
  </body>
</html>
```

图 10-12　组合列表

10.3.4　表格

通过给<table>元素应用“table”样式类可定义基本表格样式，表现为增加内边距和水平方向的分隔线，使用方式如下所示：

```
<table class="table">
  <caption>基本的表格布局</caption>
  <thead>
    <tr>
      <th>名称</th>
      <th>城市</th>
    </tr>
  </thead>
  <tbody>
    <tr>
      <td>黄鹤楼</td>
      <td>湖北武汉</td>
    </tr>
  </tbody>
</table>
```

通过添加“table-striped”样式类可以在 <tbody>内的每一行增加斑马线条纹，其使用方式如下所示：

```
<table class="table table-striped">
    …
</table>
```

通过添加“table-bordered”样式类可以为表格和每个单元格增加边框，其使用方式如下所示：

```
<table class="table table-bordered">
    …
</table>
```

通过添加“table-hover”样式类，指针悬停在表格的某一行上时会出现浅灰色背景，即对悬停状态给出响应，其使用方式如下所示：

```
<table class="table table-hover ">
    …
</table>
```

Bootstrap为表格提供了五种状态的样式类，通过这些状态类可以改变表格的行或单元格的背景颜色。这五种样式类如下所示：

- active：表示当前活动信息，应用鼠标悬停背景颜色。
- info：表示普通信息，应用背景为蓝色。
- success：表示一个成功的或积极的动作，应用背景为绿色。
- warning：表示一个需要注意的警告，应用背景为黄色。
- danger：表示一个危险的或潜在的负面动作，应用背景为红色。

这些样式类可被应用到 <tr>、<td> 或 <th>上。通过把任意含有“table”样式类的<table>元素包含在含有“table-responsive”样式类的<div>元素容器内，可以让表格水平滚动，以适应小型设备，当在大于768px宽的大型设备上查看时，水平滚动条将自动消失。其使用方式如下所示：

```
<div class="table-responsive">
  <table class="table">
    …
  </table>
</div>
```

例 10-11 是表格应用实例，综合运用了上述几种表格样式类，特别是第二个表格使用的是响应式表格，其在浏览器中的显示结果如图 10-13 所示。

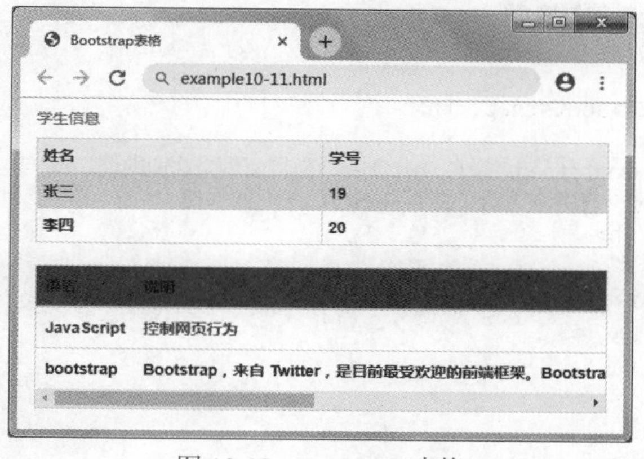

图 10-13　Bootstrap 表格

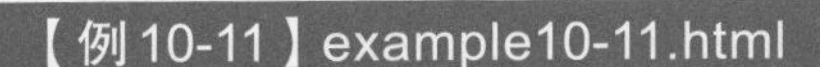

【例 10-11】example10-11.html

扫一扫，看视频

```
<!DOCTYPE html>
<html>
  <head>
    <meta charset="utf-8">
    <title>Bootstrap表格</title>
    <script src="js/vue.js" type="text/javascript" charset="utf-8">
    </script>
    <link rel="stylesheet" href="css/bootstrap.min.css">
  </head>
  <body>
    <div class="container">
      <table class="table table-bordered table-hover table-condensed">
        <caption>学生信息</caption>
        <thead>
          <tr class="active">
            <th>姓名</th>
            <th>学号</th>
          </tr>
        </thead>
        <tbody>
          <tr class="danger">
            <th>张三</th>
            <th>19</th>
          </tr>
          <tr >
            <th>李四</th>
            <th>20</th>
          </tr>
        </tbody>
      </table>
      <div class="table-responsive">
        <table class="table">
          <thead style="background-color: #2aabd2">
            <tr >
              <th>语言</th>
              <th>说明</th>
            </tr>
          </thead>
          <tbody>
            <tr class="text-success">
              <th>JavaScript</th>
              <th>控制网页行为</th>
            </tr>
            <tr>
              <th>bootstrap</th>
              <th>
                Bootstrap，来自 Twitter，是目前最受欢迎的前端框架。Bootstrap 是基于 HTML、
CSS、JAVASCRIPT 的，它简洁灵活，使得 Web 开发更加快捷。
              </th>
            </tr>
          </tbody>
        </table>
      </div>
    </div>
  </body>
</html>
```

10.3.5 按钮

Bootstrap为按钮提供了一个“btn”样式类，所有按钮元素都可以使用。可作为按钮使用的标签或元素包含<a>、<button>或<input> 元素。Bootstrap除了提供基本样式的按钮类之外，还提供了一些用来定义不同风格按钮的预定义样式类，主要包括：

- btn：为按钮添加基本样式。
- btn-default：默认/标准按钮。
- btn-primary：原始按钮样式。
- btn-success：表示成功的动作。
- btn-info：可用于要弹出信息的按钮。
- btn-warning：表示需要谨慎操作的按钮。
- btn-danger：表示一个危险动作的按钮操作。
- btn-link：让按钮看起来像个链接（仍然保留按钮行为）。
- btn-lg：制作大按钮。
- btn-sm：制作小按钮。
- btn-xs：制作超小按钮。
- btn-block：块级按钮（拉伸至父元素100%的宽度）。
- active：按钮激活状态。当按钮处于激活状态时，将呈现为被按压的外观（深色的背景、深色的边框、阴影）。
- disabled：按钮禁用状态。当按钮处于禁用状态时，颜色会变淡50%，失去按钮行为。

例10-12是按钮应用实例，综合运用了以上几种按钮样式类，其在浏览器中的显示结果如图10-14所示。

【例10-12】example10-12.html

```
<!DOCTYPE html>
<html>
  <head>
    <meta charset="utf-8">
    <title>bootstrap按钮</title>
    <script src="js/vue.js" type="text/javascript" charset="utf-8">
    </script>
    <link rel="stylesheet" href="css/bootstrap.min.css">
  </head>
  <body>
    <p>
      <button type="button" class="btn btn-primary btn-lg active">
        激活状态原始大按钮
      </button>
      <button type="button" class="btn btn-default" disabled="disabled">
        默认尺寸禁用按钮
      </button>
    </p>
    <p>
      <button type="button" class="btn btn-success btn-sm">
        成功状态小按钮
      </button>
      <button type="button" class="btn btn-info btn-xs">
```

扫一扫，看视频

```
            （超小尺寸）信息按钮
          </button>
          <button type="button" class="btn btn-link">
            链接按钮
          </button>
        </p>
        <button type="button" class="btn btn-warning btn-lg btn-block">
          （块级元素）警告按钮
        </button>
        <button type="button" class="btn btn-danger btn-lg btn-block">
          （块级元素）危险按钮
        </button>
      </body>
    </html>
```

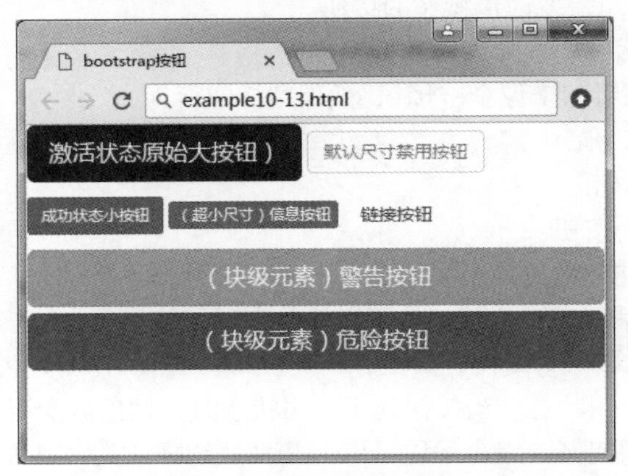

图 10-14　Bootstrap 按钮

10.4 其　他

10.4.1　图片

Bootstrap对图片的风格改进得很少，主要是提供了图片的圆角和边框样式。当图片定义为超链接时，会呈现默认的边框样式，Bootstrap关闭了这种边框样式。

Bootstrap为图像定义三种特殊风格的样式类，分别用来设计圆角图片、圆形图片和镶边图片。简要说明如下：

- img-rounded：添加 border-radius:6px 来获得圆角图片。
- img-circle：添加 border-radius:50% 来让整个图片变成圆形。
- img-thumbnail：添加一些内边距和一个灰色的边框。

通过在 <img> 标签添加 “img-responsive” 样式类来让图片支持响应式设计，图片将很好地扩展到父元素。“img-responsive” 样式类可以将 “max-width: 100%;” 和 “height: auto;” 样式应用在图片上，方法如下：

```
<img src="cinqueterre.jpg" class="img-responsive" alt="Cinque Terre">
```

例 10-13 是图片应用实例，综合运用了以上几种图片样式类，在浏览器中的显示结果如图 10-15 所示。

图 10-15 图片

【例 10-13】example10-13.html

扫一扫，看视频

```
<!DOCTYPE html>
<html>
  <head>
    <meta charset="utf-8">
    <meta http-equiv="X-UA-Compatible" content="IE=edge">
    <meta name="viewport" content="width=device-width, initial-scale=1">
    <title>图片</title>
    <link href="css/bootstrap.min.css" rel="stylesheet">
    <style>
      body{padding:15px;}
    </style>
  </head>
  <body>
    <div class="container">
      <div class=" text-center col-sm-3">
        <img class="img-responsive" src="img/test.png">
        <h3>正常效果</h3>
      </div>
      <div class=" text-center col-sm-3">
        <img class="img-responsive img-rounded " src="img/test.png">
        <h3>圆角效果</h3>
      </div>
      <div class=" text-center col-sm-3">
        <img class="img-responsive img-circle " src="img/test.png">
        <h3>圆形效果</h3>
      </div>
      <div class=" text-center col-sm-3">
        <img class="img-responsive img-thumbnail " src="img/test.png">
        <h3>镶边效果</h3>
      </div>
    </div>
  </body>
</html>
```

10.4.2 工具类

1. 情境文本颜色

不同的文本含义类通过颜色来展示，这些类可以应用于链接，并且在鼠标经过时颜色还会加深。应用方法如下所示：

```
<p class="text-muted">...</p>
<p class="text-primary">...</p>
<p class="text-success">...</p>
<p class="text-info">...</p>
<p class="text-warning">...</p>
<p class="text-danger">...</p>
```

2. 情境背景色

和情境文本颜色类一样，使用任意情境背景色类就可以设置元素的背景。链接组件在鼠标经过时颜色会加深，就像上面所讲的情境文本颜色类一样。

```
<p class="bg-primary">...</p>
<p class="bg-success">...</p>
<p class="bg-info">...</p>
<p class="bg-warning">...</p>
<p class="bg-danger">...</p>
```

3. 关闭按钮

通过给<button>元素应用“close”样式类可以得到关闭按钮，这种样式通常用于让模态框和警告框消失。示意代码如下所示：

```
<button type="button" class="close" aria-label="Close">
  <span aria-hidden="true">&times;</span>
</button>
```

4. 三角符号

通过使用三角符号可以指示某个元素具有下拉菜单的功能。注意，向上弹出式菜单中的三角符号是反方向的。示意代码如下所示：

```
<span class="caret"></span>
```

5. 快速浮动

通过添加样式类可以将任意元素向左或向右浮动。示意代码如下所示：

```
<div class="pull-left">...</div>
<div class="pull-right">...</div>
```

6. 块级居中

为任意元素设置“center-block”样式类可以让其中的内容居中。示意代码如下所示：

```
<div class="center-block">...</div>
```

7. 清除浮动

通过为父元素添加“clearfix”样式类可以很容易地清除浮动。示意代码如下所示：

```
<div class="clearfix">...</div>
```

8. 显示或隐藏内容

添加“show”和“hidden”样式类可以强制任意元素显示或隐藏，当隐藏时将不再占用文档流，注意这两类只对块级元素起作用。另外，“invisible”样式类也可以用来设置元素的可见性，但区别是占用文档流。示意代码如下所示：

```
<div class="show">...</div>
<div class="hidden">...</div>
<div class="invisible ">...</div>
```

10.5 本章小结

Bootstrap是最受欢迎的HTML、CSS和JavaScript框架，用于开发响应式布局、移动设备优先的Web项目，并且可以确保整个Web应用程序的风格完全一致、用户体验一致、操作习惯一致。本章首先讲解了Bootstrap的基础知识，让读者掌握在项目中如何引用Bootstrap，以及Bootstrap框架中包含的内容；然后讲解了栅格系统的工作原理及其应用，包括栅格系统中的列嵌套、列排序、响应式栅格等内容，通过一个综合案例演示了栅格系统的实际应用；最后讲解了Bootstrap为HTML各元素提供的CSS布局样式，包括标题、段落等基础文本排版样式及列表、表格、按钮、图片、辅助类等样式。

10.6 习题十

扫描二维码，查看习题。

扫二维码
查看习题

10.7 实验十　Bootstrap框架的栅格系统

扫描二维码，查看实验内容。

扫二维码
查看实验内容

CHAPTER

11 Bootstrap表单与组件

学习目标：

Bootstrap的核心是一个CSS框架，提供了优雅、一致的页面和元素表现，通过简洁的用法便可制作出精美的网页效果。本章主要讲解表单、导航和一些常用的CSS组件。通过本章的学习，读者应该掌握以下主要内容：

- 表单元素样式与验证方式；
- 几种不同的导航方式；
- Bootstrap中CSS的常用组件。

思维导图（略图）

扫二维码
查看详细知识树导图

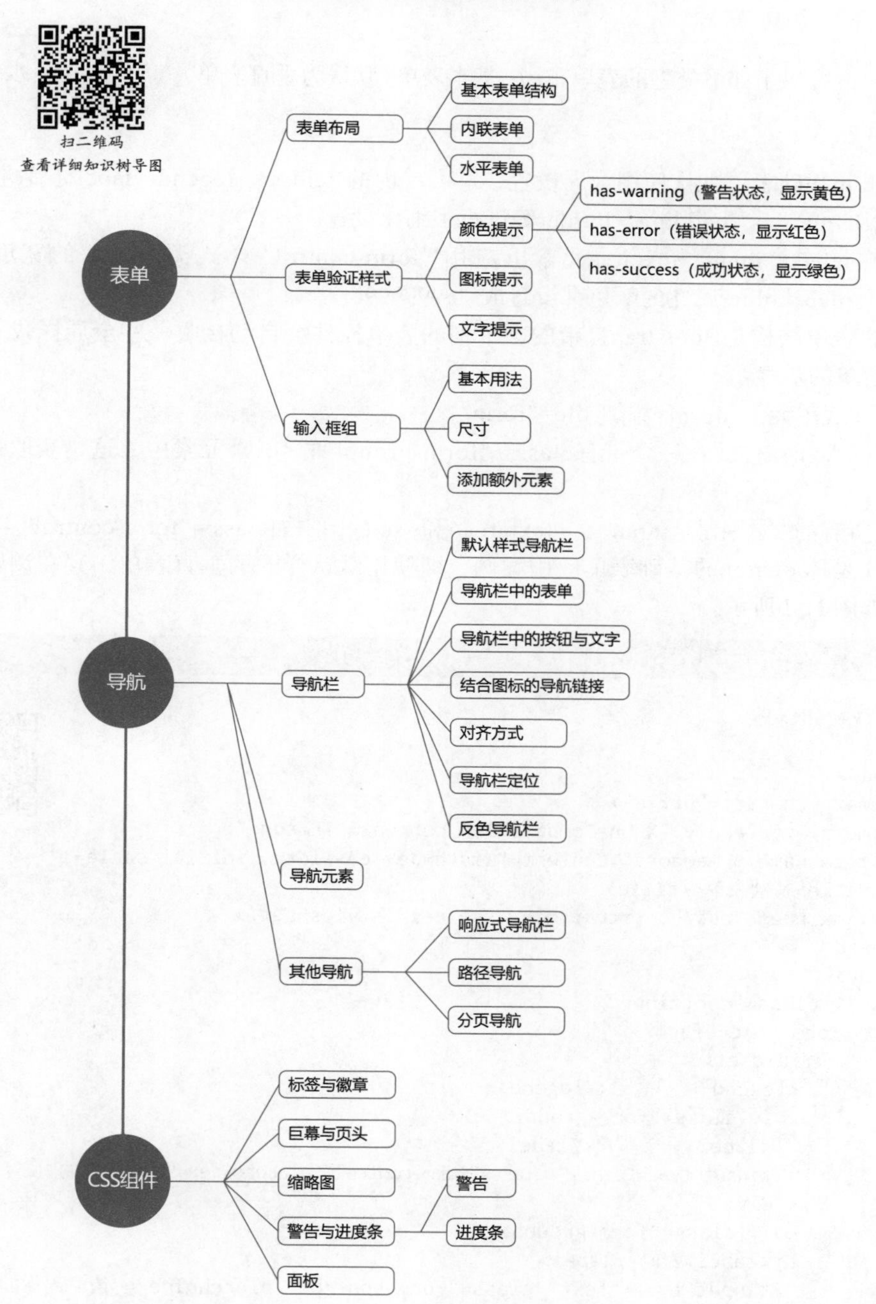

表单
表单布局
基本表单结构
内联表单
水平表单
表单验证样式
颜色提示
has-warning（警告状态，显示黄色）
has-error（错误状态，显示红色）
has-success（成功状态，显示绿色）
图标提示
文字提示
输入框组
基本用法
尺寸
添加额外元素
导航
导航栏
默认样式导航栏
导航栏中的表单
导航栏中的按钮与文字
结合图标的导航链接
对齐方式
导航栏定位
反色导航栏
导航元素
其他导航
响应式导航栏
路径导航
分页导航
CSS组件
标签与徽章
巨幕与页头
缩略图
警告与进度条
警告
进度条
面板

11.1 表 单

11.1.1 表单布局

Bootstrap 提供了如下类型的表单布局：基本表单（默认为垂直表单）、内联表单、水平表单。

1. 基本表单

Bootstrap基础表单默认使用全局设置，对表单内的fieldset、legend、label标签进行设定，将这些元素的margin、padding、border等进行了细化设置。

如果在select、input、textarea元素上应用“form-control”样式类，显示的宽度会变成100%，并且placeholder属性的颜色都设置成“#999999”。

基本的表单结构是Bootstrap自带的，个别的表单控件会自动接收一些全局样式。下面是创建基本表单的步骤。

（1）向父表单元素<form>添加role="form"。

（2）把标签和控件放在一个带有class= "form-group" 的<div>元素中，这是获取最佳间距必需的。

（3）向所有的文本元素<input>、<textarea>和<select>添加class= "form-control"。

例 11-1 是Bootstrap的基础表单应用案例，即使用默认样式的垂直表单，其在浏览器中的显示结果如图 11-1 所示。

【例 11-1】example11-1.html

扫一扫，看视频

```
<!DOCTYPE html>
<html>
  <head>
    <meta charset="utf-8">
    <meta http-equiv="X-UA-Compatible" content="IE=edge">
    <meta name="viewport" content="width=device-width, initial-scale=1">
    <title>基础表单</title>
    <link href="css/bootstrap.min.css" rel="stylesheet">
  </head>
  <body>
    <div class="container">
      <form role="form">
        <fieldset>
          <legend>用户登录</legend>
          <div class="form-group">
            <label>登录账户</label>
            <input type="email" class="form-control" placeholder="请输入你的用户名或Email">
          </div>
          <div class="form-group">
            <label>密码</label>
            <input type="text" class="form-control" placeholder="请输入你的密码">
          </div>
          <div class="checkbox">
            <label><input type="checkbox">记住密码</label>
          </div>
          <button type="submit" class="btn btn-default">登录</button>
        </fieldset>
```

```
        </form>
      </div>
    </body>
  </html>
```

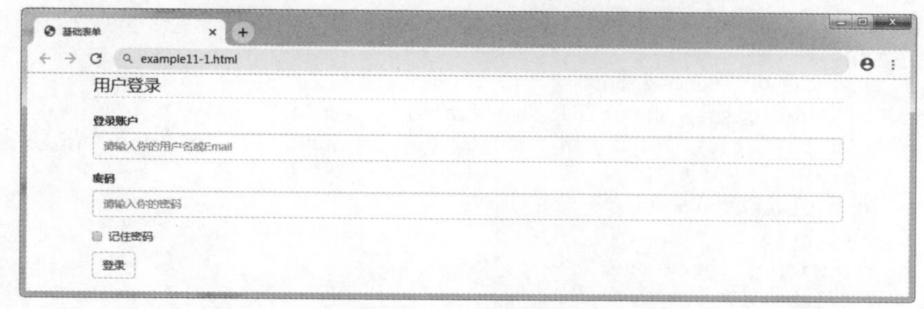

图 11-1　基础表单

从图11-1可以看出，label标签中的内容和输入框不在同一行，Bootstrap表单元素默认是垂直的，即垂直表单。

2. 内联表单

为<form>元素添加“form-inline”样式类可使其内容左对齐并且表现为内联级的控件，只适用于浏览器窗口至少在768px宽度以上。

在Bootstrap中，输入框和单选/多选框控件默认被设置为“width: 100%;”。在内联表单中将这些元素的宽度设置为“width: auto;”，因此，多个控件可以排列在同一行。根据布局需求可能需要一些额外的定制化组件。

内联表单一定要添加 label 标签。如果没有为每个输入控件设置 label 标签，屏幕阅读器将无法正确识别。对于这些内联表单，可以通过为label标签设置“sr-only”样式类将其隐藏。

如果创建一个表单需要所有元素是内联、左对齐排列标签，则向<form>标签添加“class=form-inline”。

例11-2是内联表单的应用实例，其在浏览器中的显示结果如图11-2所示。

图 11-2　内联表单

【例 11-2】example11-2.html

```
<!DOCTYPE html>
<html>
  <head>
    <meta charset="utf-8">
    <meta http-equiv="X-UA-Compatible" content="IE=edge">
    <meta name="viewport" content="width=device-width, initial-scale=1">
    <title>内联表单</title>
    <link href="css/bootstrap.min.css" rel="stylesheet">
  </head>
```

扫一扫，看视频

```
  <body>
    <div class="container">
      <form class="form-inline">
        <div class="form-group">
          <label class="sr-only">名称</label>
          <input style="width:200px" class="form-control" type="text" placeholder="请输入用户名" />
        </div>
        <div class="form-group">
          <label class="sr-only">密码</label>
          <input class="form-control" type="password" placeholder="请输入密码" />
        </div>
        <div class="checkbox">
          <label>
            <input type="checkbox">记住密码
          </label>
        </div>
        <button type="button" class="btn btn-default">提交</button>
      </form>
    </div>
  </body>
</html>
```

3. 水平表单

Bootstrap框架默认的表单是垂直显示风格，但很多时候需要水平表单风格，也就是标签居左，表单控件居右。

在Bootstrap框架中要实现水平表单效果，必须满足以下条件：

（1）在<form>元素中添加“form-horizontal”样式类。

（2）把标签和控件放在一个带有class="form-group"的<div>元素中。

（3）向标签添加class="control-label"。

例11-3使用Bootstrap水平表单和栅格系统制作的登录页面实例，其在浏览器中的显示结果如图11-3所示。

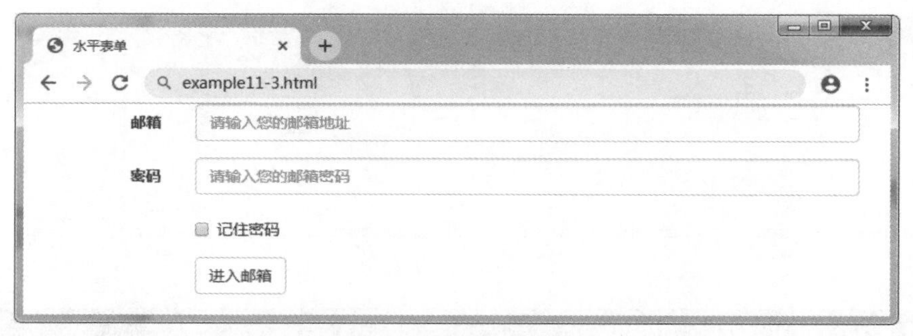

图 11-3　水平表单

【例11-3】example11-3.html

```
<!DOCTYPE html>
<html>
  <head>
    <meta charset="utf-8">
    <meta http-equiv="X-UA-Compatible" content="IE=edge">
    <meta name="viewport" content="width=device-width, initial-scale=1">
```

扫一扫，看视频

```
      <title>水平表单</title>
      <link href="css/bootstrap.min.css" rel="stylesheet">
    </head>
    <body>
      <div class="container">
        <form class="form-horizontal" role="form">
          <div class="form-group">
            <label for="inputEmail3" class="col-sm-2 control-label">邮箱</label>
            <div class="col-sm-10">
              <input type="email" class="form-control" id="inputEmail3" placeholder=
                  "请输入您的邮箱地址"/>
            </div>
          </div>
          <div class="form-group">
            <label for="inputPassword3" class="col-sm-2 control-label">
              密码
            </label>
            <div class="col-sm-10">
              <input type="password" class="form-control" id="inputPassword3"
                  placeholder="请输入您的邮箱密码"/>
            </div>
          </div>
          <div class="form-group">
            <div class="col-sm-offset-2 col-sm-10">
              <div class="checkbox">
                <label> <input type="checkbox"/>记住密码 </label>
              </div>
            </div>
          </div>
          <div class="form-group">
            <div class="col-sm-offset-2 col-sm-10">
              <button type="submit" class="btn btn-default">进入邮箱</button>
            </div>
          </div>
        </form>
      </div>
    </body>
  </html>
```

11.1.2 表单验证样式

1. 颜色提示

Bootstrap对表单控件的校验状态（例如错误、警告和成功状态）都定义了样式，这些样式类包括has-warning（警告状态，显示黄色）、has-error（错误状态，显示红色）和has-success（成功状态，显示绿色），把这些样式类添加到这些控件的父元素即可。任何包含在此元素之内的control-label、form-control 和help-block元素都将接受这些校验状态的样式。语法格式如下所示：

```
<form class="has-error">
  <div class=" has-feedback">
    <label for="username">……</label>
    <div class="input-group">
      <input class="form-control" type="……">
```

```
      </div>
    </div>
  </form>
```

2. 图标提示

校验状态可以使用特殊的图标，使提示效果更加显著，增强用户的体验感。添加图标提示的步骤如下：

（1）在验证样式的容器上添加class="has-feedback"。

（2）在<input>标签后添加一个<span>标签，为<span>标签指定对应的图标样式，并添加class="form-control-feedback"。

（3）把<input>和<span>元素放在一个带有class=="input-group"的<div>元素中，可以使图标显示在<input>输入框中。

添加图标提示的方法如下所示：

```
<form >
  <div class="form-group has-feedback">
    <label for="username">用户名</label>
    <div class="input-group">
      <input class="form-control" type="……">
        <span  class=" glyphicon glyphicon-remove form-control-feedback">
        </span>
    </div>
  </div>
</form>
```

3. 文字提示

除了颜色提示、图标提示之外，还可以使用文字提示。在<input>标签后面添加一个<span>标签，用于显示提示的文本信息，即可实现文字提示。

例11-4是使用颜色提示、图标提示和文字提示的综合实例，其在浏览器中的显示结果如图11-4所示。读者应仔细体会这几种提示的用法。

图 11-4　表单样式验证提示

【例 11-4】example11-4.html

扫一扫，看视频

```
<!DOCTYPE html>
<html>
  <head>
    <meta charset="utf-8">
    <title>验证提示</title>
    <script src="js/vue.js" type="text/javascript" charset="utf-8"></script>
    <link rel="stylesheet" href="css/bootstrap.min.css">
  </head>
  <body>
    <div class="container">
      <div class="col-md-6 col-md-offset-3">
        <form action="" >
          <div class="form-group has-feedback">
            <label for="username">用户名</label>
            <div class="input-group has-error">
              <input id="username" class="form-control" placeholder="请输入用户名"
                    maxlength="20" type="text">
              <span class=" glyphicon glyphicon-remove form-control-feedback">
              </span>
            </div>
            <span style="color:red;">用户名不存在</span>
          </div>
          <div class="form-group has-feedback">
            <label for="password">密码</label>
            <div class="input-group has-feedback">
              <input id="password" class="form-control" placeholder="请输入密码"
                    maxlength="20" type="password">
              <span class="glyphicon glyphicon-ok form-control-feedback"></span>
            </div>
            <span style="color:red;">密码不能为空</span>
          </div>
          <div class="form-group has-feedback">
            <label for="passwordConfirm">确认密码</label>
            <div class="input-group has-success">
              <input id="passwordConfirm" class="form-control" placeholder="请再次输入密码"
maxlength="20" type="password">
              <span  class="glyphicon glyphicon-circle-arrow-right form-control-feedback"></span>
            </div>
            <span style="color:red;">密码与确认密码不一致</span>
          </div>
          <div class="row">
            <div class="col-xs-7">
              <div class="form-group has-feedback">
                <label for="idcode-btn">验证码</label>
                <div class="input-group has-warning">
                  <input id="idcode-btn" class="form-control" placeholder="请输入验证码"
maxlength="4" type="text">
                  <span  class="glyphicon glyphicon-warning-sign form-control-feedback"></span>
                </div>
              </div>
            </div>
            <div class="col-xs-5" style="padding-top: 30px">
```

```
        <div id="idcode" style="background: transparent;"></div>
      </div>
    </div>
    <div class="form-group has-feedback">
      <label for="phoneNum">手机号码</label>
      <div class="input-group">
        <input id="phoneNum" class="form-control" placeholder="请输入手机号码"
              maxlength="11" type="text">
        <span class="glyphicon glyphicon-remove-circle form-control-
              feedback"></span>
      </div>
    </div>
    <div class="row">
      <div class="col-xs-7">
        <div class="form-group has-feedback">
          <label for="idcode-btn">校验码</label>
          <div class="input-group">
            <input id="idcode-btn" class="form-control" placeholder="请输入
                  校验码" maxlength="6" type="text">
            <span class="glyphicon glyphicon-floppy-remove form-control-feedback"></span>
          </div>
        </div>
      </div>
      <div class="col-xs-4 text-center" style="padding-top: 26px">
        <button type="button" id="loadingButton" class="btn btn-primary"
              autocomplete="off">获取短信校验码</button>
      </div>
    </div>
    <div class="row">
      <div class=" col-xs-offset-1 col-xs-5">
        <input class="form-control btn btn-primary" id="submit" value="立
                即  注  册" type="submit">
      </div>
      <div class="col-xs-5">
        <input value="重  置" id="reset" class="form-control btn btn-danger" type="reset">
      </div>
    </div>
  </form>
</div>
</div>
</body>
</html>
```

11.1.3 输入框组

输入框组是对表单控件的扩展。使用输入框组，可以很容易地在文本输入框<input>的前面或后面添加文本或按钮。通过输入框组，可以向输入框添加公共元素。例如，添加人民币符号、电子邮件的@符号或应用程序接口所需要的其他公共内容。

1. 基本用法

要在输入框的前面或后面添加内容，首先创建一个带有“input-group”样式类的<div>容器，然后在这个<div>容器中把要前置或后置的内容放到“input-group-addon”或“input-group-btn”的<span>标签中，再把这个<span>元素放到<input>元素的前面或后面。

例 11-5 在文本输入框的前面或后面插入电子邮件@符号，在浏览器中的显示结果如图 11-5 所示。

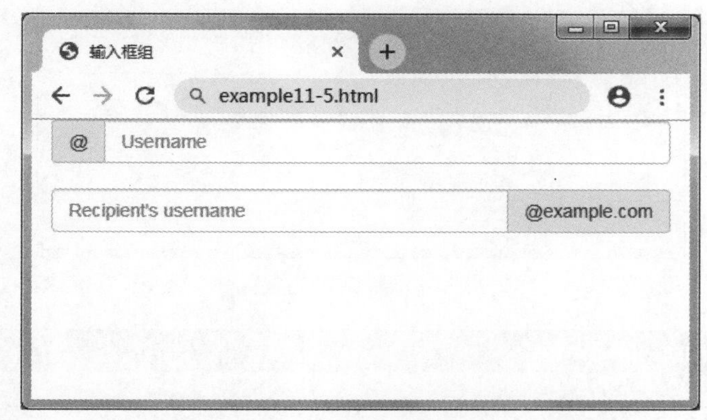

图 11-5　文本输入框组

【例 11-5】example11-5.html

扫一扫，看视频

```
<!DOCTYPE html>
<html>
  <head>
    <meta charset="utf-8">
    <meta http-equiv="X-UA-Compatible" content="IE=edge">
    <meta name="viewport" content="width=device-width, initial-scale=1">
    <title>输入框组</title>
    <link href="css/bootstrap.min.css" rel="stylesheet">
  </head>
  <body>
    <div class="container">
      <div class="input-group">
        <span class="input-group-addon" id="basic-addon1">@</span>
        <input type="text" class="form-control" placeholder="Username"
              aria-describedby="basic-addon1">
      </div>
      <br>
      <div class="input-group">
        <input type="text" class="form-control" placeholder="Recipient's username"
              aria-describedby="basic-addon2">
        <span class="input-group-addon" id="basic-addon2">@example.com</span>
      </div>
    </div>
  </body>
</html>
```

2. 尺寸

表单元素显示尺寸的大小可以通过设置“input-group-*”样式类来实现，其中*可以根据不同屏幕大小的尺寸进行设定，例如“input-group-lg”或“input-group-sm”样式类，其元素将自动调整自身的尺寸，不需要为输入框组中的每个元素重复地添加控制尺寸的类。

例 11-6 是添加相应的尺寸类的实例，其在浏览器中的显示结果如图 11-6 所示。请读者理解元素大小的变化情况。

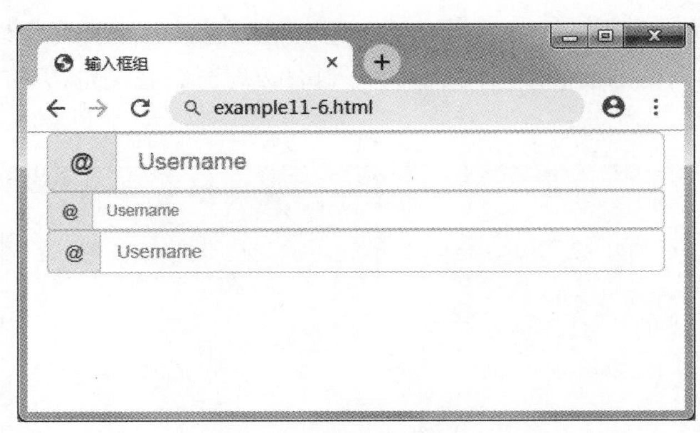

图 11-6　输入框组尺寸

【例 11-6】example11-6.html

扫一扫，看视频

```
<!DOCTYPE html>
<html>
  <head>
    <meta charset="utf-8">
    <meta http-equiv="X-UA-Compatible" content="IE=edge">
    <meta name="viewport" content="width=device-width, initial-scale=1">
    <title>输入框组</title>
    <link href="css/bootstrap.min.css" rel="stylesheet">
  </head>
  <body>
    <div class="container">
      <div class="input-group input-group-lg">
        <span class="input-group-addon" id="basic-addon1">@</span>
        <input type="text" class="form-control" placeholder="Username"
               aria-describedby="basic-addon1">
      </div>
      <div class="input-group input-group-sm">
        <span class="input-group-addon" id="basic-addon1">@</span>
        <input type="text" class="form-control" placeholder="Username"
               aria-describedby="basic-addon1">
      </div>
      <div class="input-group">
        <span class="input-group-addon" id="basic-addon1">@</span>
        <input type="text" class="form-control" placeholder="Username"
               aria-describedby="basic-addon1">
      </div>
    </div>
  </body>
</html>
```

3. 添加额外元素

可以将复选框或单选按钮作为额外元素添加到输入框组中，但需要额外添加一层嵌套，并在该层上添加“input-group-btn”样式类来包裹按钮元素。

如果需要在输入框组中添加带有下拉菜单的按钮，只需要在“input-group-btn”样式类中包裹按钮和下拉菜单即可。

例 11-7 是输入框添加额外元素的实例，其在浏览器中的显示结果如图 11-7 所示。读者应该重点关注添加额外元素的使用方法。

【例 11-7】example11-7.html

```
<!DOCTYPE html>
<html>
  <head>
    <meta charset="utf-8">
    <meta http-equiv="X-UA-Compatible" content="IE=edge">
    <meta name="viewport" content="width=device-width, initial-scale=1">
    <title>输入框组  额外元素</title>
    <link href="css/bootstrap.min.css" rel="stylesheet">
    <script src="js/jquery-1.11.2.min.js"></script>
    <script src="js/bootstrap.min.js"></script>
  </head>
  <body>
    <div class="container" style="padding: 30px 100px 10px;">
      <div class="input-group">
        <span class="input-group-addon">
          <input type="checkbox" aria-label="...">
        </span>
        <input type="text" class="form-control" aria-label="...">
      </div>
      <br>
      <div class="input-group">
        <span class="input-group-addon">
          <input type="radio" aria-label="...">
        </span>
        <input type="text" class="form-control" aria-label="...">
      </div>
      <br>
      <div class="input-group">
        <input type="text" class="form-control" placeholder="Search for...">
        <span class="input-group-btn">
          <button class="btn btn-default" type="button">搜索</button>
        </span>
      </div>
      <br>
      <div class="input-group">
        <input type="text" class="form-control" placeholder="Search for...">
        <span class="input-group-btn">
          <button class="btn btn-default" type="button">
            <span class="glyphicon glyphicon-search"></span>
          </button>
        </span>
      </div>
      <br>
      <div class="input-group">
        <div class="input-group-btn">
          <button type="button" class="btn btn-default dropdown-toggle"
                data-toggle="dropdown">下拉菜单<span class="caret"></span>
          </button>
          <ul class="dropdown-menu">
            <li><a href="#">功能</a></li>
            <li><a href="#">另一个功能</a></li>
            <li><a href="#">其他</a></li>
            <li class="divider"></li>
            <li><a href="#">分离的链接</a></li>
```

扫一扫，看视频

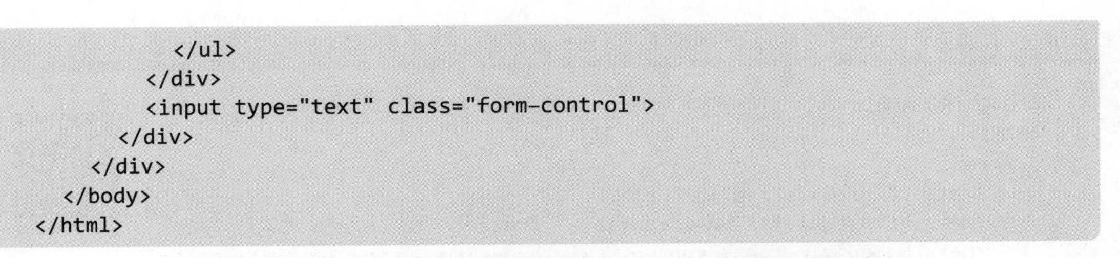

```
            </ul>
          </div>
          <input type="text" class="form-control">
        </div>
      </div>
    </body>
  </html>
```

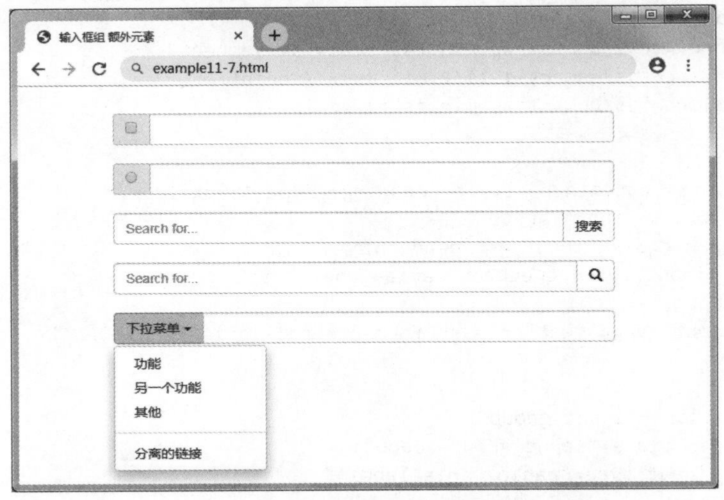

图 11-7　输入框组添加额外元素

11.2 导　航

本节将学习如何使用 Bootstrap 工具包创建基于导航栏、标签、胶囊式标签的导航效果。

11.2.1　导航栏

导航栏在网页的应用或网站中作为导航页头的响应式基础组件，是Bootstrap网站的一个突出特点。导航栏在移动设备的视图中是折叠的，随着可用视口宽度的增加，导航栏也会水平展开。在Bootstrap导航栏的核心中，导航栏包括站点名称和基本的导航定义样式。

1. 默认样式导航栏

创建一个默认样式导航栏的步骤如下：

（1）向<nav>标签添加“navbar”和“navbar-default”样式类。

（2）向上面的元素添加role="navigation"，有助于增加可访问性。

（3）向<div>元素添加标题“navbar-header”样式类，内部包含了带有“navbar-brand”样式类的<a>元素，这会让文本增大一号。

（4）为了向导航栏添加链接，只需要简单地添加带有“nav”和“navbar-nav”样式类的无序列表即可。

默认样式导航栏的使用实例如下：

```
<nav class="navbar navbar-default" role="navigation">
  <div class="navbar-header">
    <a class="navbar-brand" href="#">网页前端</a>
  </div>
  <div>
    <ul class="nav navbar-nav">
      <li class="active"><a href="#">HTML</a></li>
      <li><a href="#">CSS</a></li>
      <li><a href="#">JavaScript</a></li>
      <li><a href="#">jQuery</a></li>
      <li><a href="#">Bootstrap</a></li>
    </ul>
  </div>
</nav>
```

2. 导航栏中的表单

在导航栏中添加表单可以给表单的<form>元素应用“navbar-form”样式类，以确保表单适当地垂直对齐，并且在较窄的视口中可以折叠。导航栏中的表单使用实例如下所示：

```
<form class="navbar-form navbar-right" role="search">
  <div class="form-group">
    <input type="text" class="form-control" placeholder="Search">
  </div>
</form>
```

3. 导航栏中的按钮与文字

如果需要在导航栏中包含文本字符串，通常在<p>标签上使用“navbar-text”样式类，文字字符串与<p>标签一起使用，可以确保设置适当的前导和颜色。

如果向不在表单中的<button>元素添加按钮，可以在按钮元素中使用“navbar-btn”样式类，使按钮在导航栏上垂直居中。导航栏中的按钮与文字使用实例如下所示：

```
<p class="navbar-text">用户登录</p>
<button type="submit" class="btn btn-default">提交</button>
```

4. 结合图标的导航链接

如果想在常规导航栏的导航组件内使用图标，可以使用“glyphicon”或“glyphicon-*”样式类来设置图标。结合图标的导航链接使用实例如下所示：

```
<ul class="nav navbar-nav navbar-right">
  <li>
    <a href="#"><span class="glyphicon glyphicon-user"></span>注册</a>
  </li>
  <li>
    <a href="#">
      <span class="glyphicon glyphicon-log-in"></span>登录
    </a>
  </li>
</ul>
```

5. 对齐方式

可以使用“navbar-left”或“navbar-right”样式类来向左或向右对齐导航栏中的导航链接、表单、按钮或文本这些组件。这两个 class 都会在指定的方向上添加 CSS 浮动效果。对齐方式

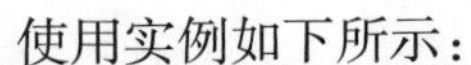

使用实例如下所示：

```
<ul class="nav navbar-nav navbar-right">
    ......
</ul>
```

6. 导航栏定位

Bootstrap导航栏可以动态定位。默认情况下，导航栏是块级元素，是基于在HTML中放置的位置定位。通过一些帮助器类，可以把导航栏放置在页面的顶部或者底部，或者可以让其成为随着页面一起滚动的静态导航栏。

如果想要让导航栏固定在页面的顶部，可以向带有“navbar”样式类的标签中添加“navbar-fixed-top”样式类。导航栏定位使用实例如下所示：

```
<nav class="navbar navbar-default navbar-fixed-top" role="navigation">
    ......
</nav>
```

如果想要让导航栏固定在页面的底部，可以向带有“navbar”样式类的标签中添加“navbar-fixed-bottom”样式类。

如果需要创建能随着页面一起滚动的导航栏，可以添加“navbar-static-top”样式类，该样式类不要求向<body>添加内边距。

7. 反色导航栏

为了创建一个带有黑色背景白色文本的反色导航栏，只需要简单地向含有“navbar”样式类的标签中添加“navbar-inverse”样式类。反色导航栏使用实例如下所示：

```
<nav class="navbar navbar-inverse" role="navigation">
    ......
</nav>
```

例11-8是在网页中定义一个导航栏的实例，在浏览器中的显示结果如图11-8所示。读者应该重点关注导航栏在实际应用中的定义方法。

图 11-8　导航栏

【例 11-8】example11-8.html

扫一扫，看视频

```
<!DOCTYPE html>
<html>
  <head>
    <meta charset="utf-8">
    <meta http-equiv="X-UA-Compatible" content="IE=edge">
    <meta name="viewport" content="width=device-width, initial-scale=1">
    <title>导航栏</title>
    <link href="css/bootstrap.min.css" rel="stylesheet">
    <script src="js/jquery-1.11.2.min.js"></script>
    <script src="js/bootstrap.min.js"></script>
  </head>
```

```
  <body>
    <div class="container-fluid" >
      <nav class="navbar navbar-default" role="navigation">
        <div class="navbar-header">
          <a class="navbar-brand" href="#">武汉轻工大学</a>
        </div>
        <ul class="nav navbar-nav">
          <li class="active"><a href="#">首页
            <span class="sr-only">(current)</span></a></li>
          <li><a href="#">机构设置</a></li>
          <li><a href="#">学科建设</a></li>
          <li><a href="#">人才培养</a></li>
          <li class="dropdown">
              <a href="#" class="dropdown-toggle" data-toggle="dropdown"
                 role="button">友情链接<span class="caret"></span></a>
              <ul class="dropdown-menu">
                <li><a href="mailto:lb@whpu.edu.cn">联系我</a></li>
                <li class="divider"></li>
                <li><a href="https://www.baidu.com" target="_blank">百度搜索</a></li>
              </ul>
          </li>
        </ul>
        <form class="navbar-form navbar-right" role="search">
          <div class="form-group">
            <input type="text" class="form-control" placeholder="Search">
          </div>
          <button type="submit" class="btn btn-default">提交</button>
        </form>
        <ul class="nav navbar-nav navbar-right">
          <li>
            <a href="#"><span class="glyphicon glyphicon-user"></span>注册</a>
          </li>
          <li>
            <a href="#"><span class="glyphicon glyphicon-log-in"></span>登录</a>
          </li>
        </ul>
      </nav>
    </div>
  </body>
</html>
```

11.2.2 导航元素

Bootstrap中的导航是通过在<ul>标记中添加“nav”样式类来创建一个导航组件。“nav”样式类是一个基类，在此类的基础上添加“nav-tables”或“nav-pills”样式类，可以改变导航的样式。

其中，选项卡导航是通过向无符号列表<ul>元素添加“nav-tables”样式类来创建，胶囊式导航是通过向无符号列表<ul>元素添加“nav-pills”样式类来创建。

当屏幕宽度大于768px时，通过给列表<ul>元素添加“nav-justified”样式类让标签式导航或胶囊式导航与父元素等宽，而该样式在小屏幕上时，导航链接会堆叠显示。

如果使用导航组件实现导航条功能，必须在<ul>元素最外侧的逻辑父元素上添加role="navigation"属性，或者用一个<nav>元素包裹整个导航组件。不要将role属性添加到<ul>元素上，因为这样会被辅助设备识别为一个真正的列表。

例11-9是在网页中分别定义选项卡式导航和胶囊式导航，其在浏览器中的显示结果如图11-9所示。读者应该重点关注这两种导航的定义方法。

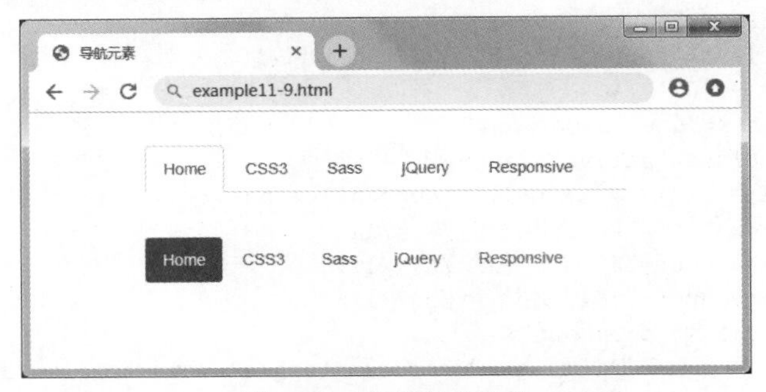

图 11-9　选项卡式导航

【例 11-9】example11-9.html

扫一扫，看视频

```
<!DOCTYPE html>
<html>
  <head>
    <meta charset="utf-8">
    <meta http-equiv="X-UA-Compatible" content="IE=edge">
    <meta name="viewport" content="width=device-width, initial-scale=1">
    <title>导航元素</title>
    <link href="css/bootstrap.min.css" rel="stylesheet">
    <script src="js/jquery-1.11.2.min.js"></script>
    <script src="js/bootstrap.min.js"></script>
    <script>
      $(function(){
        //选项卡变换
        $(".nav-tabs li").click(function(){
          $(".nav-tabs li").removeClass("active");
          $(this).addClass("active");
        });
      })
    </script>
  </head>
  <body>
    <div class="container" style="padding: 30px 100px 10px;">
      <nav>
        <ul class="nav nav-tabs">
          <li class="active"><a href="##">Home</a></li>
          <li><a href="##">CSS3</a></li>
          <li><a href="##">Sass</a></li>
          <li><a href="##">jQuery</a></li>
          <li><a href="##">Responsive</a></li>
        </ul><br><br>
        <ul class="nav nav-pills">
          <li class="active"><a href="##">Home</a></li>
          <li><a href="##">CSS3</a></li>
          <li><a href="##">Sass</a></li>
          <li><a href="##">jQuery</a></li>
          <li class="disabled"><a href="##">Responsive</a></li>
        </ul>
      </nav>
```

```
    </div>
  </body>
</html>
```

如果需要将“Home”项设为当前选中项，只需要在其标签上添加class="active"。除了当前项之外，有的选项卡还带有禁用状态，要实现这样的效果，只需要在标签项上添加class="disabled"。

11.2.3　其他导航

1. 响应式导航栏

前面的导航栏都是在宽屏（屏幕宽度>768px）的情况下展示的，在移动设备等较窄的视口上使用时，必须给导航栏添加响应式功能。响应式导航栏在大屏幕下正常显示，在小屏幕中则把所有导航栏元素隐藏在一个折叠菜单中，通过触发按钮来控制菜单项的显示与隐藏。响应式导航栏的创建方法如下：

（1）将导航栏中所有要被折叠的内容由一个<div>元素包裹，并且给这个<div>元素添加“collapse”和“navbar-collapse”样式类，然后给这个<div>元素添加一个class或ID值。

（2）在导航栏标题内添加一个按钮<button>元素，用于触发菜单项的显示与隐藏。给这个按钮应用data-target="..."属性，属性值对应上面<div>元素的class或ID值。

例11-10制作了响应式导航栏，其在浏览器中的显示结果如图11-10和图11-11所示。读者应该重点关注响应式导航栏的定义方法。

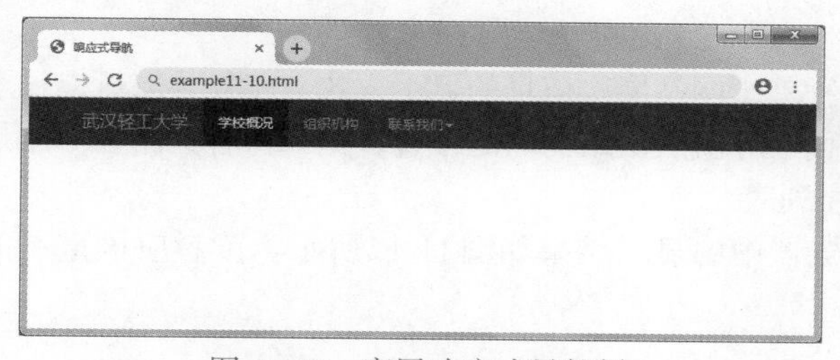

图 11-10　宽屏响应式导航栏

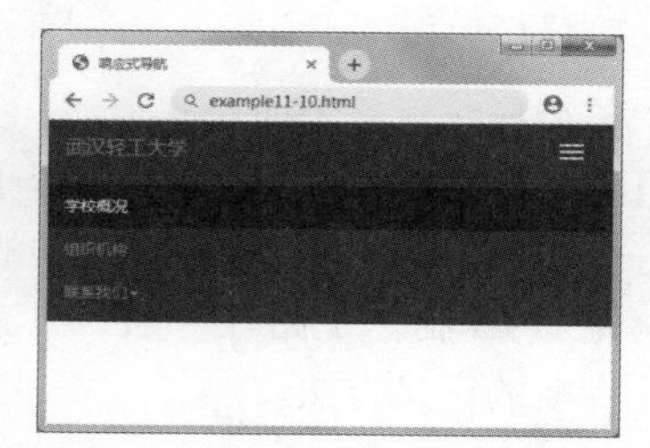

图 11-11　窄屏响应式导航栏

【例 11-10】example11-10.html

```
<!DOCTYPE html>
<html>
  <head>
    <meta charset="utf-8">
    <meta http-equiv="X-UA-Compatible" content="IE=edge">
    <meta name="viewport" content="width=device-width, initial-scale=1">
    <title>响应式导航</title>
    <link href="css/bootstrap.min.css" rel="stylesheet">
    <script src="js/jquery-1.11.2.min.js"></script>
    <script src="js/bootstrap.min.js"></script>
  </head>
  <body>
    <nav class="nav navbar-inverse navbar-fixed-top">
      <div class="container">
        <div class="navbar-header">
        <!--在移动端的时候导航条折叠起来，三横的样式出现，点击该样式可以显示或隐藏导航条上
```

扫一扫，看视频

```
的内容-->
          <button class="navbar-toggle" data-toggle="collapse" data-target="#menu">
            <span class="icon-bar"></span>
            <span class="icon-bar"></span>
            <span class="icon-bar"></span>
          </button>
          <a href="#" class="navbar-brand">武汉轻工大学</a>
        </div>
        <div id="menu" class="collapse navbar-collapse">
          <ul class="nav navbar-nav">
            <li class="active"><a href="#">学校概况</a></li>
            <li><a href="#">组织机构</a></li>
            <!--下拉菜单功能的实现-->
            <li class="dropdown"><a href="#" class="dropdown-toggle"
                data-toggle="dropdown">联系我们<span class="caret"></span></a>
              <ul class="dropdown-menu">
                <li><a href="#">邮件</a></li>
                <li><a href="#">电话</a></li>
              </ul>
            </li>
          </ul>
        </div>
      </div>
    </nav>
  </body>
</html>
```

2. 路径导航

路径导航也称为面包屑导航，是一种基于网站层次信息的显示方式。路径导航可以显示发布日期、类别或标签，用来表示当前页面在导航层次结构内的位置，例如博客。路径导航是创建一个带有“breadcrumb”样式类的无序列表。

例 11-11 制作了路径导航，其在浏览器中的显示结果如图 11-12 所示。读者应该重点关注路径导航的定义方法。

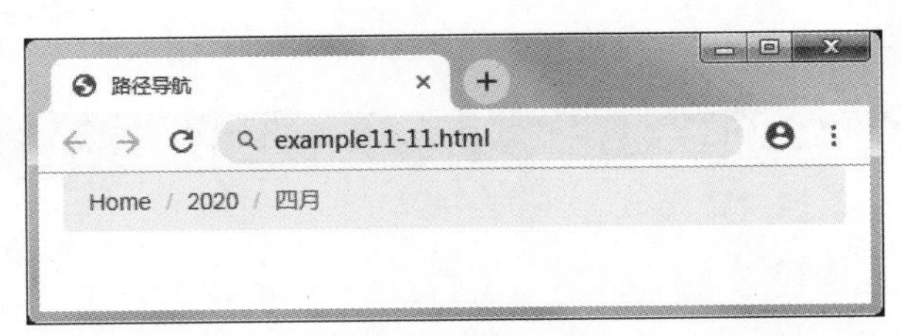

图 11-12　路径导航

【例 11-11】example11-11.html

扫一扫，看视频

```
<!DOCTYPE html>
<html>
  <head>
    <meta charset="utf-8">
    <meta http-equiv="X-UA-Compatible" content="IE=edge">
    <meta name="viewport" content="width=device-width, initial-scale=1">
    <title>路径导航</title>
    <link href="css/bootstrap.min.css" rel="stylesheet">
    <script src="js/jquery-1.11.2.min.js"></script>
```

```
    <script src="js/bootstrap.min.js"></script>
  </head>
  <body>
    <div class="container">
      <ul class="breadcrumb">
        <li><a href="#">Home</a></li>
        <li><a href="#">2020</a></li>
        <li class="active">四月</li>
      </ul>
    </div>
  </body>
</html>
```

3. 分页导航

任何显示数据的网页中都应该具备分页功能，不管是移动端或PC端都可以提高网站的访问效率，也使页面的展现更加简洁。

在Bootstrap中分页效果有两种：一种是正常的分页，另一种是有“上一页”和“下一页”显示效果的，也称翻页。

（1）分页。在无序列表<ul>上添加“pagination”样式类，<ul>中的每一个<li>元素就会呈现分页的效果，这是默认的样式。使用实例如下所示：

```
<ul class="pagination">
  <li><a href="#">&laquo;</a></li>
  <li><a href="#">1</a></li>
  <li><a href="#">2</a></li>
  <li><a href="#">3</a></li>
  <li><a href="#">4</a></li>
  <li><a href="#">5</a></li>
  <li><a href="#">&raquo;</a></li>
</ul>
```

如果需要当前页面的数字高亮显示，即标识出显示的是当前页，可以使用“active”样式类进行标识。

这里需要特别说明的是，一般使用代码“<span class="sr-only">(current)</span>”表示当前页码，也即当前页面不能单击，因为浏览器窗口显示的就是当前页面，如果需要单击，就把该条语句删除。

如果当前页面是第一页或者最后一页，则不允许用户单击“上一页”和“下一页”按钮，可以使用“disabled”样式类来实现。

在分页中还定义了另外两种样式，分别是：

- pagination-lg：比默认样式大的样式。
- pagination-sm：比默认样式小的样式。

（2）翻页。翻页是带有“上一页”和“下一页”的显示效果。与分页效果一样，翻页也是无序列表，只不过是使用“pager”样式类，并且默认情况下居中显示。其使用实例如下所示：

```
<ul class="pager">
  <li><a href="#">Previous</a></li>
  <li><a href="#">Next</a></li>
</ul>
```

如果需要让按钮在两端显示，可以使用对齐链接，即在<li>中分别添加“previous”和

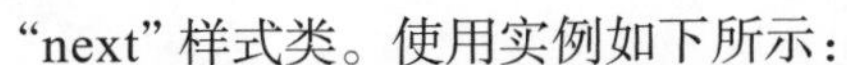

“next” 样式类。使用实例如下所示：

```
<ul class="pager">
  <li class="previous"><a href="#">&larr; Older</a></li>
  <li class="next"><a href="#">Newer &rarr;</a></li>
</ul>
```

在翻页样式中，也可以让“上一页”或者“下一页”按钮禁止使用，其方法和分页一样，使用“disabled” 样式类。

例 11-12 是在一行上实现分页和翻页功能，该例先把一行分成三部分，左右部分采用翻页实现，中间部分采用分页功能，在浏览器中的显示结果如图 11-13 所示。读者应该重点关注分页和翻页的定义方法。

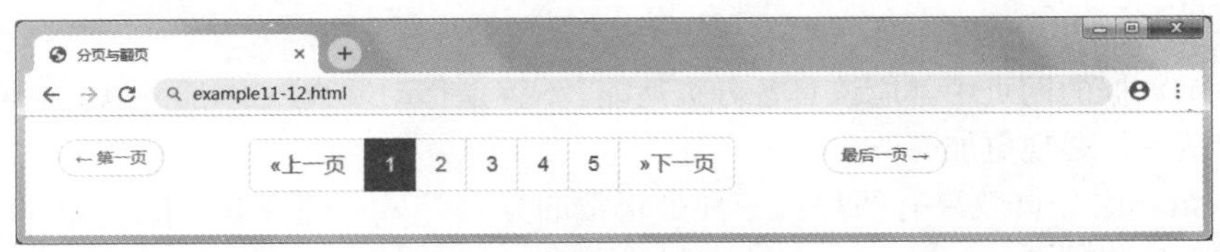

图 11-13　分页与翻页

【例 11-12】example11-12.html

扫一扫，看视频

```
<!DOCTYPE html>
<html>
  <head>
    <meta charset="utf-8">
    <meta http-equiv="X-UA-Compatible" content="IE=edge">
    <meta name="viewport" content="width=device-width, initial-scale=1">
    <title>分页与翻页</title>
    <link href="css/bootstrap.min.css" rel="stylesheet">
    <script src="js/jquery-1.11.2.min.js"></script>
    <script src="js/bootstrap.min.js"></script>
  </head>
  <body>
    <div class="container">
      <div class="row">
        <div class="col-md-2">
          <ul class="pager">
            <li class="previous disabled"><a href="#">&larr; 第一页</a></li>
          </ul>
        </div>
        <div class="col-md-6 ">
          <ul class="pagination pagination-lg">
            <li><a href="#">&laquo;上一页</a></li>
            <li class="active">
              <a href="#">1<span class="sr-only">(current)</span></a>
            </li>
            <li class="disabled"><a href="#">2</a></li>
            <li><a href="#">3</a></li>
            <li><a href="#">4</a></li>
            <li><a href="#">5</a></li>
            <li><a href="#">&raquo;下一页</a></li>
          </ul>
```

```
        </div>
        <div class="col-md-2">
          <ul class="pager">
            <li class="previous"><a href="#">最后一页 &rarr;</a></li>
          </ul>
        </div>
      </div>
    </div>
  </body>
</html>
```

11.3 CSS组件

11.3.1 标签与徽章

标签可用于计数、提示或页面上其他标记的显示，标签使用“label”样式类定义，其语法格式如下所示：

```
<span class="label label-default">默认标签样式</span>
```

Bootstrap具有多种颜色标签，用于表达不同的页面信息，其说明如下所示：

- label label-default：默认的灰色标签。
- label label-primary：重要，其内容用深蓝色显示，提示用户注意阅读。
- label label-success：成功，其内容用亮绿色显示，表示成功或积极的动作。
- label label-info：信息，其内容用浅蓝色显示。
- label label-warning：警告，其内容用黄色显示，提醒用户应该谨慎操作。
- label label-danger：危险，其内容用红色显示，提醒用户危险的操作信息。

其使用格式如下所示：

```
<span class="label label-default">Default</span>
<span class="label label-primary">Primary</span>
<span class="label label-success">Success</span>
<span class="label label-info">Info</span>
<span class="label label-warning">Warning</span>
<span class="label label-danger">Danger</span>
```

徽章与标签相似，主要区别在于徽章的边角更加圆滑。徽章主要用于突出显示新的或未读的项。如果需要使用徽章，只需要把<span class="badge">添加到链接、Bootstrap导航这些元素上即可。其使用实例如下所示：

```
<a href="#">Mailbox<span class="badge">50</span></a>
```

同样Bootstrap也具有多种颜色徽章，其样式类主要包括badge（默认样式）、badge-success（成 功）、badge-warning（警 告）、badge-important（重 要）、badge-info（信 息）、badge-invers（反色）。每个样式类的颜色定义与标签定义相同。

例11-13定义一行标签，并在胶囊式导航和列表导航中进行徽章定义，在浏览器中的显示结果如图11-14所示。读者应该重点关注标签和徽章的定义方法。

【例 11-13】example11-13.html

```
<!DOCTYPE html>
<html>
  <head>
    <meta charset="utf-8">
    <meta http-equiv="X-UA-Compatible" content="IE=edge">
    <meta name="viewport" content="width=device-width, initial-scale=1">
    <title>标签与徽章</title>
    <link href="css/bootstrap.min.css" rel="stylesheet">
  </head>
  <body>
    <span class="label label-default">默认标签</span>
    <span class="label label-primary">主要标签</span>
    <span class="label label-success">成功标签</span>
    <span class="label label-info">信息标签</span>
    <span class="label label-warning">警告标签</span>
    <span class="label label-danger">危险标签</span>
    <h4>胶囊式导航中的激活状态</h4>
    <ul class="nav nav-pills">
      <li class="active">
        <a href="#">首页<span class="badge badge-warning">42</span></a>
      </li>
      <li><a href="#">简介</a></li>
      <li><a href="#">消息<span class="badge">3</span></a></li>
    </ul>
    <br>
    <h4>列表导航中的激活状态</h4>
    <ul class="nav nav-pills nav-stacked" style="max-width: 260px;">
      <li class="active">
        <a href="#"><span class="badge pull-right">42</span>首页</a>
      </li>
      <li><a href="#">简介</a></li>
      <li>
        <a href="#"><span class="badge pull-right">3</span>消息</a>
      </li>
    </ul>
  </body>
</html>
```

扫一扫，看视频

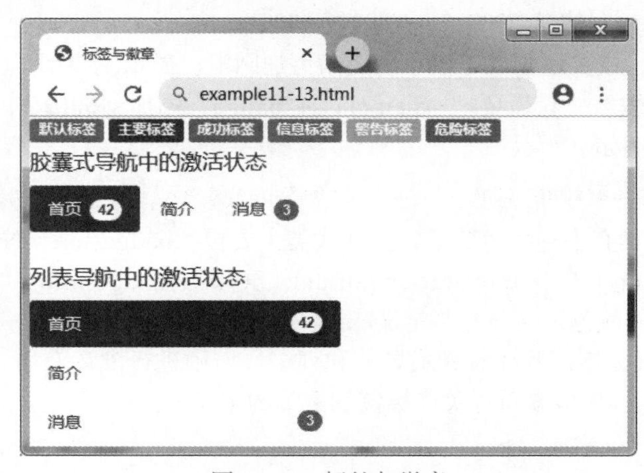

图 11-14　标签与徽章

11.3.2 巨幕与页头

为了获得占用全部宽度且不带圆角的超大屏幕，可以在所有的“container”样式类外使用“jumbotron”样式类。使用巨幕的实例语句如下所示：

```
<div class="jumbotron">
  <div class="container">
    <h3>网站标题</h3>
    <p>我是网站的详细简介</p>
    <p><a href="#" class="btn btn-default">快速进入</a></p>
  </div>
</div>
```

当一个网页中有多个标题且每个标题之间需要添加一定的间距时，可以使用页面标题功能，该功能会在网页标题四周添加适当的间距，并支持在<h1>标签内内嵌 small 元素的默认效果，还支持大部分其他组件，但需要增加一些额外的样式。使用页面标题功能必须把标题放置在一个带有“page-header”样式类的<div>中。使用页面标题的实例语句如下所示：

```
<div class="page-header">
  <h1>页面标题实例
    <small>子标题</small>
  </h1>
</div>
```

例 11-14 定义了一个无圆角巨幕，在巨幕中使用了页面标题功能，在浏览器中的显示结果如图 11-15 所示。读者应该重点关注页面标题和巨幕的定义方法。

【例 11-14】example11-14.html

```
<!DOCTYPE html>
<html>
  <head>
    <meta charset="utf-8">
    <title>巨幕与标题</title>
    <script src="js/vue.js" type="text/javascript" charset="utf-8"></script>
    <link rel="stylesheet" href="css/bootstrap.min.css">
    <style>
      .jumbotron{ background: darksalmon;}
    </style>
  </head>
  <body>
    <div class="jumbotron">
    <div class="container">
      <h3>
        <div class="page-header">
          <h1>组件<small>样式类</small></h1>
        </div>
      </h3>
      <p>无数可复用的组件，包括字体图标、下拉菜单、导航、警告框、弹出框等更多功能。</p>
      <p>
        <a href="#" class="btn btn-default">快速进入</a>
      </p>
    </div>
    </div>
  </body>
</html>
```

扫一扫，看视频

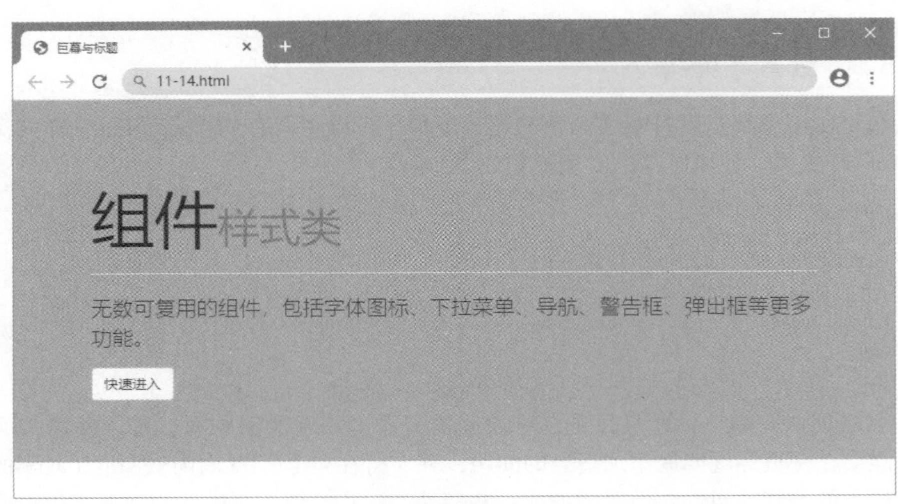

图 11-15　巨幕与标题

11.3.3　缩略图

缩略图是网页上或计算机中的图片经压缩方式处理后的小图，其中通常会包含指向完整大小图片的超链接，用于在Web浏览器中更加迅速地装入图形或图片较多的网页。缩略图的加载速度非常快，多用于快速浏览。

Bootstrap 通过缩略图为在网页中布局的图像、视频、文本等提供了一种简便的方式。使用Bootstrap创建缩略图的方法是：在图像周围添加带有“thumbnail”类的<a>标签，这样在图片上添加四个像素的内边距和一个灰色的边框，当鼠标悬停在图像上时，会显示出图像的轮廓。

在基本的缩略图上可以添加各种HTML内容，例如标题、段落或按钮。具体步骤就是定义一个带有“thumbnail”样式类的<div>标签，在该<div>标签内可以添加任何想要添加的标签。

如果想要给多个图像分组，可以把这些图像放置在一个无序列表中，且每个列表项向左浮动。

例11-15定义了各种公告，在该例中使用了缩略图功能，在浏览器中的显示结果如图11-16所示。读者应该重点关注缩略图的定义方法。

图 11-16　缩略图

【例 11-15】example11-15.html

扫一扫，看视频

```
<!DOCTYPE html>
<html>
  <head>
    <meta charset="utf-8">
    <title>缩略图</title>
    <script src="js/vue.js" type="text/javascript" charset="utf-8"></script>
    <link rel="stylesheet" href="css/bootstrap.min.css">
  </head>
  <body>
    <div class="row">
      <div class="col-sm-4 col-md-4">
        <div class="thumbnail">
          <img src="img/logo.png" alt="缩略图">
          <div class="caption">
            <h3>学术交流</h3>
            <p>国家自然科学基金申报辅导讲座</p>
            <p><a href="#" class="btn btn-primary" role="button">浏览</a></p>
          </div>
        </div>
      </div>
    </div>
    <div class="col-sm-4 col-md-4">
      <div class="thumbnail">
        <img src="img/logo.png"  alt="缩略图">
        <div class="caption">
          <h3>人才招聘</h3>
          <p>武汉轻工大学2020年诚聘海内外英才公告</p>
          <p><a href="#" class="btn btn-primary" role="button">浏览</a></p>
        </div>
      </div>
    </div>
    <div class="col-sm-4 col-md-4">
      <div class="thumbnail">
        <img src="img/logo.png"  alt="缩略图">
        <div class="caption">
          <h3>通知公告</h3>
          <p>武汉轻工大学“校领导接待日”预告</p>
          <p><a href="#" class="btn btn-primary" role="button">浏览</a></p>
        </div>
      </div>
    </div>
  </body>
</html>
```

11.3.4 警告与进度条

1. 警告

警告向用户提供了一种定义消息样式的方式，主要是为用户操作提供上下文信息反馈。警告的定义方法是通过创建一个<div>，并向其添加一个“alert”样式类，并在该样式类后添加四个上下文样式类，分别是alert-success（成功）、alert-info（信息）、alert-warning（警告）、alert-danger（危险），形成一个基本的警告框。例如使用危险警告的语法格式如下

所示：

```
<div class="alert alert-danger">错误！请进行一些更改。</div>
```

创建一个可取消的警告是在基本的警告框基础之上，添加可选的“alert-dismissable”样式类，即在警告框后添加一个关闭按钮。创建一个可取消的警告的语法如下所示：

```
<div class="alert alert-warning alert-dismissable">
  <button type="button" class="close" data-dismiss="alert" aria-hidden="true">
    &times;
  </button>
  警告！请不要提交。
</div>
```

在警告中创建链接，是通过在基本警告框中使用“alert-link”样式类来快速提供带有匹配颜色的链接。使用语句如下所示：

```
<div class="alert alert-success">
  <a href="#" class="alert-link">成功！很好地完成了提交。</a>
</div>
```

2. 进度条

进度条是计算机在处理任务时实时地以图片形式显示处理任务的速度、完成度、剩余未完成任务量的大小、可能需要的处理时间等，一般以长方形条状显示。

创建一个基本的进度条是在<div>中添加一个带有“progress”样式类的class属性，然后在<div>元素内，再添加一个带有“progress-bar”样式类的空的<div>，再添加一个带有百分比表示宽度的 style 属性，例如 style="width: 60%"，表示进度条在60%的位置。其使用的语句格式如下：

```
<div class="progress">
  <div class="progress-bar" role="progressbar" aria-valuenow="60"
      aria-valuemin="0" aria-valuemax="100" style="width: 40%;">
    <span class="sr-only">40% 完成</span>
  </div>
</div>
```

其中，aria-valuemin属性定义进度条的最小值，aria-valuemax属性定义进度条的最大值。

如果需要用颜色定义不同含义的警告条，在基本的警告条内添加带有“progress-bar”样式类和“progress-bar-*”样式类的空<div>元素，其中“*”可以是 success、info、warning、danger。

如果需要创建带条纹的进度条，可以在基本进度条的最外层<div>中添加带有“progress”和“progress-striped”样式类的<div>元素，如果再加上“active”样式类，就创建一个动画进度条。

例11-16定义了警告与进度条，在浏览器中的显示结果如图11-17所示。读者应该重点关注警告与进度条的定义方法。

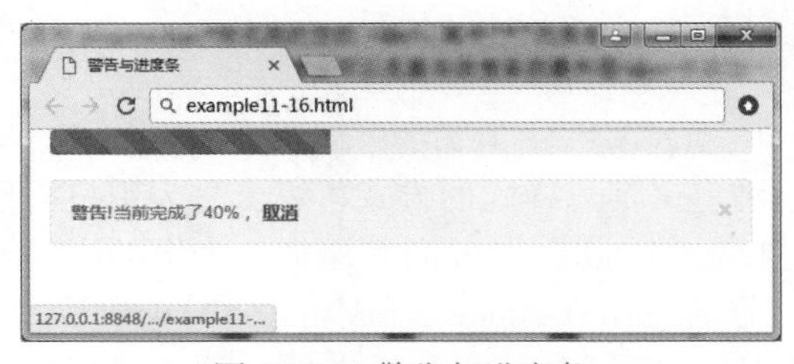

图 11-17　警告与进度条

【例 11-16】example11-16.html

```
<!DOCTYPE html>
<html>
  <head>
    <meta charset="utf-8">
    <title>警告与进度条</title>
    <script src="js/vue.js" type="text/javascript" charset="utf-8"></script>
    <link rel="stylesheet" href="css/bootstrap.min.css">
  </head>
  <body>
    <div class="container">
      <div class="progress progress-striped active">
        <div class="progress-bar progress-bar-success" role="progressbar"
          aria-valuenow="60" aria-valuemin="0" aria-valuemax="100"
          style="width: 40%;">
          <span class="sr-only">40% 完成</span>
        </div>
      </div>
      <div class="alert alert-warning alert-dismissible" role="alert">
        <button type="button" class="close" data-dismiss="alert" aria-label="Close"><span aria-
hidden="true">&times;</span></button>
        <strong>警告!</strong>当前完成了40%,
        <a href="#" class="alert-link">取消</a>
      </div>
    </div>
  </body>
</html>
```

扫一扫，看视频

11.3.5 面板

面板是Bootstrap框架用于把DOM组件插入到一个<div>元素中。创建一个基本的面板，只需要向<div>元素中添加“panel”样式类和“panel-default”样式类，并在此<div>元素中添加一个带有“panel-body”类的<div>，用于放置面板内容。

另外，Bootstrap为了丰富面板的功能，为面板增加了“面板头部”和“面板尾部”的效果，使用“panel-heading”样式类来设置面板头部样式，使用“panel-footer”样式类来设置面板尾部样式。其使用语句的语法格式如下所示：

```
<div class="panel panel-default">
  <div class="panel-heading">面板头部</div>
  <div class="panel-body">面板内容</div>
  <div class="panel-footer">面板尾部</div>
</div>
```

panel样式并没有对主题进行样式设置，而主题样式是通过“panel-default”样式类设置的。在Bootstrap框架中，面板组件除了默认的主题样式之外，还包括以下几种主题样式：

- panel-primary：重点，蓝。
- panel-success：成功，绿。
- panel-info：信息，蓝。
- panel-warning：警告，黄。
- panel-danger：危险，红。

可以在任何面板中包含列表组。例 11-17 中通过在<div>元素中添加“panel”样式类和“ panel-

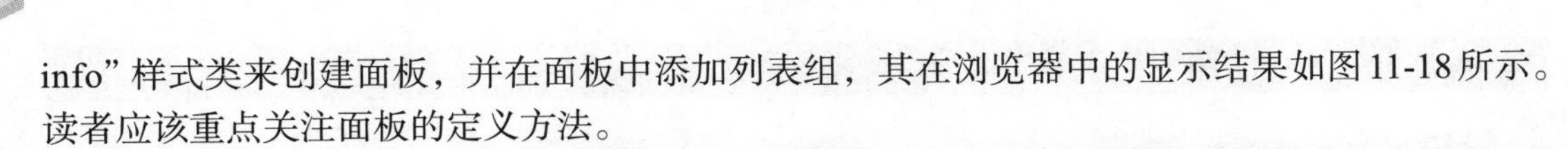

info”样式类来创建面板，并在面板中添加列表组，其在浏览器中的显示结果如图11-18所示。读者应该重点关注面板的定义方法。

【例11-17】example11-17.html

扫一扫，看视频

```
<!DOCTYPE html>
<html>
  <head>
    <meta charset="utf-8">
    <title>面板</title>
    <link rel="stylesheet" href="css/bootstrap.min.css">
  </head>
  <body>
    <div class="container">
      <div class="panel panel-success">
        <div class="panel-heading">2019年人才工作会</div>
        <div class="panel-body">
          <p>在总结讲话中进一步强调，各单位各部门要突出重点、统筹规划，要狠抓人才目标任务及各项人才政策措施的落实，以更高的政治站位，更远的战略眼光，更宽的全局胸襟，更实的工作作风，全面加强人才工作，为学校加快建设特色鲜明的高水平大学提供坚实的人才基础和强有力的人才保障。
          </p>
        </div>
        招聘人员：
        <ul class="list-group">
          <li class="list-group-item">教师</li>
          <li class="list-group-item">辅导员</li>
          <li class="list-group-item">实验员</li>
        </ul>
      </div>
    </div>
  </body>
</html>
```

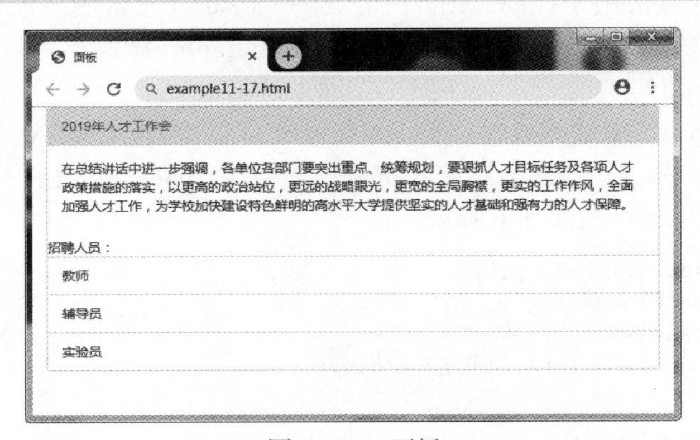

图11-18　面板

11.4 本章小结

Bootstrap支持大量的表单控件，本章首先介绍了基本的输入标记、复选框和单选按钮，并用<select>标记创建下拉菜单，调整表单字段大小、添加帮助块以协助用户使用表单；其次介绍了在Bootstrap中创建导航和其他链接列表的各种方法，包括按钮、链接、下拉菜单等标准导航元素，以及导航栏的创建方法，包括响应式导航栏、路径导航、分页导航；最后说明了Bootstrap的一些常用的CSS组件，主要包括标签与徽章、巨幕与页头、缩略图、警告与进度条、面板等。

11.5 习题十一

扫描二维码，查看习题。

扫二维码
查看习题

11.6 实验十一　导航与巨幕

扫描二维码，查看实验内容。

扫二维码
查看实验内容

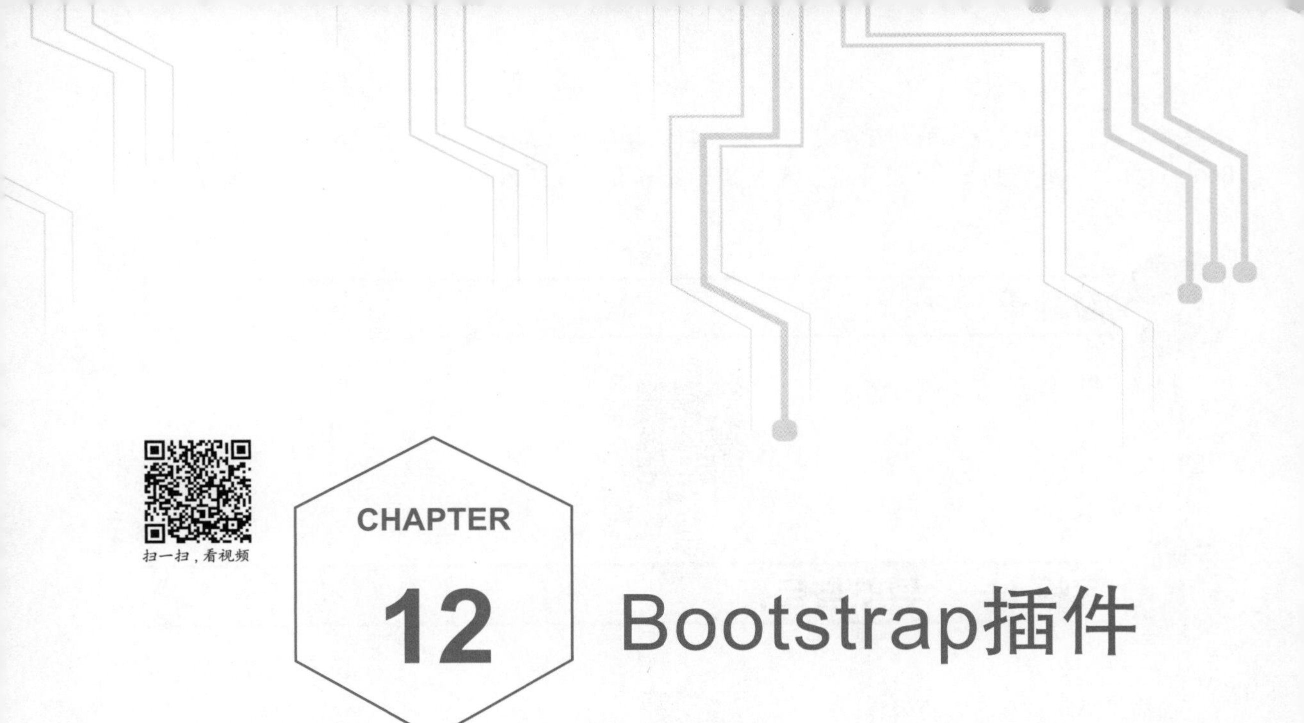

扫一扫，看视频

CHAPTER

12 Bootstrap插件

学习目标：

Bootstrap中的CSS组件仅是静态对象，如果让这些组件具有动态特性，还需要配合使用JavaScript插件。本章主要讲解Bootstrap自带的JavaScript插件。通过本章的学习，读者应该掌握以下主要内容：

- 模态框的使用；
- 选项卡与下拉菜单；
- 弹出框与警告框；
- 轮播图的使用。

思维导图（略图）

扫二维码
查看详细知识树导图

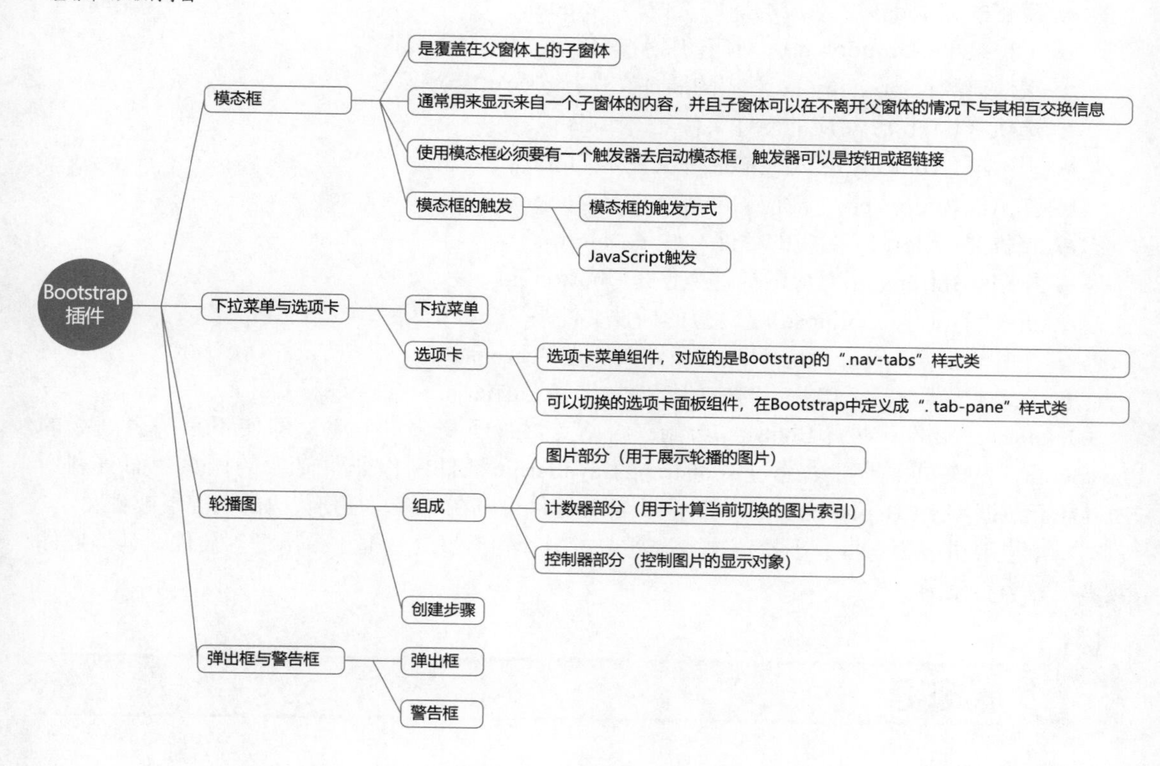

Bootstrap 插件建立在jQuery 框架的基础上，完全遵循jQuery的使用规范，因此Bootstrap插件实际上也是标准的jQuery插件。在使用Bootstrap插件之前，必须先引入jQuery库，后引入Bootstrap插件，其语法格式如下所示：

```
<script src="js/jquery-1.11.2.min.js"></script>
<script src="js/bootstrap.min.js"></script>
```

Bootstrap.min.js由12种JavaScript插件组成，分别是：

- 动画过渡（Transitions）：对应的插件文件是“transition.js”。
- 模态框（Modal）：对应的插件文件是“modal.js”。
- 下拉菜单（Dropdown）：对应的插件文件是“dropdown.js”。
- 滚动侦测（Scrollspy）：对应的插件文件是“scrollspy.js”。
- 选项卡（Tab）：对应的插件文件是“tab.js”。
- 提示框（Tooltips）：对应的插件文件是“tooltip.js”。
- 弹出框（Popover）：对应的插件文件是“popover.js”。
- 警告框（Alert）：对应的插件文件是“alert.js”。
- 按钮（Buttons）：对应的插件文件是“button.js”。
- 折叠/手风琴（Collapse）：对应的插件文件是“collapse.js”。
- 图片轮播（Carousel）：对应的插件文件是“carousel.js”。
- 自动定位浮标（Affix）：对应的插件文件是“affix.js”。

JavaScript 插件扩展了Bootstrap功能，给站点添加了更多的互动。即使不是一名高级的JavaScript开发人员，也可以通过Bootstrap的JavaScript 插件制作非常专业的网页，而且利用Bootstrap数据API（Bootstrap Data API），大部分插件可以在不编写任何代码的情况下被触发。

本章主要讲解模态框、下拉菜单、选项卡、图片轮播、警告框、弹出框等插件，其他插件读者可以自行学习。

12.1 模态框

12.1.1 模态框的定义

模态框（Modal）是覆盖在父窗体上的子窗体，通常用来显示来自一个子窗体的内容，并且子窗体可以在不离开父窗体的情况下与其相互交换信息。Bootstrap中的模态框具有以下特点：

- 模态框固定浮动在浏览器中。
- 模态框的宽度是自适应的，而且水平居中。
- 当浏览器的宽度小于768px时，模态框的宽度为600px。
- 底部有一个灰色的蒙版效果，可以禁止单击底层元素。
- 模态框显示过程中会有过滤效果。

使用模态框前必须要有一个触发器去启动模态框，触发器可以是按钮或超链接。例如用户单击按钮触发模态框，那么在 <button> 标签中需要定义data-target属性，该属性值是要在页面上加载需要触发的模态框<div>标签的id属性值。可以在页面上创建多个模态框，然后为每个模态框创建不同的按钮或超链接触发器。不能在同一时间加载多个模态框，但可以在页面上创建多个模态框，在不同时间进行加载。

定义模态框时以下主要属性需要特别说明：

（1）modal：是把<div>的内容设置为模态框最外层容器的样式类。

（2）modal-dialog：是把<div>的内容设置为模态框第二层容器的样式类。

（3）modal-content：是把<div>的内容设置为模态框第三层容器的样式类。其中：

- modal-header：是把<div>设置为模态框窗口头部的样式类。
- modal-body：是把<div>设置为模态框窗口主体内容的样式类。
- modal-footer：是把<div>设置为模态框窗口底部的样式类。

（4）aria-hidden="true"：用于保持模态框窗口不可见，直到触发器被触发为止（例如单击相关的触发按钮）。

（5）class="close"：用于设置模态框窗口关闭按钮的样式类。

（6）data-dismiss="modal"：用于关闭模态框窗口。

例12-1定义了一个按钮和一个模态框，单击按钮时，弹出模态框，并且在模态框中定义标题、主题和脚注内容，在浏览器的显示结果如图12-1所示。

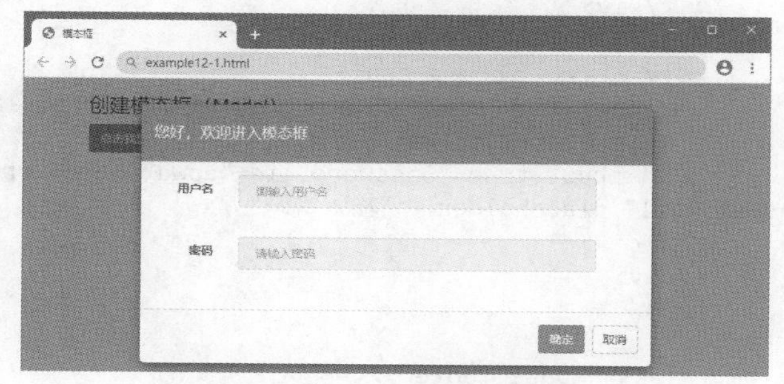

图12-1　基本模态框

【例12-1】example12-1.html

```
<!DOCTYPE html>
<html>
  <head>
    <meta charset="utf-8">
    <meta http-equiv="X-UA-Compatible" content="IE=edge">
    <meta name="viewport" content="width=device-width, initial-scale=1">
    <title>模态框</title>
    <link href="css/bootstrap.min.css" rel="stylesheet">
    <script src="./js/jquery-1.11.2.min.js"></script>
    <script src="js/bootstrap.min.js"></script>
  </head>
  <body>
    <div class="container">
      <h3>创建模态框（Modal）</h3>
      <button class="btn btn-primary" data-toggle="modal" data-target="#myModal">点
击我显示模态框</button>
      <!--定义模态框触发器，此处为按钮触发-->
      <form method="post" action="#" class="form-horizontal" role="form"
id="myForm" onsubmit="return ">
        <div class="modal fade" id="myModal" tabindex="-1" role="dialog" aria-
labelledby="myModalLabel"
          aria-hidden="true">
          <!--定义模态框，过渡效果为淡入，id为myModal，tabindex=-1可以禁止使用tab切换，
aria-labelledby用于引用模态框的标题，aria-hidden=true保持模态框在触发前窗口不可见-->
          <div class="modal-dialog">
            <!--  显示模态框的对话框模型（若不写下一个div则没有颜色）-->
```

扫一扫，看视频

```
            <div class="modal-content">
              <!--  显示模态框白色背景，所有内容都写在这个div中-->
              <div class="btn-info modal-header">
                <!--  模态框标题  -->
                <button type="button" class="close" data-dismiss="modal">&times;</button>
                <!--  关闭按钮  -->
                <h4>您好，欢迎进入模态框</h4>
                <!--  标题内容  -->
              </div>
              <div class="modal-body">
                <!--  模态框内容，在此处添加一个表单 -->
                <form class="form-horizontal" role="form">
                  <div class="form-group">
                    <label for="uname" class="col-sm-2 control-label">用户名</label>
                    <div class="col-sm-9">
                      <input type="text" id="uname" name="uname"
class="form-control well" placeholder="请输入用户名" />
                    </div>
                  </div>
                  <div class="form-group">
                    <label for="upwd" class="col-sm-2 control-label">密码</label>
                    <div class="col-sm-9">
                      <input type="password" id="upwd" name="upwd"
class="form-control well" placeholder="请输入密码" />
                    </div>
                  </div>
                </form>
              </div>
              <div class="modal-footer">
                <!--模态框底部样式，一般是提交或者确定按钮 -->
                <button type="submit" class="btn btn-info">确定</button>
                <button type="button" class="btn btn-default"
data-dismiss="modal">取消</button>
              </div>
            </div><!-- /.modal-content -->
          </div>
        </div> <!-- /.modal -->
      </form>
    </div>
  </body>
</html>
```

例 12-1 中使用了一个按钮单击事件来触发模态框的显示，其中按钮data-toggle="modal"用于显示弹出的模态框，再次单击按钮时模态框消失；data-target="#myModal"用于指定弹出哪个模态框。在定义模态框最外层的<div>中，定义了id="myModal"，并且使用了class="fade"，即设定模态框是有默认过滤效果的。

另外，Bootstrap框架还为模态框提供了不同大小的样式，如果是大的模态框，其样式类是modal-lg，小的模态框的样式类是modal-sm。

12.1.2 模态框的触发

1. 模态框的触发方式

模态框其实是隐藏在页面之中的，需要经过一定的操作才能显示出来。Bootstrap中触发模态框的显示有两种方法。

（1）声明式弹出触发：使用data-toggle和data-target两个属性进行相应的设置。

（2）href链接弹出触发：直接使用<a>标签中的href属性代替data-target属性。

Bootstrap中的声明式触发一般需要使用data-*自定义属性。在模态框的触发中data-toggle必须设置为modal，data-target的值是CSS选择器或ID选择器。href链接弹出触发的示意代码如下所示：

```
<a class="btn btn-primary" data-toggle="modal" href="#myModal">
  链接显示的模态框
</a>
```

Bootstrap对模态框提供的属性主要包括以下几种：

- data-toggle：属性值是字符串，用于控制模态框的显示，并且该属性值仅能是data-toggle="modal"。
- data-target：属性值是字符串，用于指定弹出哪个模态框，并且该属性值只能是class="modal"容器上的独有样式类或者ID。
- data-backdrop：属性值是布尔值，用于指定是否包含一个背景div元素。如果取值为true，单击背景则模态框消失；如果取值为 static，单击背景不会关闭模态框。
- data-keyboard：属性值是布尔值，用于指定是否可以使用Esc键来关闭模态框。如果为false，则不能通过Esc键来关闭。
- data-show：属性值是布尔值，用于指定窗体初始化时是否显示。

2. JavaScript触发

模态框仅需一行JavaScript代码即可触发，通过元素ID选择器“myModal”调用模态框，如下所示：

```
$('#myModal').modal(options)
```

modal()构造函数可以传递一个配置对象options，该对象包含的配置参数及说明见表12-1。

表 12-1　modal 的配置参数及说明

选项	类型 / 默认值	描　述
backdrop	boolean 默认值：true	指定一个静态的背景，单击模态框外部时不会关闭模态框
keyboard	boolean 默认值：true	按下 Esc 键时关闭模态框，设置为 false 时则按键无效
show	boolean 默认值：true	初始化时显示模态框
remote	path 默认值：false	设置一个远程 URL，使用 jQuery.load 方法，为模态框的主体注入内容。如果添加了一个带有有效 URL 的 href，则会加载其中的内容。使用方法如下所示： <a data-toggle="modal" href="remote.html" data-target="#modal" > 请点击我 </a>

例12-2是打开模态框的实例，但不显示遮罩层，同时取消了Esc键关闭模态框的操作。在浏览器中的显示结果如图12-2所示。

【例 12-2】example12-2.html

```
<!DOCTYPE html>
<html>
  <head>
    <meta charset="utf-8">
```

```
    <meta http-equiv="X-UA-Compatible" content="IE=edge">
    <meta name="viewport" content="width=device-width, initial-scale=1">
    <title>模态框</title>
    <link href="css/bootstrap.min.css" rel="stylesheet">
    <script src="./js/jquery-1.11.2.min.js"></script>
    <script src="js/bootstrap.min.js"></script>
    <script>
      $(function(){
        $(".btn").click(function(){
          $("#myModal").modal({
            backdrop:false,       //关闭背景遮罩层
            keyboard:false          //取消Esc键关闭模态框
          });
        });
      })
    </script>
  </head>
  <body>
    <div class="container">
      <h3>创建模态框（Modal）</h3>
      <button class="btn btn-primary" >点击我显示模态框</button>
      <!--下面的代码与例12-1 example12-1.html相同，略-->
```

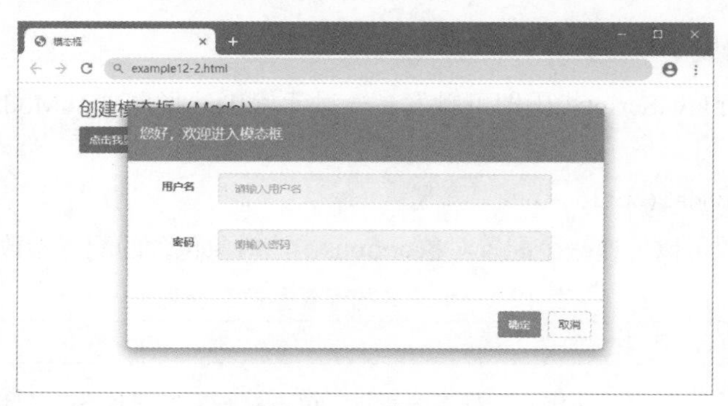

图 12-2　模态框

12.2 下拉菜单与选项卡

12.2.1 下拉菜单

使用Bootstrap的下拉菜单（Dropdown）插件，可以在任何组件（例如导航栏、标签页、胶囊式导航菜单、按钮等）中添加下拉菜单。

如果想要单独引用该插件的功能，需要引用 dropdown.js，或者直接引用 bootstrap.js 或压缩版的bootstrap.min.js。定义下拉菜单的基本语法格式如下所示：

```
<div class="dropdown">
  <a data-toggle="dropdown" href="#">下拉菜单（Dropdown）触发器</a>
  <ul class="dropdown-menu" role="menu" >
    ...
  </ul>
</div>
```

在该语法格式中，先使用“.dropdown”样式类的<div>容器包裹整个下拉菜单元素，然后使用<button>按钮或者<a>超链接作为触发器，并且定义data-toggle属性，其值必须和最外的容器类名一致；下拉菜单项使用了<ul>元素列表，并且定义“.dropdown-menu”样式类。

例12-3是在导航中添加下拉菜单的实例，其中导航菜单的引出使用超链接，其在浏览器中的显示结果如图12-3所示。

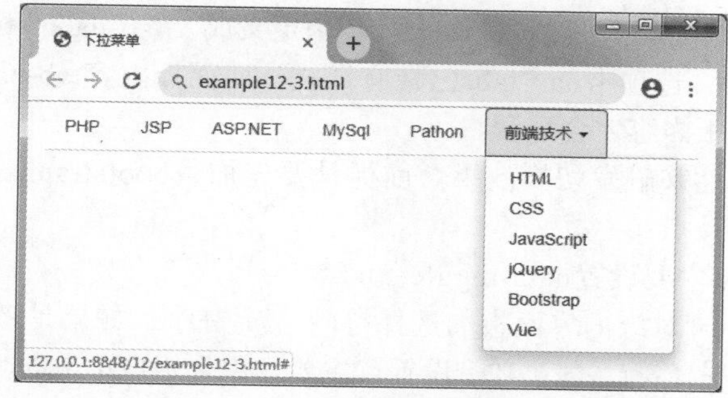

图 12-3　下拉菜单

【例 12-3】example12-3.html

```
<!DOCTYPE html>
<html>
  <head>
    <meta charset="utf-8">
    <meta http-equiv="X-UA-Compatible" content="IE=edge">
    <meta name="viewport" content="width=device-width, initial-scale=1">
    <title>下拉菜单</title>
    <link href="css/bootstrap.min.css" rel="stylesheet">
    <script src="./js/jquery-1.11.2.min.js"></script>
    <script src="js/bootstrap.min.js"></script>
  </head>
  <body>
    <div class="container">
      <ul class="nav nav-tabs">
        <li><a href="#">PHP</a></li>
        <li><a href="#">JSP</a></li>
        <li><a href="#">ASP.NET</a></li>
        <li><a href="#">MySql</a></li>
        <li><a href="#">Pathon</a></li>
        <li class="dropdown">
          <a href="#" data-toggle="dropdown">前端技术 <span class="caret"></span></a>
          <ul class="dropdown-menu">
            <li><a href="#">HTML</a></li>
            <li><a href="#">CSS</a></li>
            <li><a href="#">JavaScript</a></li>
            <li><a href="#">jQuery</a></li>
            <li><a href="#">Bootstrap</a></li>
            <li><a href="#">Vue</a></li>
          </ul>
        </li>
      </ul>
    </div>
  </body>
</html>
```

扫一扫，看视频

12.2.2 选项卡

选项卡是Web网页中非常常用的功能，单击某一选项卡时，能切换出对应的内容。Bootstrap框架中的选项卡主要由两部分组成。

（1）选项卡菜单组件，对应的是Bootstrap的“.nav-tabs”样式类。

（2）可以切换的选项卡面板组件，在Bootstrap中定义成“.tab-pane”样式类。

在Bootstrap框架中，选项卡nav-tabs已带有样式，而面板内容tab-pane都是隐藏的，只有选中相应选项卡，其面板内容才会显示。

选项卡定义data属性来触发切换效果。前提是要先加载bootstrap.js或者tab.js。声明式触发选项卡需要满足以下几点：

（1）选项卡导航链接中要设置data-toggle="tab"。

（2）设置data-target="对应内容面板的选择符(一般是ID)"；如果是链接的话，还可以通过href="对应内容面板的选择符(一般是ID)"设置，主要作用是用户单击的时候能找到该选择符对应的面板内容tab-pane。

（3）面板内容全部放在含有“tab-content”样式类的<div>容器中，而且每个面板内容都需要设置一个独立的选择符与选项卡中data-target或href的值匹配。

为了让面板的隐藏与显示在切换过程的效果更流畅，可以在面板中添加“fade”样式类，让其产生渐入效果。添加“fade”样式类时，最初默认显示的面板内容一定要加上“in”样式类，否则用户无法看到其内容。

例12-4是建立一个选项卡的实例，选中不同的选择卡，内容随之跟着变化，在浏览器中的显示结果如图12-4所示。

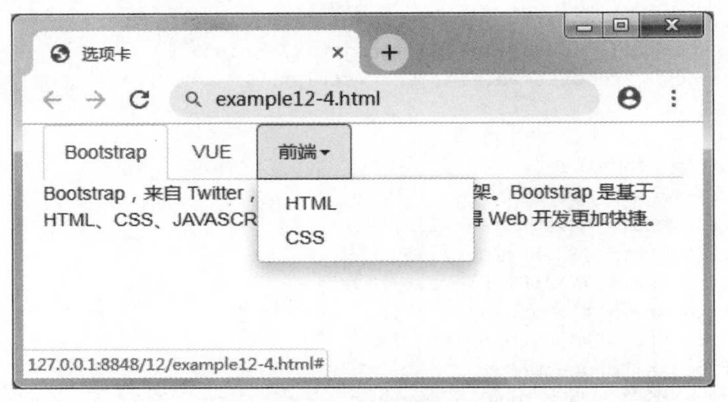

图 12-4　选项卡

【例12-4】example12-4.html

```
<!DOCTYPE html>
<html>
  <head>
    <meta charset="utf-8">
    <meta http-equiv="X-UA-Compatible" content="IE=edge">
    <meta name="viewport" content="width=device-width, initial-scale=1">
    <title>选项卡</title>
    <link href="css/bootstrap.min.css" rel="stylesheet">
    <script src="./js/jquery-1.11.2.min.js"></script>
```

扫一扫，看视频

```
      <script src="js/bootstrap.min.js"></script>
      <script>
        $(function () {
          $('#myTab li:eq(1) a').tab('show');
        });
      </script>
    </head>
    <body>
      <div class="container">
        <ul id="myTab" class="nav nav-tabs">
          <li class="active"><a href="#home" data-toggle="tab">Bootstrap</a>
          </li>
          <li><a href="#vue" data-toggle="tab">VUE</a></li>
          <li class="dropdown">
            <a href="#" id="myTabDrop1" class="dropdown-toggle"
                data-toggle="dropdown">前端<b class="caret"></b></a>
            <ul class="dropdown-menu" role="menu" aria-labelledby="myTabDrop1">
              <li><a href="#jmeter" tabindex="-1" data-toggle="tab">HTML</a>
              </li>
              <li><a href="#ejb" tabindex="-1" data-toggle="tab">CSS</a></li>
            </ul>
          </li>
        </ul>
        <div id="myTabContent" class="tab-content">
          <div class="tab-pane fade in active" id="home">
            <p>Bootstrap，来自 Twitter，是目前最受欢迎的前端框架。Bootstrap 是基于
            HTML、CSS、JAVASCRIPT 的，它简洁灵活，使得 Web 开发更加快捷。</p>
          </div>
          <div class="tab-pane fade" id="vue">
            <p>Vue.js是一套构建用户界面的渐进式框架。与其他重量级框架不同的是，Vue 采用自
            底向上增量开发的设计。Vue 的核心库只关注视图层，并且非常容易学习，非常容易与其
            他库或已有项目整合。另一方面，Vue 完全有能力驱动采用单文件组件和Vue生态系统支持
            的库开发的复杂单页应用。</p>
          </div>
          <div class="tab-pane fade" id="jmeter">
            <p>HTML称为超文本标记语言，是一种标识性的语言。它包括一系列标签。通过这些标签可以
            将网络上的文档格式统一，使分散的Internet资源连接为一个逻辑整体。HTML文本是由HTML命
            令组成的描述性文本，HTML命令可以说明文字，图形、动画、声音、表格、链接等。</p>
          </div>
          <div class="tab-pane fade" id="ejb">
          <p>层叠样式表(英文全称：Cascading Style Sheets)是一种用来表现HTML（标准通用标记
          语言的一个应用）或XML（标准通用标记语言的一个子集）等文件样式的计算机语言。CSS不
          仅可以静态地修饰网页，还可以配合各种脚本语言动态地对网页各元素进行格式化。</p>
          </div>
        </div>
      </div>
    </body>
  </html>
```

12.3 轮播图

轮播一般用于产品展示和互动展示，以突出显示内容。在很多网站上都可以看到轮播效果图，几张图片循环切换的效果更为常见。轮播的内容可以是图像、视频或者其他想要轮播的任

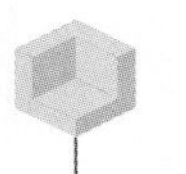

何类型的内容。

12.3.1 轮播图的结构

Bootstrap的轮播图插件可以分为三部分：图片部分（用于展示轮播的图片）、计数器部分（用于计算当前切换的图片索引）、控制器部分（控制图片的显示对象）。

定义轮播图的主要步骤如下：

（1）定义一个带有“carousel”样式类的<div>容器，示例代码如下所示：

```
<div id="myCarouse" class="carousel"> …… </div>
```

（2）在“carousel”样式类的<div>容器内定义轮播图片的计数器，用于显示图片的播放顺序，通常使用有符号列表或无符号列表元素，并且在其中定义“carousel-indicators”样式类，其包含的<li>元素个数应与图片的数量相同。示例代码如下所示：

```
<ol class="carousel-indicators">
  <li data-target="#myCarousel" data-slide-to="0" class="active"></li>
  <li data-target="#myCarousel" data-slide-to="1"></li>
  <li data-target="#myCarousel" data-slide-to="2"></li>
</ol>
```

（3）在“carousel”样式类的<div>容器内定义带有“carousel-inner”样式类的轮播区，以设置轮播图片。如果需要给某些图片添加一些文字和链接，可以使用“carousel-caption”样式类来定义一个<div>容器。示例代码如下所示：

```
<div class="carousel-inner">
  <div class="item active">
    <img src="img/0.png" alt="First slide">
    <div class="carousel-caption">标题 1</div>
  </div>
  <div class="item">
    <img src="img/1.png" alt="Second slide">
    <div class="carousel-caption">标题 2</div>
  </div>
  <div class="item">
    <img src="img/3.png" alt="Third slide">
    <div class="carousel-caption">标题 3</div>
  </div>
</div>
```

（4）如果需要用左右箭头对图片进行左右滚动控制，需要使用“left”和“right”样式类进行定义。示例代码如下所示：

```
<a class="left carousel-control" href="#myCarousel" role="button" data-slide="prev">
  <span class="glyphicon glyphicon-chevron-left" aria-hidden="true"></span>
  <span class="sr-only">Previous</span>
</a>
<a class="right carousel-control" href="#myCarousel" role="button" data-slide="next">
  <span class="glyphicon glyphicon-chevron-right" aria-hidden="true"></span>
  <span class="sr-only">Next</span>
</a>
```

例12-5设定了三个图片的轮播效果，可以通过左右箭头进行图片控制。在浏览器的显示结果如图12-5所示。

图 12-5　轮播图的两个状态

【例 12-5】example12-5.html

扫一扫，看视频

```
<!DOCTYPE html>
<html>
  <head>
    <meta charset="utf-8">
    <meta http-equiv="X-UA-Compatible" content="IE=edge">
    <meta name="viewport" content="width=device-width, initial-scale=1">
    <title>轮播图</title>
    <link href="css/bootstrap.min.css" rel="stylesheet">
    <script src="./js/jquery-1.11.2.min.js"></script>
    <script src="js/bootstrap.min.js"></script>
    <style>
      .carousel-inner img{ width: 100%}
    </style>
  </head>
  <body>
    <div class="container">
      <div class="col-lg-12">
        <div id="myCarousel" class="carousel slide">
        <!-- 轮播（Carousel）指标 -->
          <ol class="carousel-indicators">
            <li data-target="#myCarousel" data-slide-to="0" class="active"></li>
            <li data-target="#myCarousel" data-slide-to="1"></li>
            <li data-target="#myCarousel" data-slide-to="2"></li>
          </ol>
          <!-- 轮播（Carousel）项目 -->
          <div class="carousel-inner">
            <div class="item active">
              <img src="img/0.jpg" alt="First slide">
              <div class="carousel-caption">运动</div>
            </div>
            <div class="item">
              <img src="img/1.jpg" alt="Second slide">
              <div class="carousel-caption">力量</div>
            </div>
            <div class="item">
              <img src="img/2.jpg" alt="Third slide">
              <div class="carousel-caption">羽毛球</div>
            </div>
          </div>
          <!-- 轮播（Carousel）导航 -->
          <a class="left carousel-control" href="#myCarousel" role="button" data-slide="prev">
            <span class="glyphicon glyphicon-chevron-left" aria-hidden="true"></span>
            <span class="sr-only">Previous</span>
          </a>
```

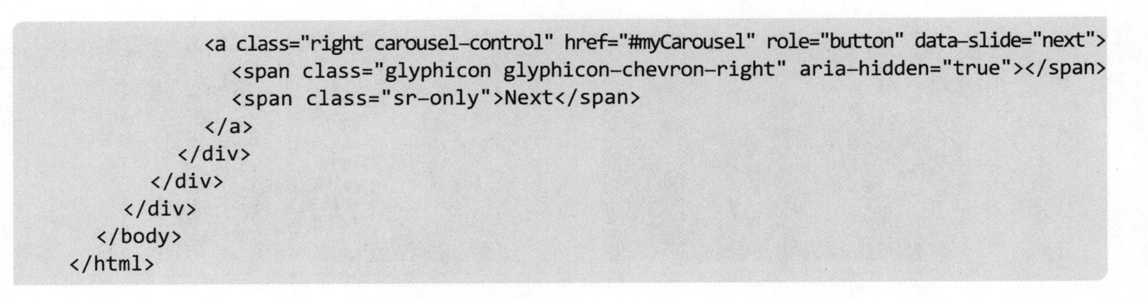

```
          <a class="right carousel-control" href="#myCarousel" role="button" data-slide="next">
            <span class="glyphicon glyphicon-chevron-right" aria-hidden="true"></span>
            <span class="sr-only">Next</span>
          </a>
        </div>
      </div>
    </div>
  </body>
</html>
```

12.3.2　轮播图的触发方式

轮播图的触发方式有两种，分别是声明方式和JavaScript方式。

1. 声明方式

轮播可以使用声明方式触发，例12-5就是采用声明方式触发轮播图。在使用声明方式触发时，需要注意以下几个data-*属性：

（1）data-ride：用于class="carousel"最外层容器上，固定值data-ride="carousel"，用于标记轮播在页面加载时就开始播放动画。

（2）data-target：用于class="carousel-inner"的每个子元素<li>上，data-target的属性值是最外层<div>容器ID或其他选择器。

（3）data-slide：用于轮播图的控制器上，也就是左右滚动的<a>标签链接上，接受关键字prev或next，用来改变幻灯片相对于当前位置的位置，同时href的属性值是最外层<div>容器ID或其他选择器。

（4）data-slide-to：向轮播传递一个原始滑动索引，用来把滑块移动到一个特定的索引上，索引从0开始计数，定义在<li>元素上。

（5）data-interval：轮播图轮换时等待的时间，单位为毫秒。如果设置为 false，不会自动开始轮播，默认是5000毫秒。

（6）data-pause：鼠标停留在轮播图上则停止轮播，离开后立即开始轮播。

（7）data-wrap：是否持续轮播。

2. JavaScript方式

轮播通过JavaScript方式触发使用如下语句：

```
$('选择器').carousel(option)
```

option可以是以下参数值：

（1）.carousel(options)：初始化轮播为可选的options对象，并开始循环项目。例如，启动轮播，并且时间间隔是2000毫秒，语句如下：

```
$('#myCarousel).carousel({
  interval: 2000
})
```

（2）.carousel('cycle')：从左到右循环轮播项目。

（3）.carousel('pause')：停止循环轮播项目。

（4）.carousel(number)：循环轮播到某个特定的帧（从 0 开始计数，与数组类似）。

（5）.carousel('prev')：循环轮播到上一个项目。

（6）.carousel('next')：循环轮播到下一个项目。

12.4 弹出框与警告框

12.4.1 弹出框的定义

弹出框与工具提示类似，提供了一个扩展的视图。如果要激活弹出框，只需把鼠标悬停在元素上即可。弹出框使用的语句如下所示：

```
<button type="button" class="btn btn-default" title="弹出框的标题"
     data-container="body"
     data-toggle="popover"
     data-placement="left | right|top|bottom|auto"
     data-content="弹出框的一些内容">
  左侧的popover
</button>
```

弹出框插件不像之前讨论的下拉菜单及其他插件那样，不是纯 CSS 插件。如果要使用该插件，必须使用jQuery激活。例如使用下面的脚本来启用页面中的所有弹出框（popover）：

```
$("[data-toggle='popover']").popover();
```

弹出框定义了很多控制属性，常用的包括以下几种：

（1）data-animation：向弹出框应用CSS过渡效果。其值为布尔型，默认值为true。

（2）data-html：将HTML代码作为弹出框的内容，如果值为false，jQuery将使用text( )方法将HTML代码转化为文本作为提示内容。

（3）data-placement：规定如何定位弹出框，其取值可以是left | right | top | bottom | auto。当指定为auto时，会动态调整弹出框。例如placement的值是"auto left"，弹出框将会尽可能显示在左边，只有在情况不允许的状态下才会显示在右边。

（4）data-trigger：定义如何触发弹出框，其取值可以是 click | hover | focus | manual，该属性可以取多个值(即可以有多种方式触发弹出框)，并且每个值之间用空格分隔。

（5）data-delay：延迟显示和隐藏弹出框的毫秒数，对manual手动触发类型不适用。如果提供的是一个数字，延迟将会应用于显示和隐藏。如果提供的是一个对象，结构为delay:{show:500, hide:100}，则显示用500毫秒，隐藏用100毫秒。

（6）data-container：向指定元素追加弹出框。例如：data-container="body"。

以上属性都属于声明式属性，只需要在对应的元素上添加这些属性就可以。

弹出框插件根据需求生成内容和标记，默认情况下是把弹出框放在触发元素后面。可以有以下两种方式添加弹出框（popover）：

（1）通过data属性：如果需要添加弹出框，只需向超链接<a>元素或按钮<button>元素添加data-toggle="popover"即可。超链接<a>元素的title属性就是弹出框的文本。默认情况下，插件把弹出框设置在顶部。

```
<a href="#" data-toggle="popover" title="Example popover">
  请悬停在我的上面
</a>
```

（2）JavaScript方式：通过JavaScript触发弹出框（popover）。

```
$('选择器').popover(options)
```

其中参数options的值可以是show（显示）、hide（隐藏）、toggle（切换）、destroy（撤销）。

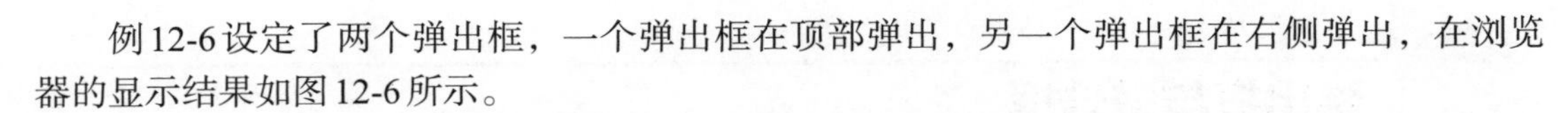

例12-6设定了两个弹出框，一个弹出框在顶部弹出，另一个弹出框在右侧弹出，在浏览器的显示结果如图12-6所示。

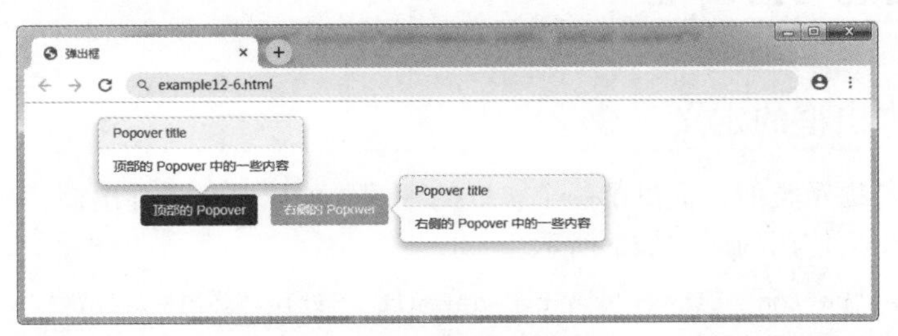

图 12-6　弹出框

【例 12-6】example12-6.html

扫一扫，看视频

```
<!DOCTYPE html>
<html>
  <head>
    <meta charset="utf-8">
    <meta http-equiv="X-UA-Compatible" content="IE=edge">
    <meta name="viewport" content="width=device-width, initial-scale=1">
    <title>弹出框</title>
    <link href="css/bootstrap.min.css" rel="stylesheet">
    <script src="./js/jquery-1.11.2.min.js"></script>
    <script src="js/bootstrap.min.js"></script>
    <style>
      button{ margin-right: 10px;}
    </style>
  </head>
  <body>
    <div class="container" style="padding: 100px 50px 10px;" >
      <button type="button" class="btn btn-primary" title="Popover title"
          data-container="body" data-toggle="popover" data-placement="top"
          data-content="顶部的 Popover 中的一些内容"
          data-trigger="click hover">顶部的 Popover
      </button>
      <button type="button" class="btn btn-warning" title="Popover title"
        data-container="body" data-toggle="popover" data-placement="right"
        data-content="右侧的 Popover 中的一些内容">右侧的 Popover
      </button>
    </div>
    <script>
      $(function (){
        $("[data-toggle='popover']").popover();
      });
    </script>
  </body>
</html>
```

12.4.2　警告框

警告框是向用户提供一种定义消息样式的方式，是为用户操作提供上下文信息反馈，并且可以添加一个可选的关闭按钮。为了创建一个内联的可关闭的警告框，在使用警告框之前，必须先导入以下文件：

```
<link href="css/bootstrap.css" rel="stylesheet" type="text/css">
<script src="js/jquery-1.11.2.min.js"></script>
<script src="js/bootstrap.min.js"></script>
```

1. 警告框结构

下面的代码创建了一个基本的警告框，就是在一个<div>中添加“alert”样式类和上下文样式类，上下文样式类可以是alert-success、alert-info、alert-warning、alert-danger。可以在警告框内添加一个关闭按钮，关闭按钮是添加data-dismiss="alert"属性：

```
<div class="alert alert-danger">
  <a class="close" href="#" data-dismiss="alert">&times;</a>
  <p>用户名与密码不正确</p>
</div>
```

如果需要把关闭按钮放在警告框之外，可以用以下代码实现：

```
<div id="myAlert" class="alert alert-danger">
  <a class="close" href="#" data-dismiss="alert">&times;</a>
  <p>用户名与密码不正确</p>
</div>
<a  href="#" class="btn btn-info" data-dismiss="alert"
    data-target="#myAlert">
    &times;
</a>
```

想关闭警告框的同时，把触发关闭按钮也从DOM中删除，如果按钮的class是“btn”，设置data-target=".btn"可以把按钮也删除：

```
<button type="button" class="btn" data-dismiss="alert" data-target="#test,.btn">关闭
</button>
  <div id="test" class="alert alert-success alert-dismissable" role="alert">操作成功
</div>
```

2. JavaScript方式关闭警告框

Bootstrap警告框支持两种JavaScript方式关闭，分别是：

- $().alert()：让警告框监听具有data-dismiss="alert"属性的元素的单击事件。
- $().alert("close")：关闭警告框并从DOM中将其删除。如果警告框被赋值“fade”样式类和“in”样式类，则警告框在淡出之后才会被删除。

例12-7定义了一个警告框，并分别使用样式类和JavaScript方式关闭警告框，运行结果如图12-7所示。

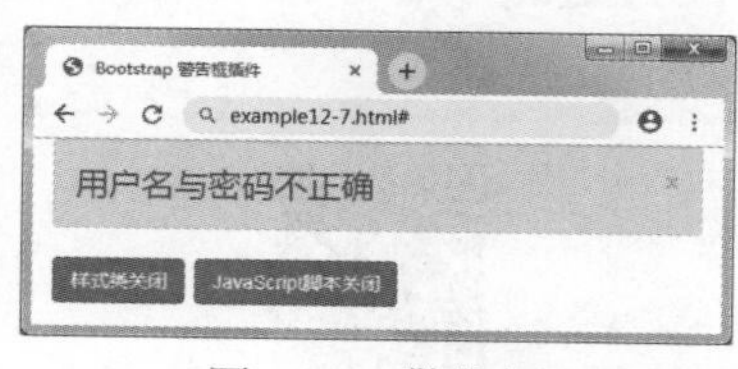

图 12-7　警告框

【例 12-7】example12-7.html

```
<!DOCTYPE html>
<html>
  <head>
    <title>Bootstrap 警告框插件</title>
    <meta charset="utf-8">
```

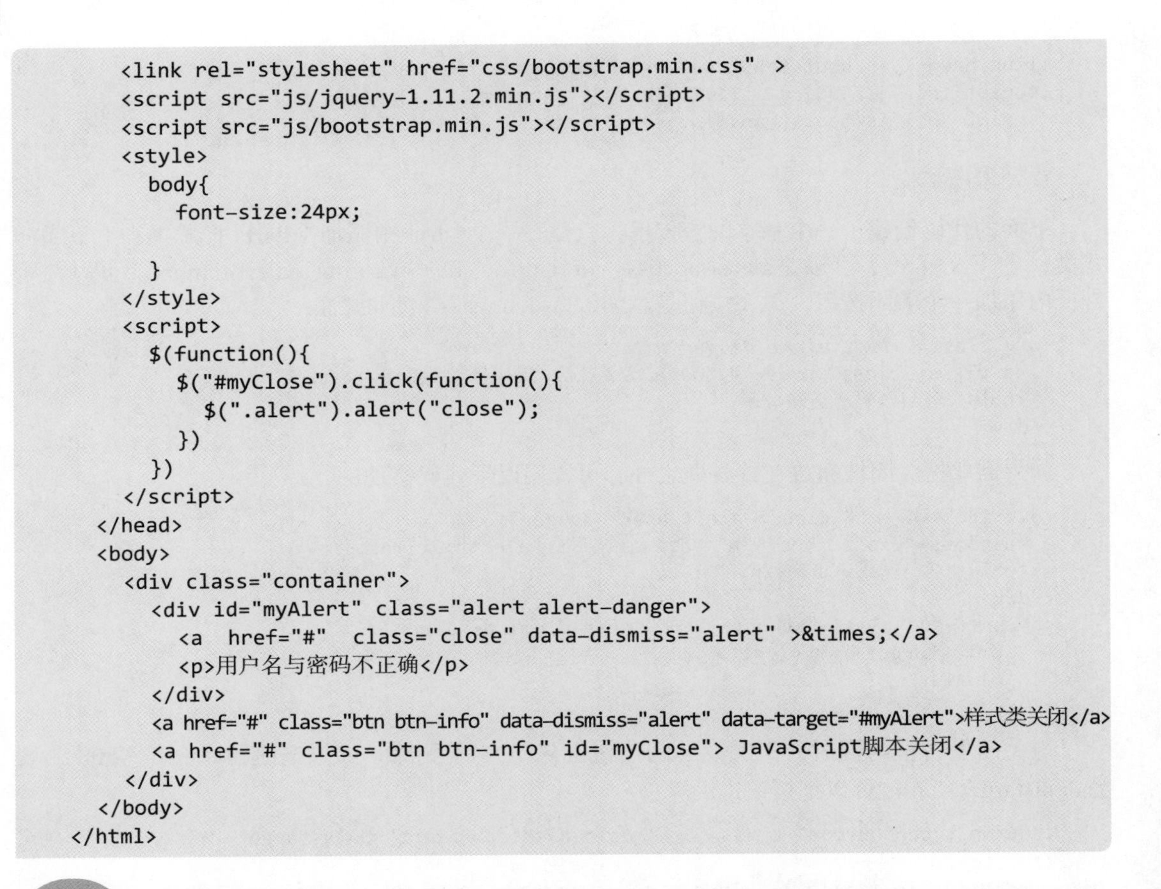

```
    <link rel="stylesheet" href="css/bootstrap.min.css" >
    <script src="js/jquery-1.11.2.min.js"></script>
    <script src="js/bootstrap.min.js"></script>
    <style>
      body{
        font-size:24px;

      }
    </style>
    <script>
      $(function(){
        $("#myClose").click(function(){
          $(".alert").alert("close");
        })
      })
    </script>
  </head>
  <body>
    <div class="container">
      <div id="myAlert" class="alert alert-danger">
        <a  href="#"  class="close" data-dismiss="alert" >&times;</a>
        <p>用户名与密码不正确</p>
      </div>
      <a href="#" class="btn btn-info" data-dismiss="alert" data-target="#myAlert">样式类关闭</a>
      <a href="#" class="btn btn-info" id="myClose"> JavaScript脚本关闭</a>
    </div>
  </body>
</html>
```

12.5 本章小结

Bootstrap除了提供丰富的Web组件之外，还提供了Bootstrap插件，可以给站点添加更多的互动。特别需要强调的是，Bootstrap框架中的JavaScript插件都是依赖于jQuery库的，所以在使用Bootstrap插件之前，必须要引入jQuery核心包。Bootstrap框架中提供了12个JavaScript插件，本章仅对几种插件进行说明，包括模态框、下拉菜单、选项卡、轮播图、弹出框和警告框等。如果需要学习Bootstrap框架的其他JavaScript插件，可以查找相关资料。

12.6 习题十二

扫描二维码，查看习题。

扫二维码
查看习题

12.7 实验十二　Bootstrap插件

扫描二维码，查看实验内容。

扫二维码
查看实验内容

Vue.js基础

学习目标：

本章主要讲解Vue.js框架的基本概念，重点阐述Vue.js实例的创建、生命周期、Vue.js的数据响应式原理、Vue.js的常用指令。通过本章的学习，读者应该掌握以下主要内容：

- Vue.js的数据绑定；
- Vue.js的常用指令；
- Vue.js的事件处理；
- Vue.js的计算属性。

思维导图（略图）

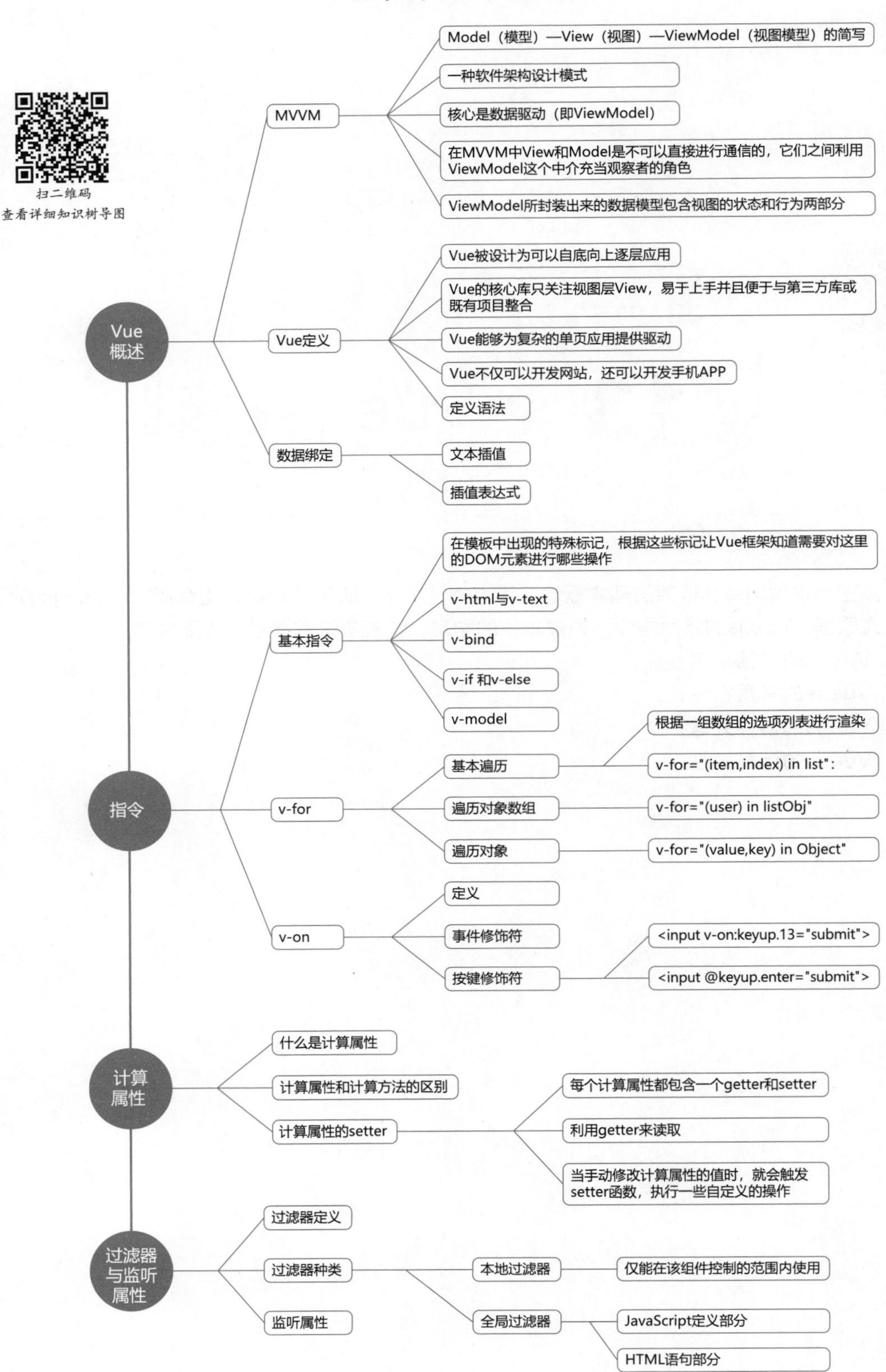
扫二维码
查看详细知识树导图
Vue概述
MVVM
Model（模型）—View（视图）—ViewModel（视图模型）的简写
一种软件架构设计模式
核心是数据驱动（即ViewModel）
在MVVM中View和Model是不可以直接进行通信的，它们之间利用ViewModel这个中介充当观察者的角色
ViewModel所封装出来的数据模型包含视图的状态和行为两部分
Vue定义
Vue被设计为可以自底向上逐层应用
Vue的核心库只关注视图层View，易于上手并且便于与第三方库或既有项目整合
Vue能够为复杂的单页应用提供驱动
Vue不仅可以开发网站，还可以开发手机APP
定义语法
数据绑定
文本插值
插值表达式
指令
基本指令
在模板中出现的特殊标记，根据这些标记让Vue框架知道需要对这里的DOM元素进行哪些操作
v-html与v-text
v-bind
v-if 和v-else
v-model
v-for
基本遍历
根据一组数组的选项列表进行渲染
v-for="(item,index) in list"：
遍历对象数组
v-for="(user) in listObj"
遍历对象
v-for="(value,key) in Object"
v-on
定义
事件修饰符
按键修饰符
<input v-on:keyup.13="submit">
<input @keyup.enter="submit">
计算属性
什么是计算属性
计算属性和计算方法的区别
计算属性的setter
每个计算属性都包含一个getter和setter
利用getter来读取
当手动修改计算属性的值时，就会触发setter函数，执行一些自定义的操作
过滤器与监听属性
过滤器定义
过滤器种类
本地过滤器
仅能在该组件控制的范围内使用
全局过滤器
JavaScript定义部分
HTML语句部分
监听属性

13.1 Vue.js概述

13.1.1 MVVM

MVVM是Model（模型）-View（视图）-ViewModel（视图模型）的简写，本质上是MVC（Model-View-Controller，模型-视图-控制器）的改进版。MVVM是将MVC中View的状态和行为抽象化，将视图UI和业务逻辑分开。

MVVM是一种软件架构设计模式，由微软WPF和Silverlight的架构师Ken Cooper和Ted Peters开发，是一种简化用户界面的事件驱动编程方式，由John Gossman于2005年发表。

MVVM是一种架构模式，并非一种框架，是一种思想，一种组织和管理代码的艺术，是利用数据绑定、属性依赖、路由事件、命令等特性实现高效、灵活的架构。

MVVM源于MVC模式，期间还演化出MVP（Model-View-Presenter）模式。MVVM的出现促进了GUI前端开发和后端开发逻辑的分离，提高了前端开发效率。

MVVM的核心是数据驱动(即ViewModel)，是View和Model的关系映射。ViewModel类似中转站，负责转换Model中的数据对象，使数据变得更加易于管理和使用。MVVM的本质就是基于操作数据来操作视图，进而操作DOM，借助于MVVM无须直接操作DOM，开发者只需完成包含声明绑定的视图模板，编写ViewModel中的业务，使View完全实现自动化。

在MVVM中View和Model是不可以直接进行通信的，它们之间利用ViewModel这个中介充当观察者的角色。用户操作View时，ViewModel感知到变化，然后通知Model发生相应改变，反之亦然。ViewModel向上与视图层View进行双向数据绑定，向下与Model通过接口请求进行数据交互，起到承上启下的作用。

ViewModel封装出来的数据模型包含视图的状态和行为两部分，Model的数据模型只包含状态，这样的封装使得ViewModel可以完整地去描述View层。MVVM最标志的特性是数据绑定，MVVM的核心理念是通过声明式的数据绑定来实现View的分离。

13.1.2 Vue.js 的定义

Vue.js和Angular.js、React.js一起称为三大主流框架。Vue.js是一套用于构建用户界面的渐进式框架。与其他大型框架不同的是，Vue.js被设计为可以自底向上逐层应用。Vue.js的核心库只关注视图层View，易于上手并且便于与第三方库或既有项目整合。另一方面，当与现代化的工具链以及各种支持类库结合使用时，Vue.js也完全能够为复杂的单页应用提供驱动。Vue.js不仅可以开发网站，还可以开发手机APP。

每个Vue.js应用都是通过用Vue函数创建一个新的Vue实例开始的。定义Vue.js实例的语法格式如下所示：

```
var vm = new Vue({
  el: "#app", //选中哪个DOM对象，此例选中id="app"的标记对象
  data: {
    //定义数据对象
  },
  methods: {
    //定义方法
  },
```

```
    computed: {
      //定义计算属性
    },
    filter:{
      //定义过滤器
    }
})
```

其中：

（1）el：决定之后Vue实例会管理哪一个DOM。

（2）data：Vue实例对应的数据对象。

（3）methods：定义属于Vue的一些方法，可以在其他地方调用，也可以在指令中使用。

（4）computed：定义计算属性。

（5）filter：定义过滤器。

每个Vue实例都是独立的，都有一个属于它的生命周期。Vue.js的生命周期包括五个状态。

（1）创建状态：Vue实例被创建的过程。

（2）数据初始化状态：创建Vue实例的数据初始化。

（3）挂载状态：挂到真实的 DOM 节点。

（4）更新状态：如果 data 中的数据改变，会触发对应组件进行重新渲染。

（5）销毁状态：实例销毁。

以上五个状态就是一个组件实例完整的生命周期。

Vue.js框架的主要优点是：

（1）使用框架能够提高网页开发的效率，解决浏览器的代码兼容性。

（2）提高渲染效率，对数据进行双向绑定。

（3）在Vue.js中，一个核心的概念就是让用户不再操作DOM元素，让程序员有更多的时间去关注业务逻辑。

例13-1是在页面上显示“Hello Vue World!”，使用的是Vue.js框架以MVVM模式进行的程序设计方法，读者应该重点体会MVVM模式各部分所起作用。该例在浏览器中的显示结果如图13-1所示。

【例13-1】example13-1.html

扫一扫，看视频

```
<!DOCTYPE html>
<html>
  <head>
    <meta charset="utf-8">
    <title>第一个Vue程序</title>
    <!--引入Vue -->
    <script src="js/vue.min.js"></script>
  </head>
  <body>
    <!--下面三行是Vue实例控制的区域，是MVVM中的View层-->
    <div id="test">
      <p>{{msg}}</p>
    </div>
    <!-- 下面<script>标记是MVVM中的ViewModel层-->
    <script>
    //下面是创建一个Vue实例
      var vm=new Vue({
        el:'#test',                    //表示当前Vue实例控制的区域
```

```
          //下面data是MVVM中的Model层，专门用来保存每个页面的数据
          data:{
            msg:'Hello Vue World!'        //通过Vue指令，把数据渲染到页面上的数据
          }
        });
      </script>
    </body>
  </html>
```

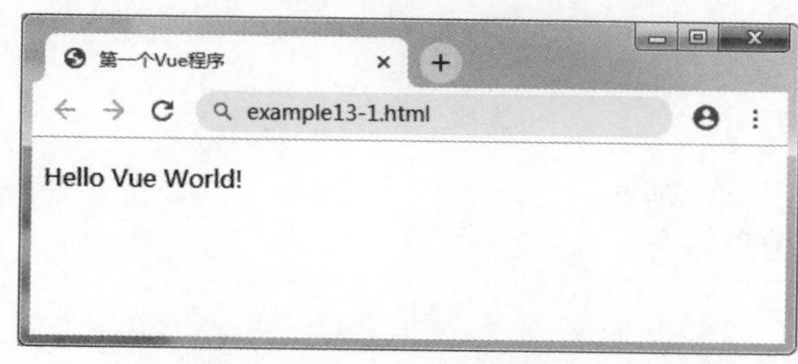

图 13-1　Vue 实例

例 13-1 的Vue.js构造器中有一个el 参数，其值是设置所控制区域DOM元素中的id值。例 13-1 中el参数的值是<div>元素id值 “test”，这意味着接下来的改动全部在指定的<div>元素内起作用，<div>元素外部不受影响。

另外，在Vue.js构造器中data 用于定义数据，例 13-1 中定义了msg数据；methods用于定义函数，可以通过return来返回函数值，例 13-1 中没有使用。

13.1.3　数据绑定

数据绑定就是将页面的数据和视图关联起来，当数据发生变化的时候，视图可以自动更新。

1. 文本插值

文本插值是数据绑定的最基本形式，使用双花括号 “{{ }}”，这种语法在Vue.js中也称为Mustache语法。例 13-1 的视图层中就是利用 “{{ }}” 输出对象属性和函数返回值，使用的语句是：

```
<div id="test">
  <p>{{msg}}</p>
</div>
```

双花括号内的 “msg” 会被相应的数据对象也就是在Vue的data中定义的 “msg” 属性的值替换，当 “msg” 值发生变化的时候，文本值会随着 “msg” 值的变化而自动更新视图。

例 13-2 实时显示当前时间，在浏览器中的显示结果如图 13-2 所示。

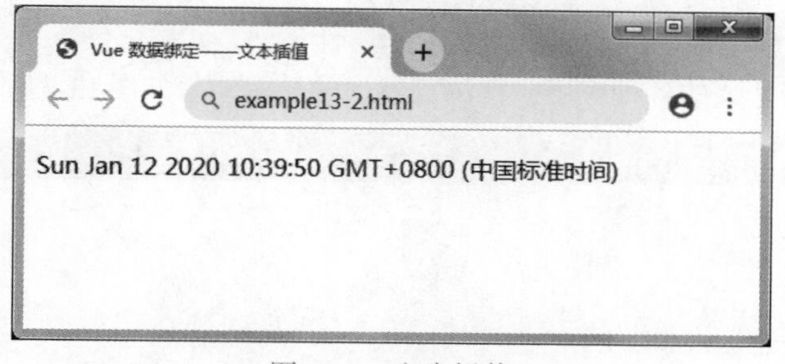

图 13-2　文本插值

【例 13-2】example13-2.html

```
<!DOCTYPE html>
<html>
  <head>
    <meta charset="utf-8">
    <title>Vue 数据绑定——文本插值</title>
    <script src="js/vue.min.js"></script>
  </head>
  <body>
    <div id="test">
      <p>{{msg}}</p>
    </div>
    <script>
      var vm=new Vue({
        el:'#test',
        data:{
          msg:new Date()
        },
        mounted: function(){
          var vm = this;
          this.timer = setInterval(function(){
            vm.msg = new Date();
          },1000);
        },
        beforeDestroy: function(){
          if(this.timer){
            clearInterval(this.timer);
          }
        }
      });
    </script>
  </body>
</html>
```

例 13-2 的data中定义数据msg的初值是当前日期和时间；在mounted上挂载的方法是每秒钟修改一次数据msg的值，即利用JavaScript中的setInterval()方法设置每秒钟自动读取一次当前的日期和时间来修改数据msg；在Vue实例销毁前，即在beforeDestroy方法上终止并清除每秒钟读取一次日期和时间的变量。

从图 13-2 可以看出每隔一秒页面就会自动更新时间。特别说明的是，双大括号会把其中的值全部当作字符串处理。

2. 插值表达式

插值表达式支持匿名变量、三目运算符、四则运算符、比较运算符、数值类型的一些内置方法，还支持数组的索引取值方法，支持对象的属性。

例 13-3 是插值表达式的各种应用，在浏览器中的显示结果如图 13-3 所示。

【例 13-3】example13-3.html

```
<!DOCTYPE html>
<html>
  <head>
    <meta charset="utf-8">
    <title>Vue 数据绑定——表达式</title>
```

```
    <script src="js/vue.min.js"></script>
  </head>
  <body>
    <div id="app">
      <!-- 字符串 -->
      <p>{{ str }}                                  <!--页面展示：字符串-->
        {{ num + 'aaa'}}                            <!--页面展示：1aaa-->
        {{ str.length }}                            <!--页面展示：5-->
        {{ str.split('ll').reverse().join('aa') }} </p>
      <!-- 数值 -->
      <p>{{ num }}                                  <!--页面展示：1-->
        {{ num+num1 }}                              <!--页面展示：101-->
        {{ num > num1 }}                            <!--页面展示：false-->
        {{ num.toFixed(2) }}</p>                    <!--页面展示：1.00-->
      <!-- boolean -->
      <p>{{ flag }}</p>                             <!--页面展示：true-->
      <!-- 数组 -->
      <p>{{ arr }}                                  <!--页面展示：[1,2,3,4]-->
        {{ arr[3] }}</p>                            <!--页面展示：4-->
      <!-- 对象 -->
      <p>{{ obj }}                                  <!--页面展示：{ "name": "虫虫", "age": 20 }-->
        {{ obj.name }}</p>                          <!--页面展示：虫虫-->
      <!-- 三目运算符 -->
      <p>{{ num > num1 ? "是" : "否" }}</p>    <!--页面展示：否-->
      <span v-html="link"> </span>
    </div>
    <script>
      new Vue({
        el:"#app",
        data:{
          str: 'Hello',
          num: 1,
          num1:100,
          flag: true,
          arr: [1,2,3,4],
          obj:{
            name:'虫虫',
            age:20
          },
        link: '<a href="http://www.whpu.edu.cn">武汉轻工大学</a>'
        }
      })
    </script>
  </body>
</html>
```

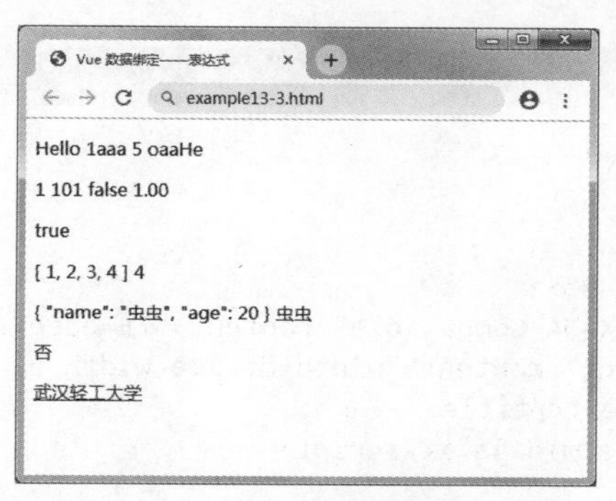

图 13-3　插值表达式

需要说明的是：{{str.split('ll').reverse().join('aa') }}是先执行split()方法，将“Hello”字符串以子串“ll”进行分割，分割成两个字符串“He”和“o”，然后执行reverse()方法完成字符串数组的颠倒操作，变成“o”和“He”，再执行join()方法来插入“aa”字符串，最后得到的结果是“oaaHe”。

13.2 指　令

13.2.1　基本指令

所谓指令，本质就是在模板中出现的特殊标记，根据这些标记让Vue框架知道需要对这里的DOM元素进行哪些操作。例如：

```
<p v-text="message"></p>
```

这里v是Vue的前缀，text是指令ID，message是表达式。message作为viewModel，当其值发生改变时，就触发指令text，重新计算标签的textContent(innerText)。这里的表达式可以使用内联方式，在任何依赖属性变化时都会触发指令更新。

1. v–html 与v–text指令

如果从服务器请求回来的是HTML程序代码片段，想将HTML程序代码以文字形式原样输出，就要使用“{{}}”或者使用v-text指令；如果希望浏览器解析HTML程序代码后再输出，就要使用v-html指令。换句话说，v-html指令会将元素当成HTML标签解析后输出，v-text指令会将元素当成纯文本输出。

例13-4定义一个HTML语句，分别使用插值、v-html和v-text指令进行输出，在浏览器中的显示结果如图13-4所示。

图13-4　v-html 和 v-text

【例13-4】example13-4.html

```
<!DOCTYPE html>
<html>
  <head>
    <meta charset="utf-8">
    <meta http-equiv="X-UA-Compatible" content="IE=edge">
    <meta name="viewport" content="width=device-width, initial-scale=1">
    <title>v-html和v-text</title>
    <script src="js/vue.min.js"></script>
  </head>
  <body>
```

扫一扫，看视频

```
    <div id="app">
      <!--  {{  }}或v-text不能解析HTML元素，只会原样输出 -->
      <p>{{hello}}</p>
      <p v-text = 'hello'></p>
      <p v-html = 'hello'></p>
    </div>
    <script>
      new Vue({
        el:'#app',
        data:{
          hello:'<span style="font-size: 36px;">hello world</span>'
        }
      })
    </script>
  </body>
</html>
```

2. v-bind指令

v-bind指令是Vue提供的用于绑定HTML属性的指令。可以被绑定的HTML属性有:id、class、src、title、style等，这些可以被绑定的属性以“名称/值”对的形式出现，例如id="first"。完整语法如下：

```
<标记 v-bind:属性="值"></标记>
```

v-bind指令可以缩写成一个冒号，其语法如下：

```
<标记 :属性="值"></标记>
```

例13-5定义了一个<img>标签，其src属性值通过v-bind指令从Vue对象中获取，在浏览器中的显示结果如图13-5所示。

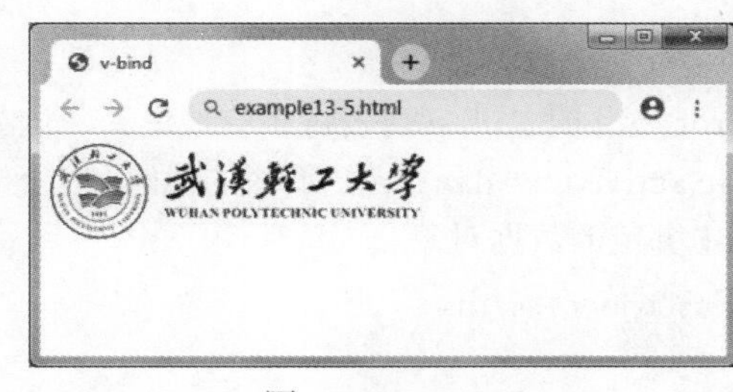

图13-5　v-bind

【例13-5】example13-5.html

```
<!DOCTYPE html>
<html>
  <head>
    <meta charset="utf-8">
    <title>v-bind</title>
    <script src="js/vue.min.js"></script>
  </head>
  <body>
    <div id="app">
      <img v-bind:src="path"/>
    </div>
    <script type="text/javascript">
      var vm = new Vue({
```

```
            el : "#app",
            data : {
              path : "img/logo.png"
            }
          });
        </script>
      </body>
    </html>
```

例13-5中的<img v-bind:src="path"/>可以直接换成 <img :src="path"/>的简写形式。

（1）绑定对象。使用v-bind绑定“class”属性，并给该属性赋值对象，可以动态地切换class，其语法格式如下所示：

```
<div v-bind:class="{active: isActive}"></div>
```

上面语法的含义是，“active”类存在与否将取决于数据属性isActive的取值，如果该值是truthy，则active类存在。

可以在对象中传入更多属性来动态切换多个class。v-bind:class 指令也可以与普通的class属性共存。这两种属性共存的示意代码如下所示：

```
<div class="static"
  v-bind:class="{active: isActive, text-danger: hasError}">
</div>
```

在Vue定义中有：

```
data: {
  isActive: true,
  hasError: false
}
```

结果渲染为：

```
<div class="static active"></div>
```

当 isActive 或者 hasError 变化时，class列表将相应地更新。例如，如果 hasError 的值为true，class列表将变为 "static active text-danger"，下面的代码和上面的渲染结果相同，只不过v-bind:class的值是一个data中绑定的数据对象。

```
<div v-bind:class="classObject"></div>
```

在Vue定义中有：

```
data: {
  classObject: {
    active: true,
    text-danger: false
}
```

（2）绑定数组。可以把一个数组传给v-bind:class，以应用一个class列表，示意代码如下所示：

```
<div v-bind:class="[activeClass, errorClass]"></div>
```

在Vue定义中有：

```
data: {
  activeClass: 'active',
  errorClass: 'text-danger'
}
```

渲染结果为：

```
<div class="active text-danger"></div>
```

如果想根据条件切换列表中的class，可以用三元表达式：

```
<div v-bind:class="[isActive ? activeClass : '', errorClass]"></div>
```

上面这条语句将始终添加 errorClass，但是只在 isActive 是true时才添加 activeClass。

3. v-if和v-else指令

v-if 指令用于条件性地渲染内容，被渲染的内容只会在指令的表达式返回 true值时才被渲染，使用v-else指令来表示v-if的“else 块”。

例13-6定义了一个<p>标签，定义v-if指令根据取值来确定是否显示该<p>标签，在浏览器中的显示结果如图13-6所示。

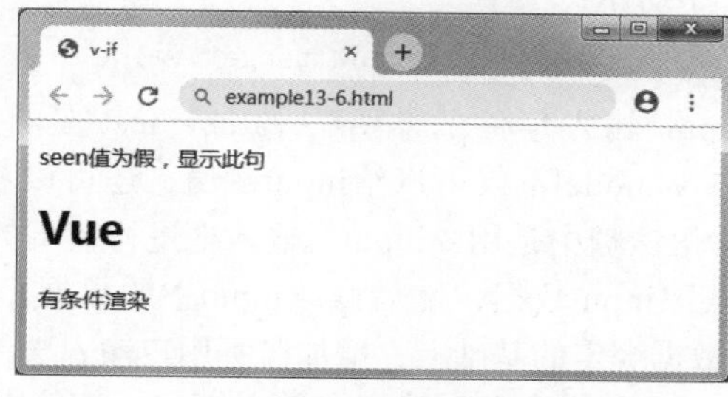

图 13-6　v-if

【例13-6】example13-6.html

```
<!DOCTYPE html>
<html>
  <head>
    <meta charset="utf-8">
    <title>v-if</title>
    <script src="js/vue.min.js"></script>
  </head>
  <body>
    <div id="app">
      <p v-if="seen">seen值为真，显示</p>
      <p v-else>seen值为假，显示此句</p>
      <template v-if="ok">
        <h1>Vue</h1>
        <p>有条件渲染</p>
      </template>
    </div>
    <script>
      new Vue({
        el: '#app',
        data: {
          seen: false,
          ok: true
        }
      })
    </script>
  </body>
</html>
```

v-show的用法与v-if基本一致，只不过v-show是改变元素的CSS属性display。当v-show表达式的值为false时，元素会隐藏，使用内联样式“display:none”。

例13-6中使用的<template>元素是HTML内容模板，该内容在加载页面时不会呈现，但随后可以在运行时使用JavaScript实例化来确定内容是否在网页中呈现。

4. v–model指令

Vue中经常用到<input>和<textarea>表单元素，Vue对于这些元素的数据绑定和以前经常用的jQuery有所区别。Vue使用v-model实现这些标签数据的双向绑定，会根据控件类型自动选取正确的方法来更新元素。v-model本质上是一个语法糖（指计算机语言中添加的某种语法，这种语法对语言的功能并没有影响，但是更方便程序员使用）。例如：

```
<input v-model="test">
```

该语句本质上的含义如下所示：

```
<input :value="test" @input="test = $event.target.value">
```

其中，@input是对<input>输入事件的监听，:value="test"是将监听事件中的数据放入input。这里需要强调一点，v-model不仅可以给input赋值，还可以获取input中的数据，而且数据的获取是实时的，因为语法糖中是用@input对输入框进行监听的。例如，在<div>标记中加入“<p>{{ test}}</p>”获取input数据，然后修改input中的数据，<p></p>中的数据随之发生变化。v-model是在单向数据绑定的基础上，增加监听用户输入事件并更新数据的功能。

例13-7是利用v-model在表单元素上创建双向数据绑定，该例中用了文本框、下拉列表、复选框、单选按钮等，在浏览器中的显示结果如图13-7所示。

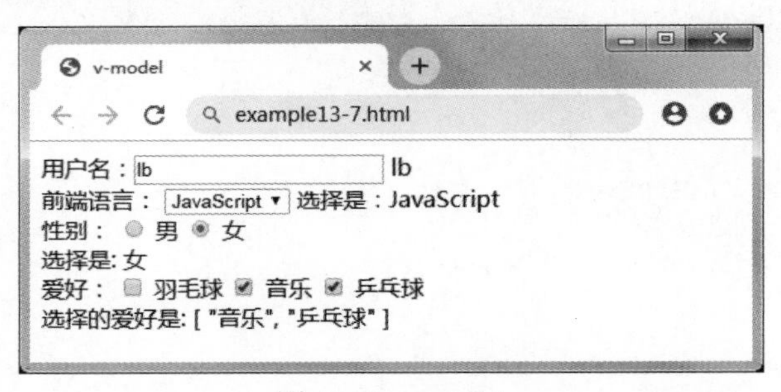

图13-7　v-model

【例13-7】example13-7.html

```
<!DOCTYPE html>
<html>
  <head>
    <meta charset="utf-8">
    <title>v-model</title>
    <script src="js/vue.min.js"></script>
  </head>
  <body>
    <div id="app">
      <!--文本框-->
      用户名：<input v-model="test">
      {{test}}<br>
      <!--下拉列表框-->
      前端语言：
```

扫一扫，看视频

```
        <select v-model="selected">
          <option value="HTML">HTML</option>
          <option value="CSS">CSS</option>
          <option value="JavaScript">JavaScript</option>
        </select>
        <span>选择是: {{selected}}</span><br>
        <!--单选按钮-->
        性别:
        <input type="radio" id="boy" value="男" v-model="picked">
        <label for="boy">男</label>
        <input type="radio" id="girl" value="女" v-model="picked">
        <label for="girl">女</label>
        <br>
        <span>选择是: {{picked}}</span>
        <br>
        <!--复选框-->爱好:
        <input type="checkbox" id="one" value="羽毛球" v-model="checkedNames">
        <label for="one">羽毛球</label>
        <input type="checkbox" id="two" value="音乐" v-model="checkedNames">
        <label for="two">音乐</label>
        <input type="checkbox" id="three" value="乒乓球" v-model="checkedNames">
        <label for="three">乒乓球</label>
        <br>
        <span>选择的爱好是: {{checkedNames}}</span>
      </div>
      <script>
        new Vue({
          el: '#app',
          data: {
            test: 'lb',
            selected:'JavaScript',
            picked:'女',
            checkedNames:['音乐','乒乓球']
          }
        });
      </script>
    </body>
  </html>
```

v-model指令后面可以跟三种参数，分别是：

（1）number：将用户的输入自动转换为Number类型（如果原值的转换结果为NaN，则返回原值）。

（2）lazy：在默认情况下，v-model在input事件中同步输入框的值和数据，可以添加一个lazy特性，从而将数据改到change事件中发生。

（3）debounce：设置一个最小的延时，在每次输入之后延时同步输入框的值与数据。如果每次更新都要进行高耗操作（例如在input中输入内容时随时发送Ajax请求），这个参数较为有用。

13.2.2 v-for 指令

1. 基本遍历

v-for指令根据一组数组的选项列表进行渲染。v-for指令的语法格式如下所示：

```
v-for="item in list"
```

其中，item是当前正在遍历的元素对象，in是固定语法，list是被遍历的数组。另一种遍历数组的方法是增加索引值，使用的语句格式是：

```
v-for="(item,index) in list":
```

item、in、list的含义同上，index是遍历数组的索引值。

例13-8在Vue对象的data中定义了list字符串数组，在页面中使用v-for指令对list进行遍历。用插值表达式来展示当前遍历的对象，并且每一个元素对象还定义了序号，把结果渲染到一个table表格中，在浏览器中的显示结果如图13-8所示。

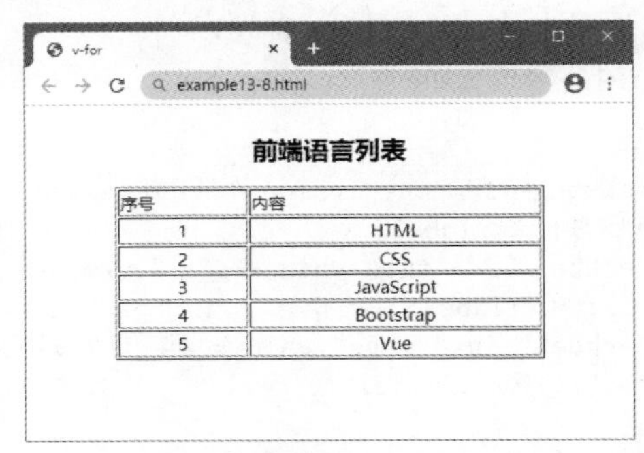

v-for
example13-8.html
前端语言列表
序号
内容
1
HTML
2
CSS
3
JavaScript
4
Bootstrap
5
Vue

图13-8　v-for遍历

【例13-8】example13-8.html

扫一扫，看视频

```
<!DOCTYPE html>
<html>
  <head>
    <meta charset="utf-8">
    <title>v-for</title>
    <script src="js/vue.min.js"></script>
  </head>
  <body>
    <div id="app">
      <table border="1" align="center" width="400px">
        <caption><h2>前端语言列表</h2></caption>
        <tr>
          <td>序号</td>
          <td>内容</td>
        </tr>
        <tr align="center" v-for="(item,i) in list">
          <td>{{i+1}}</td>
          <td>{{item}}</td>
        </tr>
      </table>
    </div>
    <script type="text/javascript">
      var vm = new Vue({
        el:"#app",
        data:{
          list:['HTML','CSS','JavaScript','Bootstrap','Vue']
        },
        methods:{}
      })
```

```
    </script>
  </body>
</html>
```

2. 遍历对象数组

遍历对象数组与遍历普通数组的方式相同，只不过访问其中的数据略有不同。例13-9在Vue对象的data中定义了对象数组，用插值表达式来展示当前遍历的对象，把结果渲染到一个table表格中，在浏览器中的显示结果如图13-9所示。

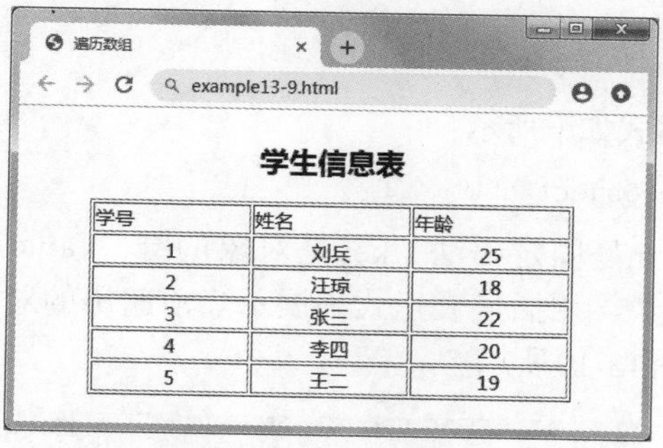

图13-9　遍历对象数组

【例13-9】example13-9.html

```
<!DOCTYPE html>
<html>
  <head>
    <meta charset="utf-8">
    <meta http-equiv="X-UA-Compatible" content="IE=edge">
    <meta name="viewport" content="width=device-width, initial-scale=1">
    <title>遍历数组</title>
    <script src="js/vue.min.js"></script>
  </head>
  <body>
    <div id="app">
      <table border="1" align="center" width="400px">
        <caption><h2>学生信息表</h2></caption>
        <tr>
          <td>学号</td>
          <td>姓名</td>
          <td>年龄</td>
        </tr>
        <tr align="center" v-for="(user) in listObj">
          <td>{{user.id}}</td>
          <td>{{user.name}}</td>
          <td>{{user.age}}</td>
        </tr>
      </table>
    </div>
    <script type="text/javascript">
      var vm = new Vue({
        el:"#app",
        data:{
          listObj:[
            {id:1, name:'刘兵',age:25},
```

扫一扫，看视频

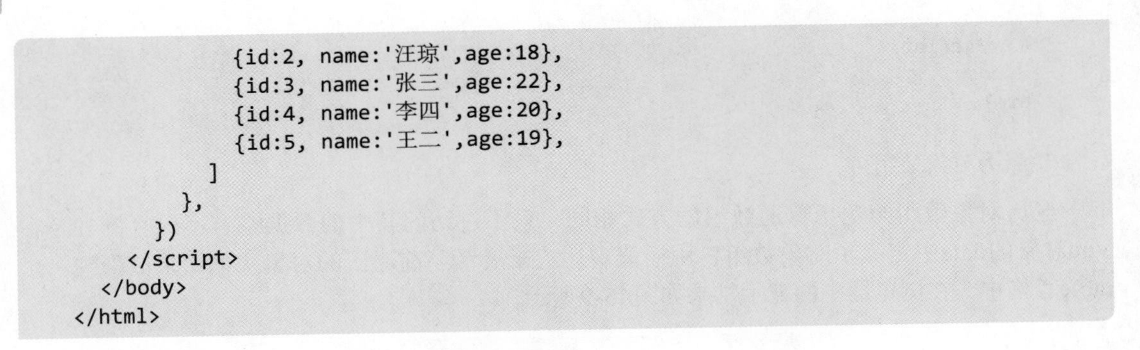

```
            {id:2, name:'汪琼',age:18},
            {id:3, name:'张三',age:22},
            {id:4, name:'李四',age:20},
            {id:5, name:'王二',age:19},
          ]
        },
      })
    </script>
  </body>
</html>
```

3. 遍历对象

遍历对象使用的语法格式如下所示：

```
v-for="(value,key) in Object"
```

其中，object是对象，in是固定语法，key是对象的键，value是对象的键值。例13-10在Vue对象的data中定义了对象，用插值表达式来展示当前遍历的对象，把结果渲染到网页中，在浏览器中的显示结果如图13-10所示。

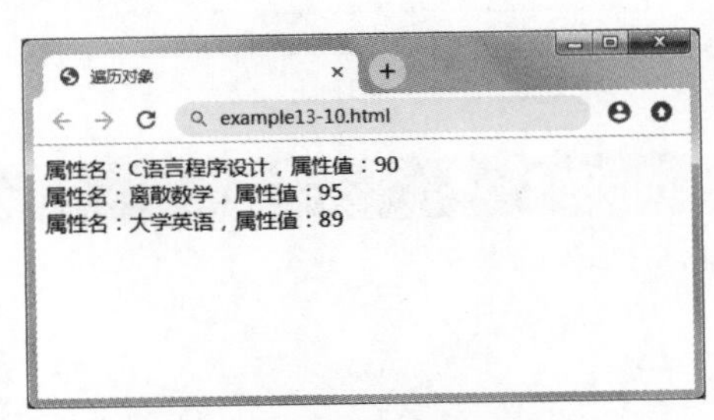

图 13-10　遍历对象

【例13-10】example13-10.html

扫一扫，看视频

```
<!DOCTYPE html>
<html>
  <head>
    <meta charset="utf-8">
    <title>遍历对象</title>
    <script src="js/vue.min.js"></script>
  </head>
  <body>
    <div id="app">
      <span v-for="(value,key) in mark">
        属性名：{{key}}，属性值：{{value}}<br>
      </span>
    </div>
    <script type="text/javascript">
      var vm = new Vue({
        el:"#app",
        data:{
          mark:{
            'C语言程序设计':90,
            '离散数学':95,
            '大学英语':89
          }
        }
```

```
        })
      </script>
    </body>
</html>
```

13.2.3 v-on 指令

1. v-on指令的定义

Vue.js在HTML文档元素中，采用v-on指令来监听DOM事件，代码示例如下所示：

```
<div id="app">
  <button v-on:click="handleClick">测试</button>
</div>
```

其中“v-on:click”可以简写成“@click”。上面的示例代码可以简写成如下形式：

```
<div id="app">
  <button @click="handleClick">测试</button>
</div>
```

示例中将一个按钮的单击事件click绑定到handleClick()方法，该方法在Vue实例中定义，其定义的代码示例如下所示：

```
var app = new Vue ({
  el: '#app',
  methods: {
    handleClick: function (event) {
      //事件处理语句
      //方法内"this"指向vm
      //"event"是原生DOM事件
    }
  }
})
```

例13-11在网页中定义一段文字和一个按钮，单击按钮时如果文字原来是显示状态就将其隐藏，如果原来是隐藏状态就把这段文字显示出来，在浏览器中的显示结果如图13-11所示。

【例13-11】example13-11.html

扫一扫，看视频

```
<!DOCTYPE html>
<html>
  <head>
    <meta charset="utf-8">
    <title>Vue事件</title>
    <script src="js/vue.min.js"></script>
  </head>
  <body>
    <div id="app">
      <p v-if="show">Hello  Vue 事件! </p>
      <button v-on:click="handleClick">隐藏与显示</button>
    </div>
    <script>
      var app = new Vue ({
        el: '#app',
        data: {
          show: true
```

```
        },
        methods: {
          handleClick: function () {
            this.show =!this.show;
          }
        }
      })
    </script>
  </body>
</html>
```

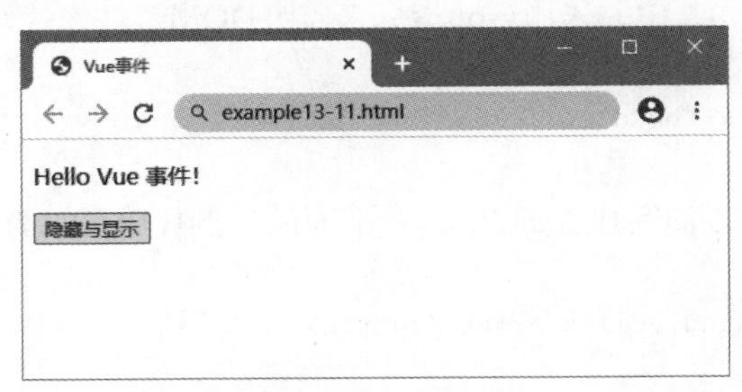

图 13-11　Vue 事件绑定

v-on可以绑定多个事件。例如，需要绑定鼠标进入和鼠标离开事件，代码如下所示：

```
<div id="app">
  <button v-on="{mouseenter:onenter,mouseleave:leave}">click me</button>
</div>
```

也可以写成以下形式：

```
<div id="app">
  <button v-on:mouseenter='onenter' v-on:mouseleave='leave'>
    click me
  </button>
</div>
```

除了直接绑定到一个方法，也可以在内联JavaScript语句中调用方法，示例代码如下所示：

```
<div id="app">
  <button v-on:click="say('hi')">Say hi</button>
  <button v-on:click="say('what')">Say what</button>
</div>
```

创建Vue实例中定义say()方法，示例代码如下所示：

```
new Vue({
  el: '#app',
  methods: {
    say: function (message) {
      alert(message)
    }
  }
})
```

2. 事件修饰符

Vue.js为v-on指令提供了事件修饰符来处理DOM事件的细节，通过点(.)表示的指令后缀来调用修饰符。在事件处理器上，Vue.js为v-on指令提供了4个事件修饰符，即“.stop”

".prevent" ".capture" 与 ".self"，以使JavaScript代码负责处理纯粹的数据逻辑，而不用处理这些DOM事件的细节。示例代码如下所示：

```
<!-- 阻止单击事件冒泡 -->
<a v-on:click.stop="doThis"></a>
<!-- 提交事件不再重载页面 -->
<form v-on:submit.prevent="onSubmit"></form>
<!-- 修饰符可以串联  -->
<a v-on:click.stop.prevent="doThat"></a>
<!-- 只有修饰符 -->
<form v-on:submit.prevent></form>
<!-- 添加事件侦听器时使用事件捕获模式 -->
<div v-on:click.capture="doThis">...</div>
<!-- 只当事件在该元素本身（而不是子元素）触发时触发回调 -->
<div v-on:click.self="doThat">...</div>
```

在使用方式上，事件修饰符可以串联，代码示例如下：

```
<a v-on:click.stop.prevent="doThis"></a>
```

3. 按键修饰符

Vue允许为v-on指令在监听键盘事件时添加按键修饰符，例如：

```
<!-- 只有在 keyCode 是 13 时调用 vm.submit() -->
<input v-on:keyup.13="submit">
```

记住所有的keyCode比较困难，所以Vue为最常用的按键提供了别名，主要包括.enter、.tab、.delete、.esc、.space、.up、.down、.left、.right、.ctrl、.alt、.shift、.meta。这些按钮别名的用法如下：

```
<input v-on:keyup.enter="submit">
<!-- 简写语法 -->
<input @keyup.enter="submit">
```

13.3 计算属性

13.3.1 什么是计算属性

在Vue.js构造函数中定义数据使用data，该对象是对数据的代理，是一个键值对，并且实时与页面的表现是一致的，但在这个对象中只能是简单的键值对，不能拥有业务逻辑。由于"data"中的属性属于同一个生命周期，所以如果需要某一个属性是依赖于另外一个属性时，在"data"属性中是做不到的。为了解决这个问题，Vue提供计算属性来实现。

在Vue.js构造函数的参数对象中有一个"computed"，该对象就是用于定义计算属性的，该对象中的"键"也就是计算属性。与"data"不同的是，计算属性的键值是一个拥有返回值的函数，该函数中可以访问data中的所有属性。

在一个计算属性中可以完成各种复杂的逻辑，包括逻辑运算、函数调用等，只要最终返回一个结果即可。计算属性可以依赖多个Vue实例的数据，只要其中有一个数据变化，计算属性就会重新执行，视图也会更新，例13-12展示的是购物车内的多件商品，以及这些商品的总价，在浏览器中的显示结果如图13-12所示。

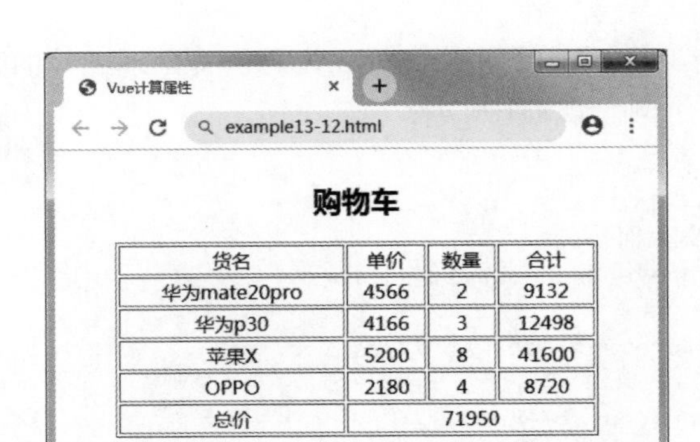

图 13-12　Vue 计算属性

【例 13-12】example13-12.html

扫一扫，看视频

```
<!DOCTYPE html>
<html>
  <head>
    <meta charset="utf-8">
    <title>Vue计算属性</title>
    <script src="js/vue.min.js"></script>
  </head>
  <body>
    <div id="prices">
      <table border="1" align="center" width="400px">
      <caption><h2>购物车</h2></caption>
      <tr align="center" >
        <td>货名</td>
        <td>单价</td>
        <td>数量</td>
        <td>合计</td>
      </tr>
      <tr align="center" v-for="(user) in package1">
        <td>{{user.name}}</td>
        <td>{{user.price}}</td>
        <td>{{user.count}}</td>
        <td>{{user.price*user.count}}</td>
      </tr>
      <tr align="center" >
        <td>总价</td>
        <td  colspan="3">{{prices}}</td>
      </tr>
    </div>
    <script>
      var prices = new Vue({
        el: "#prices",
        data: {
          package1: [
          {
            name: "华为mate20pro",
            price: 4566,
            count: 2
          },
          {
            name: "华为p30",
```

```
          price: 4166,
          count: 3
        },
        {
          name: "苹果X",
          price: 5200,
          count: 8
        },
        {
          name: "OPPO",
          price: 2180,
          count: 4
        },
        ]
      },
      computed: {
        prices: function () {
          var prices = 0;
          for (var i = 0; i < this.package1.length; i++) {
            prices += this.package1[i].price * this.package1[i].count;
          }
          return prices;
        }
      }
    })
  </script>
</body>
</html>
```

当package1中的商品发生变化，例如购买数量变化或者增删商品时，计算属性prices就会自动更新，视图中的总价也会自动变化。

13.3.2 计算属性与计算方法的区别

在例13-13中输入长度和宽度，使用计算属性计算面积，使用计算方法计算长度与宽度之和，在浏览器中的显示结果如图13-13所示。

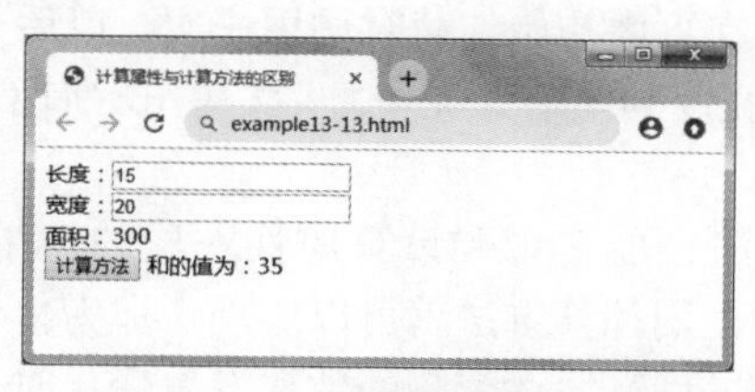

图13-13 计算属性与计算方法

【例13-13】example13-13.html

```
<!DOCTYPE html>
<html>
  <head>
    <meta charset="utf-8">
    <title>计算属性与计算方法的区别</title>
    <script src="js/vue.min.js"></script>
  </head>
  <body>
```

```
    <div id="app">
      长度：<input v-model="length" type="text" /><br />
      宽度：<input v-model="width" type="text" /><br />
      面积：{{areas}}<br />
      <button @click="add()">计算方法</button> 和的值为：{{num}}
    </div>
    <script>
      var vm = new Vue({
        el: '#app',
        data: {
          length: '',
          width: '',
          num: ''
        },
        computed: {
          areas: function() {
            let areas = 0
            areas = this.length * this.width
            return areas
          }
        },
        methods: {
          add: function() {
            this.num = parseInt(this.length) + parseInt(this.width)
          },
        }
      })
    </script>
  </body>
</html>
```

在computed的方法中编写的逻辑运算，在调用时直接将areas视为一个变量值使用，无须进行函数调用。computed具有缓存功能，在系统初始运行的时候调用一次，当计算结果发生变化时会再次被调用。例13-13中在长度与宽度发生变化时，computed中的方法就会被调用。computed是计算属性，调用时“areas”不需要括号。

在methods的方法中编写的逻辑运算，在调用时一定要加括号，例如add()。methods中可以写多个方法，并且这些方法在页面初始加载时调用一次，以后只有使用程序代码调用时才会被执行。例13-13中在长度和宽度的值输入完毕之后，单击“计算方法”按钮，methods中的单击事件方法才被调用一次。

其实调用methods中的方法也能实现和计算属性一样的效果，甚至有的方法还能接收参数，使用起来更加灵活。既然使用计算方法就可以实现，那为什么还需要计算属性呢？这是因为计算属性是基于依赖缓存的，计算属性依赖的数据发生变化时，才会重新取值，所以依赖的text只要不改变，计算属性就不更新。计算方法则不同，只要重新渲染就会被调用，因此函数也会被执行。

使用计算属性还是计算方法取决于是否需要缓存，当遍历大数组和做大量计算时，应当使用计算属性。

13.3.3 计算属性的 setter

每个计算属性都包含一个getter和setter，例13-12是计算属性的默认用法，利用getter来读取。在需要时可以提供一个setter函数，当手动修改计算属性的值时，就会触发setter函数，执行一些自定义的操作。

在例13-14中进行名字字符串拼接，注意理解setter和getter方法的调用时机。该例在浏览器中的显示结果如图13-14所示。

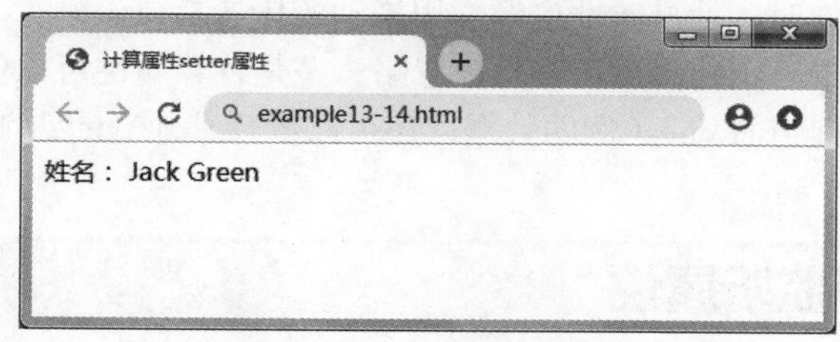

图 13-14 setter 属性

【例13-14】example13-14.html

扫一扫，看视频

```
<!DOCTYPE html>
<html>
  <head>
    <meta charset="utf-8">
    <title>计算属性setter属性</title>
    <script src="js/vue.min.js"></script>
  </head>
  <body>
    <div id="app">
      姓名： {{fullName}}
    </div>
    <script>
      var setter = new Vue({
        el: "#app",
        data: {
          firstName: 'Jack',
          lastName:'Green'
        },
        computed: {
          fullName: {
            //getter，用于读取
            get: function ()
            {
              return this.firstName + ' ' + this.lastName
            },
            //setter，写入时触发
            set: function (newValue){
              var names = newValue.split(' ');
              this.firstName = names[0];
              this.lastName = names[1];
            }
          }
        }
      })
    </script>
  </body>
</html>
```

例13-14在执行setter.fullName='Jack Green'时，setter就会被调用，数据firstName和lastName都会更新，视图同样也会更新。

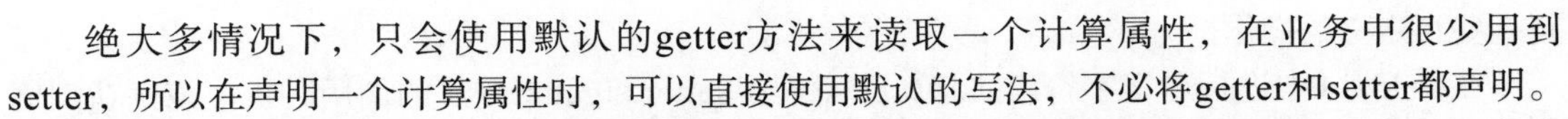

绝大多情况下，只会使用默认的getter方法来读取一个计算属性，在业务中很少用到setter，所以在声明一个计算属性时，可以直接使用默认的写法，不必将getter和setter都声明。

计算属性除了以上简单的文本插值外，还经常用于动态地设置元素的样式名称class和内联样式style。当使用组件时，计算属性也经常用来动态传递参数。

计算属性还有两个很易用的小技巧容易被忽略，一是计算属性可以依赖其他计算属性，二是计算属性不仅可以依赖当前Vue实例的数据，还可以依赖其他Vue实例的数据。

13.4 过滤器与监听属性

13.4.1 过滤器的定义

过滤器（Filters）提供了一种执行文本转换的方法，例如所有字母都转换成大写字母或者做任何想做的事情。过滤器与计算属性（computed）、方法（methods）不同的是，过滤器不会修改数据，只是改变在网页上的显示形式。Vue从2.0版本之后删除了内置的“过滤器”，所以在使用时需要自己进行定义。

过滤器可以用在两个地方：插值表达式 {{ }} 和 v-bind 表达式，然后由管道操作符“|”进行指示，其语法格式如下：

```
<!-- 在双花括号中调用过滤器 -->
{{ message | 过滤器名}}
<!-- 在v-bind中调用过滤器 -->
<div v-bind:id="rawId | 过滤器名"></div>
```

过滤器可以接收参数，参数跟在过滤器名称后，参数之间以空格分隔。代码示例如下：

```
{{ message | 过滤器名 'argl' arg2}}
```

需要强调的是，过滤器函数始终以管道操作符前面表达式的值作为第一个参数。带引号的参数会被当作字符串处理，不带引号的参数会被当作数据属性名处理。这里，message作为第一个参数，字符串argl作为第二个参数，表达式arg2的值在计算出来之后作为第三个参数传给过滤器。

熟悉Linux shell的读者可能对其中的管道符（|）的作用比较了解，即上一个命令的输出可以作为下一个命令的输入。Vue.js过滤器中的管道符同样支持这种方式的使用。这意味着Vue.js的过滤器支持链式调用，能够使用管道符号进行过滤器的串联，即上一个过滤器的输出结果可以作为下一个过滤器的输入，并通过一系列过滤器转换成一个值。代码示例如下所示：

```
{{ message | 过滤器A | 过滤器B }}
```

在上面示例代码中，“过滤器A”被定义为接收单个参数的过滤器函数，表达式 message 的值将作为参数传入函数中。然后继续调用同样被定义为接收单个参数的“过滤器B”，将“过滤器A”的结果传递到“过滤器B”中作为其第一个参数。

过滤器是JavaScript函数，因此可以接收参数。

```
{{ message | filterA('argl' arg2)}}
```

这里，filterA 被定义为接收三个参数的过滤器函数。其中，message 的值作为第一个参数，普通字符串 'arg1' 作为第二个参数，表达式 arg2 的值作为第三个参数。

在例13-15中定义了一个文本框，对用户输入的一串字符串的每个英文单词使用过滤器，将首字母修改成大写再进行显示，在浏览器中的显示结果如图 13-15 所示。

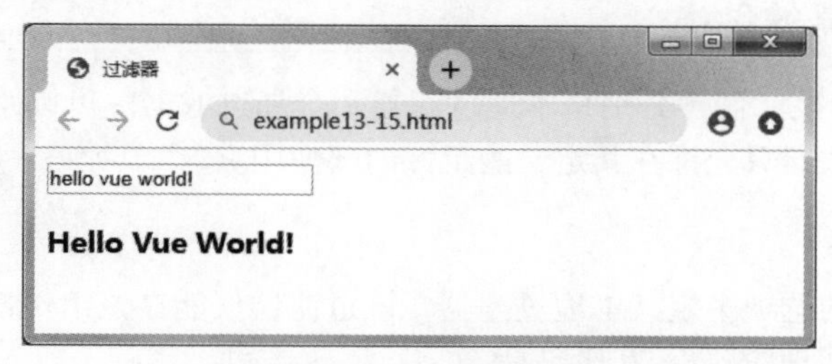

图 13-15　过滤器

【例 13-15】example13-15.html

```
<!DOCTYPE html>
<html>
  <head>
    <meta charset="utf-8">
    <title>过滤器</title>
    <script src="js/vue.min.js"></script>
  </head>
  <body>
    <div id="app">
      <!--输入框-->
      <input type="text" v-model="content" @change="changeEvent">
      <!--显示层，后边加一个过滤器处理函数，把英文首字母变为大写-->
      <h3>{{viewContent | changeCapitalLetter}}</h3>
    </div>
    <script>
      let vm = new Vue({
        el:"#app",
        data:{
          viewContent:"",
          content:""
        },
        methods:{
          changeEvent(){
            this.viewContent = this.content;
          }
        },
        filters:{
          changeCapitalLetter(value){ //value是输入框的内容，也是要显示的内容
            if(value){
              let str = value.toString();
              // 获取英文，以空格分组把字符串转为数组，遍历每一项，第一项转为大写字母
              let newArr = str.split(" ").map(ele=>{
                return ele.charAt(0).toUpperCase() + ele.slice(1)
              });
            return newArr.join(" ")   //数组转字符串 以空格输出
            }
          }
        }
      })
    </script>
  </body>
</html>
```

扫一扫，看视频

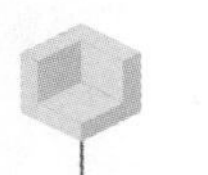

13.4.2 过滤器的种类

Vue有两种不同的过滤器，分别是本地过滤器和全局过滤器。可以跨所有组件访问的是全局过滤器，而本地过滤器只允许在其定义的组件内部使用。

1. 本地过滤器

可以在一个组件的选项中定义本地过滤器，该过滤器仅能在该组件控制的范围内使用。例13-15中使用的就是本地过滤器，其代码是：

```
filters:{
  changeCapitalLetter(value){
    if(value){
      let str = value.toString();
      let newArr = str.split(" ").map(ele=>{
        return ele.charAt(0).toUpperCase() + ele.slice(1)
      });
      return newArr.join(" ")
    }
  }
```

2. 全局过滤器

在创建Vue实例之前应定义全局过滤器，语法格式如下所示：

```
//JavaScript定义部分
Vue.filter('过滤器名称',过滤器函数)
new vm=new Vue({
  ......
})
//HTML语句部分
<h2>{{data | 过滤器名称(参数) }}</h2>
```

例13-16定义全局过滤器，作用是如果参数小于10，例如8，就显示成08，如果大于10，就直接显示，代码如下所示：

【例13-16】example13-16.html

```
<!DOCTYPE html>
<html>
  <head>
    <meta charset="utf-8">
    <title>全局过滤器</title>
    <script src="js/vue.min.js"></script>
  </head>
  <body>
    <div id="app">
      <h2>{{8 | number}}</h2>
      <h2>{{18 | number}}</h2>
      <h2>{{8.12345 | numberFormat(3)}}</h2>
      <h2>{{18.1 | numberFormat(4)}}</h2>
    </div>
    <script type="text/javascript">
      Vue.filter('number',function(value){
        return value<10?'0'+value:value
      })
```

扫一扫，看视频

```
        Vue.filter('numberFormat',function(value,n){
          return value.toFixed(n)
        })
        var app = new Vue({
          el: '#app',
          data: {
            message: 'Hello Vue!'
          },
        })
      </script>
    </body>
  </html>
```

13.4.3 监听属性

监听属性watch用来监听指定属性的变化，watch这个对象中都是函数，函数的名称是data中的属性名称，watch中的函数不需要调用。属性发生改变时就会触发watch函数，每个函数都会接收两个值，分别是新值和旧值，可以在watch中根据新旧值的判断来减少虚拟DOM的渲染。监听属性watch的定义如下所示：

```
watch:{
  监听的属性名(新值,旧值){
  ......
  }
}
```

只要被监听的属性值发生改变就会触发对应的函数。例13-17是监听用户输入一个数字（0～25），然后把修改后的数值显示出来，在浏览器中的显示结果如图13-16所示。

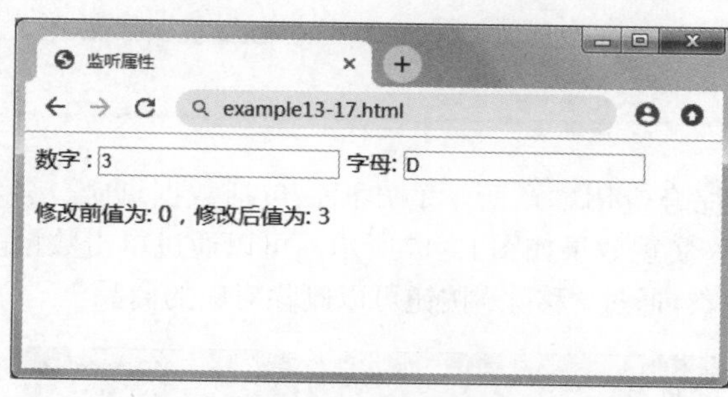

图13-16　监听属性

【例13-17】example13-17.html

```
<!DOCTYPE html>
<html>
  <head>
    <meta charset="utf-8">
    <title>监听属性</title>
    <script src="js/vue.min.js"></script>
  </head>
  <body>
    <div id = "computed_props">
      数字 : <input type = "text" v-model = "num">
      字母: <input type = "text" v-model = "str">
    </div>
```

扫一扫，看视频

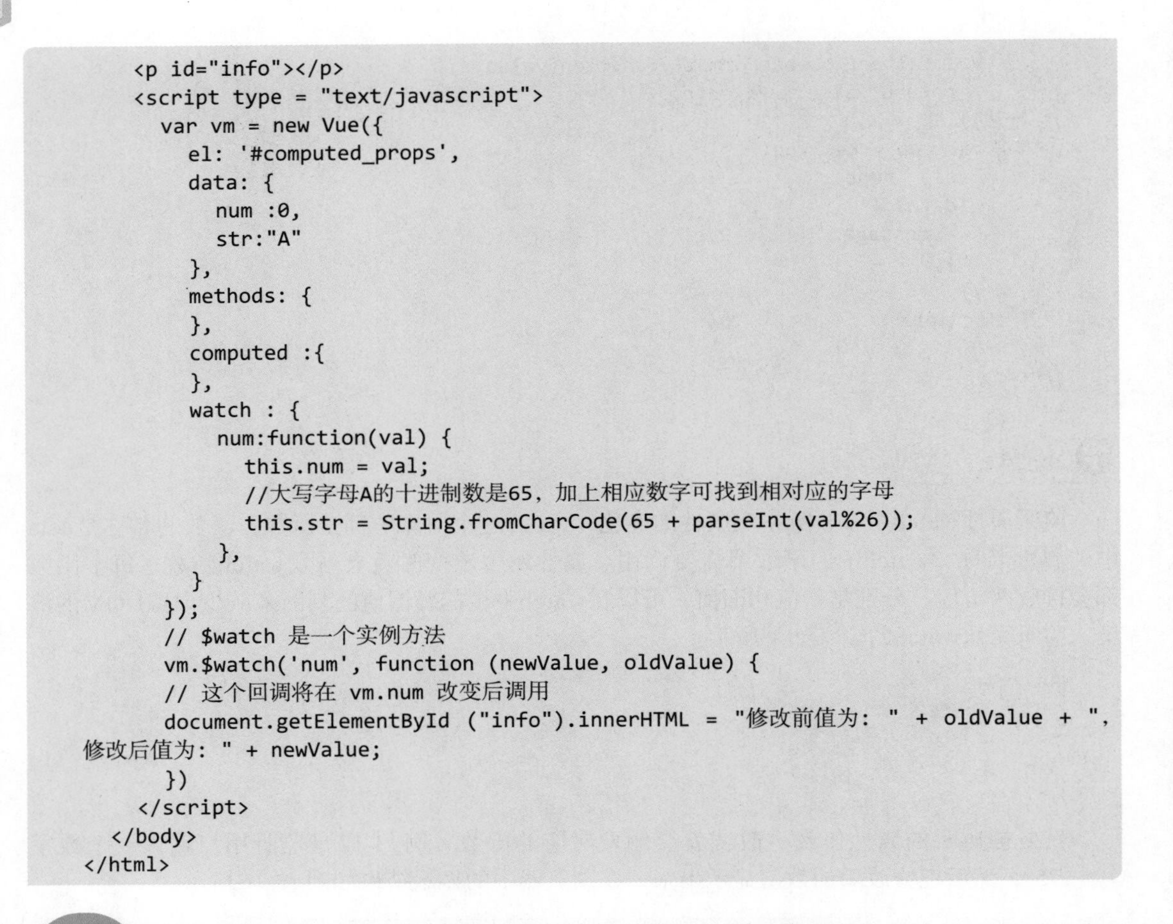

```
    <p id="info"></p>
    <script type = "text/javascript">
      var vm = new Vue({
        el: '#computed_props',
        data: {
          num :0,
          str:"A"
        },
        methods: {
        },
        computed :{
        },
        watch : {
          num:function(val) {
            this.num = val;
            //大写字母A的十进制数是65，加上相应数字可找到相对应的字母
            this.str = String.fromCharCode(65 + parseInt(val%26));
          },
        }
      });
      // $watch 是一个实例方法
      vm.$watch('num', function (newValue, oldValue) {
      // 这个回调将在 vm.num 改变后调用
      document.getElementById ("info").innerHTML = "修改前值为: " + oldValue + ",
修改后值为: " + newValue;
      })
    </script>
  </body>
</html>
```

13.5 综合实例

制作一个购物车，综合应用本章所学的知识，包括数据绑定、各种Vue.js指令、计算属性、过滤器等知识，最终实现效果如图13-17所示。可以通过单击数量前后的加号或减号来增加或减少某个商品的数量，通过“移除”按钮可以删除对应的商品。

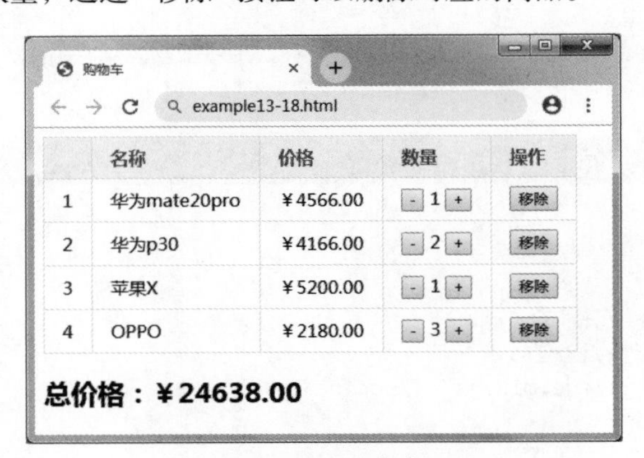

图 13-17　购物车

操作步骤如下：

(1) 新建一个文件夹，并在此文件夹内新建购物车的HTML文件(本例使用文件名example

13-18.html）和JavaScript文件夹，在JavaScript文件夹内放入"vue.min.js"架构文件。

（2）在example13-18.html文件的<head>标记内中引入vue.min.js，具体代码如下：

```
<!DOCTYPE html>
<html>
  <head>
    <meta charset="utf-8">
    <title>购物车</title>
    <script src="js/vue.min.js"></script>
  </head>
  <body>

  </body>
</html>
```

（3）在<body></body>元素内，先设定被Vue实例控制的<div>元素。

```
<div id="app">

</div>
```

（4）在id="app"的<div>元素内，加入代码，设置当购物车的内容不为空时，显示相应的表格，展示出其所购的物品列表，当购特车为空时，则在页面上显示文字"购物车为空"。判断依据是购物车的列表长度是否为0。

```
<div v-if="books.length">
  <!--购物车内容列表 -->
</div>
<h2 v-else="books.length">购物车为空</h2>
```

（5）购物车列表通过<table>元素实现。

```
<table>
  <thead>
    <tr>
      <th></th>
      <th>名称</th>
      <th>价格</th>
      <th>数量</th>
      <th>操作</th>
    </tr>
  </thead>
  <tbody>
    <tr v-for="(item,index) in books">
      <td>{{item.id}}</td>
      <td>{{item.name}}</td>
      <td>{{item.price | showPrice}}</td>
      <td>
        <button @click="decrement(index)" v-bind:disabled="item.count<=0">
          -
        </button>
        {{item.count}}
        <button @click="increment(index)">+</button>
      </td>
      <td>
        <button @click="removeHandle(index)">移除</button>
      </td>
    </tr>
  </tbody>
```

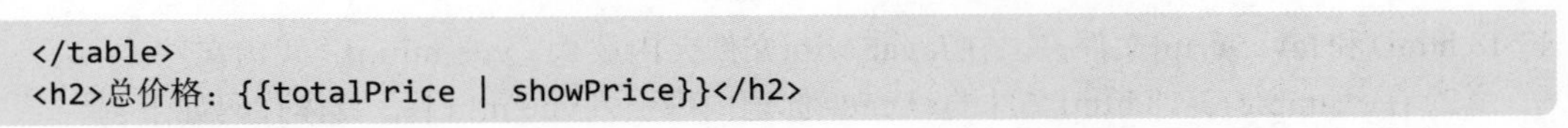

```
</table>
<h2>总价格：{{totalPrice | showPrice}}</h2>
```

（6）新建Vue实例。

```
<script>
  var app=new Vue({
    el:"#app",
    data:{

    },
    methods:{

    },
    filters:{

    },
    computed:{

    }
  })
</script>
```

（7）在Vue实例中定义data，以后这些数据可以在服务器端获取。此例先用固定的数据。

```
data:{
  id:0,
  name:'',
  price:0,
  count:0,
  books:[
  {
    id:1,
    name: "华为mate20pro",
    price: 4566,
    count: 2
  },
  {
    id:2,
    name: "华为p30",
    price: 4166,
    count: 3
  },
  {
    id:3,
    name: "苹果X",
    price: 5200,
    count: 8
  },
  {
    id:4,
    name: "OPPO",
    price: 2180,
    count: 4
  },
  ]
}
```

（8）在Vue实例中定义methods方法。

```
methods:{
  increment(index){          //加号按钮事件
    this.books[index].count++;
  },
  decrement(index){          //减号按钮事件
    this.books[index].count--;
  },
  removeHandle(index){          //“移除”按钮事件
    this.books.splice(index,1)
    for(let i=0;i<this.books.length;i++){
      this.books[i].id=i+1
    }
  }
},
```

(9)定义过滤器。

```
filters:{
  showPrice(price){            //功能是加￥号和两位小数
    return "￥"+price.toFixed(2)
  }
}
```

(10)定义计算属性。

```
computed:{
  totalPrice(){
    let totalPrice=0
    for(let i=0;i<this.books.length;i++){
      totalPrice+=this.books[i].price*this.books[i].count
    }
    return totalPrice
  }
}
```

13.6 本章小结

Vue.js是以数据驱动和组件化的思想构建的，并且提供简洁、易于理解的API，能够在很大程度上降低Web前端开发的难度，深受广大Web前端开发人员的喜爱。Vue.js是用来开发Web界面的前端框架，其最主要的目的是把程序设计的关注点集中在业务逻辑上。本章重点讲解了Vue.js框架的基础语法，逐步深入Vue.js进阶实战，并在最后配合项目实战案例，重点演示了Vue.js在项目开发中的应用。本章涵盖的主要内容有MVVM模式、Vue.js定义的基本语法和数据的绑定方式、Vue.js的基本指令、Vue.js的计算属性、Vue.js的过滤器与监听器等内容。Vue.js的内容十分丰富，由于篇幅所限，读者如果需要了解更多更深的内容，请查阅相关资料。

13.7 习题十三

扫描二维码，查看习题。

扫二维码
查看习题

13.8 实验十三　使用Vue实现购物车

扫描二维码，查看实验内容。

扫二维码
查看实验内容

CHAPTER

14 Vue.js组件与过渡

学习目标：

本章主要讲解Vue.js框架的几个强大功能。通过本章的学习，读者应该掌握以下主要内容：

- Vue.js组件的定义与切换；
- Vue.js的自定义指令和钩子函数；
- Vue.js的动画过渡的实现方法。

思维导图（略图）

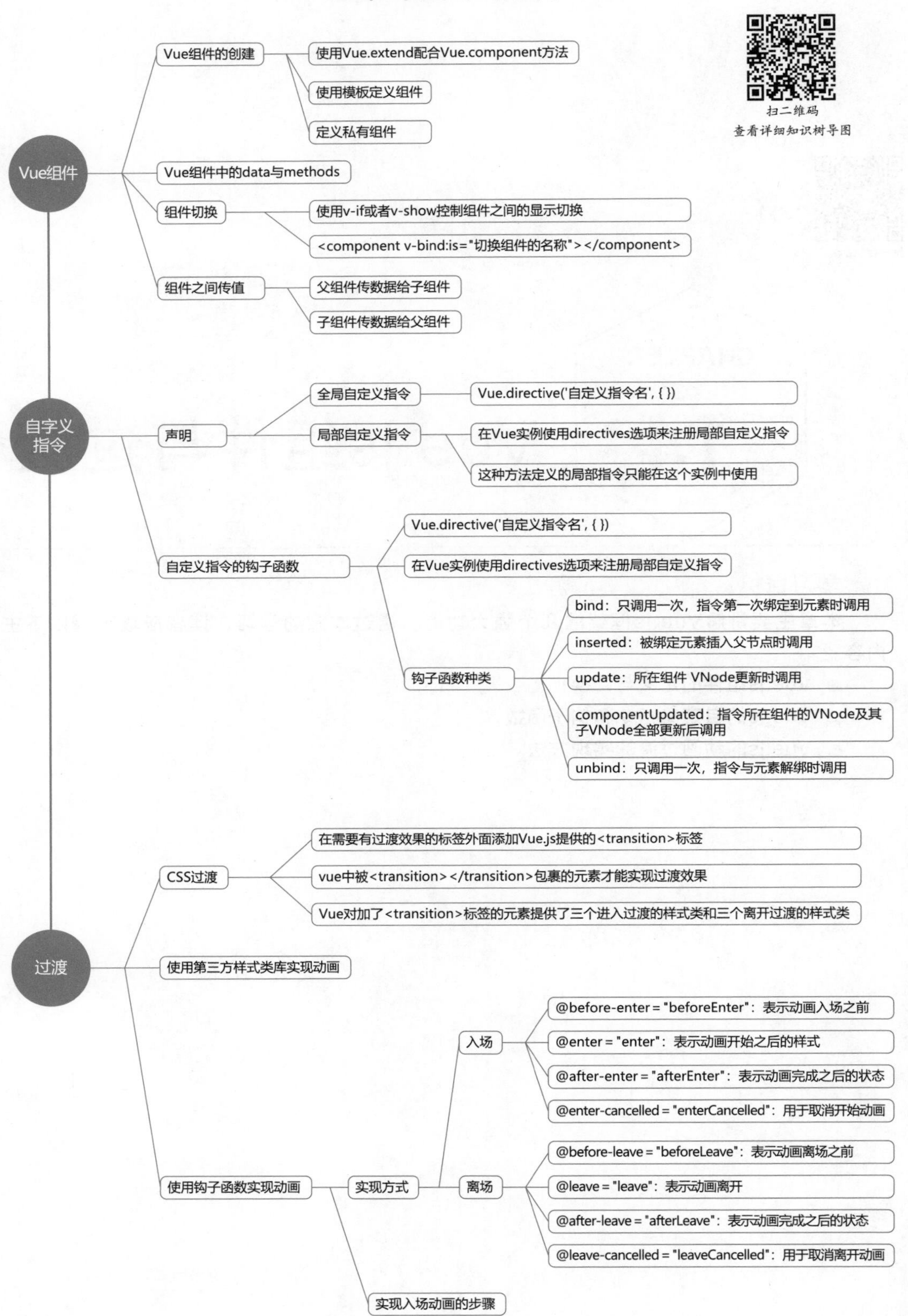
扫二维码
查看详细知识树导图
Vue组件
Vue组件的创建
使用Vue.extend配合Vue.component方法
使用模板定义组件
定义私有组件
Vue组件中的data与methods
组件切换
使用v-if或者v-show控制组件之间的显示切换
<component v-bind:is="切换组件的名称"></component>
组件之间传值
父组件传数据给子组件
子组件传数据给父组件
自字义指令
声明
全局自定义指令
Vue.directive('自定义指令名', { })
局部自定义指令
在Vue实例使用directives选项来注册局部自定义指令
这种方法定义的局部指令只能在这个实例中使用
自定义指令的钩子函数
Vue.directive('自定义指令名', { })
在Vue实例使用directives选项来注册局部自定义指令
钩子函数种类
bind：只调用一次，指令第一次绑定到元素时调用
inserted：被绑定元素插入父节点时调用
update：所在组件 VNode更新时调用
componentUpdated：指令所在组件的VNode及其子VNode全部更新后调用
unbind：只调用一次，指令与元素解绑时调用
过渡
CSS过渡
在需要有过渡效果的标签外面添加Vue.js提供的<transition>标签
vue中被<transition></transition>包裹的元素才能实现过渡效果
Vue对加了<transition>标签的元素提供了三个进入过渡的样式类和三个离开过渡的样式类
使用第三方样式类库实现动画
使用钩子函数实现动画
实现方式
入场
@before-enter="beforeEnter"：表示动画入场之前
@enter="enter"：表示动画开始之后的样式
@after-enter="afterEnter"：表示动画完成之后的状态
@enter-cancelled="enterCancelled"：用于取消开始动画
离场
@before-leave="beforeLeave"：表示动画离场之前
@leave="leave"：表示动画离开
@after-leave="afterLeave"：表示动画完成之后的状态
@leave-cancelled="leaveCancelled"：用于取消离开动画
实现入场动画的步骤

14.1 Vue.js组件

14.1.1 Vue.js 组件的创建

所谓组件化，就是把页面拆分成多个组件，每个组件单独使用CSS、JS、模板、图片等资源进行开发与维护，然后在制作网页时根据需要调用相关组件。因为组件是资源独立的，所以组件在系统内部可复用，组件和组件之间可以嵌套。如果项目比较复杂，使用组件可以极大地简化代码量，并且对后期的需求变更和维护更加友好。

也就是说，使用组件是为了拆分Vue实例的代码量，能够以不同的组件来划分不同的功能模块，需要什么样的功能，调用对应的组件即可。

组件化和模块化是完全不同的两个概念。模块化是从代码逻辑的角度进行划分，方便代码开发，保证每个功能模块的职能单一；组件化是从UI界面的角度进行划分，前端的组件化方便UI的重用。

例如，每个网页中会有页头、侧边栏、导航等区域，把多个网页中这些统一的内容定义成一个组件，可以在使用的地方像搭积木一样快速地创建网页。

1. 使用Vue.extend配合Vue.component方法

通过extend()方法使用基础Vue构造器创建一个“子类”，并且子类中的参数是一个包含模板的对象，该方法定义的语法格式如下所示：

```
var com1 = Vue.extend({
  template : "<h3>使用vue.extend创建的组件</h3>"
})
```

其中，template属性是用来指定组件要展示HTML内容的模板。然后使用Vue.component()创建组件，其语法格式如下所示：

```
Vue.component('组件名称',创建出来的组件模板对象)
```

例如，把利用extend()方法定义的组件模板对象com1 定义成“mycom”组件，示例语句如下所示：

```
Vue.component('mycom',com1)
```

如果需要使用组件，直接把组件的名称以HTML标签的形式引入页面中，例如：

```
<div id="app">
  <mycom></mycom>
</div>
```

例 14-1 是利用Vue.extend配合Vue.component方法创建组件的实例，在浏览器上的显示结果如图 14-1 所示。

【例 14-1】example14-1.html

```
<!DOCTYPE html>
<html>
  <head>
    <meta charset="utf-8">
    <title>Vue组件创建方法一</title>
    <script src="js/vue.min.js"></script>
```

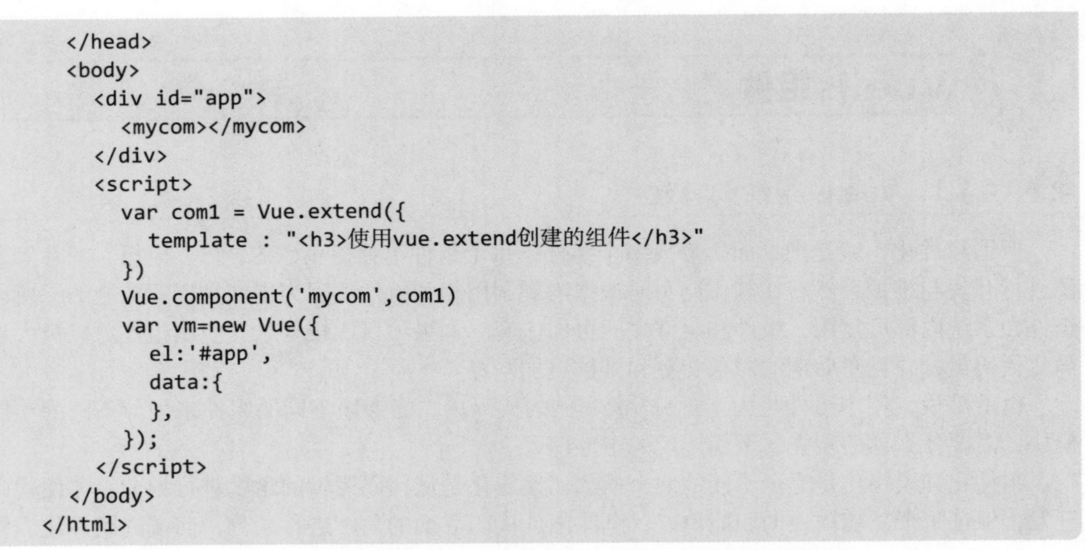

```
  </head>
  <body>
    <div id="app">
      <mycom></mycom>
    </div>
    <script>
      var com1 = Vue.extend({
        template : "<h3>使用vue.extend创建的组件</h3>"
      })
      Vue.component('mycom',com1)
      var vm=new Vue({
        el:'#app',
        data:{
        },
      });
    </script>
  </body>
</html>
```

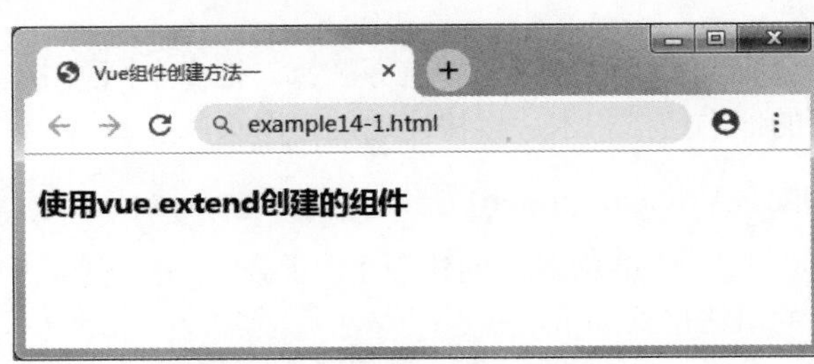

图 14-1　创建组件

这里特别说明的是，使用Vue.component定义全局组件时，组件名称如果使用驼峰命名，则在引用组件时，需要把大写的驼峰改为小写字母，同时两个单词之间用“-”连接；如果不使用驼峰命名，则直接使用定义的组件名称。例如驼峰命名组件的定义如下：

```
Vue.component('myCom',com1)
```

调用时使用如下语句：

```
<my-com></my-com>
```

在上述定义组件的基础上，可以把com1的内容直接写到component中。即直接通过component方法定义组件，不需要再写Vue.extend()。例14-1中定义组件的语句修改为如下所示：

```
Vue.component('myCom',{
  template : "<h3>使用vue.extend创建的组件</h3>"
})
```

特别强调的是，无论使用哪种形式创建出来的组件，在template属性中有且只有一个根元素标签，即在template属性定义中使用两个及以上根元素标签是错误的。例如以下语句定义两个根元素标签：

```
template : "<h3>使用vue.extend创建的组件</h3><span>myCom</span>"
```

这样定义是错误的。可以使用<div>标签把其变成一个根元素标签，如下所示：

```
template : "<div><h3>使用vue.extend创建的组件</h3><span>myCom</span></div>"
```

使用组件的最大好处是可以将组件进行任意次数的复用。例如多次调用前面定义的mycom组件，代码如下所示：

```
<div id="app">
  <mycom></mycom>
  <mycom></mycom>
  <mycom></mycom>
</div>
```

2. 使用模板定义组件

在上面定义组件时，是利用在template属性中定义字符串来书写HTML结构，这种方法没有代码缩进等好的程序设计风格，很容易出错。Vue提供了另一种定义组件的方式，用一个template元素在Vue控制区域外定义一个模板，让其成为Vue组件所呈现HTML结构的模板，再使用component定义组件，如下所示：

```
Vue.component("mycom",{
  template : '#temp'
})
```

上面定义组件中的“temp”就是在Vue控制区域外定义模板的id属性值。模板定义的示例代码如下所示：

```
<template id="temp">
  <div>
    <h3>利用模板定义组件</h3>
  </div>
</template>
```

例14-2是利用模板创建组件的实例，在浏览器上的显示结果如图14-2所示。

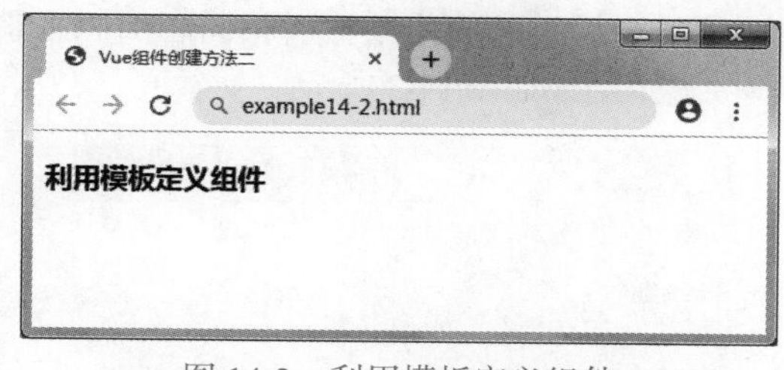

图14-2　利用模板定义组件

【例14-2】example14-2.html

```
<!DOCTYPE html>
<html>
  <head>
    <meta charset="utf-8">
    <title>Vue组件创建方法二</title>
    <script src="js/vue.min.js"></script>
  </head>
  <body>
    <!--下面<div>标记是Vue控制区域内-->
    <div id="app">
      <mycom></mycom>
    </div>
    <!--下面<template>标记是Vue控制区域外，组件的模板-->
    <template id="temp">
      <div>
        <h3>利用模板定义组件</h3>
      </div>
```

扫一扫，看视频

```
    </template>
    <script>
      Vue.component('mycom',{
        template : "#temp"
      })
      var vm=new Vue({
        el:'#app',
        data:{
        },
      });
    </script>
  </body>
</html>
```

3. 定义私有组件

除了前面说明的全局组件的定义外，还可以在Vue实例中通过components属性定义私有组件，语法格式如下所示：

```
var vm = new Vue({
  el: '#app',
  components: {
    mycom1: {
      template: '#temp',
    }
  }
});
```

私有组件在网页中的应用与全局组件的使用方式相同。例14-3是定义私有组件，并在网页中调用该组件，在浏览器的显示结果如图14-3所示。

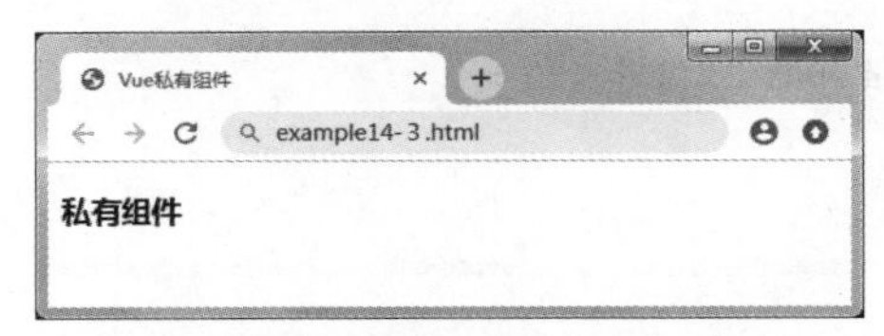

图 14-3　定义私有组件

【例 14-3】example14-3.html

扫一扫，看视频

```
<!DOCTYPE html>
<html>
  <head>
    <meta charset="utf-8">
    <title>Vue私有组件</title>
    <script src="js/vue.min.js"></script>
  </head>
  <body>
    <div id="app">
      <mycom></mycom>
    </div>
    <template id="temp">
      <div>
        <h3>私有组件</h3>
      </div>
    </template>
```

```
    <script>
      var vm = new Vue({
        el: '#app',
        components: {
          mycom: {
            template: '#temp',
          }
        }
      })
    </script>
  </body>
</html>
```

14.1.2　Vue.js 组件中的 data 与 methods

在组件中定义data数据与定义Vue实例的方式完全不同，不是定义成一个对象，而是定义成一个函数，示例语句如下所示：

```
Vue.component('mycom',{
  template : "#temp",
  data(){
    return{
      msg: '组件中的data数据定义'
    }
  }
})
```

组件中的data如果像Vue实例那样传入一个对象，由于JavaScript中的对象类型变量实际上保存的是对象的引用，所以当存在多个这样的组件时会共享数据，导致一个组件中数据的改变会引起其他组件数据的改变。

而使用一个返回对象的函数，每次使用组件都会创建一个新的对象，这样就不会出现共享数据的问题。

例14-4在组件中定义了数据count，其初值是0，三次调用该组件形成三个不同的计数器，在浏览器上的显示结果如图14-4所示，图中第一个按钮单击了3次，第二个按钮单击了5次，第三个按钮单击了2次。

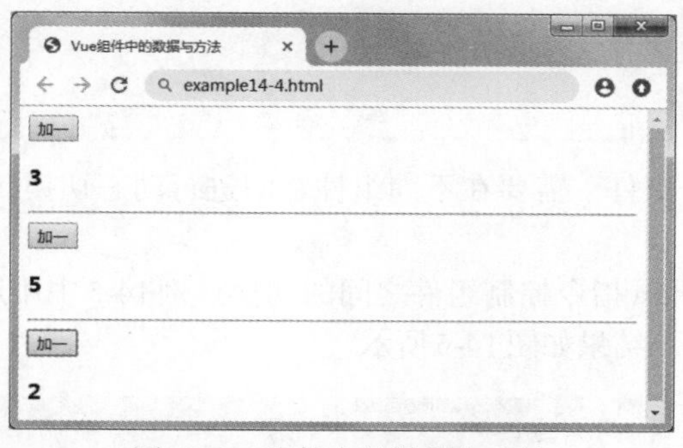

图14-4　组件中的数据与方法

【例14-4】example14-4.html

```
<!DOCTYPE html>
<html>
```

```
  <head>
    <meta charset="utf-8">
    <title>Vue组件中的数据与方法</title>
    <script src="js/vue.min.js"></script>
  </head>
  <body>
    <div id="app">
      <counter></counter>
      <hr>
      <counter></counter>
      <hr>
      <counter></counter>
    </div>
    <template id="temp">
      <div>
        <input type="button" value="加一" @click='increment'>
        <h3>{{count}}</h3>
      </div>
    </template>
    <script>
      Vue.component('counter',{
        template:'#temp',
        data:function(){
          return {count:0}
        },
        methods:{
          increment() {
            this.count++
          }
        }
      })
      var vm=new Vue({
        el:'#app',
        data:{},
        methods:{}
      });
    </script>
  </body>
</html>
```

扫一扫，看视频

14.1.3 组件切换

有的时候建立了多个组件，需要在不同组件之间进行动态切换，例如tab标签。有两种方法可以进行组件切换。

（1）使用v-if 或者v-show指令控制组件之间的切换。例14-5中用这种方法实现了两个组件的切换，在浏览器上的显示结果如图14-5所示。

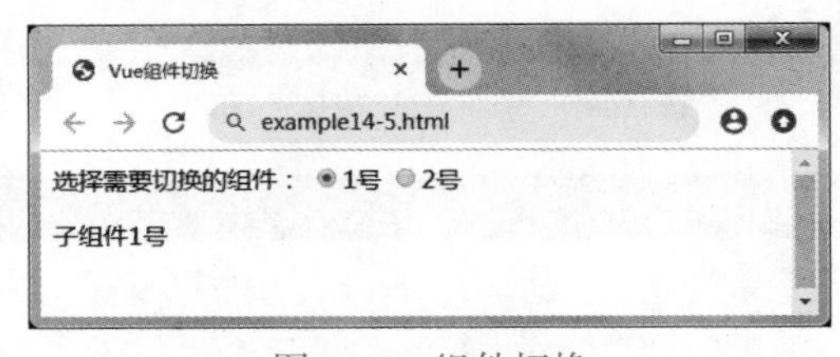

图 14-5 组件切换

【例 14-5】example14-5.html

```
<!DOCTYPE html>
<html>
  <head>
    <meta charset="utf-8">
    <title>Vue组件切换</title>
    <script src="js/vue.min.js"></script>
  </head>
  <body>
    <div id="app">
      选择需要切换的组件:
      <input type="radio" name="change" value="1" @click="flag=true" checked=""/>1号
      <input type="radio" name="change" value="2" @click="flag=false" />2号
      <my-com1 v-if="flag"></my-com1>
      <my-com2 v-else="flag"></my-com2>
    </div>
    <template id="com1">
      <p> {{title}}</p>
    </template>
    <template id="com2">
      <p> {{title}}</p>
    </template>
    <script>
      Vue.component('myCom1',{
        template:"#com1",
        data(){
          return {
            title:'子组件1号',
          }
        }
      })
      Vue.component('myCom2',{
        template:"#com2",
        data(){
          return {
            title:'子组件2号',
          }
        }
      })
      var vm=new Vue({
        el:'#app',
        data:{
          flag:true
        }
      });
    </script>
  </body>
</html>
```

扫一扫，看视频

（2）Vue.js提供<component>组件，在该组件中使用v-bind指令搭配is属性来展示对应名称的组件，即component是一个占位符，“:is”属性可以指定要展示组件的名称，其切换代码如下所示：

```
<component v-bind:is="切换组件的名称"></component>
```

简写形式如下：

```
<component :is="切换组件的名称"></component>
```

简单地说就是使用<component>元素，动态地绑定多个组件名称到is属性。利用<keep-alive>元素保留状态，避免重新渲染。

用<component>组件实现例14-5的功能仅需要修改例14-5中的两个位置，一个位置是<div>标记，其实现代码如下所示：

```
<div id="app">
  选择需要切换的组件：
  <input type="radio" name="change" v-model="tab" value="myCom1"  checked=""/>1号
  <input type="radio" name="change" v-model="tab" value="myCom2" />2号
  <keep-alive>
    <component :is="tab"></component>
  </keep-alive>
</div>
```

另一个位置是在Vue实例的data对象中增加数据tab，并且初值设为需要显示的组件名称，其实现代码如下所示：

```
var vm=new Vue({
  el:'#app',
  data:{
    tab:'myCom1' //定义数据tab的初值是第一个组件名“myCom1”
  }
});
```

14.1.4 组件之间传值

Vue.js的组件传值有两种方式：父组件传数据给子组件，子组件传数据给父组件。一般父组件通过props属性给子组件下发数据，子组件通过事件给父组件发送消息。

1. 父组件传数据给子组件

当子组件在父组件中当作标签使用的时候，给子组件定义一个自定义属性，属性值为想要传递的数据。在子组件中通过props属性进行接收。特别强调的是，props是专门用来接收外部数据的，该属性有两种接收方式，分别是数组和对象，其中对象可以限制数据的类型。

父组件向子组件传递数据的时候，子组件不允许更改父组件的数据，因为父组件会向多个子组件传值，如果某个子组件对父组件的数据进行修改，很有可能导致其他的组件发生错误，而且很难对数据的错误进行捕捉。

在子组件中默认无法访问到父组件中的数据和methods方法，但可以在引用子组件时，通过属性绑定（v-bind:）形式把需要传递给子组件的数据进行下发，以供子组件使用。在子组件中把父组件传递过来的data数据在props数组中进行定义，然后才能使用这个数据。需要特别说明的是，组件中所有props的数据都是通过父组件传递给子组件的，所以props的数据都是只读的，无法重新赋值。

例14-6用这种方法实现两个组件的切换，在浏览器上的显示结果如图14-6所示。

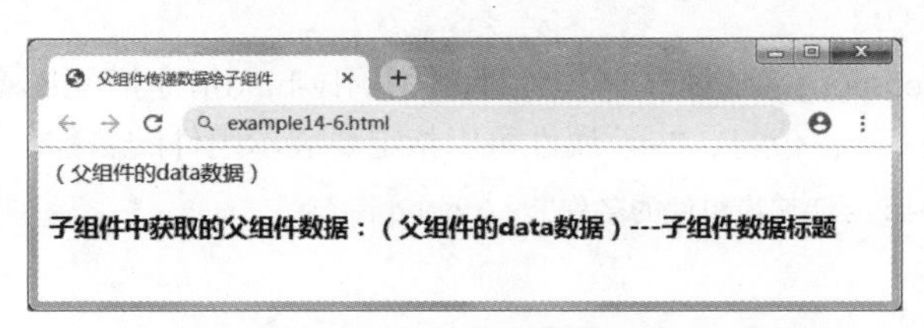

图14-6　父组件传递数据给子组件

【例 14-6】example14-6.html

```
<!DOCTYPE html>
<html>
  <head>
    <meta charset="utf-8">
    <title>父组件传递数据给子组件</title>
    <script src="js/vue.min.js"></script>
  </head>
  <body>
    <div id="app">
      {{msg}}
      <mycom v-bind:parentmsg="msg"></mycom>
    </div>
    <script>
      var vm=new Vue({
        el:'#app',
        data:{
          msg:'（父组件的data数据）'
        },
        components:{
          mycom:{
            template:"<h3@click='change'>子组件中获取的父组件数据:
                  {{parentmsg}}---{{title}}</h3>",

            data(){
              return{
                title:'子组件数据标题',
                content:'子组件数据内容',
              }
            },
            props:['parentmsg'],
            methods:{
              change(){
                this.parentmsg="子组件方法修改了值"
              }
            }
          },
        }
      });
    </script>
  </body>
</html>
```

扫一扫，看视频

2 . 子组件传数据给父组件

如果子组件需要给父组件传递数据，需要在子组件中定义一个自定义事件，事件名称不需要加括号。在子组件中通过this.$emit触发自定义事件，将需要传递的参数通过emit的第二个参数传递。

例 14-7 用这种方法实现子组件传递数据给父组件，在浏览器上的显示结果如图 14-7 所示。

【例 14-7】example14-7.html

扫一扫，看视频

```
<!DOCTYPE html>
<html>
  <head>
    <meta charset="utf-8">
    <title>子组件传递数据给父组件</title>
    <script src="js/vue.min.js"></script>
  </head>
  <body>
    <div id="test">
      name数据：{{datamsgFromSon.name}}<br>
      age数据：{{datamsgFromSon.age}}<br>
      {{dataNumFromSon}}
      <com2  v-on:func="show"></com2>
    </div>
    <template id="tmp">
      <div>
        <h3>这是子组件</h3>
        <input type="button" value="子组件按钮，调用父组件show方法" @click="myclick">
      </div>
    </template>
    <script>
      var com2={
        template:"#tmp",
        data(){
          return{
            sonmsg:{name:'lb',age:25}
          }
        },
        methods:{
          myclick(){
            //单击子组件的按钮，调用父组件的func方法
            //$emit：是触发的意思，下面自带两个参数，相当于是子组件向主组件传递参数
            this.$emit('func',123,this.sonmsg)
          }
        }
      }
      var vm=new Vue({
        el:'#test',
        data:{
          datamsgFromSon:{name:'wq',age:18}
        },
        methods:{
          show(data1,data2){
            this.dataNumFromSon=data1
            this.datamsgFromSon=data2
          }
        },
        components:{
          com2
        }
      })
    </script>
  </body>
</html>
```

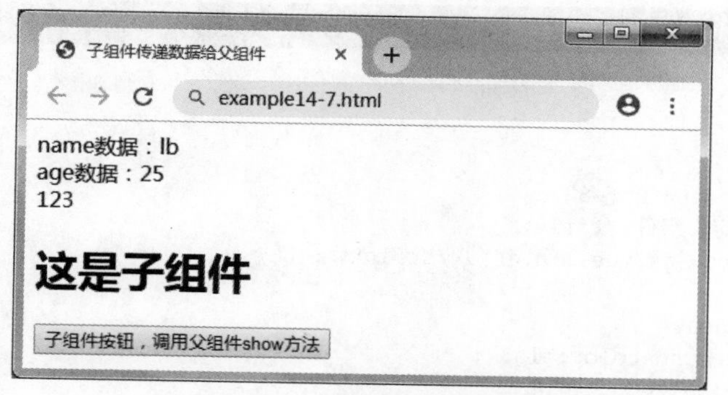

图 14-7　子组件传递数据给父组件

14.2 自定义指令

14.2.1 自定义指令的声明

Vue.js中内置了很多指令（例如v-model、v-show、v-html等），有时这些指令并不能满足一些特殊需要，或者想为某些元素附加一些特别功能，就需要用到Vue.js中一个很强大的功能——自定义指令。需要明确的是，自定义指令解决的问题或者使用场景是对普通DOM元素进行底层操作，所以不能盲目地使用自定义指令。

1. 全局自定义指令

创建全局自定义指令，需要使用Vue.directive命令，其语法格式如下：

```
Vue.directive('自定义指令名', { })
```

Vue.directive()中第一个参数是指令的自定义指令名，自定义指令名在声明的时候不需要加"v-"前缀，而在使用自定义指令的HTML元素上需要加上"v-"前缀；第二个参数是一个对象，对象中可以定义钩子函数，包括绑定bind、插入inserted、更新update、组件更新componentUpdated、解绑unbind，而且这些钩子函数可以带一些参数，其中el是当前绑定自定义的DOM元素，通过el参数可以直接操作DOM元素，可以利用"$(el)"无缝连接jQuery。

例14-8声明了一个全局自定义指令focus，并在网页中通过给文本框添加v-focus属性进行引用，指定某个特定的文本框获得焦点，在浏览器中的显示结果如图14-8所示。

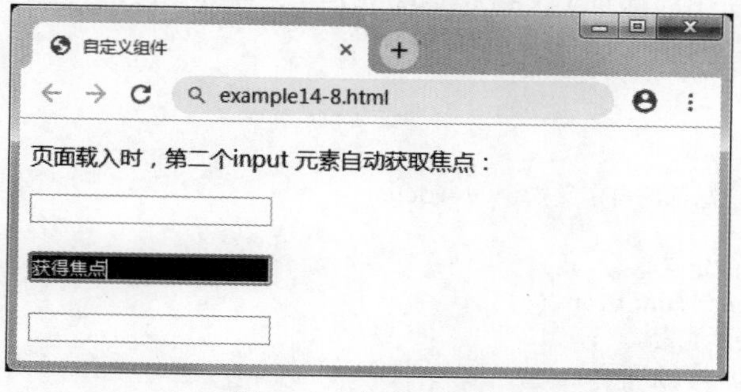

图 14-8　自定义组件

【例 14-8】example14-8.html

扫一扫，看视频

```
<!DOCTYPE html>
<html>
  <head>
    <meta charset="utf-8">
    <title>自定义组件</title>
    <script src="js/vue.min.js"></script>
    <style>
      input:focus{
        background-color:black;
        color:white;
      }
    </style>
  </head>
  <body>
    <div id="app">
      <p>页面载入时，第二个input 元素自动获取焦点：</p>
      <input   /><br /><br />
      <input v-focus /><br /><br />
      <input>
    </div>
    <script>
      // 注册一个全局自定义指令 v-focus
      Vue.directive('focus', {
        // 当绑定元素插入到 DOM 中
        inserted: function (el) {
          // 聚焦元素
          el.focus()
          el.value="获得焦点"
        }
      })
      // 创建根实例
      new Vue({
        el: '#app'
      })
    </script>
  </body>
</html>
```

2. 局部自定义指令

在Vue实例中使用directives选项来注册局部自定义指令，这种方法定义的局部指令只能在该实例中使用。下面使用局部自定义指令实现例14-8，需要修改的代码如下所示：

```
<script>
  new Vue({
    el: '#app',
    directives: {
      // 注册一个局部的自定义指令 v-focus
      focus: {
        // 指令的定义
        inserted: function (el) {
          // 聚焦元素
          el.focus()
          el.value="获得焦点"
        }
```

```
            }
        }
    })
</script>
```

14.2.2 自定义指令的钩子函数

Vue实例从创建、运行到销毁期间，总是伴随着各种各样的事件，这些事件统称为生命周期。生命周期钩子是生命周期事件的别名，钩子函数也就是生命周期函数。

自定义指令也有自己的生命周期函数，即钩子函数。一个自定义指令可以提供以下几个钩子函数：

（1）bind：只调用一次，指令第一次绑定到元素时调用。这里可以进行一次性的初始化设置。

（2）inserted：被绑定元素插入父节点时调用(仅保证父节点存在，但不一定已被插入文档中)。

（3）update：所在组件VNode更新时调用，但是可能发生在其子VNode更新之前。指令的值可能发生了改变，也可能没有改变。但是可以通过比较更新前后的值来忽略不必要的模板更新。

（4）componentUpdated：指令所在组件的VNode及其子VNode全部更新后调用。

（5）unbind：只调用一次，指令与元素解绑时调用。

钩子函数可以传入的参数主要包括el、binding、vnode 和 oldVnode，其中：

- el：指令所绑定的元素，可以用来直接操作DOM 。
- binding：一个对象，包含以下属性。
  - ◆ name：指令名，不包括“v-”前缀。
  - ◆ value：指令的绑定值，例如v-my-directive="1 + 1" 中，绑定值为 2。
  - ◆ oldValue：指令绑定的前一个值，仅在update和componentUpdated钩子中可用，无论值是否改变都可用。
  - ◆ expression：字符串形式的指令表达式。例如v-my-directive="1 + 1"中，表达式为 "1 + 1"。
  - ◆ arg：传给指令的参数，可选。例如“v-my-directive:foo”中，参数为 "foo"。
  - ◆ modifiers：一个包含修饰符的对象。例如“v-my-directive.foo.bar”中，修饰符对象为{ foo: true, bar: true }。
- vnode：Vue编译生成的虚拟节点。
- oldVnode：上一个虚拟节点，仅在update和componentUpdated钩子中可用。

另外，除了 el 之外，其他参数都是只读的，切勿进行修改。

例 14-9 是对钩子函数bind中参数的引用实例，在浏览器中的显示结果如图 14-9 所示。

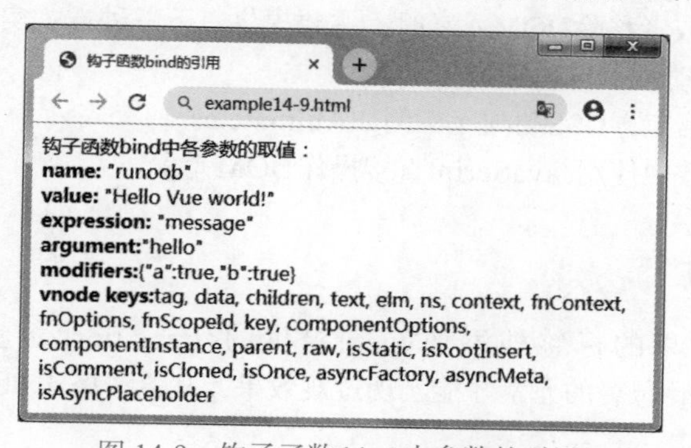

图 14-9 钩子函数 bind 中参数的引用

【例 14-9】example14-9.html

扫一扫，看视频

```
<!DOCTYPE html>
<html>
  <head>
    <meta charset="utf-8">
    <title>钩子函数bind的引用</title>
    <script src="js/vue.min.js"></script>
  </head>
  <body>
    <div id="app"v-runoob:hello.a.b="message">
    </div>

    <script>
      Vue.directive('runoob', {
        bind: function (el, binding, vnode) {
          var s = JSON.stringify

          el.innerHTML =
          '钩子函数bind中各参数的取值: <br />' +
            '<b>name:</b> '       + s(binding.name) + '<br>' +
            '<b>value:</b> '        + s(binding.value) + '<br>' +
            '<b>expression:</b> '   + s(binding.expression) + '<br>' +
            '<b>argument:</b>'      + s(binding.arg) + '<br>' +
            '<b>modifiers:</b>'     + s(binding.modifiers) + '<br>' +
            '<b>vnode keys:</b>'    + Object.keys(vnode).join(', ')
        }
      })
      new Vue({
        el: '#app',
        data: {
          message: 'Hello Vue world!'
        }
      })
    </script>
  </body>
</html>
```

14.3 过 渡

Vue在插入、更新或者移除DOM元素时，主要提供以下三种方式实现过渡效果：

（1）在 CSS 过渡和动画中自动应用样式类。

（2）可以配合使用第三方CSS动画库，例如Animate.css。

（3）在过渡钩子函数中使用JavaScript直接操作DOM元素。

14.3.1 CSS 过渡

在需要有过渡效果的标签外添加Vue.js提供的<transition>标签，也就是说Vue中被<transition></transition>包裹的元素才能实现过渡效果，其语法格式如下所示：

```
<transition  name="mytran">
```

```
  <!-- 实现过渡效果的标记元素，例如<div>、<li>等 -->
</transition>
```

Vue对加了<transition>标签的元素提供了三个进入过渡的样式类和三个离开过渡的样式类，如图14-10所示。

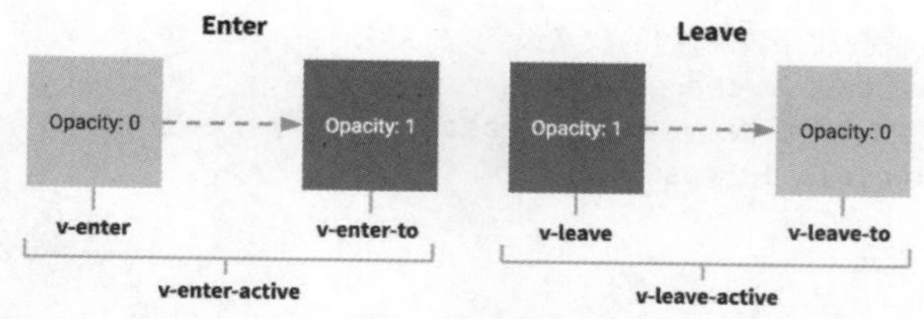

图14-10　元素进入和离开的过渡示意图

对图14-10中opacity的说明：过渡动画的显示和隐藏用opacity属性表示，其中“opacity:1”表示不透明，元素在网页中显示；“opacity:0”表示透明，元素在网页中不显示。

图14-10中的进入过渡样式类的说明如下：

- v-enter：定义进入过渡的开始状态。在元素被插入之前生效，在元素被插入之后的下一帧移除。
- v-enter-active：定义进入过渡生效时的状态。在整个进入过渡的阶段中应用，在元素被插入之前生效，在过渡/动画完成之后移除。这个类可以用来定义进入过渡过程的时间、延迟和曲线函数。
- v-enter-to：定义进入过渡的结束状态。在元素被插入之后的下一帧生效（与此同时v-enter被移除），在过渡/动画完成之后移除。

离开过渡样式类与进入过渡样式类的事件基本相同，仅是事件名字有所不同。

需要说明的是，如果使用一个没有name属性的<transition>标记时，“v-”是这些样式类的默认前缀，例如默认的进入动画过渡状态是v-enter、v-enter-to和v-enter-active。如果使用了含有name属性的<transition>标记，例如<transition name="my-transition">，那么这个进入动画的三个状态名会变成mytran-enter、mytran-enter-to和mytran-enter-active。

例14-10是使用CSS过渡方法对网页中的字符串“Hello Vue World!”进行显示与隐藏，在浏览器中的显示结果如图14-11所示。

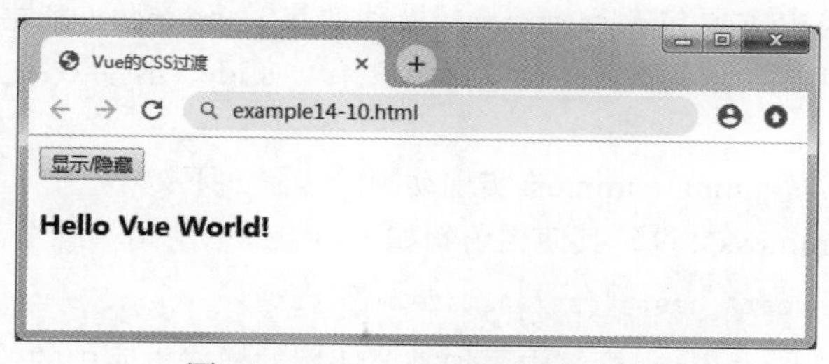

图14-11　Vue的CSS过渡效果

【例14-10】example14-10.html

```
<!DOCTYPE html>
<html>
  <head>
    <meta charset="utf-8">
    <title>Vue的CSS过渡</title>
    <script src="js/vue.min.js"></script>
```

```
    <style>
      /*元素进入时开始状态、离开时结束状态*/
      .v-enter,.v-leave-to{
        opacity: 0;                           /*透明度设置为0*/
        transform:translateX(180px);          /*X轴移动180像素*/
      }
      /*元素进入过程或者离开过程的状态设置*/
      .v-enter-active,.v-leave-active{
        /*所有元素1秒完成状态过渡变化，ease逐渐变慢*/
        transition:all 1s ease;
      }
    </style>
  </head>
  <body>
    <div id="app">
      <input type="button" value="显示/隐藏" @click="flag=!flag" />
      <transition>
        <h3 v-if="flag" >{{msg}}</h3>
      </transition>
    </div>
    <script>
      new Vue({
        el: '#app',
        data: {
          msg:'Hello Vue World!' ,
          flag:true
        }
      })
    </script>
  </body>
</html>
```

14.3.2 使用第三方样式类库实现动画

在Vue.js中可以通过第三方类库实现过渡动画。本节使用的第三方样式类库是animate.min.css，可以在“https://daneden.github.io/animate.css/”上查看可用的样式类库和应用效果。animate.min.css样式类中主要包括Attention（晃动效果）、bounce（弹性缓冲效果）、fade（透明度变化效果）、flip（翻转效果）、rotate（旋转效果）、slide（滑动效果）、zoom（变焦效果）、special（特殊效果）这8类。

使用第三方样式类库animate.min.css实现动画的步骤如下：

（1）引入animate.min.css文件，其使用语句如下：

```
<link rel="stylesheet" href="css/animate.min.css">
```

（2）设置类名，在<transition>标签中添加需要使用的样式类库中的效果类名，需要强调的是，<transition>标签中必须添加animated基础通用类才可以让动画呈现过渡效果。示意语句如下所示：

```
<transition
  enter-active-class="animated bounceIn"
  leave-active-class="animated bounceOut"
  :duration={enter:200,leave:200}>
    <!--需要过渡的元素-->
</transition>
```

其中，enter-active-class是设置进入的样式类；leave-active-class是设置离开的样式类；":duration"是绑定一个对象，用来设置进入和离开时的动画时长，本例中进入时长是200毫秒，离开时长是400毫秒；bounceIn是弹性缓冲进入效果样式类；bounceOut是弹性缓冲离开效果样式类。

例14-11是利用第三方样式类库实现弹性缓冲进入和离开的实例。

【例14-11】example14-11.html

```
<!DOCTYPE html>
<html>
  <head>
    <meta charset="utf-8">
    <title>Vue使用第三方样式类库实现过渡</title>
    <link rel="stylesheet" href="./css/animate.min.css">
    <script src="js/vue.min.js"></script>
  </head>
  <body>
    <div id="test">
      <input type="button" value="togle" @click="flag=!flag" />
      <transition
        enter-active-class="animated bounceIn"
        leave-active-class="animated bounceOut"
        :duration={enter:400,leave:200}>
        <h3 v-if="flag">{{msg}}</h3>
      </transition>
    </div>
    <script>
      var vm=new Vue({
        el:'#test',
        data:{
          msg:'Hello Vue World!' ,
          flag:false,
        }
      });
    </script>
  </body>
</html>
```

扫一扫，看视频

14.3.3 使用钩子函数实现动画

前面两节阐述了Vue.js中实现动画过渡的两种方法，分别是使用过渡类名和第三方样式类。这两种方法都是同时实现了入场和离场这两个半场动画，即实现了整个动画。但是有时仅需要实现其中的一个离场动画或者一个入场动画（例如将商品加入购物车的过程），前面学到的两种方式就不适用，这时可以使用钩子函数来实现入场和离场这样的半场动画。

实现半场动画的钩子函数分成两大类，一类是入场的，另一类是离场的。其中入场的钩子函数有以下四个：

（1）@before-enter="beforeEnter"：表示动画入场之前，此时动画还未开始，可以在其中设置元素开始动画之前的起始样式。

（2）@enter="enter"：表示动画开始之后的样式，可以设置完成动画的结束状态。

（3）@after-enter="afterEnter"：表示动画完成之后的状态。

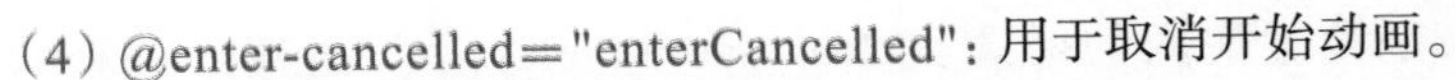

（4）@enter-cancelled="enterCancelled"：用于取消开始动画。

与入场相对应，离场的钩子函数也有四个，分别是：

（1）@before-leave="beforeLeave"：表示动画离场之前，此时动画还未开始离场，可以在其中设置元素离场动画之前的起始样式。

（2）@leave="leave"：表示动画离开，可以设置完成动画的结束状态。

（3）@after-leave="afterLeave"：表示动画完成之后的状态。

（4）@leave-cancelled="leaveCancelled"：用于取消离开动画。

使用半场动画的钩子函数需要在methods中定义对应的函数，因为只需要实现半场动画，所以实现进入和离开对应的四个函数即可，其中 enterCancelled 和 leaveCancelled 函数基本没有用到，这样仅实现另外三个钩子函数即可。

使用钩子函数实现入场动画的步骤如下所示（离场的步骤与之相同）：

（1）将动画作用的那个元素使用<transition>元素包裹起来，然后给<transition>绑定三个事件，分别是before-enter事件、enter事件和after-enter事件。示例代码如下所示：

```
<transition @before-enter="beforeEnter" @enter="enter" @after-enter="afterEnter">
  <div class="ball" v-show="flag"></div>
</transition>
```

（2）在Vue实例的methods中定义三个相应的事件处理函数beforeEnter()、enter()、afterEnter()。示例代码如下所示：

```
methods:{
  beforeEnter(el){
    el.style.transform="translate(50px,50px)"
  },
  enter(el,done){
    el.offsetWidth
    el.style.transform="translate(150px,450px)"
    el.style.transition="all 1s ease"
    done()
  },
  afterEnter(){
    this.flag=false
  }
}
```

需要说明的是，这三个钩子函数的第一个参数都是“el”，表示执行动画的那个DOM元素是一个原生的JavaScript对象。可以理解为，el是通过document.getElementById()获取的JavaScript对象。

例 14-12 是利用钩子函数实现半场动画，展示加入购物车效果的实例。

【例 14-12】example14-12.html

```
<!DOCTYPE html>
<html>
  <head>
    <meta charset="utf-8">
    <title>钩子函数实现半场动画</title>
    <style>
      .ball{
        width:20px;
        height: 20px;
```

```
            border-radius: 50%;
            background-color: red;
          }
        </style>
      </head>
      <body>
        <div id="test">
          <input type="button" value="start" @click="flag=!flag">
          <transition
              @before-enter="beforeEnter"
              @enter="enter"
              @after-enter="afterEnter">
              <div class="ball" v-show="flag"></div>
          </transition>
        </div>
        <script src="js/vue.min.js"></script>
        <script>
          var vm=new Vue({
            el:'#test',
            data:{
              flag:false
            },
            methods:{
              beforeEnter(el){
                el.style.transform="translate(50px,50px)"
              },
              enter(el,done){
                el.offsetWidth
                el.style.transform="translate(150px,450px)"
                el.style.transition="all 1s ease"
                done()
              },
              afterEnter(){
                this.flag=false
              }
            }
          });
        </script>
      </body>
    </html>
```

其中，el.offsetWidth语句的作用是强制动画刷新，el.offsetHeight、el.offsetLeft、el.offsetRight等语句也有同样的作用；done()函数是立即调用afterEnter函数，如果没有调用done()函数会造成 afterEnter方法调用的延迟。

14.4 本章小结

本章详细讲解了组件、自定义指令和过渡三方面的内容。组件是Vue.js最强大的功能之一，其核心目标是为了代码的可重用性高，减少重复性的开发，14.1 节重点对组件的创建方法、组件中data与methods的定义和引用方法、各个组件之间的数据传递方法、组件的切换方法等进行了阐述；Vue.js不提倡直接操纵页面中的DOM元素，但在页面制作中难免会有这样的需求，通过提供自定义指令解决此种需要，14.2节重点说明了自定义指令的声明方法、自定义

指令的钩子函数及其在网页的使用方法；在网页制作中可能需要增加、删除或隐藏网页中的某些元素，可以通过过渡效果使这些组件在网页中以动画的方式呈现或消失，14.3节重点说明了使用CSS方式、第三方样式类库、钩子函数方式实现动画过渡效果。

14.5 习题十四

扫描二维码，查看习题。

扫二维码
查看习题

14.6 实验十四　使用Vue.js实现微博

扫描二维码，查看实验内容。

扫二维码
查看实验内容

第5部分

实操综合案例 提升开发技能

扫一扫，看视频

CHAPTER

15 制作高校网站首页

学习目标：

本章通过讲解高校网站首页制作的综合案例，让读者对本书所学内容进行综合运用。通过本章的学习，读者应该掌握以下主要内容：

- 网站设计的流程；
- HTML、CSS、JavaScript的综合运用；
- Bootstrap的综合运用。

15.1 网站创建流程

15.1.1 网站创建流程分析

一个网站的制作过程，前端开发在整个开发过程中主要是在网站设计阶段、网站改进阶段进行，主要负责其中的三个部分，分别是前台页面制作、网站测试、修改。在整个开发流程中，不同职位的人都类似于一颗颗螺丝钉，只有整体良好地运行，才能够打造一个优秀的产品/项目。对于前端开发工程师来说，要做的不仅仅是了解自己的工作，还要了解与自己相关工作的职位，也要对流程有一定的了解，这样对于当前的工作以及未来的发展都是有帮助的。

1. 网站需求调查阶段

所谓的需求分析就是分析客户需要的是什么，针对的用户群体是谁。需求分析具有目的性、方向性、决策性，在网站开发过程中具有举足轻重的地位。在一个大型商业网站的开发中，需求分析的作用要远远大于直接设计或编码。简言之，需求分析的任务就是解决“做什么”的问题，是要全面地理解客户的各项要求，并且能够准确、清晰地表达给参与项目开发的所有成员，保证开发过程按照客户的需求去做，而不是为技术而迁就需求。

在这个阶段中与客户做沟通，需要了解各种各样的需求之后，通过市场调研并与客户协商，明确每一个需求并书写出网站功能描述书。

2. 网站技术分析阶段

拿到网站功能描述书，明确网站的细致需求之后，就可以开始着手制作网站了，不过在这之前还有一点是要考虑的，当面对这么多需求，技术能否可以实现。在这个阶段要根据需求描述进行网站的前后台技术分析，分析各个功能是否通过当前的技术手段或者使用什么样的新技术能够更好更快地实现。最后就是在分析完之后书写出来的网站技术解决方案了。

3. 网站页面策划阶段

在确定了整个网站的需求以及所需要的技术之后，就迎来网站真正的开发阶段。首先需要把握的是这个网站到底如何进行设计。一个网站应该具备什么样的功能，采取什么样的表现形式，并没有一个统一的模式，因为不同形式的网站其内容也是千差万别的。因此，网站的内容应该根据客户的需求、企业的背景确定，网站的表现形式也应根据网站的设计风格确定。

4. 网站设计阶段

对于前端开发工程师来说，网站的制作主要包括页面重构、首页制作、制作模板、书写样式表。所谓页面重构就是依照设计师给的原始图来使用代码实现静态页面。首页是一个网站的门面，是一个网站的灵魂，因此，首页制作的好坏是一个网站成功的关键所在。使用模板便于设计出具有统一风格的网站，并且模板的运用能为网站的更新和维护带来极大的方便，为开发出优秀的网站奠定基础。使用样式表能把网页制作得更加绚丽多彩，使网页呈现不同的外观。当网站有多个页面时，修改页面链接的样式表文件即可同时修改多个页面的外观，从而大大地提高工作效率，减少工作量。

在前端开发工程师完成工作时，后台人员也一样在对网站的功能进行实现。最后在设计阶段，前端与后台都完成之后将进入测试阶段。

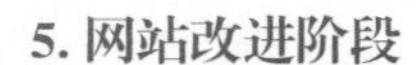

5. 网站改进阶段

网站改进阶段其实就是网站测试阶段，主要包括网站测试、网站发布与推广以及后期的修改与维护。这些工作通常也是前端与推广域运营专员共同完成的工作职责。

15.1.2 网站的制作步骤

1. 网站策划

网站策划（或称网站定位）主要是明确网站的类型。经过策划，确定将创建的网站是什么类型的，主要目的是什么，以及如何提供与用户的在线交流。

2. 网站素材收集

根据上面的策划，在网站制作前要收集网站中用到的一些素材，例如网站标志（logo）、单位简介、图片及信息等资料。

3. 网页规划

网页规划包括网页版面布局和颜色规划。根据网站策划，确定网站包括的栏目主要有哪些、网页涉及的版块主要包括哪些，页面的总体结构是什么样的。通常在规划网页时，会将网站logo、导航条和 Flash广告作为页面的头部内容；颜色规划需要从两方面考虑，一是网页内容，二是访问者。

4. 网站目录设计

根据网站策划，网站的目录主要包括保存网站公共图片的img目录、保存样式文件的css目录、保存JavaScript脚本文件的js目录、保存字体的fonts目录、保存多媒体文件的 media目录，也可以制作针对不同网页内容或导航栏目设置的一些相应的目录。

5. 网页制作

可以使用任何文本编辑工具制作网页，但为了提高网页的制作效率，建议使用 Dreamweaver、Visual Studio Code、Hbuilder X等可视化的网站管理和制作工具，并把制作好的文件放置到相应的目录中。

15.2 高校网站首页制作的具体过程

15.2.1 案例分析

本节将介绍武汉轻工大学网站首页的制作过程。首页的垂直方向分为上、中、下三个部分，页面可以垂直滚动。网页内容主要包括以下几个方面：导航条、轮播图、学校要闻、学术讲座、综合新闻、通知通告、友情链接、版权信息。同时还能对浏览器进行自适应，用PC浏览主页时显示结果如图15-1所示，用手机浏览主页时显示结果如图15-2所示。

图 15-1　武汉轻工大学网站 PC 版

图 15-2　武汉轻工大学网站手机版

1．准备工作

创建网站根目录，在根目录下新建存储样式文件的css目录、存储图片的img目录、存储JavaScript库文件的js目录、存储字体样式的fonts目录。

在创建的目录下放入本网站需要的样式文件（例如Bootstrap样式文件）、图片资源、js框架文件（例如jQuery.js、Bootstrap）、相应的字体文件等。

在网站根目录下创建主页文件，其文件名为index.htm，然后在css目录下创建index.css，用于存储主页的样式，最后在js目录下创建index.js文件，用于网站主页的控制。生成的文件目录结构如图15-3所示。

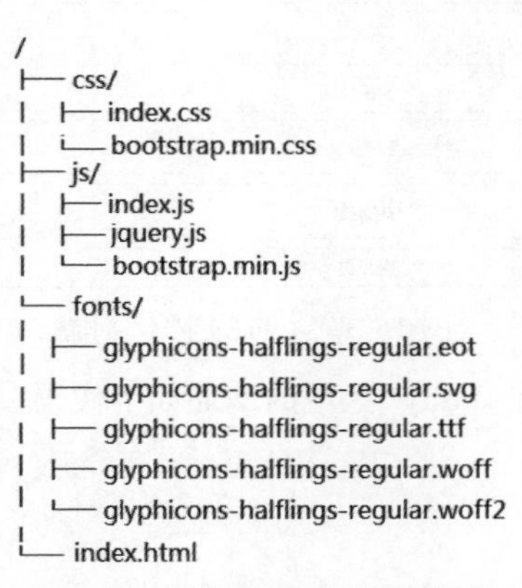

图 15-3　网站文件和目录结构

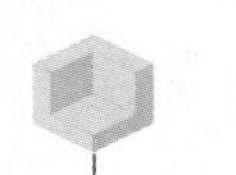

在index.html文件的<head>标记内把相关的样式文件、图片资源文件、js框架文件等引入。其实现的语句如下所示：

```
<!doctype html>
<html>
  <head>
    <meta charset="UTF-8">
    <meta http-equiv="X-UA-Compatible" content="IE=edge">
    <!--视口模式设置，能进行响应式-->
    <meta name="viewport" content="width=device-width, initial-scale=1">
    <title>武汉轻工大学</title>
    <!--站点图标-->
    <link rel="shortcut icon" href="img/logo.png" type="image/x-icon">
    <!--引入bootstrap.css样式文件-->
    <link href="css/bootstrap.css" rel="stylesheet">
    <!--引入自己的样式文件-->
    <link href="css/index.css" rel="stylesheet">
    <!--引入jquery-->
    <script src="js/jquery-1.11.2.min.js"></script>
    <!--引入bootstrap基于jquery的插件-->
    <script src="js/bootstrap.min.js"></script>
    <!--引入自己的脚本文件-->
    <script src="js/index.js"></script>
  </head>
  <body>
  </body>
</html>
```

代码中蓝色的一条语句的作用是在网页的标题栏上显示单位logo图片，如图15-4所示，即在标题“武汉轻工大学”左边显示一张图片。

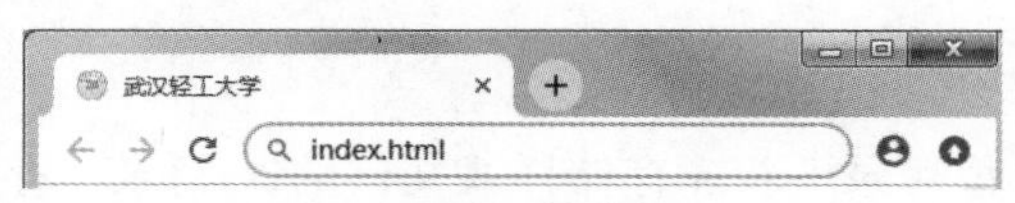

图 15-4　标题图片

2. 主页的主体结构

通过图15-1的“武汉轻工大学”主页可以看出整个页面分成6部分，分别是logo导航、轮播图、学校新闻、综合内容、友情链接和版权页，如图15-5所示。

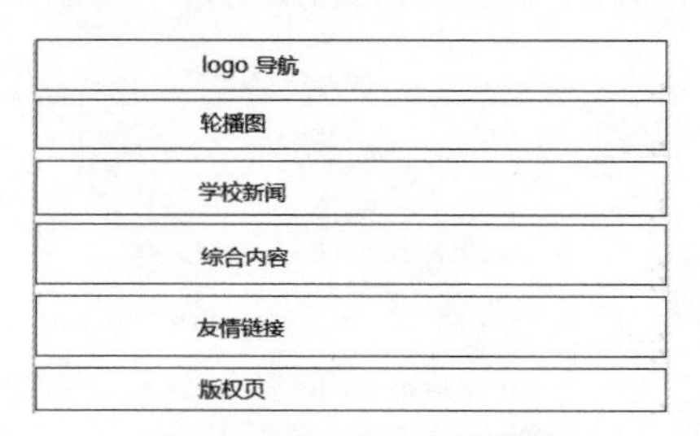

图 15-5　主页的主体结构

按照图15-5的网页结构，在<body>区域内增加如下代码，以构造主页的主体框架：

```
<!--logo导航-->
<nav id="myLogoNav">
</nav>
<!--轮播图-->
<section id="myCarousel"  >
```

```
</section>
<!--学校新闻-->
<section id="mySchoolNews"  >
</section>
<!--综合内容-->
<section id="mySchoolContent"  >
</section>
<!--友情链接-->
<section id="mySchoolContent"  >
</section>
<!--版权页-->
<section id="myCopyright"  >
</section>
```

15.2.2 logo 导航部分

主页的logo导航部分的内容包括上、下两部分，且页面头部始终固定在浏览器窗口的顶端，如图15-6所示。

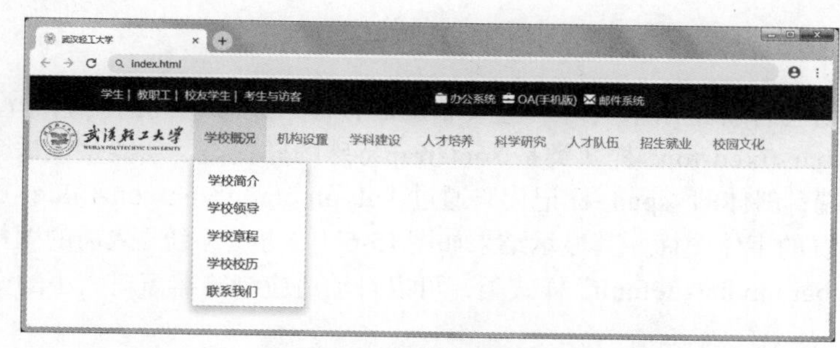

图 15-6 logo 导航

1. 导航的上半部分

导航的上半部分是一个响应式布局，即会根据屏幕窗口大小的不同动态地调整文字在浏览器窗口中的显示位置。上半部分的Bootstrap栅格系统中分成两个部分，当浏览器窗口是大屏幕时，每段在栅格的比例是4:4；当浏览器窗口是中等屏幕时，每段在栅格的比例是5:6；当浏览器窗口是小屏幕时，每段在栅格的比例是6:6；当浏览器窗口是超小屏幕时，第一部分占整个栅格的12部分，第二部分隐藏，然后另外制作新行并显示，该新行在大、中、小屏幕都隐藏，仅在超小屏幕显示，当把屏幕变成手机大小的样式时，其显示如图15-7所示。实现上述功能的HTML代码如下所示：

图 15-7 手机下的 logo 导航

```
<div class="container-fluid navbar-fixed-top">
  <div class="row logoNavTop">
    <div class="col-lg-4 col-md-5 col-sm-6 myTop">
      <a href="#">学生</a><span>|</span>
      <a href="#">教职工</a><span>|</span>
      <a href="#">校友学生</a><span>|</span>
      <a href="#">考生与访客</a>
    </div>
    <div class="col-lg-4 col-md-6 col-sm-6 hidden-xs">
      <span class="glyphicon glyphicon-folder-close"></span>办公系统
      <span class="glyphicon glyphicon-briefcase"></span>OA(手机版)
      <span class="glyphicon glyphicon-envelope"></span>邮件系统
    </div>
  </div>
  <div class="row hidden-lg hidden-md hidden-sm ">
    <div class="col-sm-12 ">
      <span class="glyphicon glyphicon-folder-close"></span>办公系统
      <span class="glyphicon glyphicon-briefcase"></span>OA(手机版)
      <span class="glyphicon glyphicon-envelope"></span>邮件系统
    </div>
  </div>
</div>
```

上面的蓝色语句行就是用来实现响应式布局的，即对大小不同的浏览器窗口进行布局排列；斜体的“navbar-fixed-top”样式类是Bootstrap特殊的样式类，功能是让这个导航条固定在浏览器窗口的顶端；斜体的<span>标记代码通过“glyphicon glyphicon-folder-close”样式类来显示Bootstrap内置的字体图标，其显示结果如图15-6中“办公系统”之前的图标。另外代码第一行使用了“navbar navbar-default”样式类，可以自动适应浏览器窗口大小的变化。

2. 导航上半部分的样式设计

导航上半部分的样式设计如下所示：

```
#logoNavTop{                                  /*选中导航的上半部分*/
  background:#11618A;                         /*背景颜色*/
  color: white;                               /*文字颜色*/
  height: 50px;                               /*导航高50像素*/
  line-height: 50px;                          /*行高50像素，目的是使其中的文字垂直居中*/
  font-size: 16px;                            /*设置文字大小16像素*/
}
@media screen and ( max-width: 992px ){       /*屏幕宽度小于992像素*/
  .myTop{
    margin-left:0px;                          /*左边界为0像素*/
  }
}
@media screen and ( min-width: 992px ){       /*屏幕宽度大于992像素*/
  .myTop{
    margin-left:80px;                         /*左边界为80像素*/
  }
}
.logoNavTop div a{                            /*选中导航中的超链接*/
  color: white;                               /*字体颜色为白色*/
  margin:0 5px;                               /*超链接与其他元素左、右间距5像素*/
}
.logoNavTop .glyphicon{                       /*选中导航中的字体图标*/
  margin:0 5px;                               /*与其他元素左、右间距5像素*/
}
```

上面样式文件中的媒体查询部分是针对浏览器窗口大小的不同自动增加左边界，目的是在不同浏览器窗口大小的情况下，保证显示内容能够均匀排列在浏览器中。

3. 导航的下半部分

图15-6中导航的下半部分由学校的logo图片和多个下拉菜单组成。这个下拉菜单仅会在大屏幕和中屏幕上显示，当处于小屏幕和超小屏幕时会收缩成一个按钮，如图15-7所示。这一部分是利用Bootstrap中的导航条组件提供的代码样例修改的，修改后的HTML代码如下所示：

```
<div class="row">
  <nav class="navbar navbar-default">
    <div class="navbar-header">
      <button type="button" class="navbar-toggle collapsed" data-toggle="modal"
data-target="#myModal" aria-expanded="false">
        <span class="icon-bar"></span>
        <span class="icon-bar"></span>
        <span class="icon-bar"></span>
      </button>
      <!--显示学校图标 -->
      <a class="navbar-brand" href="#">
        <img src="img/schoollogo.png" width="200px">
      </a>
    </div>
    <!--导航 -->
    <div class="collapse navbar-collapse" id="bs-example-navbar-collapse-1">
      <ul class="nav navbar-nav" id="myNav">
        <li class="dropdown">
          <a href="#" class="dropdown-toggle" data-toggle="dropdown" role="button" aria-
haspopup="true" aria-expanded="false">学校概况 </a>
          <ul class="dropdown-menu " id="myMenu">
            <li><a href="#">学校简介</a></li>
            <li><a href="#">学校领导</a></li>
            <li><a href="#">学校章程</a></li>
            <li><a href="#">学校校历</a></li>
            <li><a href="#"> 联系我们</a></li>
          </ul>
        </li>
        <!--与上面“学校概况”的实现方式的代码相同，省略-->
</div>
```

单击这个按钮时，使用Bootstrap中提供的模态框插件，在小屏幕中弹出一个窗口来显示这个导航，并在模态框的“body”部分再使用折叠组件进行导航展示。HTML代码如下所示，在浏览器中的显示结果如图15-8所示。

```
<!--小屏幕以静态框的方式弹出导航条-->
<div class="modal fade" id="myModal" tabindex="-1" role="dialog" aria-labelledby="myModalLabel">
  <div class="modal-dialog" role="document">
    <div class="modal-content">
      <div class="modal-header">
        <button type="button" class="close" data-dismiss="modal" aria-label="Close"><span aria-
hidden="true">&times;</span></button>
        <img src="img/schoollogo.png" width="200px">
      </div>
    <div class="modal-body">
      <div class="panel-group" id="accordion" role="tablist" aria-multiselectable="true">
```

```
        <div class="panel panel-default">
          <div class="panel-heading" role="tab" id="headingOne">
            <h4 class="panel-title">
              <a role="button" data-toggle="collapse" data-parent="#accordion" href=
"#collapseOne" aria-expanded="true" aria-controls="collapseOne">
                学校概况
              </a>
            </h4>
          </div>
          <div id="collapseOne" class="panel-collapse collapse in" role="tabpanel" aria-
labelledby="headingOne">
            <div class="panel-body">
              <a href="http://www.whpu.edu.cn">学校简介</a>
              <a href="#">学校领导</a>
              <a href="#">学校章程</a>
              <a href="#">学校校历</a>
              <a href="#"> 联系我们</a>
            </div>
          </div>
        </div>
      </div>
    </div>
    <!--其他折叠组件的实现方式同“学校概况”，省略-->
      <div class="modal-footer">
        <button type="button" class="btn btn-default" data-dismiss="modal">
          关闭
        </button>
      </div>
    </div>
  </div>
</div>
```

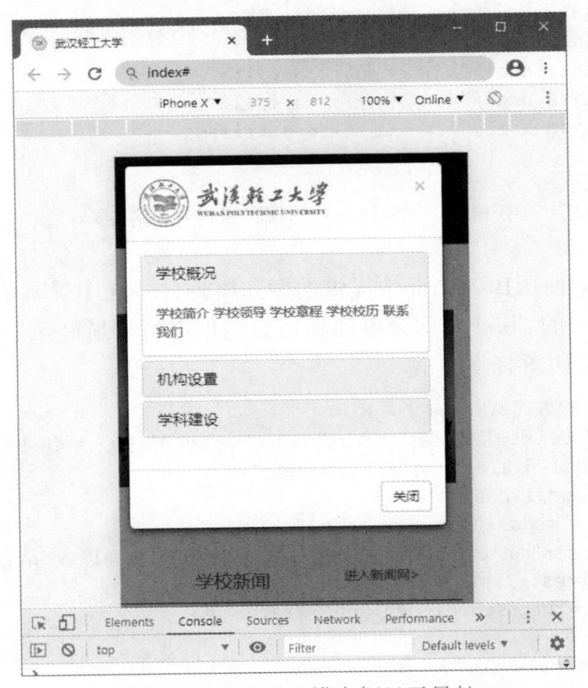

图 15-8　手机上的模态框显示导航

4. 导航下半部分的样式设计

```
#myLogoBottom{                    /*选中导航条下半部分的整体*/
  margin-top:50px;                /*距顶端50像素*/
}
.navbar-brand{                    /*选中导航条logo图片外的超链接*/
  height: 70px;                   /*设定导航条的高度*/
}
.navbar-header button{            /*设定导航条的小屏幕按钮*/
  margin-top: 20px;               /*导航条在小屏幕显示的按钮垂直居中*/
}
.navbar-brand img{                /*设定导航条的宽度*/
  width: 200px;                   /*设定学校logo的图片宽度*/
}
#myNav{                           /*选择导航条的后半部分*/
  height: 70px;                   /*高度70像素*/
}
#myNav li a{                      /*设定下拉菜单导航的超链接*/
  height: 70px;                   /*高度70像素*/
  line-height: 40px;              /*设定行高30像素，目的垂直居中*/
  font-size: 18px;                /*字体大小18像素*/
}
#myMenu li{                       /*设定下拉菜单展开条目的高度*/
  height:40px;                    /*高度40像素*/
}
#myMenu li a{                     /*设定下拉菜单的超链接*/
  height: 40px;                   /*高度40像素*/
}
```

5. 导航部分的JavaScript代码

这部分只需要完成当用户的鼠标指针移动到菜单导航条时，相应的导航菜单自动展开，当离开时则自动关闭。实现代码如下所示：

```
//下拉菜单进入时打开
$(".dropdown-toggle").on("mouseover",function(){
  $(this).dropdown("toggle")
});
//下拉菜单离开时关闭
$("#myMenu").on("mouseout",function(){
  $(this).dropdown("toggle")
});
```

15.2.3 轮播图部分

轮播图是利用Bootstrap提供的JavaScript插件实现的，但其中有个技巧就是在响应浏览器窗口大小不同时，会出现所显示的图片过小而让用户感觉不完美。为了解决这个问题，本例中采用在大、中屏幕显示时在<div>标记中加背景的方式实现，即使用1200*400的大图实现，当小屏幕或超小屏幕时在<div>标记中加<img>标记的方式实现，即使用640*340像素的小图实现，这两种图的切换是通过JavaScript脚本实现的。图片在这两种情况下都要居中，使用CSS样式方式实现。

1. 轮播图的HTML部分

```
<section id="lb-carousel" class="carousel slide" data-ride="carousel">
  <!-- 指示器，用来显示在轮播图底端用于手动切换轮播的小圆圈按钮 -->
```

```
<ol class="carousel-indicators">
  <li data-target="#lb-carousel" data-slide-to="0" class="active"></li>
  <li data-target="#lb-carousel" data-slide-to="1" class="active"></li>
  <li data-target="#lb-carousel" data-slide-to="2" class="active"></li>
  <li data-target="#lb-carousel" data-slide-to="3" class="active"></li>
</ol>
<!-- 轮播图片 -->
<div class="carousel-inner" role="listbox">
  <div class="item active" data-sm-img="img/11.jpg" data-lg-img="img/1.jpg"></div>
  <div class="item" data-sm-img="img/22.jpg" data-lg-img="img/2.jpg"></div>
  <div class="item" data-sm-img="img/33.jpg" data-lg-img="img/3.jpg"></div>
  <div class="item" data-sm-img="img/44.jpg" data-lg-img="img/4.jpg"></div>
</div>
<!-- 控制区-->
<!-- 用字体图标的方式显示轮播图上向左切换的箭头-->
<a class="left carousel-control" href="#lb-carousel" role="button" data-slide="prev">
  <span class="glyphicon glyphicon-chevron-left" aria-hidden="true">
  </span>
</a>
<!-- 用字体图标的方式显示轮播图上向右切换的箭头-->
<a class="right carousel-control" href="#lb-carousel" role="button" data-slide="next">
  <span class="glyphicon glyphicon-chevron-right" aria-hidden="true">
  </span>
</a>
</section>
```

在上述HTML代码中，斜体代码是给JavaScript提供图片切换的代码。

2. 轮播图的CSS样式

```
/*媒体查询，当窗口大小在800像素以上时*/
@media screen and ( min-width: 800px ){
  #lb-carousel .item{                    /*选中轮播图中的图片容器<div>*/
    height: 410px;                       /*高度410像素*/
  }
  #lb-carousel{                          /*选中轮播图*/
    margin:120px auto;                   /*上下外边距120像素，左右居中*/
    width:95%;                           /*轮播图占浏览器容器的95%*/
  }
}
/*媒体查询，当窗口大小在800像素以下时*/
@media screen and ( max-width: 800px ){
  #lb-carousel{                          /*选中轮播图*/
    margin:170px auto;                   /*上下外边距170像素，左右居中*/
    width:100%                           /*轮播图占浏览器容器的100%*/
  }
}
#lb-carousel .carousel-inner .item{      /*选中轮播图中的图片容器<div>*/
  background:no-repeat center center;    /*背景图不重复、上下居中、左右居中*/
  background-size:cover;                 /*背景图片覆盖整个容器*/
}
```

上述CSS代码是响应式布局，根据不同屏幕大小的设定与上边距不同，这个不同的原因是导航条中的第一条在小屏幕时，把一行变成两行造成的，所以在小屏幕上需要消除这个边距误差。另外大、小屏幕不同轮播图宽度不同的原因是为了让用户的视觉感受好一些。

3. 轮播图的JavaScript代码

```
$(window).on("resize",function(){           //当屏幕尺寸发生变化时，执行的函数
```

```
    //1.1  获取窗口的宽度
    var clientW=$(window).width();
    //1.2  设置临界值
    var isShowBigImage=clientW>=800;
    //1.3  获取所有的item
    var $allItems=$("#lb-carousel .item");
    //1.4   遍历
    $allItems.each(function(index,item){
      //1.4.1  取出图片路径
      var src=isShowBigImage ? $(item).data("lg-img") : $(item).data("sm-img")
      var imgUrl='url("' + src +'")';
      //1.4.2  设置背景
        $(item).css({
          backgroundImage:imgUrl
        });
      //1.4.3  设置img标签
      if(!isShowBigImage){
        var $img="<img src='"+ src +"'>";
          $(item).empty().append($img);          //当屏幕小于800像素，增加<img>元素显示小图
      }
      else{
        $(item).empty();                         //当屏幕大于800像素，删除<img>元素显示背景大图
      }
    });
})
//初次打开浏览器时，读取一次屏幕尺寸，并根据屏幕尺寸展示相对应的轮播图
$(window).trigger("resize");
```

轮播图在PC端和手机端的显示结果如图15-9和图15-10所示。

图15-9　PC端浏览器中的显示结果

图15-10　手机端浏览器中的显示结果

15.2.4 学校新闻部分

学校新闻部分是把浏览器窗口在一行上分成等间距的三部分，左边采用Bootstrap的缩略图组件实现；中间和右边两部分的实现方式一样，只是文字和图片略有不同，这部分使用Bootstrap的媒体对象组件实现，只是在每一部分之后通过CSS样式细调一下所在位置即可，在浏览器的显示结果如图15-11所示。

图 15-11 学校新闻

1. 学校新闻中的HTML代码

```
<!--学校新闻标题部分-->
<div class="container-fluid" id="mulNews">
  <div class="row"  id="mulNewsTop">
    <div class="col-md-10 col-sm-6  col-xs-6 text-left">
      <a href="">学校要闻</a>
    </div>
    <div class="col-md-1 col-sm-5  col-xs-5 text-right">
      <a href="">进入新闻网></a>
    </div>
  </div>
  <!--学校新闻内容部分-->
  <div class="row" id="mulNewsBottom">
    <!--学校新闻内容第一列-->
    <div class="col-md-4">
      <!--这一列使用Bootstrap的缩略图实现-->
      <div class="thumbnail">
        <img src="img/news1-1.jpg" alt="...">
        <div class="caption">
          <a href="">
            <h4><strong>积极防控 众志成城 致全体师生和校友的一封信</strong></h4>
          </a>
          <a href="">
            <p>各位老师、同学，广大校友及离退休教职工：大家新年好！</p>
            <p>当我们写...</p>
          </a>
        </div>
      </div>
    </div>
    <!--学校新闻内容第二列-->
    <div class="col-md-4 news2" >
      <!--下面是第二列的第一行-->
      <div class="row">
        <!--这一行使用Bootstrap的媒体对象实现-->
        <div class="media">
```

```
            <div class="media-left">
              <a href="#">
                <img class="media-object" src="img/news2-1.jpg" alt="...">
              </a>
            </div>
            <div class="media-body">
              <h4 class="media-heading">
                <a href="">【疫情防控 我们在行动】之五十一 助力战“疫” 情暖“疫...</a>
              </h4>
              <a href="">
                “40000个消毒水杯，3000个医用口罩，500套防护服，400个口罩……” ...
              </a>
            </div>
          </div>
        </div>
        <div class="row">
          <!--第二列的第二行与第一行的实现代码相同，省略-->
        </div>
        <div class="row">
          <!--第二列的第二行与第一行的实现代码相同，省略-->
        </div>
      </div>
      <!--学校新闻内容第三列-->
      <div class="col-md-4 news2">
        <!--第三列与第二列的实现代码相同，省略-->
      </div>
    </div>
</div>
```

2. 学校新闻中的CSS样式

```
#mulNews{                                   /*选中学校新闻*/
  margin-top: -80px;                        /*消除离轮播图的间距*/
  padding: 0px 0;                           /*内边距清0*/
  width:95%;                                /*宽度占屏幕的95%*/
}
#mulNewsTop{                                /*选中学校新闻的第一行，标题部分*/
  border-bottom: 1px solid #11618A;         /*加底端边框线*/
}
#mulNewsTop .text-left{                     /*选中第一行的左边标题部分*/
  margin-bottom: 10px;                      /*设置与下面新闻的距离是10像素*/
}
#mulNewsTop .text-left a{                   /*选中第一行的左边标题部分的超链接*/
  font-size: 20px;                          /*字体大小20像素*/
  margin-left: 70px;                        /*离左边距70像素，含义是缩进*/
}
#mulNewsBottom{                             /*选中学校新闻的内容部分*/
  margin-top:30px ;                         /*设置与上面新闻标题的距离是30像素*/
}
#mulNewsBottom a{                           /*选中学校新闻内容部分的超链接*/
  color: #000000;                           /*字体颜色白色*/
  text-decoration: none;                    /*清除下划线*/
}
#mulNewsBottom a:hover{                     /*鼠标悬停*/
  color: #0AB4F7;                           /*字体颜色：#0AB4F7*/
}
.media-object{                              /*媒体目标*/
```

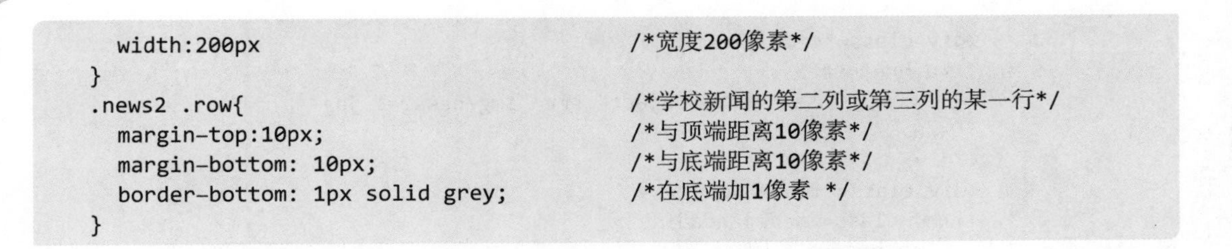

```
    width:200px                              /*宽度200像素*/
  }
  .news2 .row{                               /*学校新闻的第二列或第三列的某一行*/
    margin-top:10px;                         /*与顶端距离10像素*/
    margin-bottom: 10px;                     /*与底端距离10像素*/
    border-bottom: 1px solid grey;           /*在底端加1像素 */
  }
```

15.2.5 版权与其他部分

学校主页中的学术讲座、综合新闻、通知公告、友情链接部分与“学校新闻”部分的制作方法类似，在此不再赘述。

下面说明学校主页中版权部分的制作方法，在浏览器中的显示结果如图15-12所示。

图 15-12 版权部分

版权部分分成左右两部分，在大屏幕和中屏幕时，左右两部分按Bootstrap中栅格系统的比例是7:5，在小屏幕和超小屏幕时，左右两部分分成两行显示，在栅格系统中占12格。

1. 版权部分中的HTML代码

```
<div class="container-fluid" id="footer">
  <div class="col-xs-12 col-sm-12 col-md-6 col-lg-6 footerLeft">
    <p>版权所有©武汉轻工大学 鄂ICP备15021561号-1 鄂公网安备42011202000327号</p>
    <p>常青校区：湖北省武汉市常青花园学府南路68号邮编：430023</p>
    <p>金银湖校区： 湖北省武汉市东西湖区环湖中路36号  邮编：430048</p>
  </div>
  <div class="col-xs-12 col-sm-12 col-md-5 col-lg-5 text-right footerRight">
    <ul class="list-unstyled list-inline">
      <li><a href="#">联系我们</a></li>
      <li><a href="#">新闻投稿</a></li>
      <li><a href="#">网络中心</a></li>
      <li><a href="#">纪检举报</a></li>
      <li><a href="#"><img src="img/bszs.png" alt=""></a></li>
    </ul>
  </div>
</div>
```

2. 版权部分中的CSS样式

```
#footer{                            /*选中版权部分*/
  width: 100%;                      /*宽度与浏览器窗口一样*/
  padding: 10px;                    /*内边距10px，目的是与边框分隔一些*/
  height: 100%;                     /*高度与内容高度一致，目的是适应不同大小窗口的显示*/
  background-color:#11618A ;        /*背景色*/
  color: white;                     /*文字颜色为白色*/
}
#footer .footerLeft{                /*选中版权左半部分*/
  margin-left: 20px;                /*与左外边距的距离是20像素*/
}
#footer .footerRight li{            /*选中版权右半部分的li元素*/
  font-size: 18px;                  /*字体大小18像素*/
```

```
    margin-right: 35px;                    /*与右外边距的距离是35像素*/
    line-height: 80px;                     /*行高是80像素，目的是使文字居中*/
}
```

15.3 本章小结

本章结合本书所学知识，通过制作武汉轻工大学网站主页这个综合案例，讲述了网站的制作步骤(包括网站策划、网站素材收集、网页规划、网站目录设计、网页制作)，重点介绍了利用Bootstrap提供的组件和JavaScript插件来实现该网页，目的是训练读者对大型网页的布局能力和对网页样式的控制能力。通过这个案例的实现，读者不仅可以更进一步、更深刻地理解前面章节学过的所有知识，而且能够掌握一套遵从Web标准的网页设计流程。

15.4 实验十五　高校网站首页案例的实现

扫描二维码，查看实验内容。

扫二维码
查看实验内容

制作影院订票系统前端页面

学习目标：

本章通过讲解影院订票系统前端页面制作，让读者对本书所学习的内容进行综合运用。通过本章的学习，读者应该掌握以下主要内容：

- HTML、CSS、JavaScript的综合运用能力；
- Bootstrap的页面布局能力；
- Vue.js的数据绑定、事件触发响应；
- Vue.js的组件化。

16.1 案例分析

影院订票系统是电影院进行电影票销售非常重要的一个环节，直接影响到用户的操作是否方便、界面是否直观。该系统包括用户注册、影片信息管理、订票信息管理、站内新闻管理等模块。本节仅对其中的订票前端页面进行阐述，目的是让读者能对本书前期学习的知识进行综合运用，本节完成的前端页面如图 16-1 所示。

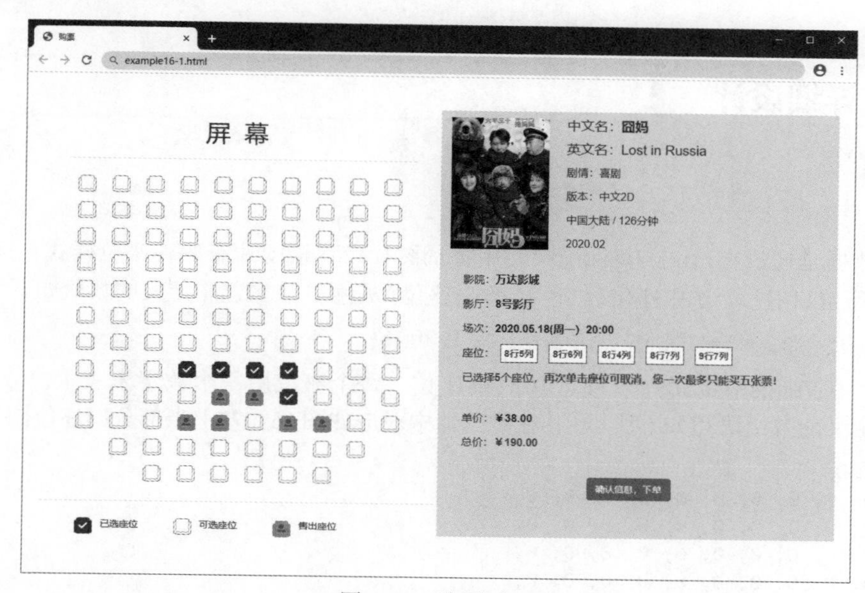

图 16-1 购票页面

该页面要求用图形方式进行座位的选择，也就是能够单击图 16-1 左边的可选座位来选中想购买的座位，单击可选座位之后，该座位会变成已选座位状态；单击已选座位后，该座位会重新回到可选座位状态；图中灰色的座位表示已是售出座位的状态。

另外，选中或取消某一个座位之后，在图 16-1 的右边会自动显示出已选座位是"几排几号"，并能根据用户所选择的电影票张数，自动计算出本次购票的总价，同时还能限制用户最多一次只能购买五张电影票，当票数达到上限时，动态提示用户，此时不能再选择新的可选座位，但可以取消已选座位。

由图 16-1 可以看出该页面分为左右两个部分，采用Bootstrap栅格布局实现，即左右各占12 等份的一半，其中左半部分又分成两行(座位行和座位提示行)，右半部分也分成两行(电影信息行和影票购买信息行)，其实现代码如下所示：

```
<div class="container" id="app">
  <div class="row">
    <div class="col-md-6">
      <div class="row">
        <!--左上半部分：座位行-->
      </div>
      <div class="row">
        <!--左下半部分：座位提示行-->
      </div>
    </div>
```

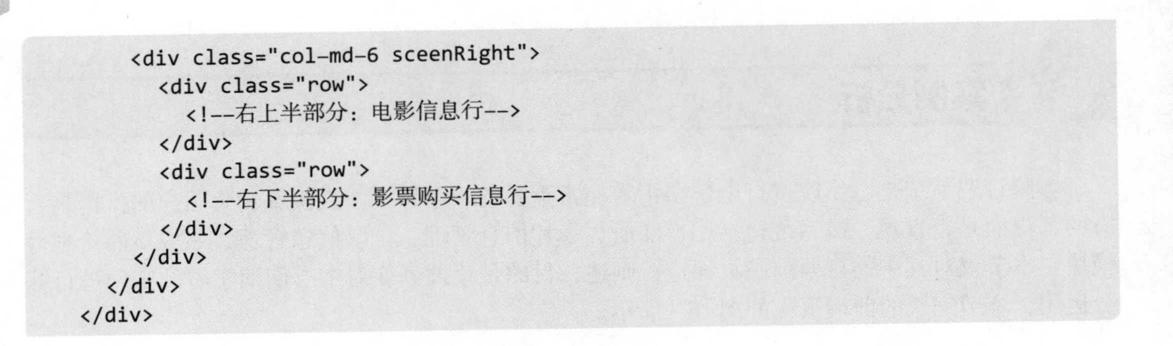

```
    <div class="col-md-6 sceenRight">
      <div class="row">
        <!--右上半部分：电影信息行-->
      </div>
      <div class="row">
        <!--右下半部分：影票购买信息行-->
      </div>
    </div>
  </div>
</div>
```

16.2 详细设计

16.2.1 座位数据与样式定义

座位数据是通过在<li></li>标记中使用背景图片，背景图片有四种座位样式：无座位（空白）、可选座位（白色）、选中座位（红色）、售出座位（灰色），在数组中定义的数值如下：

```
-1：无座位  0：可选座位  1：选中座位  2：售出座位
```

例如，在Vue.js中定义一个11行10列的座位，每个座位用一个数字来表示，数字含义如上所示，定义的数组语句如下所示（其在浏览器中对应如图16-1左上半部分的座位图）：

```
seatflag: [
    0, 0, 0, 0, 0, 0, 0, 0, 0, 0,
    0, 0, 0, 0, 0, 0, 0, 0, 0, 0,
    0, 0, 0, 0, 0, 0, 0, 0, 0, 0,
    0, 0, 0, 0, 0, 0, 0, 0, 0, 0,
    0, 0, 0, 0, 0, 0, 0, 0, 0, 0,
    0, 0, 0, 0, 0, 0, 0, 0, 0, 0,
    0, 0, 0, 0, 0, 0, 0, 0, 0, 0,
    0, 0, 0, 0, 0, 0, 0, 0, 0, 0,
    0, 0, 0, 0, 2, 2, 0, 0, 0, 0,
    0, 0, 0, 2, 2, 0, 2, 2, 0, 0,
    -1, 0, 0, 0, 0, 0, 0, 0, 0, -1,
    -1, -1, 0, 0, 0, 0, 0, 0, -1, -1,
]
```

从定义的seatflag数组可以看出这是一维数组，让其变成能够显示行列的二维数组的方法是：定义一行有多少座位的数据seatCol，用户单击某一个座位后，在程序中可以得到该座位在数组中的序号，该序号整除seatCol得到的商就是行号，对seatCol取余数就是相对应的列号。

在CSS中对座位<li>元素的样式定义是通过四个座位的背景图（如图16-2所示）完成，通过上下移动该背景图使用户在<li>元素的窗口中看到不同的座位样式，其样式定义如下所示：

图16-2　座位背景图

```
.seat {                              /*座位统一样式*/
  float: left;                       /*左浮动，让座位横向排列*/
  width: 30px;                       /*宽度30像素*/
  height: 30px;                      /*高度30像素*/
  margin: 5px 10px;                  /*座位之间左右间隔10像素，上下间隔5像素*/
  cursor: pointer;                   /*鼠标指针手形*/
}
.seatSpace {                         /*可选座位样式*/
  /*背景图bg.png，不重复，向右1像素，向上29像素*/
  background: url("img/bg.png") no-repeat 1px -29px;
}

.seatActive {                        /*已选座位样式*/
  /*背景图bg.png，向右1像素，向上0像素*/
  background: url("img/bg.png") 1px 0px;
}
.seatNoUse {                         /*售出座位样式*/
  /*背景图bg.png，向右1像素，向上56像素*/
  background: url("img/bg.png") 1px -56px;
}
.noSeat {                            /*没有座位样式*/
  /*背景图bg.png，向右1像素，向上84像素*/
  background: url("img/bg.png") 1px -84px;
}
```

使用Vue中的v-for命令对上面的数据动态生成多个座位的<li>元素。每个座位都有“seat”样式类，然后根据每个座位对应的数据来显示其对应的样式图片，当对应座位的数据是-1时，添加“noSeat”样式类，即没有该座位；当对应座位数据是0时，添加“seatSpace ”样式类，即该座位是可选座位；当对应座位数据是1时，添加“seatActive”样式类，即该座位是已选座位；当对应座位数据是2时，添加“seatNoUse”样式类，即该座位是售出座位。HTML中的语句如下所示：

```
<li v-for="(item, index) in seatflag" :key="index" class="seat"
      :class="{'noSeat' : seatflag[index]==-1,
             'seatSpace' : seatflag[index]==0,
             'seatActive' : seatflag[index]==1,
             'seatNoUse' : seatflag[index]==2}"
      @click="handleClick(index)">
</li>
```

行和列是由单击座位对应序号和数据seatCol来确定的，但在浏览器中的显示是由<li>的父级元素来确定的，也就是<ul>元素的宽度，这些数据以后都可以通过后台服务器动态获取。该<ul>元素的样式定义如下所示：

```
#app ul {
  list-style: none;        /*去除列表样式*/
  width: 550px;            /*设定宽度，目的是一行显示多少座位，其他座位另起新行*/
}
```

16.2.2 座位的事件处理及相关的代码

用户单击某个座位后，会执行相应座位的单击事件处理函数handleClick(index)，处理函数的入口参数index是用户单击某个座位在一维数组seatflag中的位置值，利用Vue中的数据绑定，当用户修改了数组seatflag的数据值，会自动刷新相对应的座位图片。该函数的实现方式如下所示：

```
handleClick: function (index) {
  if (vm.seatflag[index] == 1) {              //当前是已选座位
    vm.$set(vm.seatflag, index, 0);           //让当前座位值变为0，并驱动座位图自动刷新
    //利用ES6语法findIndex方法找到当前已选座位的索引值，再利用splice方法将其删除
    this.curSeat.splice(this.curSeat.findIndex(item => item === index), 1);
  }
  else
    //如果单击的是可选座位，并且已选座位总数小于5
    if (vm.seatflag[index] == 0 && this.count < 5) {
      vm.$set(vm.seatflag, index, 1);         //让当前座位值变为1，并驱动座位图自动刷新
      this.curSeat.push(index);              //把当前单击座位在数组中的索引值加入已选座位数据中
    }
  //在浏览器的右下部分显示当前选中座位是几排几号
  this.curSeatDisp = [];                     //清空已选座位的显示数组
  for (let item of this.curSeat) {           //循环，取出已选座位数组的每个座位值
    //座位值除10加1得到行数，座位值对10取模加1得到列数，组合成“几行几列”字符串
    //并压入到已选座位显示数组
    this.curSeatDisp.push((Math.floor(item / this.seatCol) + 1) + "行"
                + (item % this.seatCol + 1) + "列");
  }
  //计数已经选择了多少个座位，方法是统计seatflag中代表已选座位1的个数
  var mySeat = vm.seatflag.filter(item => {   // item为数组当前的元素
    return item == 1;
  })
  this.count = mySeat.length;
  //判断达到购买上限，设置数据maxFlag，并显示提示语句“您一次最多仅能买五张票”
  if (this.count >= 5) this.maxFlag = true;
  else this.maxFlag = false;
}
```

说明如下：

（1）显示已选座位“几排几列”是根据curSeatDisp数组确定，在HTML中通过v-for指令实现，其代码如下所示：

```
<p id="seatSelect">
  座位：
  <span v-for="(item, index) in curSeatDisp" :key="index">
    {{item}}
  </span>
</p>
```

（2）显示已选择多少个座位是根据count数据确定，在HTML中的实现代码如下所示：

```
<p>已选择
  <strong style="color:red;">{{count}}</strong>个座位
</p>
```

（3）判断达到购买票数上限后，是否显示“您一次最多仅能买五张票”的提示语句，通过数据maxFlag的值确定。在HTML中的语句如下所示：

```
<strong style="color:red;">再次单击座位可取消。
  <span v-if="maxFlag">您一次最多只能买五张票！</span>
</strong>
```

16.2.3　监听与数据格式化

在Vue中通过监听count数据的变化，可以重新计算总价。在Vue实例中的语句如下所示：

```
computed: {
  totalPrice: function () {
    return this.count * this.filmInfo.unitPrice;/*总价=票单价*票张数*/
  }
}
```

显示电影票单价和总价通过Vue的全局过滤器实现，让其保留两位小数点，并在金额前面加上人民币符号。在Vue实例中的语句如下所示：

```
Vue.filter('numberFormat', function (value) {
  return '￥' + value.toFixed(2)
})
```

在HTML中使用过滤器是通过管道符实现的，其代码如下所示：

```
<p>单价：
  <strong>{{filmInfo.unitPrice | numberFormat}}</strong>
</p>
<p>总价：
  <strong style="color:red;">{{totalPrice | numberFormat}}</strong>
</p>
```

16.2.4 电影信息展示

图16-1的右上半部分是电影海报和电影的部分相关信息，这部分是通过调用Vue实例的filmInfo对象中的相关数据来显示信息。filmInfo对象在Vue的data中的定义如下：

```
filmInfo: {
  name: '囧妈',                                //影片中文名
  nameEnglish: 'Lost in Russia',               //影片英文名
  copyRight: '中文2D',                          //版本
  filmImg: 'img/film1.png',                       //影片海报文件名
  storyType: '喜剧',                            //影片类型
  place: '中国大陆',                             //影片产地
  timeLength: '126分钟',                        //影片时长
  timeShow: '2020.02',                         //影片上映时间
  cinema: '万达影城',                           //电影院
  room: '8号影厅',                              //放映影厅
  time: '2020.05.18(周一) 20:00',               //放映时间
  unitPrice: 38,                               //单价
}
```

此处HTML的实现方式是使用Bootstrap提供的媒体对象组件，代码如下所示：

```
<div class="row">
  <div class="col-xs-12 col-sm-12 col-md-12 col-lg-12">
    <div class="media">
      <div class="media-left">
        <a href="#">
          <img class="media-object" :src="filmInfo.filmImg" alt="..." height="200px">
        </a>
      </div>
    <div class="media-body" id="filmInformation">
      <h4 class="media-heading">中文名：
        <strong>{{filmInfo.name}}</strong></h4>
      <h4 class="media-heading">英文名：{{filmInfo.nameEnglish}}</h4>
      <p>剧情：{{filmInfo.storyType}}</p>
      <p>版本：{{filmInfo.copyRight}}</p>
```

```
            <p>{{filmInfo.place}} / {{filmInfo.timeLength}}</p>
            <p>{{filmInfo.timeShow}}</p>
        </div>
    </div>
</div>
```

这里在HTML中进行数据绑定时使用了两种方式，一种是双大括号的数据绑定方式，即“{{数据}}”；另一种是属性绑定方式，即“:src='filmInfo.filmImg'”。

16.3 本章小结

本章主要讲解了影院订票系统前端页面的综合案例，重点是使用Vue.js的特性结合Bootstrap的排版功能实现，该案例要求具有较高的JavaScript程序的编程能力和对Vue.js进行网页行为的控制能力。通过这个案例的学习，读者不仅可以更进一步、更深刻地理解前面章节学过的所有知识，而且能够体会到最新前端框架Vue.js的数据渲染、事件触发响应、监听属性、计算属性、各种指令等在实际项目中的灵活应用，以及Bootstrap的简便布局排版能力。

16.4 实验十六　影院订票系统前端页面案例的实现

扫描二维码，查看实验内容。

扫二维码
查看实验内容